生化学

[編著]
田沼　靖一
林　　秀德
本島　清人

[著]
田沼　靖一
板部　洋之
豊田　裕夫
大山　邦男
林　　秀德
橋本フミ恵
本島　清人
伊藤　文昭
川崎　勝己
堀　　隆光
安西　偕二郎
内海　文彰

朝倉書店

編著者

田沼　靖一	東京理科大学薬学部	生化学研究室
林　　秀徳	城西大学薬学部	臨床生化学教室
本島　清人	明治薬科大学	生化学教室

執筆者──執筆順, [　] は担当章

田沼　靖一		[1章, 7章]
板部　洋之	昭和大学薬学部　生物化学教室	[2章1節～3節, 5節～6節]
豊田　裕夫	東京薬科大学薬学部　臨床ゲノム生化学教室	[2章4節]
大山　邦男	東京薬科大学薬学部　臨床ゲノム生化学教室	[3章]
林　　秀徳		[4章1節～4節]
橋本　フミ恵	城西大学薬学部　臨床生化学教室	[4章5節～6節]
本島　清人		[5章]
伊藤　文昭	摂南大学薬学部　生化学研究室	[6章1節～2節]
川崎　勝己	摂南大学薬学部　生化学研究室	[6章1節～2節]
堀　　隆光	広島国際大学薬学部　生化学研究室	[6章1節～2節]
安西　偕二郎	日本大学薬学部　生化学研究室	[6章3節～6節]
内海　文彰	東京理科大学薬学部　遺伝子制御研究室	[7章]

まえがき

　「生化学」は、「生命科学」のあらゆる分野の基礎となる学問であり、その歴史は非常に古い．そこには生命に関する膨大な情報があり、さらに日々新しい知見が加わっている．本書のアイディアは、「生化学」の全範囲をカバーしながらも基本的な内容に重点をおき、蓄積された知識を現代的かつ簡潔にまとめた教科書の必要性を感じたことから生まれた．

　本書は、生命を構築する物質（タンパク質、核酸等）から物質代謝、エネルギー代謝をわかりやすく整理し、さらに細胞から生体制御に至るまでの生命の営みを分子レベルで理解できるような内容となっている．本書は7章からなり、簡潔、明解な記述は多くの図表とともに自然に読者の理解を助けるであろう．また、各章は同じ形式で編集され、章の終わりに学習の要点をまとめ、さらに演習問題が用意されている．そのまとめと注釈付きの解答をみることによって、自分で理解度をテストできるようになっている．

　初学者にとっては、「生化学」とは何であるのかを理解できるように導入部を設けている．また、生命科学のさまざまな専門分野で研究するための基礎知識を身につけたい人や、すでに研究に従事している研究者にとっても、重要な知識を整理したり、再確認しやすいように工夫されている．本書は、薬学、医学、農学、理学等の多くの研究分野を含む生命科学を志す人たちにとって格好の一冊となろう．特に、これから「生化学」を学ぶ学部学生や大学院生、さらには研究者が、それぞれの立場で本書を活用して頂ければ、編者としてこの上ない喜びである．

　本書が「生命科学」の基礎となる「生化学」を通して、各専門分野の深い探求への道を切り拓く一助になれば幸いである．最後に、各章のご執筆を賜わった先生方に心から感謝申し上げる．また、朝倉書店編集部の方々のご努力に改めてお礼申し上げる．

2006年5月

編者を代表して
田沼　靖一

目　次

1. **生化学総論** ……………………………………………………………………… 1
   - 1.1　生命とは何か ……………………………………………………………… 2
   - 1.2　生命の進化 ………………………………………………………………… 3
   - 1.3　生命の原理 ………………………………………………………………… 4
   - 1.4　生命の特性 ………………………………………………………………… 5
   - 1.5　生命の恒常性 ……………………………………………………………… 6

2. **生体を構成する物質** ……………………………………………………………… 7
   - 2.1　水 …………………………………………………………………………… 8
   - 2.2　脂質と膜 …………………………………………………………………… 9
     - a. 脂質の役割 ……………………………………………………………… 9
     - b. 脂質の分類と構造 ……………………………………………………… 9
     - c. ミセルと脂質二重層 …………………………………………………… 13
   - 2.3　糖　質 ……………………………………………………………………… 15
     - a. 糖質とは ………………………………………………………………… 15
     - b. 単糖類 …………………………………………………………………… 15
     - c. 単糖の誘導体 …………………………………………………………… 17
     - d. 二糖類 …………………………………………………………………… 19
     - e. 多糖類 …………………………………………………………………… 20
   - 2.4　アミノ酸・ペプチド・タンパク質 ……………………………………… 23
     - a. アミノ酸 ………………………………………………………………… 24
     - b. タンパク質 ……………………………………………………………… 30
   - 2.5　ビタミン …………………………………………………………………… 40
     - a. 水溶性ビタミン ………………………………………………………… 40
     - b. 脂溶性ビタミン ………………………………………………………… 42
   - 2.6　ヌクレオチドと核酸 ……………………………………………………… 45
     - a. ヌクレオチド …………………………………………………………… 45
     - b. ヌクレオチドの関連物質 ……………………………………………… 49
     - c. DNA と RNA …………………………………………………………… 49
     - d. 二重らせん ……………………………………………………………… 50
   - 2.7　ま と め …………………………………………………………………… 51

3. **酵　素** …………………………………………………………………………… 53
   - 3.1　酵素の分類と命名 ………………………………………………………… 53
   - 3.2　酵素タンパク質の性質 …………………………………………………… 54

   a. 構造と活性中心 ……………………………………………………54
   b. 活性化エネルギー …………………………………………………56
  3.3 酵素反応に影響を与える要因 ……………………………………56
   a. 温度とpH …………………………………………………………56
   b. 補因子 ……………………………………………………………58
  3.4 酵素反応速度論 ……………………………………………………58
   a. 酵素活性の測定 …………………………………………………58
   b. 酵素反応速度論 …………………………………………………60
   c. 酵素阻害 …………………………………………………………63
  3.5 酵素活性の調整 ……………………………………………………65
   a. プロエンザイム …………………………………………………65
   b. アイソザイム ……………………………………………………66
   c. アロステリック酵素とアロステリック効果 …………………66
   d. アロステリック酵素の反応速度調節 …………………………68
   e. 酵素タンパク質のリン酸化と脱リン酸化 ……………………68
   f. 遺伝子発現による調節 …………………………………………70
  3.6 ま と め ……………………………………………………………70

4. 代　謝 …………………………………………………………………73
  4.1 糖質の代謝 …………………………………………………………73
   a. 解糖系 ……………………………………………………………74
   b. 解糖系の調節（パスツール効果） ……………………………80
   c. ペントースリン酸経路 …………………………………………82
   d. ウロン酸経路 ……………………………………………………85
   e. グリコーゲンの合成と分解 ……………………………………86
   f. 糖新生 ……………………………………………………………89
  4.2 脂質の代謝 …………………………………………………………91
   a. 脂肪酸とトリアシルグリセロール ……………………………92
   b. 脂質の生合成 ……………………………………………………98
   c. コレステロールなど，イソプレノイドの代謝 ………………104
   d. ケトン体の合成 …………………………………………………108
  4.3 生体窒素化合物の代謝Ⅰ（各種窒素化合物の合成反応） ……110
   a. アミノ酸の生合成 ………………………………………………110
   b. その他の窒素化合物の合成 ……………………………………116
  4.4 窒素化合物の代謝Ⅱ（各種分解反応） …………………………121
   a. アミノ酸の異化反応 ……………………………………………121
   b. 尿素回路 …………………………………………………………123
   c. アミノ酸の脱炭酸反応による生理活性アミンの合成 ………125
   d. ヌクレオチドの分解と再利用 …………………………………126
  4.5 好気的代謝Ⅰ：クエン酸回路 ……………………………………128
   a. 酸化還元反応 ……………………………………………………128
   b. クエン酸回路 ……………………………………………………129

4.6　好気的代謝Ⅱ：電子伝達と酸化的リン酸化 ………………………………… 133
　　　　a. 電子伝達 ……………………………………………………………………… 134
　　　　b. 酸化的リン酸化 ……………………………………………………………… 136
　　　　c. 酸化的ストレス ……………………………………………………………… 139
　　4.7　ま　と　め ……………………………………………………………………… 141

5. 細胞の組成と構造 ………………………………………………………………… 143
　　5.1　細胞の種類 ……………………………………………………………………… 143
　　　　a. 細胞のゲノムからの分類 …………………………………………………… 143
　　　　b. ヒトの細胞の形を主とした分類 …………………………………………… 144
　　5.2　生体膜の構造 …………………………………………………………………… 145
　　　　a. 生体膜の基本構造とはたらき ……………………………………………… 145
　　　　b. 生体膜の脂質 ………………………………………………………………… 145
　　　　c. 膜の流動性と安定性 ………………………………………………………… 146
　　　　d. 膜タンパク質 ………………………………………………………………… 147
　　　　e. 膜の裏表とラフト …………………………………………………………… 148
　　5.3　膜を介した輸送 ………………………………………………………………… 149
　　　　a. 輸送系の必要性と種類 ……………………………………………………… 149
　　　　b. 受動輸送系 …………………………………………………………………… 149
　　　　c. 能動輸送系 …………………………………………………………………… 151
　　5.4　細胞内小器官 …………………………………………………………………… 154
　　　　a. おもな細胞内小器官とそのはたらき ……………………………………… 154
　　　　b. タンパク質の選別輸送 ……………………………………………………… 157
　　5.5　細胞周期と細胞分裂，細胞の死 ……………………………………………… 162
　　　　a. 細胞周期 ……………………………………………………………………… 162
　　　　b. 細胞周期の制御 ……………………………………………………………… 164
　　　　c. アポトーシス ………………………………………………………………… 166
　　　　d. 有糸分裂と減数分裂 ………………………………………………………… 166
　　5.6　細胞骨格とモータータンパク質 ……………………………………………… 168
　　　　a. 細胞骨格の種類とはたらき ………………………………………………… 168
　　　　b. モータータンパク質 ………………………………………………………… 170
　　　　c. 細胞骨格と阻害剤 …………………………………………………………… 171
　　5.7　細胞から組織，器官へ ………………………………………………………… 172
　　　　a. 細胞の直接的接着と間接的接着 …………………………………………… 172
　　　　b. 細胞間接着 …………………………………………………………………… 172
　　　　c. 細胞外マトリックス ………………………………………………………… 172
　　　　d. 細胞・ECM ネットワーク ………………………………………………… 173
　　5.8　ま　と　め ……………………………………………………………………… 173

6. 遺 伝 情 報 ………………………………………………………………………… 176
　　6.1　遺　伝　子 ……………………………………………………………………… 176
　　　　a. DNA …………………………………………………………………………… 177

- b. 染色体 ……………………………………………………… 177
- c. ゲノムと遺伝子 …………………………………………… 179
- d. 真核生物の遺伝子構造 …………………………………… 180
- e. 反復配列 …………………………………………………… 181
- f. ミトコンドリアDNA ……………………………………… 182
- g. 一塩基多型 ………………………………………………… 182
- 6.2 複製・修復・組換え ………………………………………… 183
  - a. 複　製 ……………………………………………………… 183
  - b. 修　復 ……………………………………………………… 187
  - c. 組換え ……………………………………………………… 192
- 6.3 遺伝子の発現 ………………………………………………… 192
  - a. 遺伝子発現に関するセントラルドグマ ………………… 192
  - b. 真核細胞と原核細胞における遺伝子発現 ……………… 193
- 6.4 転写によるRNAの生合成 …………………………………… 195
  - a. 転　写 ……………………………………………………… 195
  - b. 転写されている遺伝子の視覚化 ………………………… 197
  - c. 原核細胞の転写の開始 …………………………………… 198
  - d. 原核細胞における転写調節 ……………………………… 198
  - e. 真核細胞における転写調節 ……………………………… 201
- 6.5 mRNA前駆体（hnRNA）の修飾と加工 …………………… 203
  - a. キャップの付加 …………………………………………… 204
  - b. ポリ（A）テールの付加 ………………………………… 204
  - c. スプライシング …………………………………………… 205
- 6.6 タンパク質合成（mRNAの翻訳） ………………………… 207
  - a. mRNAの翻訳領域にある遺伝暗号 ……………………… 207
  - b. tRNAの構造と機能 ……………………………………… 208
  - c. リボソームの構造 ………………………………………… 210
  - d. タンパク質の合成 ………………………………………… 210
- 6.7 まとめ ………………………………………………………… 213

7. 情報伝達系 …………………………………………………… 215
- 7.1 細胞間情報伝達系 …………………………………………… 216
- 7.2 細胞内情報伝達系 …………………………………………… 218
  - a. Gタンパク質共役系 ……………………………………… 219
  - b. イオンチャネル直結系 …………………………………… 220
  - c. チロシンキナーゼ内在系 ………………………………… 221
- 7.3 内分泌系 ……………………………………………………… 221
  - a. ホルモンの分類と作用機序 ……………………………… 222
  - b. インスリンによる血糖調節 ……………………………… 223
  - c. 副甲状腺ホルモンによる血清カルシウム調節 ………… 224
  - d. ナトリウム利尿ペプチドおよびレニン-アンジオテンシン系による血圧調節 … 224
  - e. グルココルチコイドの調節機構 ………………………… 224

  f. 甲状腺刺激ホルモン産出の調節機構 …………………………………225
 7.4 神　経　系 …………………………………………………………………226
  a. シナプスを介する情報伝達 ………………………………………………227
  b. 神経伝達物質と受容体 ……………………………………………………228
  c. 神経系の可塑性 ……………………………………………………………229
 7.5 免　疫　系 …………………………………………………………………231
  a. T 細胞の分化 ………………………………………………………………231
  b. MHC による抗原提示 ……………………………………………………232
  c. B 細胞の分化 ………………………………………………………………234
  d. 体液性免除の情報伝達 ……………………………………………………234
  e. 細胞性免疫の情報伝達 ……………………………………………………235
  f. Th_1 と Th_2 による免疫応答の制御 …………………………………236
 7.6 ま　と　め …………………………………………………………………237

演習問題の解答 ………………………………………………………………………239

索　　引 ………………………………………………………………………………245

1 生化学総論

はじめに

　ヒトゲノムの解読が終了し，遺伝子を基点とした「**ゲノム科学**」の興隆によって「**生命科学**」は著しい発展を遂げている．ここに至るまでには，長い歳月をかけて体系化された「生化学」の知識がその根底を支えてきた．すなわち，生命を構成する物質，生命の基本単位である細胞，生命活動の源となる物質代謝，遺伝子＝DNA，DNAの二重らせん構造，セントラル・ドグマ，生命情報の伝達系 などに関する多岐にわたる生化学的研究の成果が基盤となってきたのである．「生化学」はすべての「生命科学」の分野の基礎であり，それをぬきにしては"生命"を語ることはできないといっても過言ではない．また，「生化学」は生命を化学の面から科学することによって"生命とは何か"という最終命題を指向した学問といってもよいだろう．

　すべての生命体は，細胞を基本単位として成り立っている．ヒトなどの多細胞生物は，さらに高次の細胞社会を構成している．一つの生命体（個体）は，基本的には細胞と個体という二重の生命構造をとっているが，その中にはさらに生命の階層性が存在している．すなわち，個体の存在には多くの器官，組織が必要であり，その器官固有の営みは多種多様な細胞群のはたらきに依存し，その細胞機能は細胞を構成する細胞小器官（オルガネラ）のはたらきに支えられている．さらに，それはタンパク質，核酸，糖質，脂質などの分子の相互作用による特異的な反応によるものである．そして，それらの分子は要素とする元素の物理化学的性質によって規定されている．

　生命体の成り立ちとして重要なことは，"個"としての細胞が"全"としての個体を維持するために，"全"を認識して"個"を確立していることである（図1.1）．そこでは，内なる「**遺伝子情報**」と外なる「**環境情報**」が存在し，生命を支配する大きな力となっている．したがって，「生化学」の最終目標は「個⇔全」を物質レベルまでに掘り下げ，そこに生起する代謝系から情報伝達系に至るまでの統御システムを分子レベルで理解することにあると考えられる．また，そこでは時間のファクターを考慮する必要がある（図1.2）．

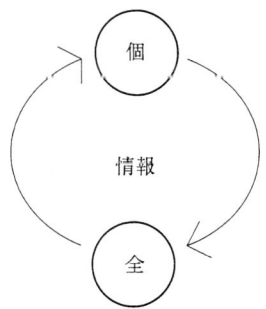

図1.1　生命体における個と全

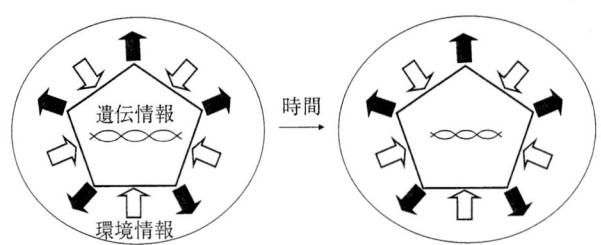

図 1.2 個の生命システムと時間

21世紀は生命の時代，心の時代といわれている．「生命とは何か」という問は，生命科学者のみならず，すべての人間が多面的に考えていかなければならない各人に内包された根本的命題なのである．それを科学の面から考えるときの基礎となるのが「生化学」である．

1.1 生命とは何か

「生命科学」において「生命とは何か」という問は最終命題となっているが，クローン動物の作製や人工臓器，人工生命といった科学・技術の進歩に伴い，大きく影響を受けることになるだろう．おそらく，それは永遠の命題なのであろうが，生命の本質としてゆるがないものがあるはずである．その原点となる考え方はどうであろうか．

現存する生物は，すべて「遺伝情報」としてDNAを用いている．つまり，自己を組織化し，それを子孫に伝えるノウハウをDNAの特殊な塩基配列として収納しているのである．その総体（一つの個体を組織化できる遺伝子セット）が**ゲノム**（**genome**）であり，ヒトの場合はヒトゲノム，イヌはイヌゲノムとなる．多種多様なDNA生物の生命の原点はゲノムということになる．

すべてのDNA生物は，その遺伝子情報に基づいてタンパク質をつくり，細胞を創り，個体を構築する．それは，すべて物理法則に準拠する反応である．この自己組織化とその維持にはエントロピーの減少が不可欠である．そして，それらが機能を発揮するためには，動的な変化（揺ぎ）が必要となる．そのために，つねにエネルギー（ATP）が要求され，ここに，物質代謝の必然性がある．このような**「熱揺動の場」**において，生物はさまざまな**「環境情報」**に対し，**「遺伝情報」**をもとに適正な応答をすることによって生命を維持している．この応答系が作動しなくなると，エントロピーは増大し，個体は無組織化（死）して再び無機物にもどることになる．

有から有を生成する「遺伝情報」は，一つの生命体を組織化するとともに，その個体を介して未来の時間と空間へ新たな「遺伝情報」を伝えることができる．ここでの特徴は，ゲノムの連続性が個体の不連続性を伴って遂行されていることである．このことを考えると，"生命とは"「遺伝情報としてのゲノムとその表現体である個体とを往還して時空を伝わるシステム」といえるのではないだろうか．究極的には，「時空を超えて伝達される情報そのもの」が生命といってもよいだろう．その仕組みに関する重要な原理を探究する根底にある学問が「生化学」である．

1.2 生命の進化

現存する生物もこれまでに存在した生物もすべて，46億年前に地球が誕生したときにそこに含まれた水素（H），酸素（O），炭素（C），窒素（N），リン（P）などの無機物から生成されている．生命は自然発生的に今から38億年前，無機物から有機物への組織化によって生まれたのである．原始の地球上では，高いエネルギーの放射線である宇宙線や強い紫外線が降り注いでいたと考えられている．また，火山活動などによって生じた水蒸気や硫化水素，一酸化炭素，二酸化炭素などが存在し，それらが宇宙線や熱などによって化学反応を起こして有機物が化学合成されていったと考えられている．これを**化学進化**という．

米国の化学者ミラー（S.L. Miller）は，ガラス容器のなかに原始大気とよく似た組成のガスを密閉して放電を繰り返すことによって，有機物が合成されることを示したことは有名である．おそらく，このようにして生命の起源の舞台となった「**原始のスープ**」ができたのだろう．その中に生命を構成する成分のアミノ酸，糖，塩基，脂質がまず生まれ，さらにそれらが重合してRNAやタンパク質が合成されていったと考えられている．

ここで特徴的なことは，生命の源である核酸やエネルギー源であるATPなどに多量のリン原子が使われていることである．リン原子は現在の海や大気中にはごく微量しか含まれていない．このリン原子の集積がどのようになされたのかは現在も謎とされている．生命の誕生に数億年という非常に長い時間を要したのも，これが一つの大きな原因であったかもしれない．

生命の起源は，原始のスープの中で生成したRNAが，脂質の膜に囲まれてできたRNA生命体が**生命進化**の始まりであると考えられている（図1.3）．RNAには自己を複製する能力や，切り貼

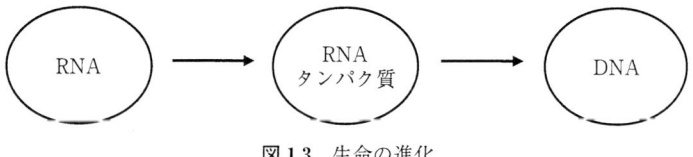

図 1.3　生命の進化

りをして塩基配列を並び変える編集能力がある．このような酵素的な触媒活性は**リボザイム**（**ribozyme**）とよばれている．

RNAの世界（**RNAワールド**）から，つぎにタンパク質がつくられ，RNA-タンパク質の世界（**RNP（ribonucleoprotein）ワールド**）ができたと考えられている．しかし，RNAは一本鎖で不安定で分解されやすく，情報を一定に保つことが難しかったことから，RNAを遺伝情報とした世界は長続きしなかった．

その後，RNAの情報は，安定な二本鎖のDNAに写し換えられ保持されるようになり，ここに**DNAワールド**が誕生したと考えられている．DNAというハードディスクに保管された情報から，様々なRNAがフロッピーディスクとして写しとられ，それをもとに多種多様なタンパク質が合成される（この基本的な情報の流れを**セントラル・ドグマ**という）．このようにして，DNA生物の基本単位である細胞ができあがったと考えられている．

1.3 生命の原理

DNA 生物は，自己の生命体を構築するノウハウをすべてゲノムの中に遺伝子として保存している．その遺伝情報はまず，RNA にコピーされ，タンパク質が合成され，生命が成立している．イギリスのクリック（F.H.C. Crick）によって提唱された，この**セントラル・ドグマ**（central dogma）は，ジャコブ（F. Jacob）とモノー（J.L. Monod）の「1 遺伝子–1 タンパク質–1 機能」という考え方に基づいている．しかし，最近になってこの基本的な概念に当てはまらない事実がみつかってきている．たとえば，遺伝子の読み枠をずらして，本来指令しているのとは異なるタンパク質が翻訳されることがある．また，RNA エディティング（編集）といって mRNA に新しい塩基が挿入されることによって，予想外のタンパク質が産生される仕組みもある．このように，生命は一つの要素を多目的に使うというストラテジーをもっている．ここでは，「**生命の場**」という考え方が重要である．つまり，ある遺伝的な要素（遺伝情報）は，置かれた環境（環境情報）によって，同じ要素であっても異なる機能を発揮できるように多機能性を有しているということである．

生命体は進化の過程で，基本的なセントラル・ドグマに修飾を加える方略を獲得してきているが，遺伝情報の基本的な流れには変わりはない．DNA，RNA，タンパク質，多糖類などの生体高分子と，脂質が集合してできる膜とが組織化されて，一つの生命体の基本単位である細胞が生成される．その中でエネルギー代謝をはじめとする物質代謝が起こり，生命情報による制御が作動することによって生命活動が成り立っている．

DNA はセントラル・ドグマの中心に位置するが，それは不変ではない．外部からの放射線や紫外線，様々な化学物質による暴露，生体内で発生する活性酸素によってつねに損傷を受けている．この損傷の多くは DNA 修復機構によって修繕されるが，完璧に修復することは難しい．徐々にエラーが DNA の塩基の変異として蓄積していく．DNA 損傷が修復できないほど大きい場合には，DNA を細胞ごと消去する機能（アポトーシス）の発動によって除去される（図 1.4）．

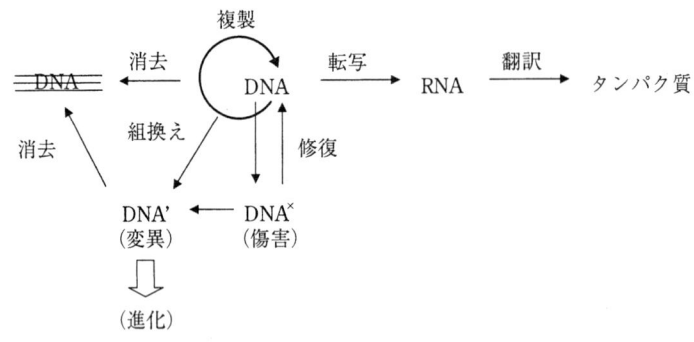

図 1.4　生命の原理

しかし一方では，ある程度の変異を許容することができる仕組みが備わっている．この許容機構と，有性生殖の特徴である減数分裂のときに起こる遺伝子組換えの機構とを利用して，生命は進化を可能にしている．生命の原理は，セントラル・ドグマに DNA 変異を消去するシステムとそれを許容するシステムが巧妙に裏打ちされたものと考えられる．

1.4 生命の特性

生命の特性として基本的に重要なことは二つある．一つは，ある条件下で秩序ある構造体を自立的に創り出すことのできる「**自己組織性**」である．もう一つは，自己を忠実に複製する能力をもち，世代を繰り返すことのできる「**自己増殖性**」である．この二つがそろえば「生命」は成立する（図1.5）．

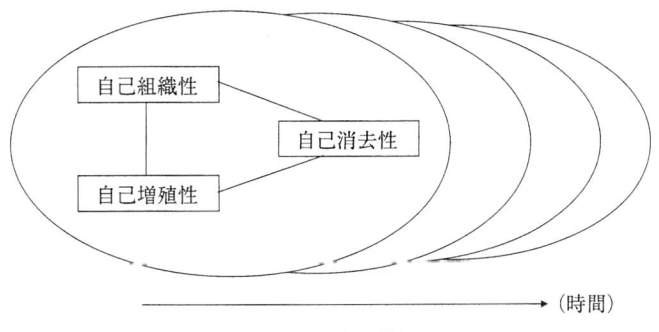

図 1.5 生命の特性

生命の進化をみると，この二つにさらに自己を消去する能力としての「**自己消去性**」が加わってきたことがわかる．つまり，生命に「死」があとから組み込まれたのである（図1.5）．この「自己消去性」は**有性生殖**をする生物に特徴的な性質で，**無性生殖**する生物にはみられない．この性質は，とくに多細胞生物における細胞の増殖・分化や形態形成のメカニズムと密接に関係するばかりでなく，生体制御や生体防御のメカニズムの成立にとっても不可欠なものとなっている．

自己組織性は，生命体を構築していく過程のいろいろな段階ではたらいている．タンパク質やRNA，DNAの生命要素がある条件下（「生命の場」）に置かれると，自律的に集合を形成し，一つの秩序ある集合体を形成する．ここで重要なことは，一つの集合体の中では，個々の要素のもつ性質だけでは説明できない新しい性質が付与されることである．たとえば，タンパク質合成を行うリボソームは，RNAとタンパク質の複合体であるが，どちらも単独では，タンパク質合成を行うことはできない．つまり，要素それ自身の構造の中に高次の自己組織性が備わっていて，それによって新しい機能が生まれるのである．

このような性質は，細胞の段階でもみられる．個々の神経細胞を取り出して調べても，思考，記憶，精神活動といった脳の高次機能は説明できない．神経細胞が脳内で自律的に組織化することによって，高次の神経ネットワークが形成されてはじめて高度な機能が現れてくるのである．

自己組織化された集合体に「自己増殖性」が備わることによって「生命」とよぶにふさわしい生命体が誕生する．ここでの遺伝情報がDNAであり，DNAを複製し，それを二つの娘細胞に均等に分配する仕組み（DNA複製機構）を獲得することによって自己増殖が可能となる．

DNAに異常が起きたとき，それを消去する能力が細胞死（アポトーシス）としてさらに備わった．この自己消去性は，個体発生の段階から生体の成熟，老化，死のすべての諸相で重要な役割を果たしている．たとえば，受精卵の良し悪しの選別，神経ネットワークの構築，免疫系の成立に重要な免疫細胞のレパートリーの形成，老化した細胞の除去などである．

生命の歴史の始まりから約20億年のあいだは，「自己組織性」と「自己増殖性」の両者による

「生」だけの生物世界であった．ここでは積極的な「死」は存在しなかった．今から15〜20億年前に「自己消去性」が獲得され，生命体は「死ねる」ようになった．この性質は有性生殖による「性」の要請として必然的に創成されたメカニズムであると考えられる．そう考えると，高次の生命体が進化の過程で段階的に生まれ，多様化していったことが矛盾なく説明できる．

1.5 生命の恒常性

生命体は，時間とともに変化する内や外からの情報に対して，内部環境を適応させる能力を備えている．ここでの情報とは，「**遺伝情報**」と「**環境情報**」である．両者は様々な受容器によって受容され，適正な応答が効果器から発せられる．それによって生体は常に内外の刺激に対して，流動的に平衡状態を保ちながら，生命活動を営める仕組みを備えている（図1.6）．このような特性を「**恒常性（homeostasis）**」とよぶ．「生命とは何か」という問に対する一つの切り口は，生命体にこの恒常性を与える"**生体制御機構**"を理解することであると考えられる．つまり，内外の情報に応じて，つねに**動的平衡（dynamic equilibrium）**を保ちつつ変化するメカニズムを細胞および分子レベルで説明できるということである．

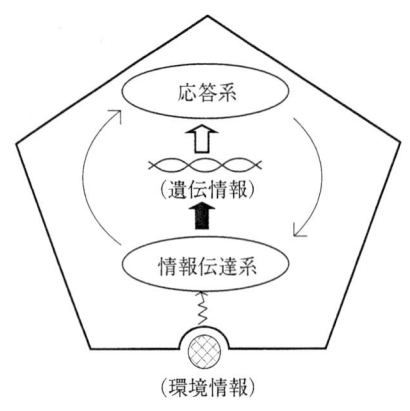

図1.6　生命の恒常性

生体内での動的平衡は，常時起こっている生体構成分子の交替反応に支えられている．この現象をショーエンハイマー（R. Schoenheimer）は**代謝回転（metabolic turnover）**とよんだ．ここでは，自然の物理現象に反してエントロピーを減少させるためのエネルギーを生成する物質代謝が連動している．さらに，それは刻々と変化する遺伝情報の発現によって支配されている．このような生体反応を制御する因子は何かというと，タンパク質であり，糖質，脂質ということになる．そして，さらに重要なことは，タンパク質–タンパク質，あるいはタンパク質–核酸（DNA/RNA）の相互作用がその中心にあることである．これらの分子間の相互作用による制御機構が，生体の恒常性の根底にある．したがって，この生体制御機構の仕組みを分子レベルで理解することが，「生命とは何か」を考えるうえでもっとも重要な観点であると考えられる．それには，生体情報を「遺伝情報」と「環境情報」に分け，それを制御する機構としての「生体制御」の基本原理を「生化学」として理解することに収斂していくことがよいであろう．

2

生体を構成する物質

はじめに

　身体の成り立ちを知る第一歩は,「生体は何からできているのか」を理解することである．生体を構成する物質についてきちんと把握しておくことは,これから,生化学のみならず,分子生物学,薬理学,生理学,病理学などの多くの関連領域の学問を修得していくうえで,もっとも重要な基盤となる．

　ヒトの身体は,炭素,酸素,水素,窒素をおもな構成元素として,そのほかに少量のナトリウム,カリウム,マグネシウム,カルシウム,リン,イオウ,塩素などの元素から成り立っている（表2.1）．含量はきわめて微量であるが,鉄,銅,コバルト,マンガン,亜鉛のように生体にとって重

表2.1　生命体の構成元素

主要な構成元素	含量は多くないがすべての生物に含まれる元素	含量は微量であるが必須の元素
C　炭素	Na　ナトリウム	Co　コバルト
H　水素	Mg　マグネシウム	Cu　銅
O　酸素	P　リン	Fe　鉄
N　窒素	S　イオウ	Mn　マンガン
	Cl　塩素	Zn　亜鉛
	K　カリウム	Se　セレン
	Ca　カルシウム	I　ヨウ素

要なはたらきにかかわり,必須の成分となっている元素もある．これらの元素から非常に多様な分子がつくられているが,多くはタンパク質,脂質,核酸,糖質,そして水である．これらを主成分としていることは,ヒト以外の生物でも基本的に同じである．これらの構成成分は,それぞれに特有の機能と特徴をもち,生命活動に必要な役割を分担している．

2.1　水

　ヒトの生存になくてはならないものは,酸素と水である．食物栄養がなくてもすぐに死ぬことはないが,酸素と水が絶たれるとすぐに生存の危険が脅かされる．それほど水は重要なのである．
　ヒトの細胞,あるいは大腸菌などの細菌を擦り潰してその構成成分を分析すると,もっとも多い成分は**水**であり,全重量の70％以上にもなる．生物の身体は,水の中にタンパク質,脂質,核酸,糖質などの成分が約30％も加わった,非常に濃厚なスープのようなものともいえる．生物の主成分は水であり,そのほかの構成成分は水分子との相互作用の中で挙動しているので,**水素結合**で結びつくかどうか,あるいは疎水性相互作用が強いかどうかということは,その成分の性質を知るた

めに重要なことである.

水（H_2O）は生体にとって好都合ないくつかの特徴をもっている．水分子の2個の水素原子と1個の酸素原子は直線状に配置されているのではなく，V字型に配置され，水素原子のない側には酸素原子の不対電子が分布する．酸素は水素に比べて電気陰性度が大きく，水素原子から電子を強く引きつける．そのため，分子内の電子の分布に偏りが生じ，水素原子側が正に酸素原子側が負に分極している（図2.1）．この電気的な性質によって容易に水分子どうしのあいだで水素結合がつくられる．ほぼ同じ分子量の他の物質，たとえばアンモニア（NH_3）やメタン（CH_4）と比べてみると，アンモニアもメタンも常温では気体であるのに，水だけは液体である．水は非常に沸点と凝固点が高く，むしろ特殊な物質であると考えてよい．水の沸点が高いのは，水分子間の水素結合が強く，その水素結合を断ち切って気体にするのに多くのエネルギーが必要だからである．

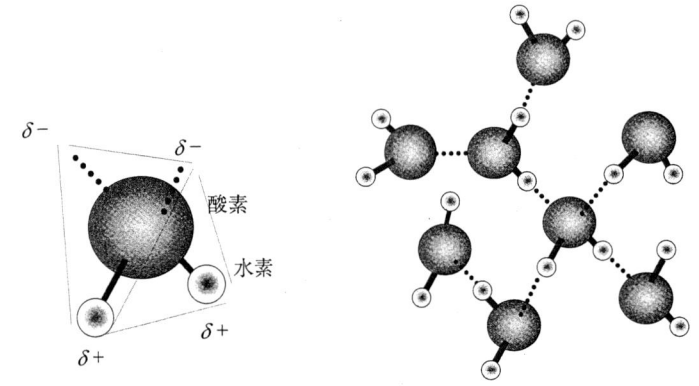

図2.1 水分子の分極と水素結合
水素原子の電子が，酸素原子と共有結合をつくるとともに，酸素原子側に引き寄せられて，電子の分布が偏る．

水は，極性の官能基をもつ種々の物質やイオンのように電荷をもっている物質とも水素結合を結ぶため，これらの物質を容易に溶かすことができる．糖，アミノ酸，核酸などはそのほとんどが親水性である．水素結合は，共有結合のように固定された強い結合ではないために，分子どうしが相互作用をしながらも結合と遊離を繰り返し，分子が移動することができる．

一方，炭化水素のように極性官能基をほとんどもたない非極性物質は水素結合を結ぶことができないので，水には溶けない．いわゆる水と油の関係である．非極性物質どうしが会合して集まる作用を**疎水性相互作用**という．非極性物質は，周囲の水分子や極性物質が互いに水素結合で網目状に結びついて安定化したネットワークに入り込めず，このネットワークから排除される．その結果，疎水性物質どうしが会合して集まるようになる．疎水性相互作用は非極性物質間の直接的な結合ではなく，水分子の水素結合ネットワークに溶け込めない結果の相互作用である．生体内の主要な脂質には脂肪酸やリン脂質などがあるが，分子内に非極性部分と極性部分を併せもつので，疎水性相互作用による会合体形成が起こるとともに，その一部は周囲の水とも安定化しあう．これは，**細胞膜**の形成の物理化学的基盤であり，生命活動にとってこれもまた非常に重要な意味をもつ．

このように，生命を構成している成分のうちもっとも多いものが水である．生体における水の存在は一見目立たないかもしれないが，種々の生体成分はつねに水分子との相互作用をしながらその機能を発揮していることを忘れないでほしい．

2.2 脂質と膜

a. 脂質の役割

脂質は，疎水性の炭化水素部分を多く含み，一般には水に溶けにくい一群の分子である．水に溶けにくい性質のため，疎水性相互作用により，脂質分子どうしが会合し，集合体としてまとまった構造体をつくる性質がある．脂質にはいろいろな種類の分子があり，生体でのはたらきは多岐にわたるが，もっとも重要かつ特徴的な性質は，脂質が細胞膜構造をつくることと，おもに貯蔵性のエネルギー源となることである（表2.2）．

表2.2 脂質の役割

生体内での役割	おもな脂質
生体膜構造をつくる	リン脂質，コレステロール
貯蔵エネルギー源となる	トリグリセリド
胆汁酸をつくり，消化吸収を助ける	コレステロール
ホルモンや刺激伝達物質をつくる	コレステロール，アラキドン酸，リン脂質
細胞間の認識に関与する	糖脂質，リン脂質
特定のタンパク質を細胞膜に局在させる	脂肪酸，イソプレノイド

b. 脂質の分類と構造

(1) 単純脂質

脂質は，まず大きく単純脂質と複合脂質に大別される．単純脂質は中性脂肪やステロールに代表されるように，炭素，水素，酸素からなる脂質である．一方，複合脂質は単純脂質の基本構造に，糖，リン酸，硫酸，塩基などが結合した脂質である（表2.3）．

もっとも基本的な脂質は，脂肪酸である．炭化水素の末端にカルボキシル基をもっていて，炭素鎖の長さの違う種々の脂肪酸がある．生体の構成脂肪酸としては，炭素数14～22のものが主体である．また，炭化水素部分に二重結合が含まれる脂肪酸もあり，**不飽和脂肪酸**とよぶ．二重結合が加わることにより，分子の形が「く」の字型に屈曲し，分子の運動性が増し，融点が下がる（図2.2）．**飽和脂肪酸**を主成分とする牛脂は常温で固体だが，不飽和脂肪酸を主成分とするオリーブ油は液体である．

脂肪酸は，炭素数の数と二重結合の数との組合せで表現できるが，慣用名が広く用いられているので覚えておきたい（表2.4）．生体内のおもな脂肪酸は，いずれも炭素数が偶数である．これは，

表2.3 脂質の分類

脂質の分類		脂質の種類
単純脂質	炭化水素を基本とし，炭素，水素，酸素からなる脂質	脂肪酸
		アシルグリセロール（中性脂肪）
		ステロール
		ワックス
		イソプレノイド
複合脂質	単純脂質の基本構造に，糖，リン酸，硫酸，塩基などが結合してできたもの	リン脂質
		糖脂質

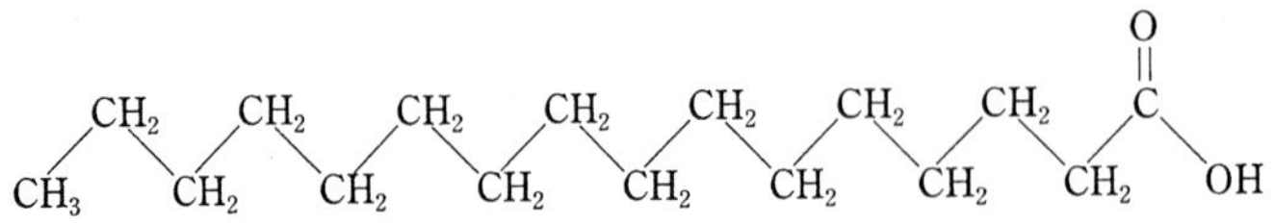

パルミチン酸
（C16の飽和脂肪酸：直鎖状構造をとる）

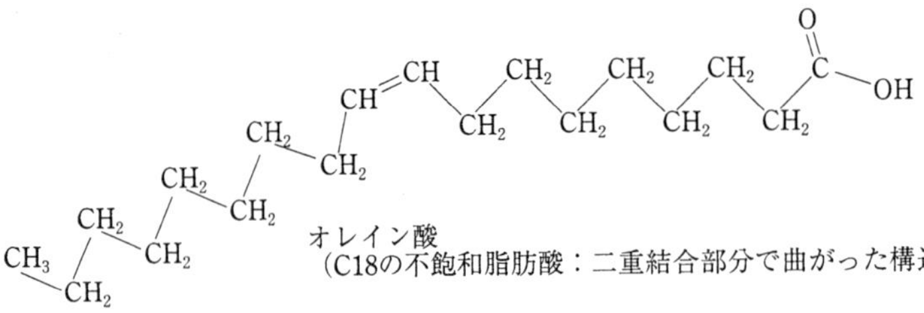

オレイン酸
（C18の不飽和脂肪酸：二重結合部分で曲がった構造をとる）

図2.2 飽和脂肪酸と不飽和脂肪酸

表2.4 脂肪酸の種類

分類	脂肪酸の名称	炭素数	二重結合	構造
飽和脂肪酸	ラウリル酸	12	0	$CH_3-(CH_2)_{10}-COOH$
	ミリスチン酸	14	0	$CH_3-(CH_2)_{12}-COOH$
	パルミチン酸	16	0	$CH_3-(CH_2)_{14}-COOH$
	ステアリン酸	18	0	$CH_3-(CH_2)_{16}-COOH$
不飽和脂肪酸	オレイン酸	18	1	$CH_3-(CH_2)_6-CH_2-CH=CH-(CH_2)_7-COOH$
	リノール酸	18	2	$CH_3-(CH_2)_3-(CH_2-CH=CH)_2-(CH_2)_7-COOH$
	γ-リノレン酸	18	3	$CH_3-(CH_2)_3-(CH_2-CH=CH)_3-(CH_2)_4-COOH$
	アラキドン酸	20	4	$CH_3-(CH_2)_3-(CH_2-CH=CH)_4-(CH_2)_3-COOH$
	エイコサペンタエン酸（EPA）	20	5	$CH_3-(CH_2-CH=CH)_5-(CH_2)_3-COOH$
	ドコサヘキサエン酸（DHA）	22	6	$CH_3-(CH_2-CH=CH)_6-(CH_2)_2-COOH$

脂肪酸が生体内では炭素数2個のアセチルCoA（酢酸に補酵素Aが結合して代謝中間体となったもの）を原料として，これが6〜10数個つながってつくられているからである．

脂肪酸がグリセロールの水酸基にエステル結合したものが，アシルグリセロールである．グリセロールには三つの水酸基があるので，脂肪酸が3個までエステル結合できる．結合している脂肪酸の数によって，モノアシルグリセロール，ジアシルグリセロール，トリアシルグリセロールとよび分ける．体内では，ほとんどが**トリアシルグリセロール**として存在していて，貯蔵性のエネルギー源として代謝上とても重要な意味をもっている．別名，中性脂肪ともよぶ．（図2.3）

コレステロールは，脂肪酸とは分子構造が大きく異なっていて，三つの6員環と一つの5員環がつながったステロイド骨格をもっている．A環の3位の位置に水酸基があり，この部分だけが親水性を示す．一見，複雑な構造にみえるが，6員環はイス型配置で固定されていて，分子全体としては平面的に伸びた形をしている（図2.4）．コレステロールは，動物のもつステロール脂質であるが，酵母などの真菌類ではエルゴステロールが存在する．植物類では$β$-シトステロールなど，数種類の構造の類似したステロール脂質が構成成分となっていて，植物ステロールと総称される．コレステロールには，細胞膜の構成成分となるほか，**胆汁酸，ビタミンDやステロイドホルモン**の前駆体としての役割がある．

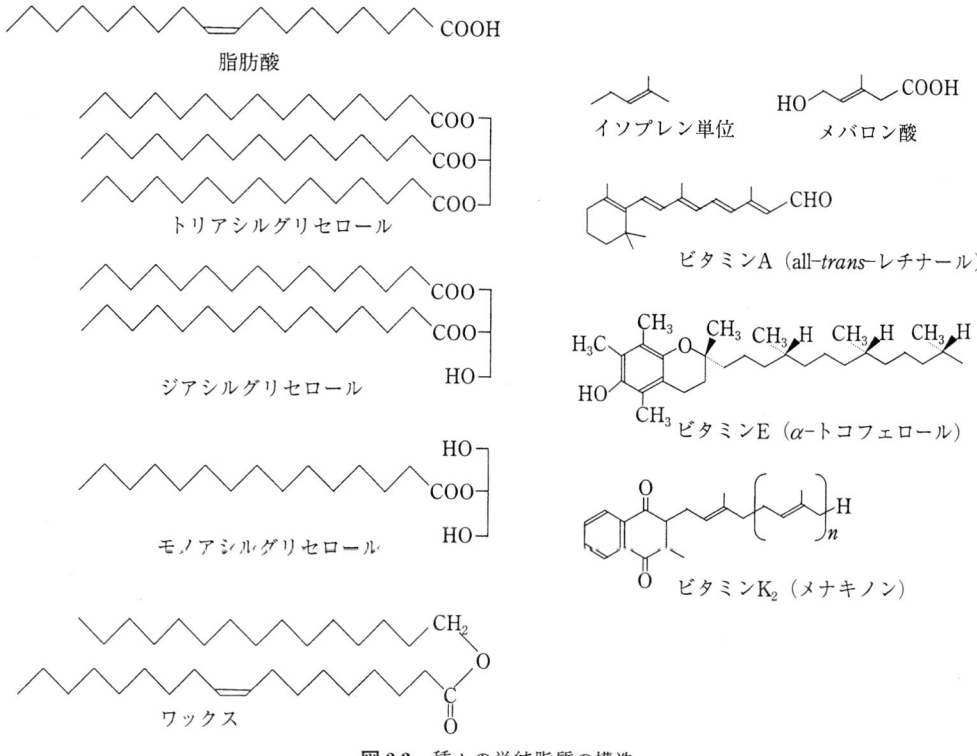

図 2.3　種々の単純脂質の構造

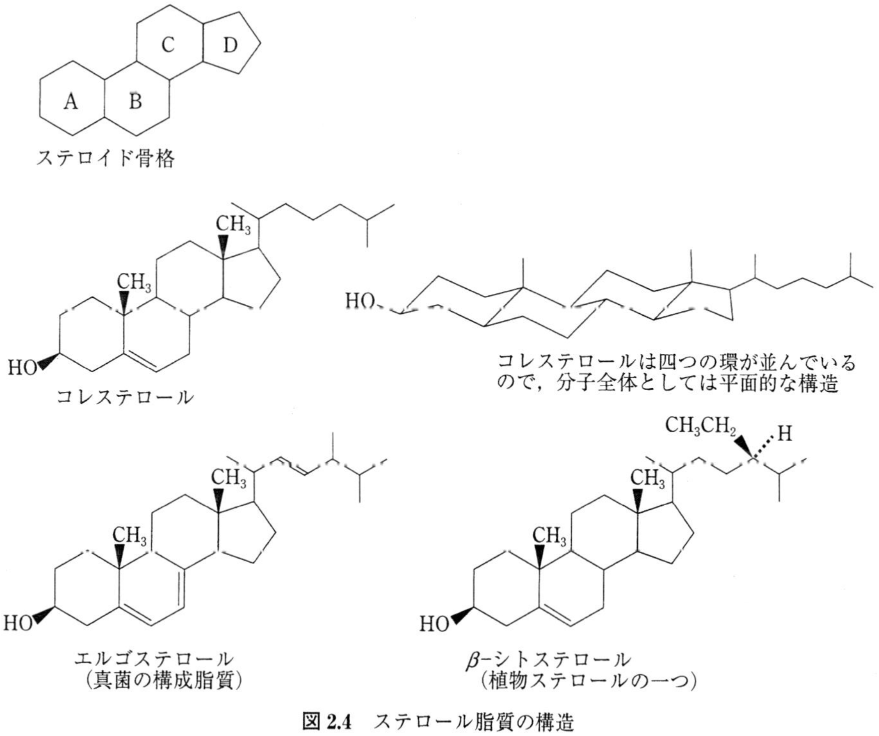

図 2.4　ステロール脂質の構造

ワックスは，長鎖脂肪酸と長鎖アルコールがエステル結合で結びついてできている．エステル結合の両側に長いアルキル鎖があり，非常に疎水性が強く水にはまったく溶けない．強く水をはじく鳥の羽や植物の葉の表面などで，ワックスが防水剤として機能している．

コレステロールや植物のテルペノイドなどにみられるように，炭素5個からなる**イソプレン単位**が重合してつくられている一連の物質をイソプレノイドと総称している．コレステロールなどのステロール類のほかに，βカロテン，all-*trans*-レチナール（ビタミンA），αトコフェロール（ビタミンE），メナキノン（ビタミンK_2），ドリコールなど，多くの種類がある．イソプレノイドは，アセチルCoAからメバロン酸を重要な中間体として多様な産物を合成するメバロン酸経路によってつくられる．

(2) 複合脂質

代表的な複合脂質は，リン脂質と糖脂質である．リン脂質は分子内にリン酸と塩基と総称される親水性分子が含まれ，糖脂質は分子内に糖が含まれている．また，疎水性部分の骨格が**ジアシルグリセロール**からなるものと**セラミド**からなるものの2種類がある．したがって，親水性部分と疎水性骨格部分の種類の組合せにより，グリセロリン脂質，スフィンゴリン脂質，グリセロ糖脂質，スフィンゴ糖脂質とよび分けられている（表2.5）．

表2.5　複合脂質の分類

極性部分	骨格部分の違い	複合脂質の名称	備考
リン脂質	グリセロリン脂質	ホスファチジルコリン ホスファチジルエタノールアミン ホスファチジルセリン ホスファチジルイノシトール カルジオリピン	
	スフィンゴリン脂質	スフィンゴミエリン	
糖脂質	グリセロ糖脂質		
	スフィンゴ糖脂質	セレブロシド	中性糖
		ガングリオシド	酸性糖（シアル酸）
		スルファチド	硫酸修飾

リン脂質は生体の膜構造の主要構成成分であり，すべての細胞に含まれている成分の一つである．さらに，リン脂質の種類をみてみると，塩基の部分の違いによってホスファチジルコリン，ホスファチジルエタノールアミン，ホスファチジルセリン，ホスファチジルイノシトール，カルジオリピンなどの種類がある（図2.5）．スフィンゴミエリンは，ホスファチジルコリンに親水性部分が似ているが，スフィンゴリン脂質である．これらのリン脂質のうち，存在量のもっとも大きいのは**ホスファチジルコリン**である．1個のリン脂質分子に結合している2個の脂肪酸はいろいろな組合せがあるが，飽和脂肪酸と不飽和脂肪酸1個ずつの組合せの場合が多い．

リン脂質は細胞膜，細胞内小器官の膜を形成し，細胞内の種々の「反応の場」をつくっている．また，リン脂質が酵素的に分解されて遊離する代謝産物に微量で種々の細胞を活性化するなど，強い生理作用をもつ物質（エイコサノイドなど）が多数あり，リン脂質がこれらの調節物質の貯蔵庫としての役割ももっている．

糖脂質の含量はリン脂質に比べるとずっと少なく，脂質二重層に微量成分として組み込まれてい

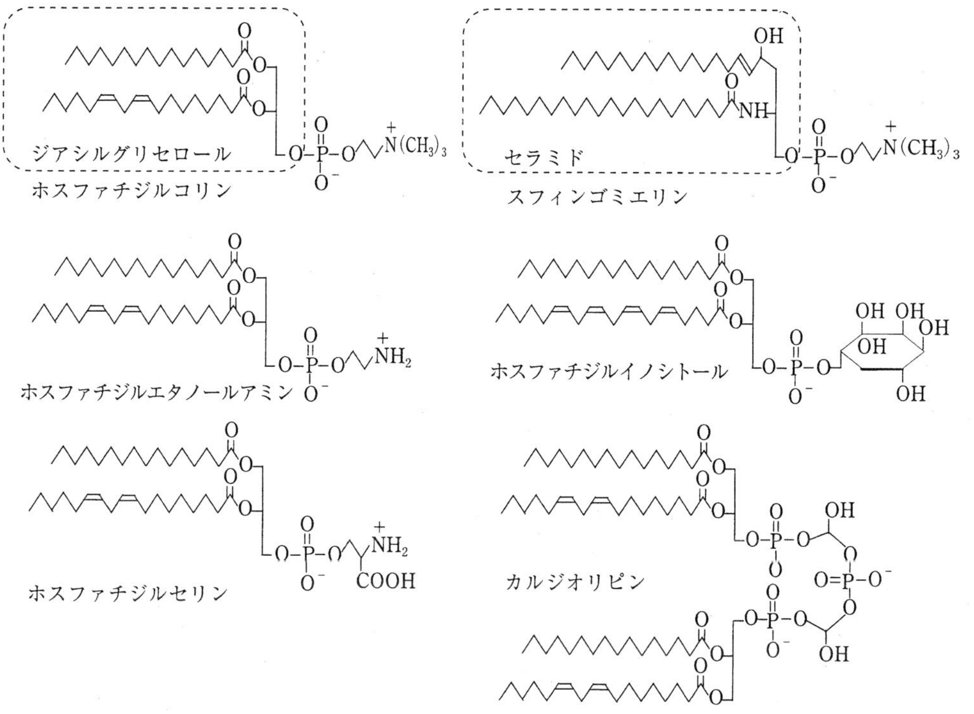

図 2.5 おもなリン脂質の構造

るが，細胞表面でほかの細胞や細胞外物質との相互作用にかかわるさまざまな糖鎖構造のものがある．スフィンゴ糖脂質には，中性糖のみを含むもの，シアル酸などの酸性糖を含むもの，硫酸基で修飾されたものなど，糖鎖部分の性質の異なるものがある．

c. ミセルと脂質二重層

　脂質は脂肪酸鎖のような疎水性部分をもち，水に溶け難い物質であるが，分子の一部に極性部分をもち，**両親媒性**を示すものも多い．つまり，脂質分子の中に疎水性部分と親水性部分とを併せもつため，分子の一部では水素結合ができ，反対側では疎水性相互作用が強く現れる．たとえば，脂肪酸は，炭素鎖の一方の末端はカルボキシル基であり，この部分は極性をもっている．とくに，脂肪酸のナトリウム塩やカリウム塩は，せっけんとして古くから人間の生活で利用されている．炭素鎖部分は**疎水性相互作用**により会合して，マイナス電荷を帯びたカルボキシル基部分で水分子と水素結合をつくるため，**ミセル**とよばれる球状の会合体を形成する．水に溶け難い油汚れなどの成分をミセルの疎水性部分に取り込んで，ミセル全体は水中に分散されているので，汚れを洗い落とすことができる（図 2.6）．

　肝臓でコレステロールからつくられて胆嚢を経て十二指腸に分泌される胆汁酸も，両親媒性をもちミセルを形成する性質が強い．胆汁酸はコール酸，ケノデオキシコール酸など数種類の物質の総称である．食物が胃や十二指腸の消化酵素で消化されたのち，バラバラになった栄養成分が小腸で吸収される．食物中の脂質成分はやはり溶け難いので，そのままでは吸収されにくいが，胆汁酸と一緒にミセルを形成して分散されるために，効果的に吸収されるようになる．

　リン脂質やコレステロールも**両親媒性**をもつ脂質であり，これらは生体膜の主要構成成分である．

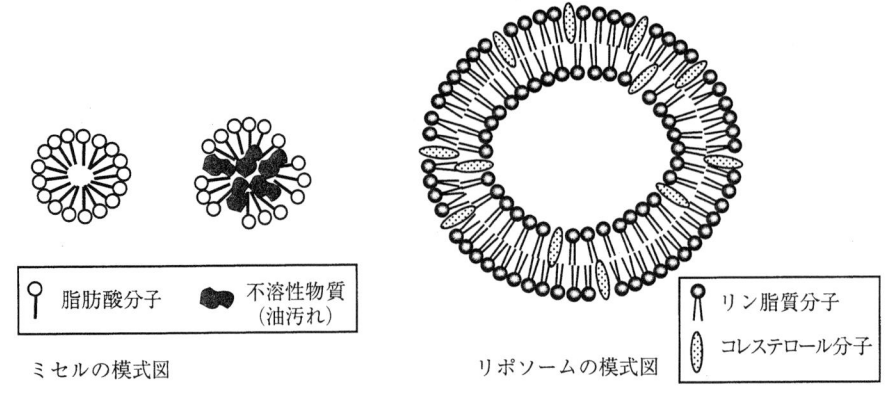

図 2.6　脂質の会合体

疎水性部分どうしは**疎水性相互作用**で会合し，極性部分で水素結合を形成する．リン脂質やコレステロールは，球状のミセルよりも平面的な会合体を形成することができ，疎水性部分を張り合わせたような二重層構造をつくって安定に存在できる．この**リン脂質二重層**は，細胞膜（形質膜ともよぶ），細胞内小器官の膜（これらを合わせて生体膜ともよぶ）の基本構造である（図 2.7）．細胞膜は，細胞それ自体や，細胞内小器官を包む閉鎖した袋のようなものである．脂質二重層は平面的な構造を形成するが，この膜は局所的な脂質組成の違いで曲面をつくることもできるのである．

　ホスファチジルコリンとコレステロールを適量混合して，そこに少量の緩衝液を加えて激しくかくはんすると，脂質二重層の膜からなる小胞を試験管内でつくることができる．このような人工的に作成した脂質二重層の小胞を**リポソーム**とよぶ（図 2.6）．リポソームの脂質組成をいろいろに変えることによって，その小胞の性質を変化させることも可能である．リポソームは，細胞膜モデルとして種々の実験・研究に用いられるほか，薬物や遺伝子を包むマイクロカプセルとして治療にも生かされている．

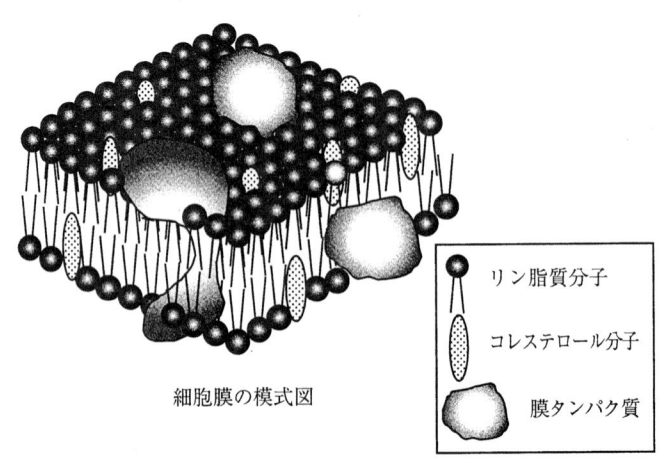

図 2.7　細胞膜の構造
細胞を形づくっている膜は脂質二重層を基本構造とする．さらにタンパク質も組み込まれている．

2.3 糖 質

a. 糖質とは

私たちの体内にはかなりの量の糖が含まれている．健康診断の血液検査で血糖値（血液中のグルコース濃度）を測ることを思い出せばよい．血糖値の正常範囲は 70 〜 100 mg/dL である．これは，ヒトの血液中に重量比にして0.1％近くもの量のグルコースが含まれていることを示している．グルコースは生体内のもっとも主要な糖である．

糖質は，炭水化物ともよばれるが，$(CH_2O)_n$ の化学式で表される一連の化合物，およびその誘導体である．組成からすると炭素（C）と水（H_2O）からできている物質であることがわかる．

糖質は，生体内においていくつかの重要なはたらきを担っている．第一に，生体のエネルギー分子であるATPを産みだす原料となる．このことは，生体がどのようにして生きる糧を得ているかという，基本的な重要性をもつことがらであり，第4章「代謝」において詳しく触れる．糖質のもつ第二のはたらきは，細胞と細胞の空隙を埋めて保水性，弾力性のある組織をつくることである．これは，おもにグルコースなどの糖が多数結合してできる多糖類，および多糖とタンパク質との複合体であるプロテオグリカンによっている．第三のはたらきは，細胞間の分子認識を担う多様な糖鎖構造をつくることである．数個から十数個の分岐した糖鎖が結合した脂質やタンパク質が細胞表面にあり，この糖鎖がいわば細胞のアンテナの役割をもっていると考えられている．

b. 単 糖 類

糖質の中でもっとも単純な糖は，$C_3H_6O_3$ で表される**グリセルアルデヒドとジヒドロキシアセトン**である（図2.8）．このように，糖は分子内に水酸基の他にアルデヒド基またはケト基をもっている．アルデヒド基をもつ糖を**アルドース**とよび，ケト基をもつ糖を**ケトース**とよぶ．

もっとも代表的な糖であるグルコース（ブドウ糖）は，$C_6H_{12}O_6$ の化学式をもつアルドースであり，分子内に水酸基とアルデヒド基をもっている．この水酸基とアルデヒド基は，容易に分子内で結合して**ヘミアセタール**となり，安定な6員環の環状構造をとることができる（図2.9 (a), (b)）．ヘミアセタール結合は可逆的なので，水中では環状構造と直鎖状構造とのあいだで一定の速度で構造変換している．環状の糖分子は，ベンゼンのような平面構造ではなく，図2.9 (c) に示すような2種類の凹凸のある立体的な形をとる．階段状に折れている椅子型コンフォメーションと，左右が同じ側に折れている船型コンフォメーションである．椅子型は安定性が高い状態で，通常はこの形をとっている．これらのコンフォメーションは相互に変換可能で，つねに一定の割合でグルコース分子の形はゆらいでこれらのコンフォメーション間を変換している．環状構造をとった糖分子のヘミアセタール部分の水酸基は，6員環よりも下側に向いている場合と，上側に向いている場合があ

図 2.8 アルドースとケトース

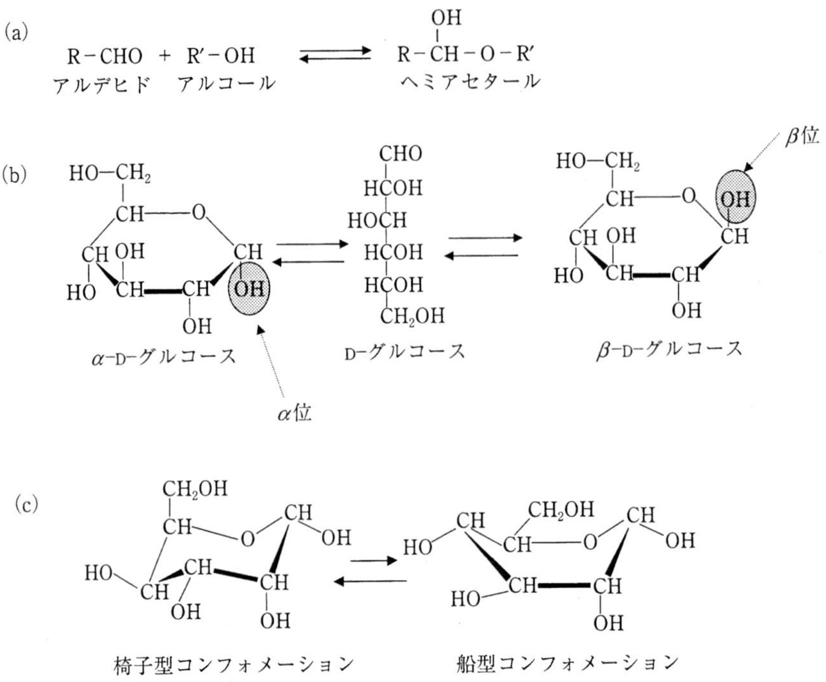

(a) R-CHO + R'-OH ⇌ R-CH(OH)-O-R'
  アルデヒド　アルコール　　　ヘミアセタール

(b) α-D-グルコース ⇌ D-グルコース ⇌ β-D-グルコース
　　　　　　↑α位　　　　　　　　　　　　　　↑β位

(c) 椅子型コンフォメーション ⇌ 船型コンフォメーション

図2.9　糖の立体構造（アルドース）

る．これらの違いをそれぞれα位，β位とよび分けている．このように，環化反応によって生じる立体配置の異なる異性体をアノマーとよんでいる．

　このような環状構造は，アルドースだけでなく，ケトースでも生成する．フルクトース（果糖）は，炭素6個のケトースで，生体内にも多く存在する．フルクトース分子内の水酸基とケト基は，容易に分子内で結合してヘミケタールとなり，安定な5員環の環状構造をとることができる（図2.10）．この場合にも，アノマーが存在する．つまり，ヘミケタール部分の水酸基は，5員環の下側を向いているα-D-フルクトースと，上側を向いているβ-D-フルクトースである．

　図2.8に示した二つの糖，グリセルアルデヒドとジヒドロキシアセトンは炭素3個からなるため，トリオース（三炭糖）とよばれる．炭素数が4個，5個，6個，7個と異なる糖を，それぞれ，テ

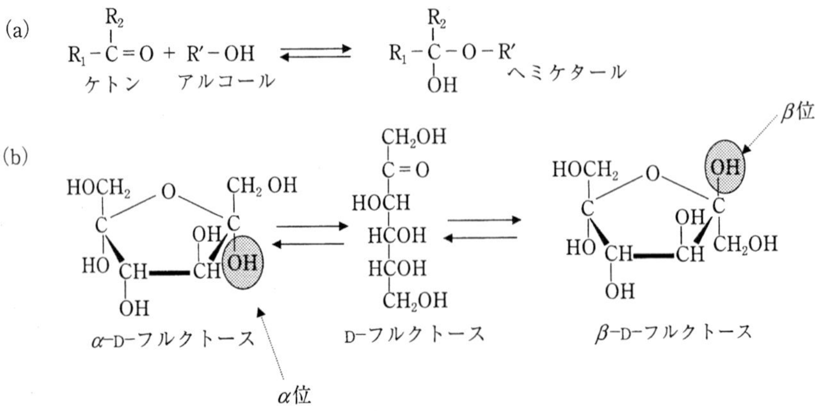

(a) R_1-C(=O)-R_2 + R'-OH ⇌ R_1-C(R_2)(OH)-O-R'
　　　ケトン　　アルコール　　　　　　　ヘミケタール

(b) α-D-フルクトース ⇌ D-フルクトース ⇌ β-D-フルクトース
　　　　　　↑α位　　　　　　　　　　　　　　↑β位

図2.10　糖の立体構造（ケトース）

トロース（四炭糖），ペントース（五炭糖），ヘキソース（六炭糖），ヘプトース（七炭糖）とよぶ．

また，糖には不斉炭素原子が含まれており，立体異性体が存在する．グリセルアルデヒドの中央の炭素原子は異なる四つの原子団と結合しているため，立体配位が異なり互いに鏡像関係になる二つの異性体（**エナンチオマー**）が存在する．図 2.11 に**フィッシャー（Fisher）投影式**で表したグリセルアルデヒドの二つの**鏡像異性体**を並べて示した．フィッシャー投影式では炭素原子を縦に並べて表記し，この縦の結合は紙面の裏側に向いていると考える．一方，水平に書いた結合は紙面から表側に向いていることを示している．もっとも簡単な糖であるグリセルアルデヒドは，図 2.11 に示すように，水酸基が右側を向いているものと，左側を向いているものに書き分けられる．前者は偏光面を右側に回転させる右旋性（dextro）を示すので D 体とよび，後者は左を右旋性（laevo）を示すので L 体と名づけられた．**DL 命名法**では，カルボニル炭素からもっとも離れた不斉炭素の立体配置が D-，または L-のグリセルアルデヒドが，それぞれ D 体，L 体である．

グリセルアルデヒドは不斉炭素原子が一つだけであったが，炭素数の多い糖では，不斉炭素原子の数も増え，立体異性体の数が増える．たとえば，D-グルコースと L-グルコースはエナンチオマーであるが，D-グルコースと D-ガラクトースのように，互いに鏡像関係にない立体異性体（**ジアステレオマー**）もある（図 2.11，図 2.12）．

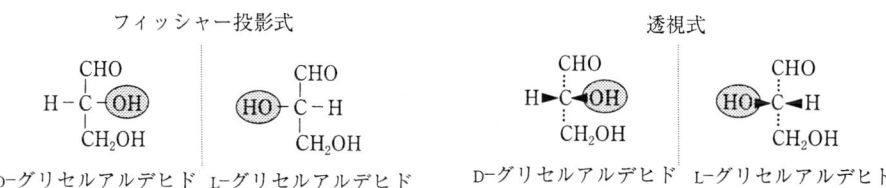

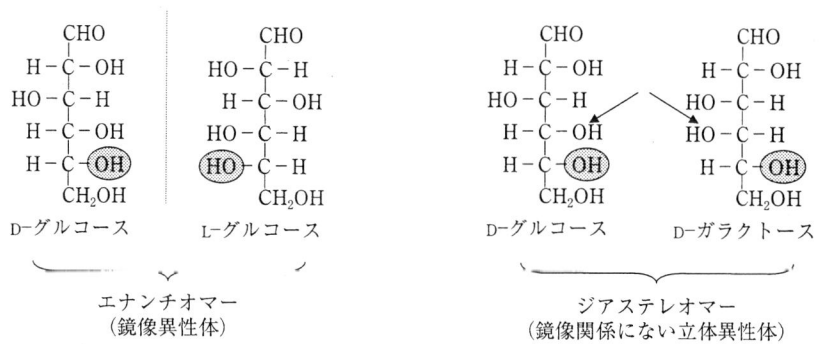

図 2.11　糖の立体異性体

c. 単糖の誘導体

(1) 糖の酸化による誘導体

アルドースのアルデヒド基が酸化されてカルボキシル基を生じたものを，アルドン酸という．D-グルコースや D-ガラクトースから生じるアルドン酸は，それぞれ D-グルコン酸と D-ガラクトン酸である．

アルドースの一級アルコール基（アルデヒドの反対側の末端）が酸化されてカルボキシル基を生

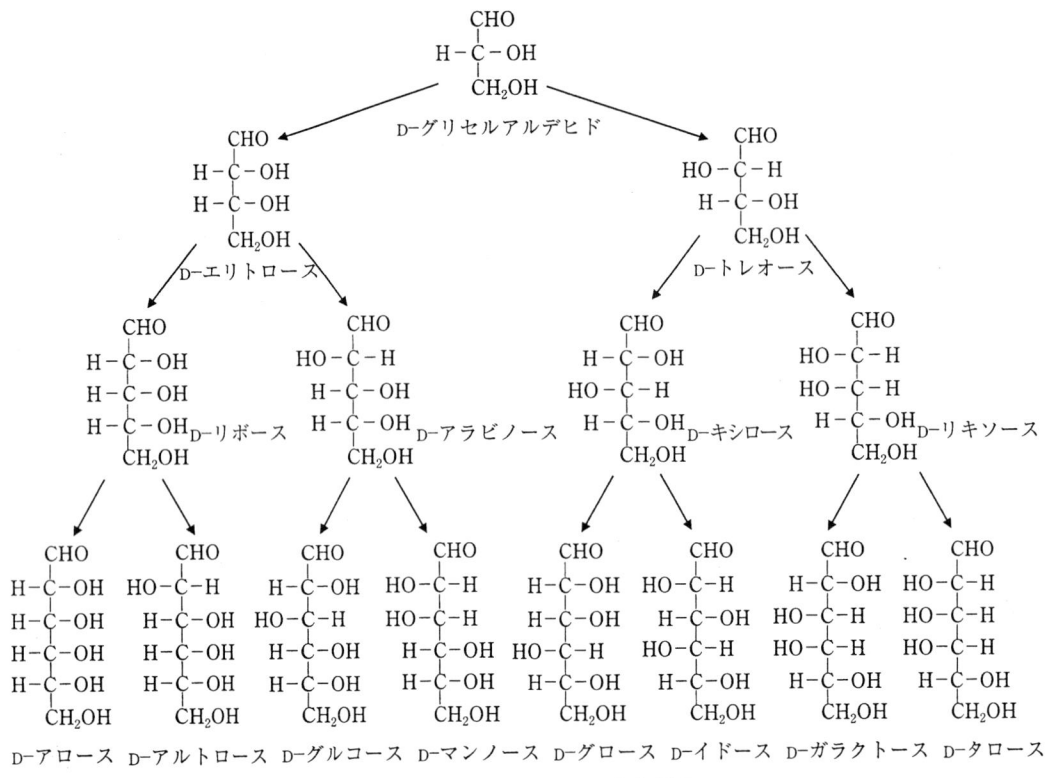

図 2.12 D-アルドースの立体配置

　三炭糖〜六炭糖のD-アルドースを図示した．炭素数が増える時は，アルデヒド基から数えて2番目の位置に加えられる．炭素が1つ増えると，不斉炭素が1つ増え，立体異性体が増える．

じたものを，ウロン酸という．D-グルコースやD-ガラクトースから生じるウロン酸は，それぞれ**D-グルクロン酸**とD-ガラクツロン酸である（図2.13）．アルデヒド基とアルコール基の両方が酸化されたジカルボン酸はアルダル酸という．

　アルドン酸もウロン酸も，分子内でカルボキシル基と水酸基が反応し，環状エステル構造（ラクトン）を形成する．グルコン酸からはグルコノラクトン，グルクロン酸からはグルクロノラクトンがそれぞれ生じる．水溶液中で，グルコン酸やウロン酸とラクトンとは平衡状態にある．ウロン酸やラクトンは自然界で普遍的にみられる成分である．たとえば，ビタミンCとして知られるL-アスコルビン酸もD-グルクロン酸のラクトン誘導体である．

　糖の酸化反応は，酵素的にもあるいは化学的にも進行する．フェーリング液など，Cu^{2+}イオンを含む試薬との反応でアルドン酸を生じ，同時に酸化第一銅（Cu_2O）の赤色沈殿を生じる．このような弱い酸化剤で酸化され，Cu^{2+}などの試薬を還元する性質を**糖の還元性**といい，還元性をもつ糖を**還元糖**という．

（2）糖の還元による誘導体

　アルドースおよびケトースを還元すると，アルデヒド基，ケト基が水酸基となった**糖アルコール**を生じる．D-グルコースからはD-グルチトール（D-ソルビトール），D-マンノースからはD-マンニトール，D-キシロースからはD-キシリトールが生じる．糖の還元反応は，酵素的にあるいは

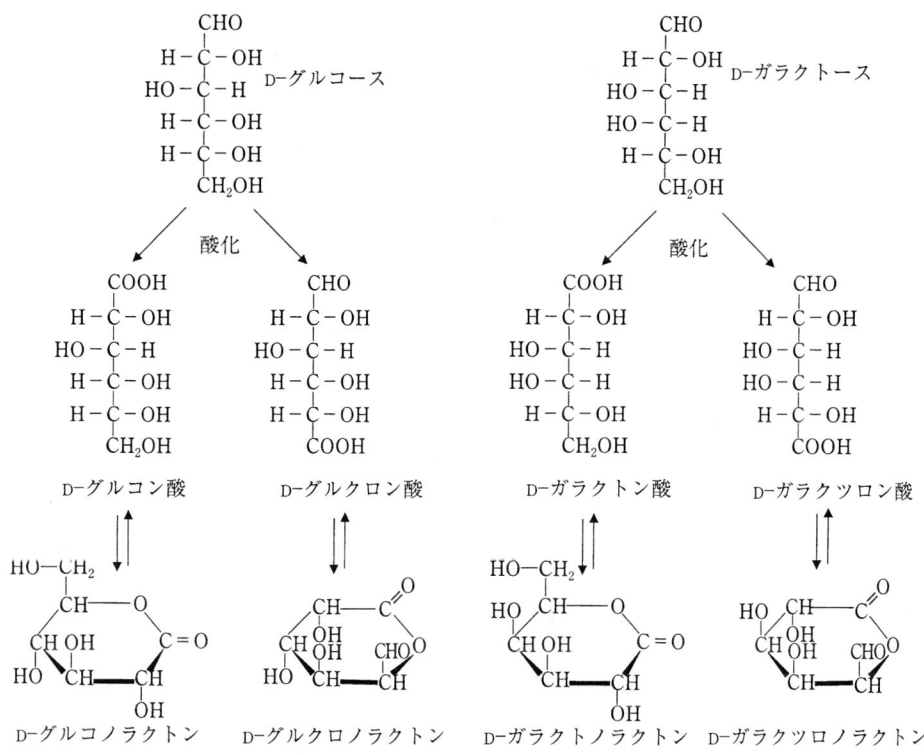

図 2.13 アルドン酸とウロン酸

化学的にも進行する．糖アルコールは甘みが強いため，工業的につくられて甘味料などとして加工食品に利用されている．また，糖尿病患者では，アルドース還元酵素によってグルコースから生じたソルビトールが目の水晶体内に蓄積することで白内障を発症する．

(3) アミノ糖

糖の水酸基の一つがアミノ基に置換したものを**アミノ糖**という．天然には，D-グルコサミンとD-ガラクトサミンの2種類が広く分布している．これらのアミノ糖は，さらに種々の修飾を受けて誘導体となる．D-グルコサミンのアミノ基の部分がアセチル化されると，N-アセチルグルコサミンに，N-アセチルグルコサミンが乳酸と縮合すると N-アセチルムラミン酸になる（図2.14）．N-アセチルグルコサミンと N アセチルムラミン酸は，細菌の細胞壁にあるペプチドグリカンの主要構成成分である．N-アセチルマンノサミンにピルビン酸が結合した N-アセチルノイラミン酸は，シアル酸ともよばれ，動物の糖脂質や糖タンパク質に広く分布する．細胞間の認識や，インフルエンザウイルスの細胞への結合にかかわっている．

(4) 糖のリン酸エステル

グルコース-1-リン酸やグリセルアルデヒド-3-リン酸のように，糖の水酸基にリン酸がエステル結合したものは，さまざまな代謝中間体として重要である．また，核酸のヌクレオチドは糖リン酸エステルと塩基が結合した構造である．

d. 二 糖 類

単糖2分子が脱水縮合したものが二糖類である．糖分子間の結合は，**グリコシド結合**とよばれる．

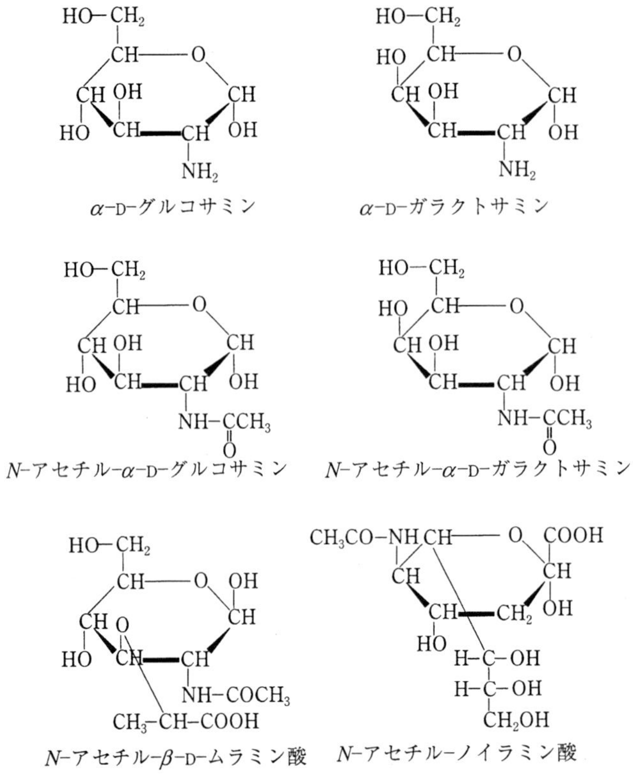

図2.14 おもなアミノ糖

単糖3分子が結合したものは三糖類，単糖4分子が結合したものは四糖類などとよぶ．数個の糖分子からなるものを総称して**オリゴ糖**とよぶ．

代表的な二糖類を図2.15に示した．**マルトース**は2分子のグルコースが$\alpha 1 \rightarrow 4$結合したものである．一方のグルコース分子のアノマー炭素（1位の炭素）がα配位していて，他方のグルコース分子の4位の炭素にグリコシド結合している．麦芽糖ともよばれ，デンプンがアミラーゼの作用で分解されるときに生じる．セロビオースも2分子のグルコースが結合したものであるが，左側のグルコース分子のアノマー炭素がβ配位していて$\beta 1 \rightarrow 4$結合になっている．植物の繊維であるセルロースを加水分解すると得られる．**ラクトース**は，ガラクトースとグルコースが$\beta 1 \rightarrow 4$結合したものである．乳糖ともよばれ，乳汁中に豊富に含まれている．

スクロースは，グルコースとフルクトースが$\alpha 1 \rightarrow 2$結合している．サトウキビ，サトウダイコンなどからとれる糖でショ糖，一般的には砂糖ともよばれている．二つの糖のアノマー炭素どうしが結合しているので，還元性がない．スクロースは希酸で容易に加水分解され，グルコースとフルクトースの等モル混合物になる．これを転化糖とよぶ．スクロースの転化は，インベルターゼという酵素によっても起こる．フルクトースを含んでいるため，転化糖はスクロースよりもやや甘い．

e. 多 糖 類

多数の糖分子（通常，数百〜数千分子）がグリコシド結合によりつながったものを多糖という．これだけの糖分子が重合した高分子となると，その構成成分の単糖とは性質が大きく異なっている．

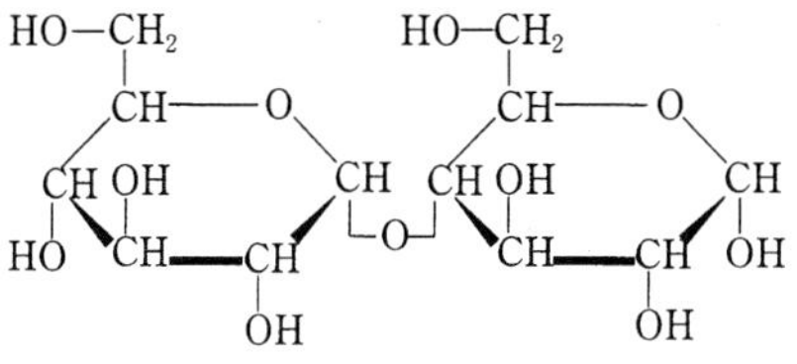

マルトース

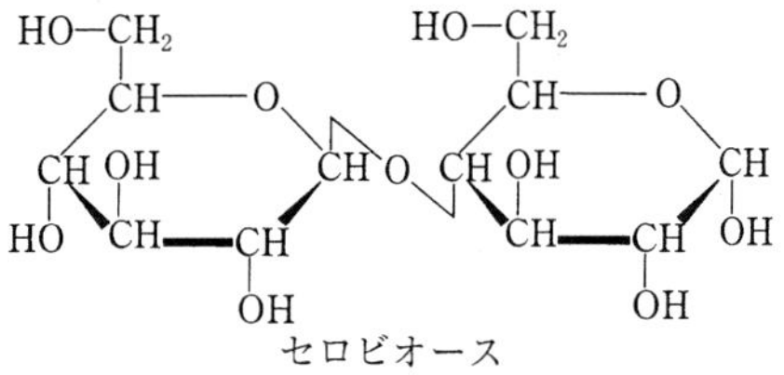

セロビオース

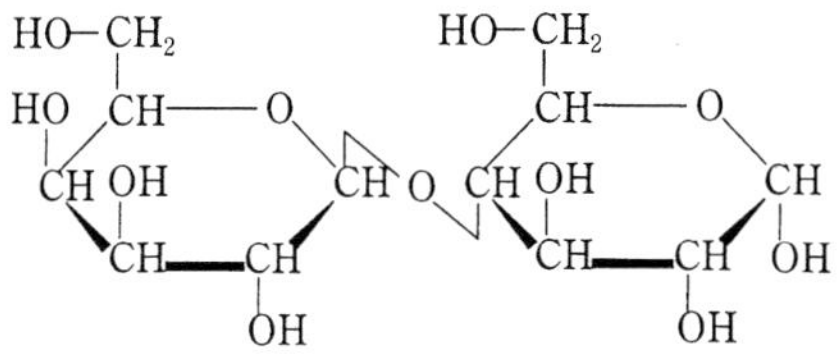

ラクトース

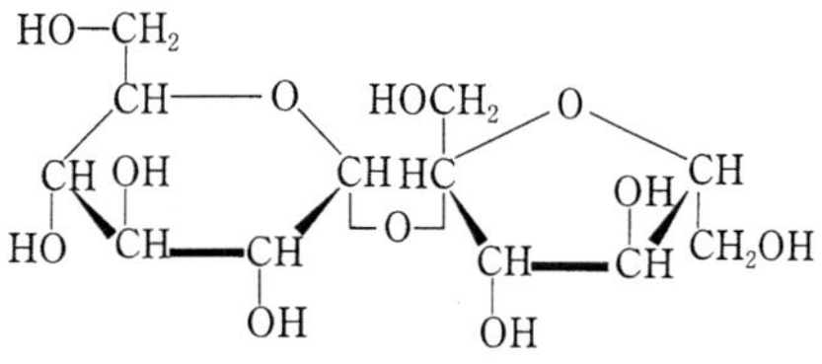

スクロース

図 2.15　おもな二糖類

多糖は水に溶けにくく，また還元性も示さない．多糖は，生体にとってエネルギー貯蔵物質として，また組織構造の構築に必要な物質として重要なはたらきをもっている．構成成分である単糖が 1 種類のものをホモ多糖，2 種類以上の単糖からなるものをヘテロ多糖という．

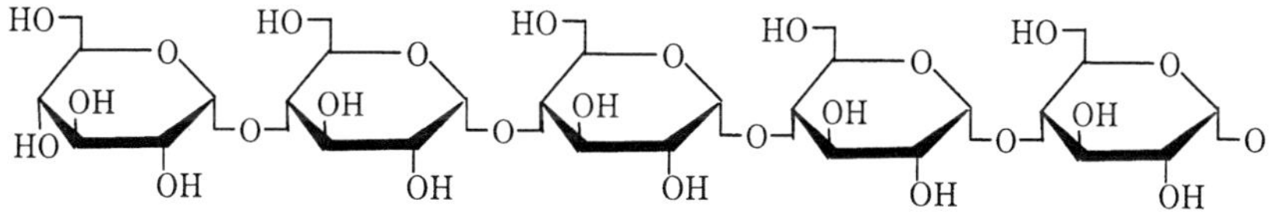

アミロース（デンプンの直鎖状構造，α1→4結合）

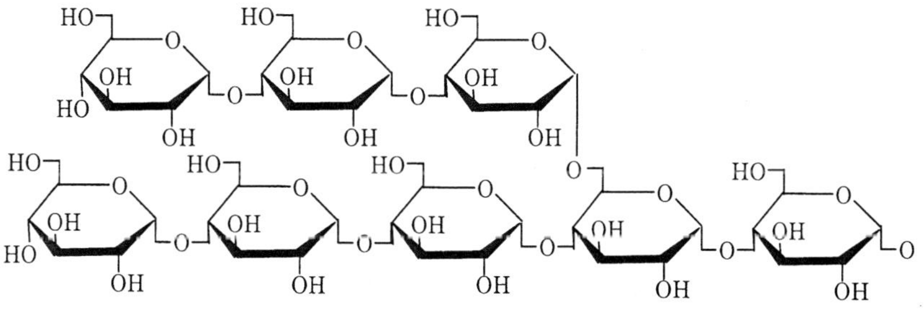

アミロペクチン（デンプンの分岐状構造，α1→4結合およびα1→6結合）
グリコーゲン（アミノペクチンよりも分岐の頻度が高い）

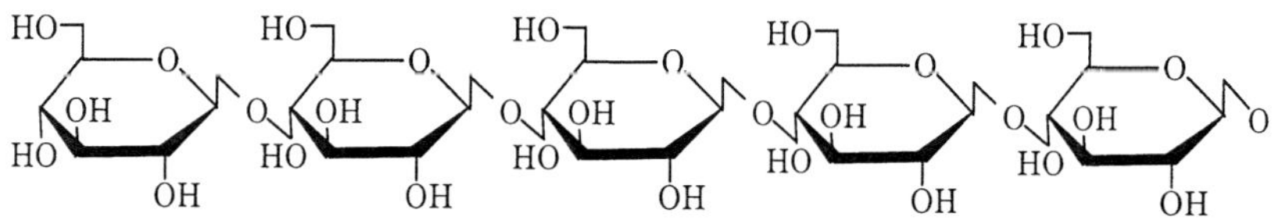

セルロース（直鎖状構造，β1→4結合）

図 2.16　おもな多糖類の構造

(1) ホモ多糖

植物の貯蔵エネルギー源であるデンプンは，グルコースが数千残基重合したホモ多糖である．ジャガイモ，米，小麦，トウモロコシなど，主要な穀物の栄養は，これらの植物細胞内に蓄積されたデンプンによっている．

デンプンには，**アミロース**と**アミロペクチン**の2種類がある．アミロースは，グルコースが$\alpha 1 \to 4$結合した直鎖状分子で，グルコース6分子で1回転する右巻きのらせん構造をとっている．アミロペクチンはグルコースの$\alpha 1 \to 4$結合した直鎖状構造に加えて，グルコース約25残基に1回程度$\alpha 1 \to 6$結合の分岐が加わっているため，分子全体としてのらせん構造がとれなくなっている（図2.16）．

唾液や膵液中に含まれている消化酵素であるα-**アミラーゼ**は，アミロースとアミロペクチンの末端部分から二糖単位で$\alpha 1 \to 4$結合を加水分解して，マルトースを生じる．しかし，α-アミラーゼは$\alpha 1 \to 6$結合は加水分解できないので，アミロペクチンの分岐点まで消化すると，そこで反応が止まってしまう．消化されずに残る多糖を**限界デキストリン**という．限界デキストリンが消化されるには枝切り酵素であるデキストリン1,6-グリコシダーゼがはたらいて，はじめてデンプンの完全な消化が行われる．

グリコーゲンは，動物の貯蔵エネルギー源となる多糖であり，おもに肝臓と筋肉の細胞内に多量に含まれている．アミロペクチン同様に，グルコースの$\alpha 1 \to 4$結合に加え，$\alpha 1 \to 6$結合の分岐が加わっているが，分岐の頻度がより高い．

セルロースは，植物の細胞壁の構成成分で，自然界にもっとも多く存在する多糖類である．セルロースもグルコースのホモポリマーであるが，グルコース間のグリコシド結合が$\beta 1 \to 4$結合している点が異なっている．セルロースはらせん構造をとらず，直鎖状に伸びた分子で，そのセルロース分子間は水素結合で結びつき，多数のセルロース分子が束ねられた線維状構造をとる．βシート構造上のグルコース6分子で1回転する右巻きのらせん構造をとっている．

草食動物の腸内細菌など一部の微生物には，セルロースを分解する酵素であるセルラーゼが含まれているが，ヒトはセルラーゼをもたず，またα-アミラーゼは$\beta 1 \to 4$結合を加水分解できない．

キチンは，N-アセチル D-グルコサミンが$\beta 1 \to 4$結合したホモポリマーである．昆虫やエビ，カニなどの甲殻に多量に含まれていて，自然界ではセルロースについで多く存在する多糖類である．構造上はセルロースを構成しているグルコースの2位がアセトアミド基に置換したものであり，セルロースと類似した性質をもつ．

(2) ヘテロ多糖

プロテオグリカンに共有結合している**グリコサミノグリカン**がヘテロ多糖の代表例である．グリコサミノグリカンは，以前はムコ多糖とよばれていた．グリコサミノグリカンは図2.17に示すように6種類あり，いずれも酸性の糖を含む二糖の繰り返し単位が繋がった直鎖状の多糖である．

多数のグリコサミノグリカンがコアタンパク質とよばれるタンパク質のアミノ酸側鎖に結合した巨大分子が**プロテオグリカン**である．プロテオグリカンは，動物の結合組織の細胞間基質（細胞と細胞のあいだを埋める物質）に多くみられる．プロテオグリカンは，構成成分のグリコサミノグリカンが多数の陰性電荷をもっているために，大量の水分子とカチオンを結びつけており，非常に弾力性に富んでいる．

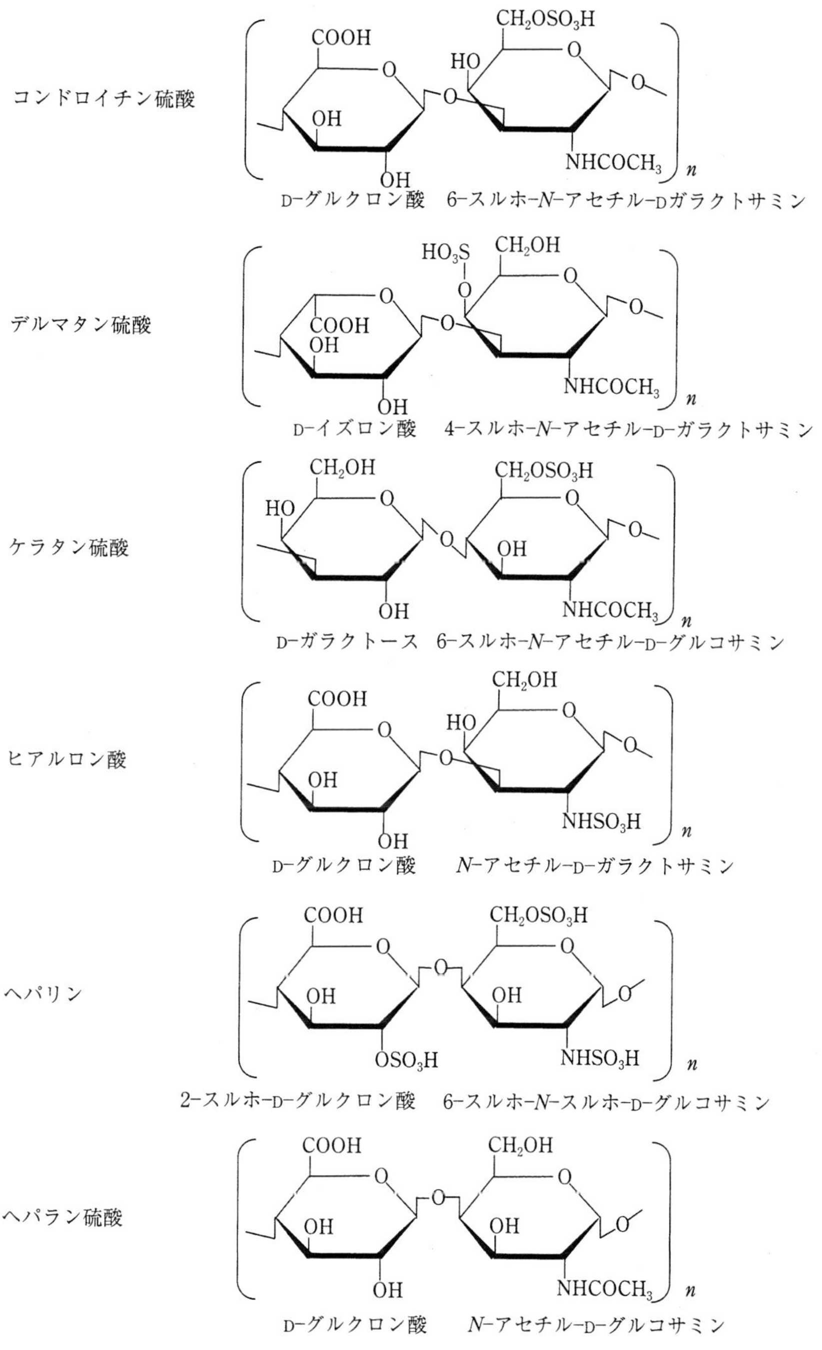

コンドロイチン硫酸　D-グルクロン酸　6-スルホ-N-アセチル-D-ガラクトサミン

デルマタン硫酸　D-イズロン酸　4-スルホ-N-アセチル-D-ガラクトサミン

ケラタン硫酸　D-ガラクトース　6-スルホ-N-アセチル-D-グルコサミン

ヒアルロン酸　D-グルクロン酸　N-アセチル-D-ガラクトサミン

ヘパリン　2-スルホ-D-グルクロン酸　6-スルホ-N-スルホ-D-グルコサミン

ヘパラン硫酸　D-グルクロン酸　N-アセチル-D-グルコサミン

図 2.17　6 種類のグリコサミノグリカン

2.4　アミノ酸・ペプチド・タンパク質

　ヒトも含めてすべての生物は細胞から構成されており，細胞はつねに新しく生まれ，そして増殖・分裂・死といったサイクルを繰り返している．この細胞の形をつくり，細胞が生きるために必

要な多くの複雑多岐な営み（代謝調節，物質輸送，生体防御，酵素反応など）にタンパク質は重要な役割を果たしている．タンパク質は，20種類のアミノ酸から構成されていて，これらのアミノ酸が結合（ペプチド結合）して複雑な高次構造をもつ高分子を形成する．

すべてのアミノ酸 (amino acid) は，その名の示すように，同一分子内に2つの官能基，すなわち**アミノ基**（$-NH_2$）と**カルボキシル基**（$-COOH$）をもっており，ペプチドを形成するのはこれら2種類の官能基の化学的性質に基づいている．

アミノ酸の重合したものは，多くの場合その分子量とアミノ酸残基（アミノ酸の構成成分のこと）数により，オリゴペプチド（アミノ酸残基が2～10個），ポリペプチド（アミノ酸残基が10個以上）とよばれることもある．いずれのタンパク質においても，それを構成するアミノ酸はDNAより生じたmRNAの3種類の塩基配列（トリプレット）により規定されている．

a. アミノ酸

(1) アミノ酸の構造

アミノ酸の一般的な構造は図2.18に示したように，不斉炭素である炭素原子（α炭素原子）に，アミノ基，カルボキシル基，水素原子，およびR基（側鎖）が結合しており，各アミノ酸に固有の性質はこのR基による．プロリンは，アミノ基の窒素原子とR基とのあいだで環状構造を形成しており，ほかのアミノ酸における側鎖の柔軟性とは対照的に，α炭素原子のまわりで回転することができないため，ペプチド鎖の自由度は減少し，ポリペプチド鎖の折たたみ構造の形成の障害となる．プロリンを多く含むタンパク質の構造と機能を考えるうえで，重要な意味をもっている．

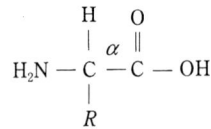

図2.18　アミノ酸の一般式

(2) アミノ酸の分類

アミノ酸は水分子と相互作用する能力に応じて，①非極性で中性，②極性があって中性，③酸性，④塩基性の四つに分類される（表2.6）．20種類のアミノ酸の構造式を図2.19にまとめた．

i) 非極性の中性アミノ酸　　非極性の中性アミノ酸は，たいてい炭化水素の側鎖（R基）をもっている．中性という意味は側鎖が正にも負にも帯電していないことに由来する．非極性（すなわち疎水性）アミノ酸は水分子とあまり相互作用しないため，タンパク質の立体構造を維持するのに重要な役割を果たしている（タンパク質の二次構造の項目参照）．

ii) 極性の中性アミノ酸　　極性アミノ酸は水素結合を形成できる官能基をもっているので，これらのアミノ酸は水分子と容易に相互作用する（親水性）．

iii) 酸性アミノ酸　　二つの標準アミノ酸がカルボキシル基を側鎖にもっている．酸性側鎖をもつ二つのアミノ酸（アスパラギン酸，グルタミン酸）は中性側鎖をもつアミノ酸よりも酸性側（低pH）側に等電点をもつ．

iv) 塩基性アミノ酸　　塩基性アミノ酸は，生理学的なpHにおいて正に帯電しているので，酸性アミノ酸とイオン結合を形成することができる．

1. 非極性中性アミノ酸

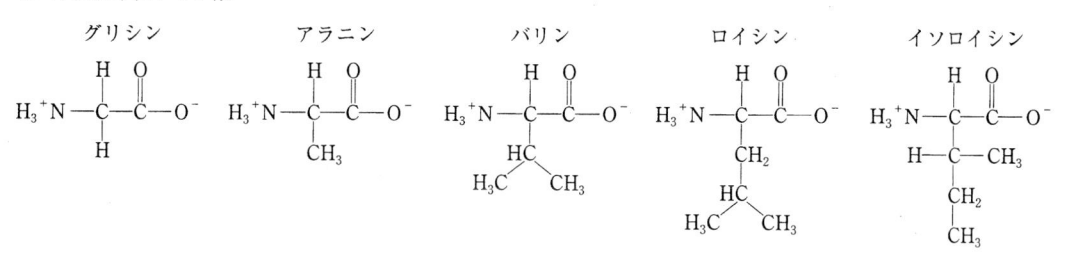

グリシン　　アラニン　　バリン　　ロイシン　　イソロイシン

プロリン　フェニルアラニン　チロシン　トリプトファン　メチオニン　システイン

2. 極性中性アミノ酸

セリン　　トレオニン　　アスパラギン　　グルタミン

3. 酸性アミノ酸

アスパラギン酸　　グルタミン酸

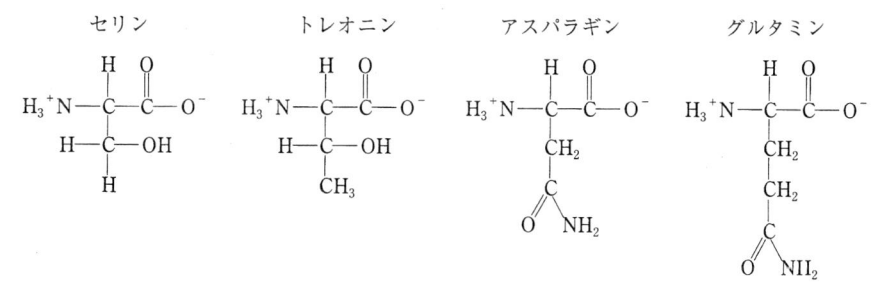

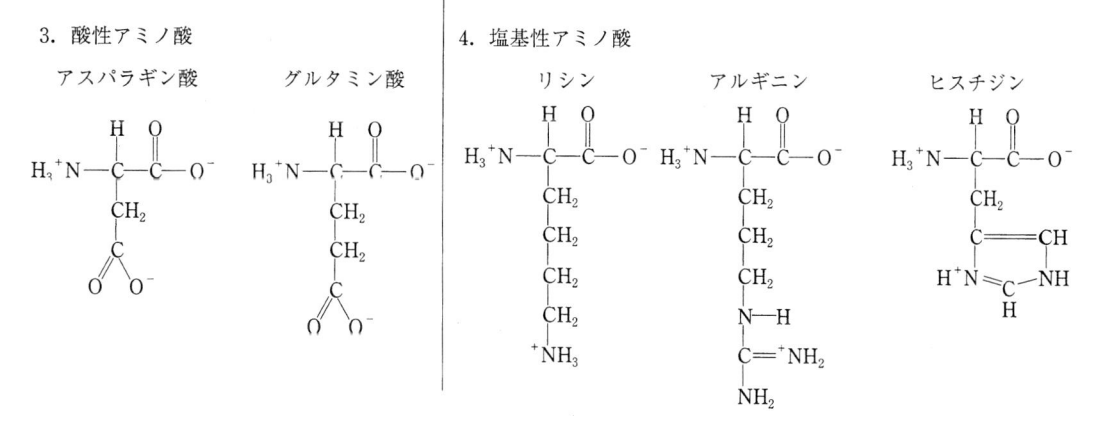

4. 塩基性アミノ酸

リシン　　アルギニン　　ヒスチジン

図 2.19 アミノ酸の分類

(3) 非タンパク質性のアミノ酸

アミノ酸は遺伝子である DNA からコードされてつくられる（第 6 章参照）．ところが，生体内には代謝中間体やポリペプチド鎖が合成された後で形成される生理活性物質として存在するアミノ

表 2.6 アミノ酸の分類と特性

分類	側鎖	名称 三/一文字表記	pK_1 α-COOH	pK_2 α-NH$_3^+$	pK_R 側鎖	pI	特性
非極性中性アミノ酸	脂肪族	グリシン Gly/G	2.35	9.78		5.97	・疎水性 ・光学的不活性（不斉炭素なし） ・ヘムの合成原料 ・プリン体の生合成原料 ・コラーゲンに多く含まれる
		アラニン Ala/A	2.35	9.87		6.00	・疎水性 ・糖新生の基質として重要
		バリン Val/V	2.29	9.74		5.96	・疎水性 ・必須アミノ酸 ・分枝アミノ酸（BCAA）
		ロイシン Leu/L	2.33	9.74		5.98	・疎水性 ・必須アミノ酸 ・分枝アミノ酸（BCAA）
		イソロイシン Ileu/I	2.32	9.76		6.02	・疎水性 ・必須アミノ酸 ・分枝アミノ酸（BCAA）
		プロリン Pro/P	1.95	10.64		6.30	・疎水性 ・コラーゲンに多く含まれる
	芳香族	フェニルアラニン Phe/F	2.20	9.31		5.48	・疎水性 ・必須アミノ酸 ・芳香性アミノ酸（AAA） ・フェニルアラニンヒドロキシラーゼによりチロシンとなるが，この酵素欠損による先天性代謝異常症をフェニルケトン尿症という
		チロシン Tyr/Y	2.20	9.21	10.46（フェノール基）	5.66	・疎水性 ・エピネフィリン，ノルエピネフィリン，チロキシンなどホルモンの合成原料 ・280 nm に吸収極大を有する ・酵素タンパク質のリン酸化に関与する ・脱炭酸反応によりチラミン（腐敗アミン）となる
		トリプトファン Trp/W	2.46	9.41		5.81	・疎水性 ・必須アミノ酸 ・芳香性アミノ酸（AAA） ・280 nm に吸収極大を有する ・ニコチン酸（ビタミンB群の一種）の生合成原料 ・脱炭酸反応によりトリプタミン（腐敗アミン）となる
	含硫黄	メチオニン Met/M	2.13	9.28		5.74	・疎水性 ・必須アミノ酸 ・芳香性アミノ酸（AAA） ・S-アデノシルメチオニンの形でメチル基供与体となる ・豆類タンパク質の制限アミノ酸である
非極性中性アミノ酸	含硫黄	システイン Cys/C	1.92	10.70	8.37（SH基）	5.07	・親水性 ・メチオニンとセリンから生合成される
極性中性アミノ酸	アルコール	セリン Ser/S	2.19	9.21		5.68	・親水性 ・脱炭酸反応によりエタノールアミン（リン脂質の構成

						成分)になる・酵素タンパク質のリン酸化に関与する・糖タンパク質中でセリンのOH基とオリゴ糖がO-グリコシド結合に関与する	
		トレオニン Thr/T	2.09	9.10		6.16	・親水性・必須アミノ酸・・酵素タンパク質のリン酸化に関与する・糖タンパク質中でトレオニンのOH基とオリゴ糖がO-グリコシド結合に関与する
	酸アミド	アスパラギン Asn/N	2.14	8.72		5.41	・親水性・糖タンパク質中で酸アミドのアミノ窒素とオリゴ糖がN-グリコシド結合に関与する
		グルタミン Gln/Q	2.17	9.13		5.65	・親水性・アミノ基転移反応において需要な役割をはたす
酸性アミノ酸	酸	アスパラギン酸 Asp/D	1.99	9.90	3.90 (β-COOH)	2.77	・親水性・もっとも酸性が強い・脱炭酸反応によりβ-アラニン(パントテン酸の構成成分)
		グルタミン酸 Glu/E	2.10	9.47	4.07 (γ-COOH)	3.22	・親水性・脱炭酸反応によりγ-アミノ酪酸(神経伝達物質)となる・グルタチオンの構成成分
塩基性アミノ酸	塩基	リシン Lys/K	2.16	9.06	10.54 (ε-NH_3^+)	9.74	・親水性・必須アミノ酸・脱炭酸反応によりカタベリン(腐敗アミン)となる・穀類タンパク質の制限アミノ酸である
		アルギニン Arg/R	1.82	8.99	12.48 (グアニジウム基)	10.76	・親水性・脱炭酸反応によりアグマチン(腐敗アミン)となる・もっともアルカリ性が強い・尿素回路に関与する
		ヒスチジン His/H	1.80	9.33	6.04	7.59	・親水性・必須アミノ酸・脱炭酸反応によりヒスタミン(アレルギー源)となる・弱塩基性アミノ酸

必須アミノ酸:生体に必要であるが十分な量を生合成されないため,外部より摂取しなければいけないアミノ酸のこと
制限アミノ酸:食餌タンパク質中に,動物にとって必要な必須アミノ酸が一つあるいは二つ以上不足しているアミノ酸のこと
BCAA:Branched Chain Amino Acid, AAA:Aromatic Amino Acid.

酸誘導体がある.たとえば,尿素回路において重要な中間体である,オルニチンや,脳の神経伝達物質であるγ-アミノ酪酸(GABA),甲状腺ホルモンであるチロキシン,副腎ホルモンの中間体である3,4-ジヒドロキシフェニルアラニン(DOPA)などがある(図2.20).

(4) アミノ酸の性質

i) 対称性　20種類のアミノ酸のうち,グリシンを除いた19種類のα炭素原子は四つの異なる官能基と結合しており,不斉炭素原子あるいはキラル炭素原子とよばれる.たとえば,図2.20に示したように,アラニンはキラル分子で,キラル炭素原子に結合しているアミノ基がお互い鏡像体でD-体,L-体がある.天然型のアミノ酸はすべてL-体である(図2.21).興味あることは,タ

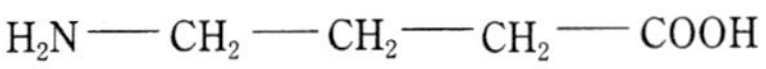

H₂N—CH₂—CH₂—CH₂—COOH
γ-アミノ酪酸(GABA)

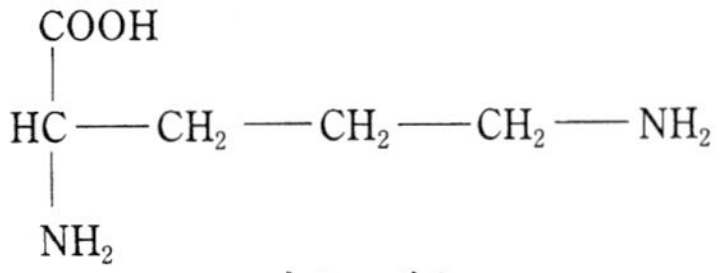

オルニチン (COOH-CH(NH₂)-CH₂-CH₂-CH₂-NH₂)

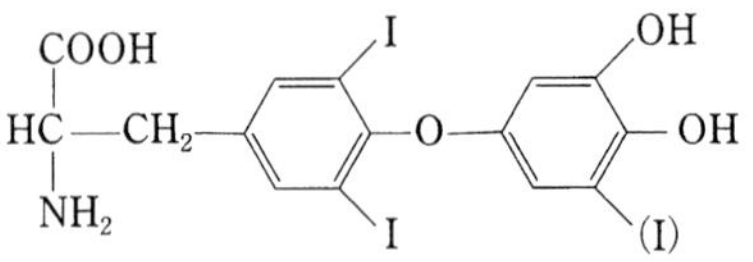

3,5,3′-トリヨードチロニン(T3)
(チロキシン(T4))

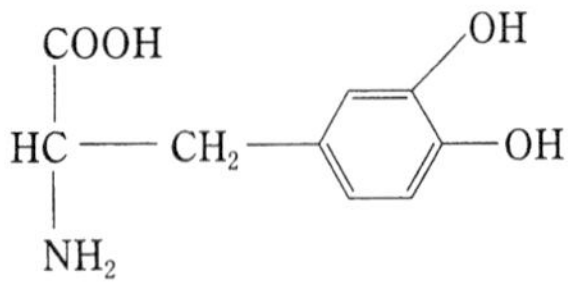

3,4-ジヒドロキシフェニルアラニン(DOPA)

図 2.20 代表的修飾アミノ酸

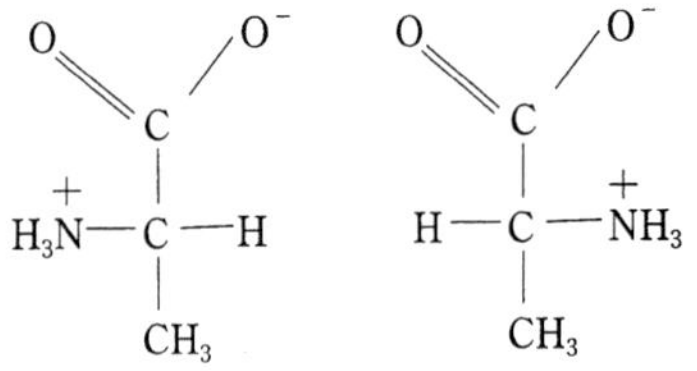

L-アラニン   D-アラニン

図 2.21 αアミノ酸の D, L 型異性体の構造

ンパク質の高次構造形成に重要な役割を果たしている．右巻きらせん構造（αヘリックス）形成にはL-アミノ酸のみが関与している．このキラリティーは生理活性と重要な相関性があることが知られている．

　化学構造の相違が生物活性に影響を与えた代表例に，人工甘味料アスパルテーム（商品名：Equal, NutraSweet）がある（図2.22）．アスパルテームは，アスパラギン酸とフェニルアラニンからなるジペプチドのメチルエステル体である．二つの構成アミノ酸がともに天然型のL型の場合のみ甘みを呈し，両アミノ酸または，片方のアミノ酸がD型の場合は苦味を呈する．

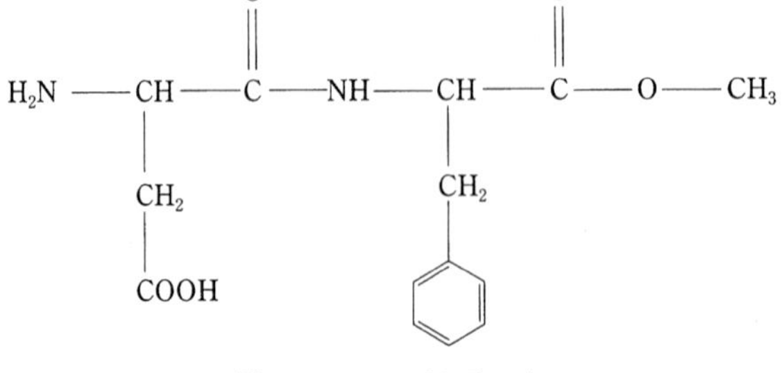

図 2.22 アスパルテーム

ii) **両性電解質** アミノ酸は同一分子内に二つの官能基，すなわちアミノ基（$-NH_2$）とカルボキシル基（$-COOH$）をもつ，両性電解質である．中性付近ではアミノ基とカルボキシル基が同時にイオン化し（$-NH_3^+$，$-COO^-$）それぞれ正および負に帯電している．$-COOH$ 基がプロトンを放出し，$-NH_2$ 基がプロトンを受け取れば，一つの正電荷と一つの負電荷をもつ電気的に中性な双極イオンになる．

酸性溶液中（低 pH）ではアミノ酸の $-COO^-$ 基がプロトンを受け取り $-COOH$ となり，$-NH_3^+$ 基が残るため全体としてアミノ酸は正に荷電する．一方塩基性溶液（高 pH）では，アミノ酸の $-NH_3^+$ 基がプロトンを放出して $-NH_2$ となり，$-COO^-$ 基が残るため全体としてアミノ酸は負に荷電する．pH の変化に伴い，アミノ酸分子は図 2.23 に示したような電荷状態の変化を示す．アミノ酸の正味の電荷がゼロになる pH を等電点（isoelectric point, pI）とよぶ．等電点では，実行荷電がゼロになるので，アミノ酸の可溶性はもっとも低くなる．

(a) 正味の電荷 +1　　　　　　　(b) 正味の電荷 0　　　　　　　(c) 正味の電荷 −1

図 2.23 アミノ酸の解離基のイオン化状態と電荷との相関

これを，二つの官能基を有するアラニンについて滴定曲線から考えてみよう（図 2.24）．この滴定曲線は pK_1 に相当する pH においては，α-カルボキシ基の 1/2 が，pK_2 に相当する pH においてはプロトン化した α-アミノ基の 1/2 が解離した状態を示している．一般に等電点は pI = (pK_1 + pK_2)/2 で求められる．一方，イオン化する側鎖をもつアミノ酸の場合，pK_1 と pK_2 に加えて側鎖の解離（pK_R）を考慮して等電点を求める必要がある．たとえば，塩基性の側鎖をもつアミノ酸では（pK_2 + pK_R）/2，酸性側鎖をもつアミノ酸では（pK_1 + pK_2）/2 で求められる．

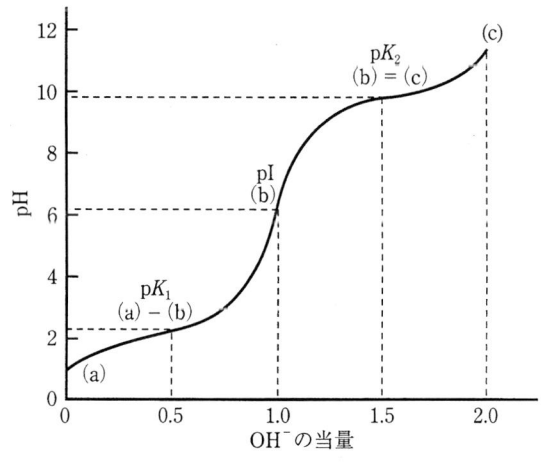

図 2.24 アラニンの滴定曲線

b. タンパク質

(1) タンパク質の分類

タンパク質は色々な特性から分類されている．形状から球状タンパク質と繊維状タンパク質に分類されている（表 2.7）．機能面から酵素タンパク質，貯蔵タンパク質，調節タンパク質，構造タンパク質，防御タンパク質，輸送（運搬）タンパク質（表 2.8），またその組成から，単純タンパク質と複合タンパク質に分類される（表 2.9）．

表 2.7 タンパク質の形状による分類

名　称	特　徴	代表的タンパク質
球状タンパク質	球状タンパク質の表面に存在する多くの α ヘリックスはアミノ酸の疎水性基を内側に親水性基を外側に向けて存在	酵素タンパク質 防御タンパク質 輸送タンパク質
繊維状タンパク質	タンパク質鎖が長い繊維やシートを形成できるタンパク質で，溶けにくく，生体内で細胞骨格形成に関与していることが多い	構造タンパク質

i) 形状による分類　球状タンパク質は一般に親水性で，多様な生物活性を有しほとんどすべての酵素などが含まれる．また免疫グロブリン（防御タンパク質）や，ヘモグロビンやアルブミン（輸送タンパク質）などが代表的である．反対に繊維状タンパク質は水に不溶で，結合組織，骨，軟骨，皮膚などに存在する細胞外マトリックスの成分であるコラーゲン（構造タンパク質），皮膚，毛髪，爪に存在するケラチン，血管や皮膚の伸縮自在な動きに重要な役割を示すエラスチン（構造タンパク質）などがある．

ii) 機能による分類（表 2.8）

① 酵素タンパク質：生命維持に必要なエネルギー産生や，生体成分の合成・分解に携わる生体化学反応において，生体触媒としてその反応を制御しているタンパク質である（酵素については第 3 章参照）．

表 2.8 タンパク質の機能による分類

名　称	特　徴	代表的タンパク質
酵素タンパク質	生体成分の合成・分解に携わる生化学反応における生体触媒として働く	リボヌクレアーゼ，アルコール脱水素酵素，ヘキソキナーゼ
貯蔵タンパク質	生体機能維持に不可欠な栄養素などの貯蔵体	カゼイン，フェリチン，ミオグロビン
調節タンパク質	代謝調節，細胞増殖調節などに関与する	インスリン，EGF，ペプチドホルモン
構造タンパク質	細胞骨格形成に重要な役割をはたしている	コラーゲン，ケラチン
防御タンパク質	免疫反応など生体防御に関与している	免疫グロブリン，フィブリノーゲン，トロンビン
輸送（運搬）タンパク質	血液中の酸素運搬，脂質運搬，イオン・分子の膜輸送などに関与している	ヘモグロビン，リポタンパク質，トランスフェリン，
運動タンパク質	細胞分裂・遊走運動など細胞の運動に関与している	アクチン，チューブリン

② 貯蔵タンパク質：生体機能維持に不可欠な栄養素などの貯蔵体としての貯蔵タンパク質で，哺乳動物の乳に存在するカゼインは有機窒素の貯蔵源，鉄の貯蔵源として肝臓，脾臓，骨髄や筋肉中にあるフェリチン，酸素貯蔵体と知られるミオグロビンなどがある．

③ 調節タンパク質：ペプチドホルモン（インスリンなど）や増殖因子（上皮増殖因子；EGFなど）が標的細胞に発現しているそれぞれに特異的な受容体に結合することによりその細胞機能を変化させたり，種々の転写調節に携わるタンパク質が含まれる．

④ 構造タンパク質：細胞骨格形成に重要な役割を果たしているコラーゲンやケラチンなどがある．構造タンパク質の代表であるコラーゲンは結合組織，骨，軟骨，皮膚などに存在する細胞外マトリックスの成分で，形状は繊維状で，代表的イミノ酸であるヒドロキシプロリンを多く含む．興味あることは，ヒドロキシプロリンはポリペプチド合成完成後，ビタミンC（アスコルビン酸）存在下プロリンが翻訳後に酸化的な修飾を受けて生成する．ビタミンCが不足すると未熟なコラーゲンしか生合成できないので血管壁がもろくなる壊血病になる．

⑤ 防御タンパク質：血液凝固を防ぐフィブリノーゲンやトロンビン，免疫反応に関与する免疫グロブリンなど生体防御に携わるタンパク質が含まれる．

⑥ 輸送（運搬）タンパク質：肺から各組織に酸素を運搬するヘモグロビンや，肝臓や小腸から他の組織に脂質を運搬するLDLとHDLと呼ばれるリポタンパク質，鉄を運搬するトランスフェリンがある．

輸送タンパク質の代表として血中の脂質を運搬するリポタンパク質のはたらきについて概説する．哺乳動物のエネルギー源であるトリアシルグリセロール（脂肪），コレステロール，コレステロールエステルなどは水に不溶なため，遊離の分子として血中やリンパ管中を移動することはできない．そのため，比較的親水性のアポリポタンパク質がこれらを取り込んで大きなリポタンパク質粒子を形成して輸送される．粒子中では，リン脂質，アポリポタンパク質，コレステロールは両親

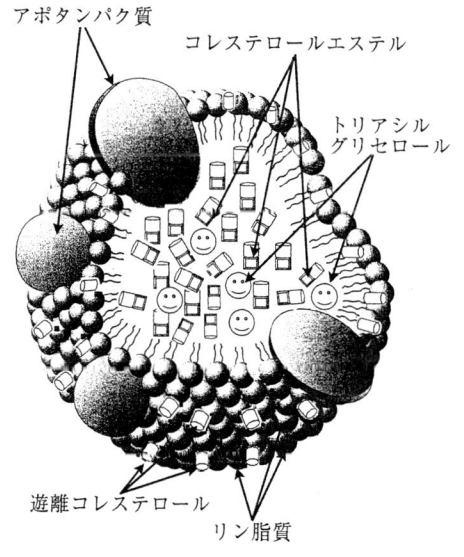

図2.25 一般的なリポタンパク質の模型図
リポタンパク質は球状で，中心部にコレステロールエステルおよびトリアシルグリセロールが存在し，その周辺にリン脂質と遊離コレステロール，さらにアポタンパク質が存在する．脂質の組成割合から考えて，HDLの模型を描いている．

表 2.9 リポタンパク質の性状

リポタンパク質	大きさ (nm)	比重	組成 主要アポリポタンパク質	トリアシルグリセロール (%)	コレステロール, エステル (%)	タンパク質	役割
キロミクロン	500	< 0.95	B-48	80	8	2	食餌由来のトリアシルグリセロール運搬
超低密度リポタンパク質 VLDL	100	0.95〜1.006	B-100	50	20	10	肝臓で生合成されたトリアシルグリセロール運搬
中間密度リポタンパク質 IDL	30	1.005〜1.019	B-100	30	30	11	VLDL→LDLの代謝中間体
低密度リポタンパク質 LDL	20	1.019〜1.063	B-100	10	50	20	末梢組織へのコレステロール運搬（悪玉コレステロールとよばれている）
高密度リポタンパク質 HDL	10	1.063〜1.210	A-1	8	30	40	末梢組織から肝臓へコレステロール運搬（アテローム性動脈硬化症を予防するので善玉コレステロールともよばれている）

表 2.10 アポリポタンパク質のはたらき

はたらき	特性	代表的アポリポタンパク質
リポタンパク質の代謝に関与	・LPL（リポタンパク質リパーゼ）の活性化 ・LCAT（レシチン・コレステロールアシルトランスフェラーゼ）の活性化	・アポ C-II ・アポ A-I
リポタンパク質受容体との結合	・LDL受容体と結合 ・HDL受容体と結合 ・レムナント受容体	・アポ B-100, アポ E ・アポ A-I ・アポ E

媒性（親水性と疎水性）であるため表層部分に存在し，トリアシルグリセロールとコレステロールエステルは中心部コアに局在している（図 2.25）．血清リポタンパク質の特徴と，アポリポタンパク質のはたらきの概要を表 2.9 および表 2.10 にまとめた．

イオンや分子の輸送には，**受動輸送**（active transport）とよばれるエネルギーを必要としない輸送があり，代表的な例としてグルコースの Na^+ との共輸送による効果的な細胞内に取り込みが知られている．また輸送にエネルギー（ATP など）を用いて物質を細胞内外の濃度差に逆らって細胞内に取り込む**能動輸送**（passive transport）とよばれる輸送があり，たとえば Na^+-K^+ ATPアーゼは，細胞内の ATP を分解して生じるエネルギーを利用して 2 個の K^+ を細胞内に取り込み 3 個の Na^+ を細胞外に運び出す Na ポンプとよばれている（図 2.26）．

⑦ 運動タンパク質：細胞分裂や細胞の遊走運動など細胞運動に関与するアクチン，チューブリンがある．

iii）**組成物質による分類**　タンパク質は加水分解されてアミノ酸のみを生ずる単純タンパク質と，アミノ酸以外の成分も生ずる複合タンパク質に分類される．複合タンパク質はさらに構成するアミノ酸以外の分子により，脂質を含む**リポタンパク質**（水に不溶性なトリアシルグリセロールやコレステロールなどを，比較的親水性のリン脂質やアポリポタンパク質が取り込んで球状のリポ

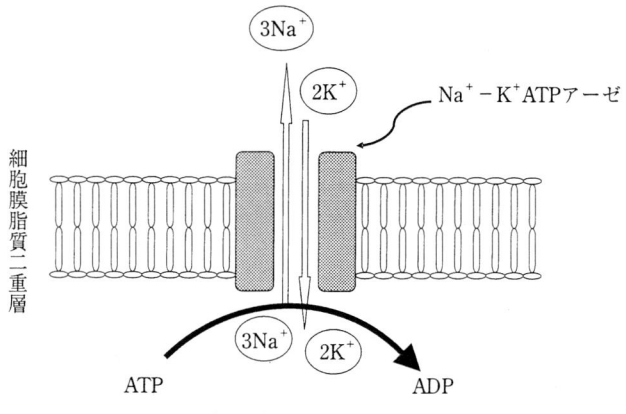

図 2.26 Na$^+$-K$^+$ATPアーゼによる能動輸送

タンパク質を形成し、懸濁化し血中で脂質を運搬する)、糖質を含む**糖タンパク質**(アスパラギンのアミド窒素と結合したN-グリコシド型結合、セリンおよびトレオニンのヒドロキシル基と結合したO-グリコシド結合型)、金属を含む**金属タンパク質**(鉄を含むフェリチンやトランスフェリン、セリンを含むグルタチオンペルオキシターゼなど)、リンを含む**リンタンパク質**(リン酸がタンパク質中のセリンやトレオニンのヒドロキシル基と結合したもの)、ヘムを含む**ヘムタンパク質**(ヘモグロビンなどポルフィリン骨格を含む分子に Fe^{2+} が配位した錯化合物(ヘム)にタンパク質が結合したもので、ヘムはグリシンから合成される)、核酸と塩基性タンパク質からなる**核タンパク質**などに分けられる(表2.11).

表 2.11 タンパク質の組成による分類

名　称	特　徴	代表的タンパク質
単純タンパク質	タンパク質が加水分解を受けてアミノ酸のみを生じる	球状・繊維状タンパク質
複合タンパク質	タンパク質が加水分解を受けてアミノ酸以外に他の成分を生成する	・リポタンパク質(トリアシルグリセロール,コレステロールなどが結合し血中で脂質を運搬:LDL,HDLなど) ・糖タンパク質(N-グリコシド結合,O-グリコシド結合などオリゴ糖とタンパク質が結合:インスリン受容体,免疫グロブリンなど) ・金属タンパク質(金属を含むことで機能:フェリチン,トランスフェリンなど) ・リンタンパク質(リン酸とタンパク質が結合:カゼインなど) ・ヘムタンパク質(ヘムタンパク質と結合:ヘモグロビン,ミオグロビンなど) ・核タンパク質(核酸と塩基性タンパク質が結合:ヌクレオヒストンなど)

(2) タンパク質の構造

アミノ酸配列を表している一次構造、ポリペプチド鎖が折りたたまれるにつれて、隣接したアミノ酸のペプチド結合による局所的な構造である二次構造、ポリペプチド鎖がとる三次元的な立体構造である三次構造、および複数のポリペプチド鎖(またはサブユニット)からなる四次構造に分け

られている．

i) **一次構造** 個々のポリペプチド鎖はアミノ酸がポリペプチド結合してつくられた分子である．したがって，タンパク質の一次構造とはアミノ酸配列のことである．

タンパク質のアミノ酸配列の決定法には，N-末端からのアミノ酸配列の決定法（エドマン（Edman）分解法など），C-末端からのアミノ酸配列の決定法がある（ヒドラジン分解法など）．アミノ酸配列の決定はいくつかの複雑な過程を経て行われるが，現在では自動化されたプロテイン・シークエンサーを用いて微量のタンパク質のアミノ酸配列を容易にかつ短時間で決定することができる．

一般的によく知られているエドマン分解法は，タンパク質にフェニルイソチオシアネートを反応させると，N-末端アミノ酸のアミノ基と反応しフェニルチオカルバミル誘導体が生成される（図2.27）．この誘導体を酸処理（トリフルオロ酢酸）すると，フェニルチオヒダントイン誘導体を遊離し，高速液体クロマトグラフィー（HPLC）や，さらには自動化されたプロテインシークエンサーなどを用いて同定する．これを繰り返してタンパク質のアミノ酸配列を決定することができる．

ii) **二次構造** タンパク質は構成しているアミノ酸配列の違いにより，それぞれ異なる固有の立体構造をもっている．アミノ酸の側鎖はこの立体構造を決めるのに重要な役割を果たしている．立体構造を構成する原子間の水素結合によりタンパク質の二次構造の規則的な繰り返しを保っている．水素結合は，1本のペプチド鎖のカルボニル酸素と他の鎖の水素原子を結合させる（$-C=O\cdots HN-$）．二次構造のおもなものに α-ヘリックスと β-構造がある．

α-ヘリックスは1回転あたり3.6アミノ酸残基が存在し，ペプチド結合のカルボニル酸素原子

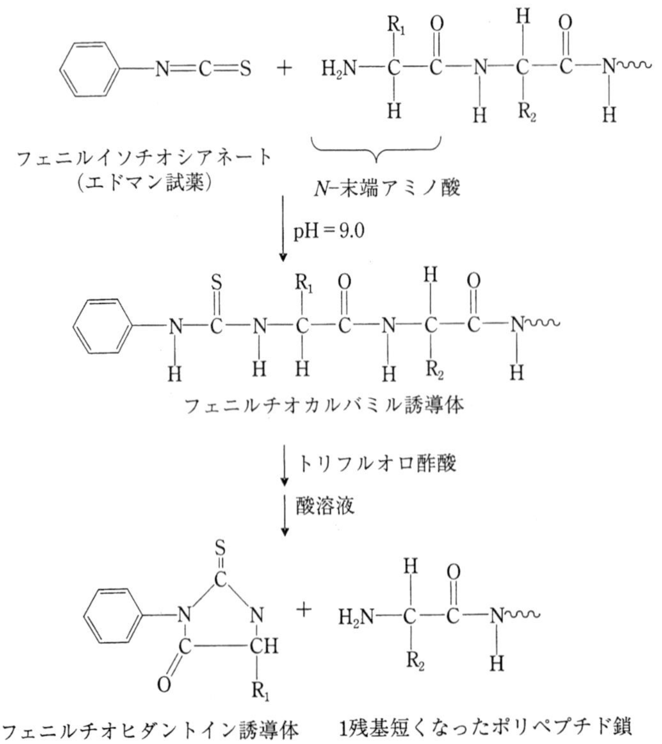

図2.27 エドマン分解法

は4残基離れたペプチド結合のアミド水素と水素結合して構造を安定化させている．らせんは右巻きで，アミノ酸側鎖（R基）はヘリックスの外側に突き出ている．球状タンパク質の表面に存在する多くのα-ヘリックスは疎水性部分を内部に，親水性部分を外側に向けて存在する（図2.28）．プロリン（環状構造が回転を妨げるため），グルタミン酸やアスパラギン酸（側鎖が電荷をもつアミノ酸）や，かさばったR基をもつトリプトファンなどはα-ヘリックス構造をとりにくい．

β-構造にはβストランドとよばれるほぼ完全にポリペプチド鎖が伸びた構造と，複数のβストランドがシート状になった波状構造がある．隣り合うペプチド鎖が同方向の場合を平行βシート（図2.29 (a)），逆方向の場合を逆平行βシート（図2.29 (b)）とよんでいる．いずれの場合も，隣接するポリペプチド鎖骨格のN–H基とカルボニル基とのあいだで形成される水素結合によって安定化されている．

これらの構造のほかに，繰り返しのないランダムコイルとよばれる構造が存在し，α-ヘリックスやβ構造間をつなぐループやターンを構成している．

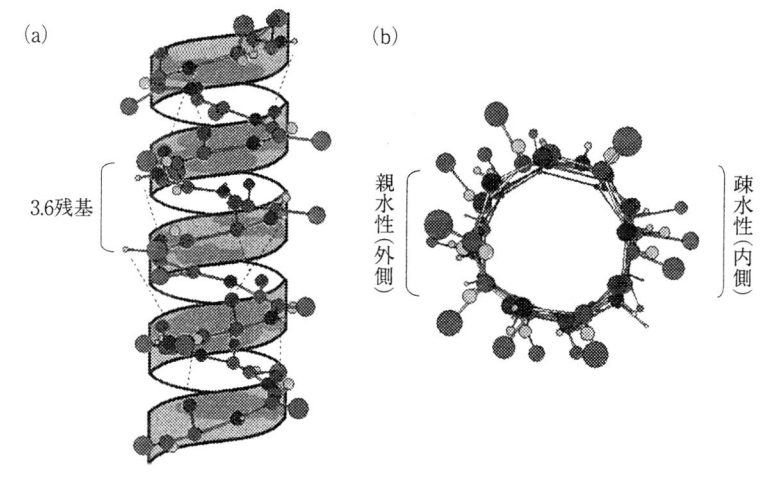

図2.28 α-ヘリックス（右巻き）構造．(a) 横から (b) 上から見た図．……は水素結合

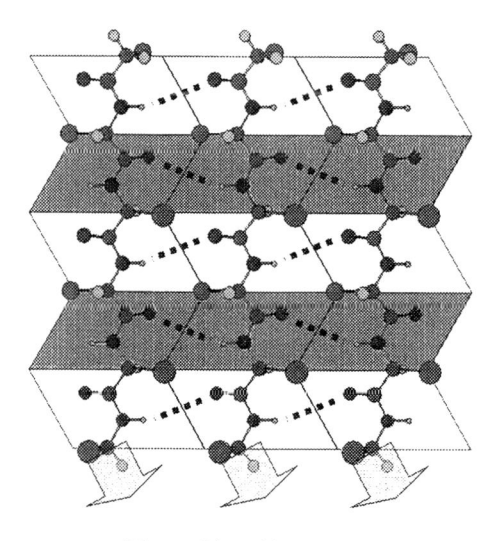

図2.29 (a) 平行βシート

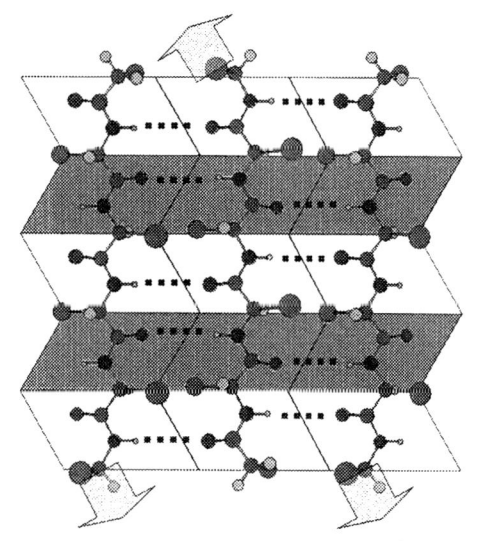

図2.29 (b) 逆平行βシート構造

iii) 三次構造　三次構造とは，球状タンパク質が生物活性のある構造に折たたまれるときにとる特徴的なコンホメーションをさしている．三次構造の特徴として，次の三つがある．一次構造では互いに離れているアミノ酸残基が近接するように，ポリペプチド鎖が折りたたまれる構造である．ポリペプチド鎖が折りたたまれることにより，タンパク質はコンパクトになり，この結果水分子がタンパク質分子内から排除され，極性基と非極性基とのあいだで相互作用が起こる．比較的分子量の大きい球状タンパク質（アミノ酸残基で200以上）では，しばしばドメインと呼ばれる特有の機能（たとえば鉄や小さな分子の結合）を有した構造的に独立したセグメントからなる．

このような三次構造の安定化には，水素結合，疎水結合，イオン結合などの非共有結合性の相互作用と，ジスルフィド結合などの共有結合性の相互作用が寄与している（図2.30）．

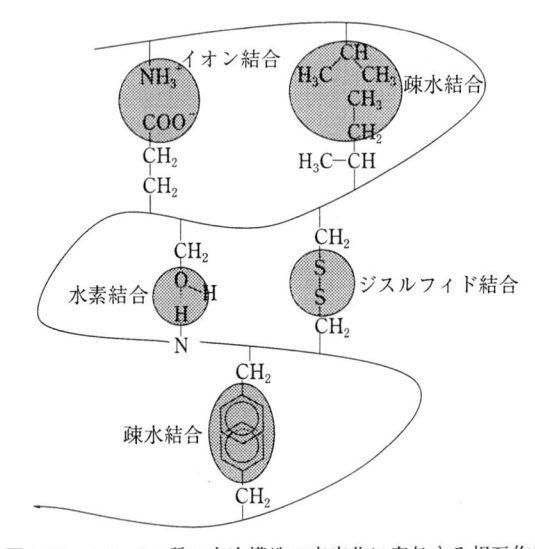

図 2.30　タンパク質の高次構造の安定化に寄与する相互作用

最近まで，病気の伝播感染はウイルスあるいは微生物を介するものと信じられていたが，タンパク質の折りたたみ構造が病気の発症に関与していることが明らかになった．もっともよく知られているものに，牛海綿状脳症（BSE：bovine spongiform encephalopathy）があり，感染物はプリオン（prion）とよばれ，プリオン関連タンパク質（prion-related protein：PrP）からなり，その三次元的折りたたみ構造の変化が，発症に関与しているといわれている．

iv) タンパク質の四次構造　比較的大きな分子量をもつタンパク質は，サブユニットとよばれるいくつかのポリペプチド鎖から構成されている．これらのサブユニットが寄り集まった立体的な配置を四次構造とよんでいる．2つ集まったものをダイマー，4つ集まったものをテトラマーとよび，一般的に複数個のことが多い．また異なるタンパク質が2つ集まったものをヘテロダイマー，同じもの2つの場合にはホモダイマーという．

(3) タンパク質の構造と機能の関係

タンパク質はそれぞれ固有の機能をもつが，それはその構造に大きく依存している．ここではミオグロビンとヘモグロビンを例にとって，構造と機能の相関について説明する．

ミオグロビンもヘモグロビンもともに酸素結合タンパク質であり，それぞれ酸素貯蔵タンパク質および酸素運搬タンパク質として機能している．ミオグロビンはおもに心臓や筋肉組織に存在し，

クジラのような長時間潜水することのできるほ乳動物の筋肉には，きわめて高濃度のミオグロビンが存在する．ミオグロビンは分子量 17,000 で 8 つの α-ヘリックスを含む一本鎖ポリペプチドである（図 2.31）．折りたたまれたグロビン鎖の疎水的な隙間に鉄を含む複合タンパク質（ヘムタンパク質）が存在し，酸素と可逆的に結合する．

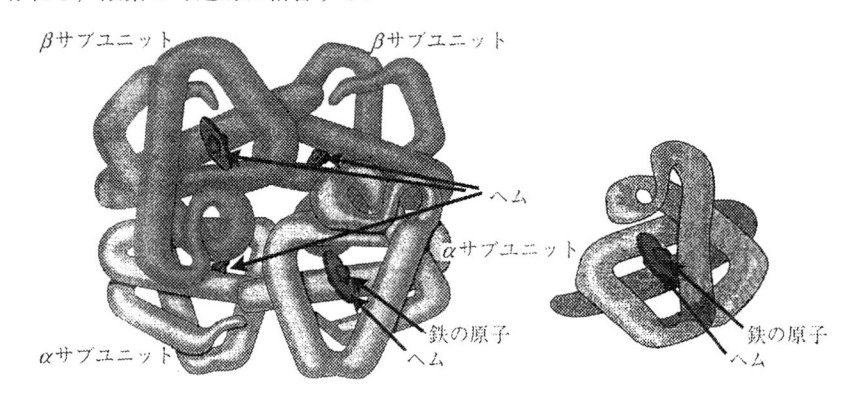

図 2.31 タンパク質の構造
ヘモグロビンは α 鎖 2 本と β 鎖 2 本の 4 つのサブユニットからなり，それぞれにヘムが結合している．一方，ミオグロビンは 1 本のタンパク質鎖に 1 つのヘムが結合している．

一方，ヘモグロビンは赤血球に存在しているほぼ球状の分子で，肺から全身の組織へ酸素を運搬する．ヘモグロビンは 2 本の α-グロビン鎖と 2 本の β-グロビン鎖からなり $α_2β_2$ のサブユニットからなる四次構造をもつヘテロテトラマーのタンパク質である．それぞれのグロビン鎖は 1 分子のヘム環をもち，ミオグロビンとよく類似した三次構造を有するサブユニットからなる．

ミオグロビンとヘモグロビンは，分子の構造の相違がその酸素結合曲線に反映されている．ミオグロビンの結合曲線は双曲線であり，低い酸素分圧の状態（末梢組織など）において酸素を保持することができる．一方，ヘモグロビンの酸素結合曲線は S 字状を示し，肺における高い酸素分圧の条件下で酸素と強く結合し，末梢組織の低い酸素分圧下では酸素を放出する（図 2.32）．この変化は，サブユニットに酸素が結合することにより三次構造が変化し，その結果ヘモグロビンの四次構造が変化することにより起こる．ヘモグロビンの酸素との結合能は，二酸化炭素，pH，さらに，ヘモグロビンの脱酸素体（デオキシヘモグロビン）に結合してその酸素親和性を低下させる，2,3-ビスホスホグリセリン酸などの影響を受ける．このように，酸素以外のいくつかのリガンドの結合によりその四次構造が変化し，酸素結合能が微妙に調節されている．これをアロステリック調節とよんでいる（3.5.c 項参照）．

ヒトのヘモグロビンの α 鎖や β 鎖の一次構造の変化がその構造や，生理機能に影響を与えるヘモグロビン構造異常症が多数報告されている．鎌状赤血球貧血症はヘモグロビンの β 鎖の 6 番目の Glu が Val に変化した結果起こる疾患で，脱酸素化に伴ってヘモグロビンが重合して不溶性の繊維が形成され，赤血球が鎌状に変形し脆弱になり溶血しやすくなる．表 6.5 に示されているトリプレットコードのコドン表をみると Glu のコドンは GAA である．それに対して Val のコドンは GUA である．すなわち，正常な赤血球の 2 番目のアデニンが，鎌型赤血球の場合ウラシルに変異した突然変異型である，たった 1 つの分子の異常が重大病気を発症する病気を分子病とよんでいる．これも一種の SNP（一塩基多型）である．

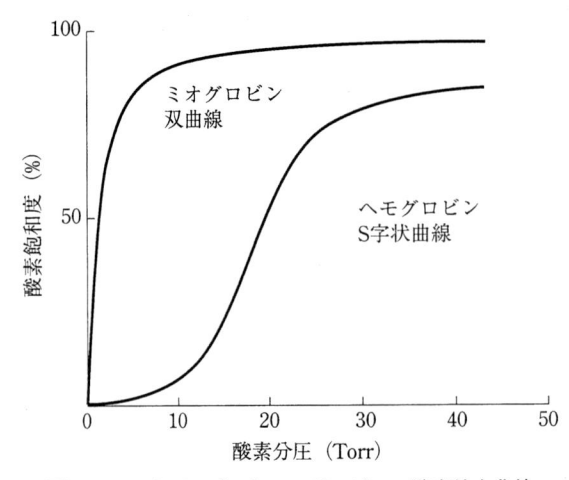

図 2.32 ミオグロビンとヘモグロビンの酸素結合曲線

(4) タンパク質の構造変化

i) タンパク質構造の変性と再生　　タンパク質は種々の物理的および化学的処理により，その立体構造が壊れて生物活性を失うが，この過程を変性（denaturation）とよぶ．変性により水素結合，疎水結合などの非共有結合は破壊されるが，ペプチド結合などの共有結合は破壊されないので，一次構造は変化しない．可溶性の透明な卵アルブミン（卵白）が加熱により不溶性となることからわかるように，変性過程の多くは不可逆的である．表 2.12 によく知られている物理的・化学的変性処理についてまとめた．

タンパク質の多くの変性過程は不可逆的である．しかしながら，温和な条件でタンパク質を変性させると，タンパク質の高次構造を再形成させて生物活性を回復させることができる．このような過程を再生（renaturation）とよぶ．図 2.33 にアンフィンセン（C. B. Anfinsen）らが行った古典的なリボヌクレアーゼAの再生実験を示した．4個のジスルフィド結合をもつ124 アミノ酸残基からなるこのタンパク質を 8M 尿素と還元剤である 2-メルカプトエタノールで処理して変性させた後，これらの試薬を徐々に除くとリボヌクレアーゼ酵素活性が回復した．

表 2.12　タンパク質の物理的・化学的変性

変性方法	変性内容
熱	加熱により水素結合，イオン結合，疎水結合などが壊され変性する
強酸 強アルカリ	タンパク質の解離性イオン化状態（電荷）が変化し，イオン結合，水素結合が壊れて変性
還元剤	2-メルカプトエタノールのような還元剤は尿素などの存在下ジスルフィド架橋（−S−S−）をスルヒドリル基（−SH）に変える
塩析	塩（食塩溶液，硫酸アンモニウム）を加えるとタンパク質の溶解度が低下し沈殿する現象．塩の濃度を下げれば沈殿は再溶解し，生物活性は一般的に再生する．
尿素 塩酸グアニジン	おもにタンパク質の内側の水素結合，疎水結合を切断して変性．条件により再生する
SDS （界面活性剤）	SDS（負電荷をもつ）がアミノ酸2個に対し約1個の割合で結合し，ポリペプチド鎖と複合体をつくり変性

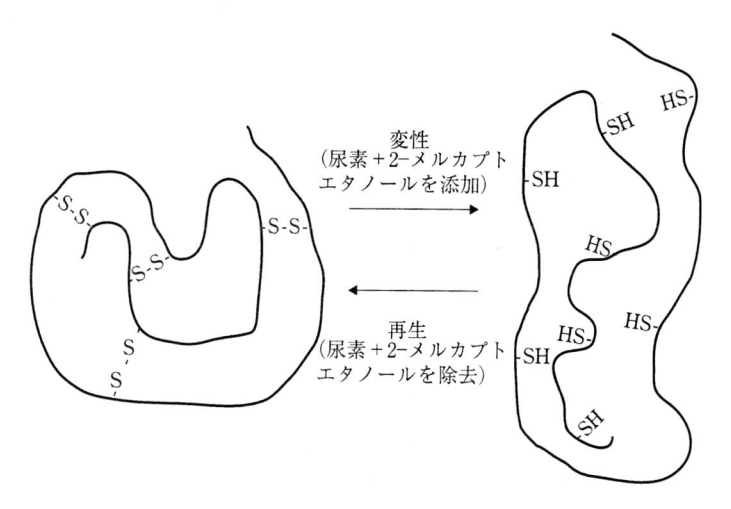

図2.33 リボヌクレアーゼの変性と再生

（図中ラベル：変性（尿素＋2-メルカプトエタノールを添加）／再生（尿素＋2-メルカプトエタノールを除去）／生物活性のある高次構造／ランダムな構造をもつ変性状態）

ii) **タンパク質の折りたたみ**　新しくリボソーム上で合成されたポリペプチド，すなわちタンパク質がその機能を発現できる立体構造（生物学的活性のある構造）をとることは，生体の情報を速やかに効率よく伝達するうえで重要なことである．代表的な立体構造の変化に，タンパク質の折りたたみ（フォールディング）がある．さらに，このような変化を受けたタンパク質は機能する場所へ輸送（局在化，ソーティング）される．ソーティングについては6章を参照してほしい．

タンパク質の折りたたみの重要な役割は，折たたまれていないタンパク質を，素早く機能できる構造をもつタンパク質に変化させるため，それを阻害するような，タンパク質・タンパク質相互作用から保護すること，したがって，機能する場所（細胞小器官など）に輸送されるまで，タンパク質が壊されないよう保護する役目もある．

これまでの多くの研究により，二つの主要な分子シャペロンがタンパク質の折りたたみに関与していることが明らかとなっている．これらの分子シャペロンは**熱ショックタンパク質**（heat shock protein）とよばれ，熱ショックをはじめ種々のストレスがかかったとき一時的に急激に合成誘導されるタンパク質である．これらの機能は，細胞タンパク質を変性・凝集から防御・修復する役目を担っている．しかし，ストレスタンパク質は非ストレス時においても構成的に存在し，細胞タンパク質の生合成，折りたたみ，機能する場への輸送，タンパク質の活性制御，タンパク質の分解などの過程に必須の因子としてはたらいていることが明らかになってきている．

折りたたみの初期にタンパク質に結合して安定化させる代表的分子シャペロンの一つにhsp70ファミリーがあり，折りたたまれていないタンパク質の疎水性部分に結合し，それらのタンパク質の凝集を防ぐとともに，ATP加水分解を伴ってタンパク質の折りたたみや膜透過を促進する中心的役割を演じている．

2.5 ビタミン

ここまで，生体の主要構成成分である脂質，糖，アミノ酸について述べてきた．動物は，食物からこれらの成分を吸収し，それを体内で構成し直して自身の細胞を形づくったり，エネルギー源としたりしている．しかし，ヒトにはこれら三大構成成分以外にも種々の成分が必須であり，生体の機能調節に重要なはたらきをしている．たとえば，鉄，銅，亜鉛などいくつかの金属イオンも必須の成分である．

ビタミンも微量ながら必須の生体成分であるが，ヒト体内で生合成することができない，あるいは生合成できても必要量に満たないため，食物から摂取しなければならない有機物質である．現在，十数種類のビタミンが知られているが，それらは**水溶性ビタミン**と**脂溶性ビタミン**に大別される（表2.13，表2.14）．

a. 水溶性ビタミン

水溶性ビタミンは，ほとんどが補酵素前駆体であり，体内で補酵素型に変換されたのち種々の酵素反応に利用される．**補酵素**（第3章も参照）は，それ自体では酵素反応はできないが，酵素タンパク質と結合して酵素反応に寄与する．このようなタイプの酵素反応にとって，補酵素は必須の因子なので，補酵素の供給は代謝活動全体を調節しうる重要性をもっている（図2.34）．

(1) ニコチン酸

ニコチン酸は，ナイアシンともよばれている．ニコチン酸は，ニコチン酸アミドアデニンジヌクレオチド（NAD^+）およびニコチン酸アミドアデニンジヌクレオチドリン酸（$NADP^+$）という二つの補酵素の前駆体である．NAD^+，$NADP^+$は様々な酸化還元酵素（デヒドロゲナーゼ類）の補酵素となっていて，とくに糖や脂質を分解してエネルギーを産生する代謝系にはNAD^+が多くかかわっており，また生体の酸化ストレス防御には$NADP^+$が利用されている．

表2.13 水溶性ビタミン

ビタミン	補酵素型	作用	欠乏症
チアミン（B_1）	チアミンピロリン酸	脱炭酸反応 アルデヒド基転移反応	脚気
リボフラビン（B_2）	FMN, FAD	酸化還元反応	
ピリドキシン（B_6）	ピリドキサールリン酸	アミノ基転移反応	貧血
ニコチン酸（ナイアシン）	NAD^+, $NADP^+$	酸化還元反応	ペラグラ
パントテン酸	補酵素A（CoA）	アシル基とアミノ基の活性化	
ビオチン	ビオチンカルボキシルキャリヤータンパク質	カルボキシル化反応	
葉酸	テトラヒドロ葉酸	メチル化反応（C1ユニット転移）	巨赤芽球性貧血
シアノコバラミン（B_{12}）	アデノシルコバラミン	水素移動を伴う反応（異性化，脱離など）	
アスコルビン酸	未知	水酸化反応	壊血病

2.5 ビタミン

ニコチン酸

ビタミンB₂（リボフラビン）

NAD⁺（ニコチン酸アミドアデニンジヌクレオチド）
 ・AMP
 ・ニコチン酸アミドモノヌクレオチド

FAD（フラビンアデニンジヌクレオチド）
 ・FMN
 ・AMP

ビタミンB₁（チアミン）

ビオチン

ビタミンB₆（ピリドキサール）

パントテン酸

アスコルビン酸

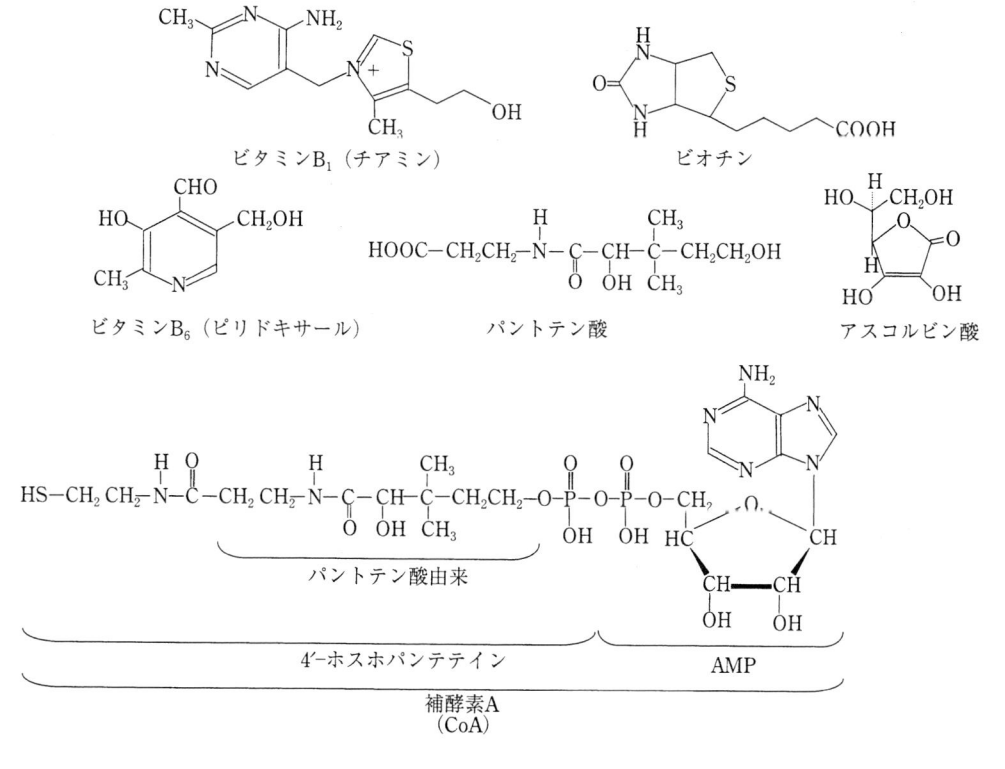

補酵素A（CoA）
 ・4′-ホスホパンテテイン
   ・パントテン酸由来
 ・AMP

図 2.34 水溶性ビタミンの構造

(2) リボフラビン（ビタミンB_2）

吸収されたリボフラビンは，リン酸化されてフラビンモノヌクレオチド（FMN），さらにAMPが結合してフラビンアデニンジヌクレオチド（FAD）という二つの補酵素に変換される．FMN，FADも様々な酸化還元酵素の補酵素となっている．

(3) チアミン（ビタミンB_1）

吸収されたチアミンは，リン酸化されてチアミン二リン酸（TPP）となって，ピルビン酸デヒドロゲナーゼ複合体の酸化的脱炭酸反応などの補酵素として作用する．そのほかに，抗神経炎作用ももつとされている．

(4) ピリドキシン（ビタミンB_6）

ビタミンB_6は，ピリドキシン，ピリドキサール，ピリドキサミンの3種類の誘導体がある．体内ではこれらは相互に変換され，ピリドキサールリン酸が補酵素として作用する．アミノ酸代謝系におけるアミノ基転移反応（トランスアミナーゼなど），脱炭酸反応（デカルボキシラーゼなど），ラセミ化反応などにかかわる．

(5) パントテン酸

パントテン酸はADP，システインと結合した形で**補酵素A**（CoA）に変換される．補酵素Aは，アセチル基や種々のアシル基の活性化反応にかかわる補酵素で，クエン酸回路，脂肪酸の合成・分解，コレステロールの合成，アミノ酸の合成・分解など多くの代謝系にかかわっている．

(6) 葉　酸

葉酸は，還元されてテトラヒドロ葉酸となり，C1ユニットの転移反応の補酵素として機能する．**C1ユニット**とは，メチル基，メチレン基，ホルミル基のように炭素原子一つを含む部分構造をさし，その転移反応は，メチオニンや核酸塩基の合成に必要な炭素原子一つを付加する反応である．

(7) ビオチン

ビオチンは，炭酸固定反応に必要な補酵素である．また，ビオチンカルボキシルキャリヤータンパク質（BCCP）に結合しており，ビオチンカルボキシラーゼとカルボキシトランスフェラーゼと複合体を形成し，全体でアセチルCoAカルボキシラーゼとなっている．炭酸水素イオンから炭酸をビオチンに転移し，さらに基質であるアセチルCoAにカルボキシル基を転移し，マロニルCoAを産生する．

ビオチンは，卵白中のアビジンや細菌から得られるストレプトアビジンというタンパク質と非常に高い親和性で結合することから，抗体や酵素の標識試薬として実験に利用されている．なお，生卵を多く摂取しすぎるとアビジンがビオチンと結合して吸収が阻害され，ビオチン不足に陥る．

(8) アスコルビン酸

グルコースが酸化されて生じるグロノラクトンが，さらに脱水素反応で酸化されて生じる．マウスをはじめ多くの動物では体内で合成されるが，ヒト，サル，モルモットなどではこの脱水素反応を行うL-グロノラクトンデヒドロゲナーゼが欠損しているので，生合成できない．アスコルビン酸は，ほかの酸化還元反応と共役して水素供与体または水素受容体としてはたらき，コラーゲンの構成アミノ酸であるプロリンやリシンの側鎖をヒドロキシル化する反応にかかわっている．

b. 脂溶性ビタミン

脂溶性ビタミンは，いずれも**イソプレノイド**である（2.2.b項参照）．水溶性ビタミンとは異なり，

補酵素としてのはたらきはないが，独特の生体調節機能にかかわっている（表2.14，図2.35）．

（1） レチナール（ビタミンA）

動物の成長因子として見出された脂溶性ビタミンで，レチナールとその誘導体（レチノイン酸，レチノール）が含まれる．黄色野菜などに多く含まれるβカロテンがビタミンAの前駆物質である．体内でβカロテンが酸化的に開裂して2分子のレチナール（all-*trans*-retinal）を生じる．レチナールは網膜における光受容に必要である．また，動物の組織形成に重要なはたらきがあり，とくに皮膚の組織形成などにかかわっている．レチナールは体内で酸化・還元されて，レチノイン酸あるいはレチノールとしても存在している．

網膜で光を感じている細胞には，色を感じ取る錐体細胞と光を感じ取る桿体細胞がある．アルコール型のレチノールは網膜で異性化と脱水素反応によりアルデヒド型の11-*cis*-レチナールとなり，これが**オプシン**というタンパク質と結合し**ロドプシン**を形成する．このロドプシンは，桿体細胞の受光部分に大量に存在している．可視光領域の波長の光がロドプシンタンパク質にあたると，その光のエネルギーによって，11-*cis*-二重結合が異性化しall-*trans*-型に変わる．all-*trans*-型

表2.14 脂溶性ビタミン

ビタミン	結合タンパク質	作　用	欠乏症
レチノール（A） レチノイン酸（A）	ロドプシン 核内受容体	網膜の視細胞で光受容分子としてはたらく 皮膚の細胞増殖など	夜盲症
コレカルシフェロール（D）	VD受容体	Caの腸管吸収亢進 骨吸収促進	くる病 骨軟化症
α-トコフェロール（E）	未知	脂質酸化防止	運動神経失調
メナキノン（K）	未知	γカルボキシグルタミン酸生成を促し，血液凝固系の機能維持	

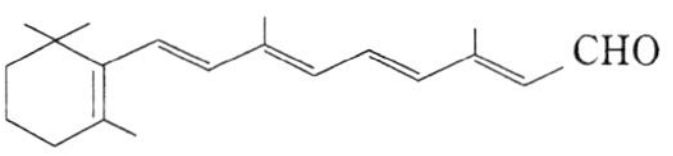

all-*trans*-レチナール

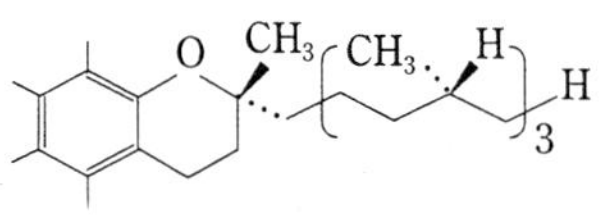

α-トコフェロール

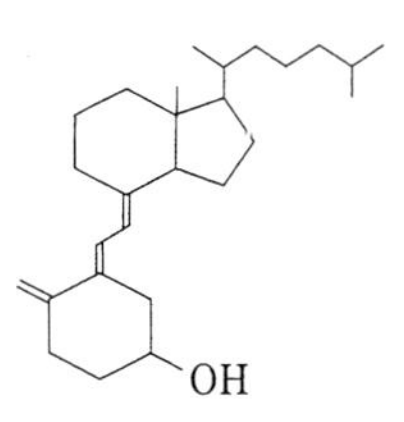

コレカルシフェロール

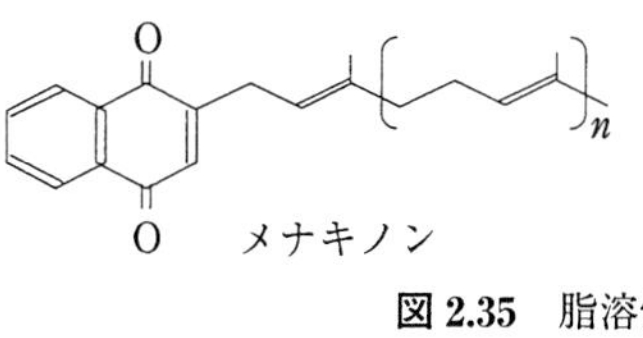

メナキノン

図2.35 脂溶性ビタミンの構造

のビタミンAを結合したロドプシンは，網膜中のGタンパク質である**トランスデューシン**を活性化することで視神経刺激が引き起こされる．そして，ロドプシンからall-*trans*-レチナールが外れて，サイクルがまわる（図2.36）．

もう一つビタミンAには非常に重要なはたらきが知られており，細胞の増殖や分化の刺激因子となり，とくに皮膚などの組織の形成にかかわっている．細胞核内には，RARおよびRXRとよばれる**ビタミンA核内受容体**が存在している．これは，オプシンとはまったく別のタンパク質で，おもに細胞の核のなかに存在し，レチノイン酸と結合するとともに染色体DNAにも結合する．レチノイン酸は，ビタミンA核内受容体に結合することで，ある特定の遺伝子を読み出すはたらきがあり，結果として細胞の増殖を調節しているのである．

(2) コレカルシフェロール（ビタミンD_3）

主要なビタミンDであるビタミンD_3は，コレカルシフェロールともよばれている．コレステロール生合成の中間体でもある7-デヒドロコレステロールが前駆体であり，紫外線によってビタミンD_3に変わるので，体内で生合成される成分であり，ビタミンではなくホルモンとしての性格が強い．ビタミンD_3は，肝臓と腎臓で水酸化を受け，活性型ビタミンD_3（$1\alpha,25$-ジヒドロコレカルシフェロール，カルシトリオールともいう）に変換される．活性型ビタミンD_3は，小腸と腎臓においてカルシウムの再吸収を促進し，骨においてカルシウムの取込みを促進しリン酸カルシウムを蓄積する．欠乏症は，くる病である．

ビタミンDに対する受容体も，ビタミンA核内受容体と同様に，細胞核内に存在することが知られている．

(3) α-トコフェロール（ビタミンE）

もともとラットの不妊因子として見いだされた脂溶性ビタミンである．強い抗酸化作用をもち，膜脂質がさまざまな酸化ストレスにより酸化変性を受ける攻撃から守っている．食品の品質保持の

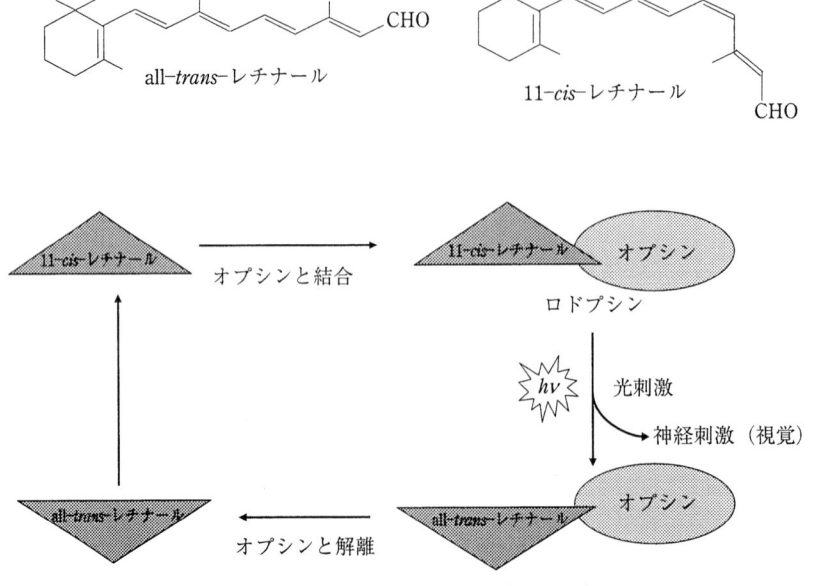

図2.36 ビタミンAの異性化と光受容のしくみ

点からも食品添加剤としても広く用いられている．

　ビタミンA核内受容体のようなビタミンEに対する特異的受容体は見いだされていないが，肝臓においてα-トコフェロールの吸収に必須のα-トコフェロール結合タンパク質が存在する．ヒトでも不妊因子であるかどうかよくわかっていないが，α-トコフェロール吸収障害を起こす患者において運動神経障害が報告されていて，何らかの重要なはたらきをしていると思われる．

　（4）　メナキノン（ビタミンK_2）

　もともと血液凝固にかかわる因子として見いだされた脂溶性ビタミンである．植物には側鎖のイソプレン単位が三つのものが存在し，フィロキノン（ビタミンK_1）とよばれている．細菌には，メナキノン（ビタミンK_2）が含まれている．健常人では，腸内細菌からメナキノンが供給されているので，とくに欠乏症は生じない．

　プロトロンビンなど数種の血液凝固因子にはγ-**カルボキシグルタミン酸**が含まれている．γ-カルボキシグルタミン酸は，タンパク質のグルタミン残基が翻訳後修飾でカルボキシル化反応を受けてできるが，この反応にビタミンKが必要とされる．したがって，ビタミンKの欠乏により，血液凝固能の低下がもたらされる．

2.6　ヌクレオチドと核酸

a. ヌクレオチド

　水，タンパク質，糖質，脂質とならぶ生体の主要構成成分は，核酸である．核酸という名前は細胞の核内に豊富に存在する酸性物質ということに由来する．核酸はすべての細胞に存在し，生物の遺伝情報を貯蔵し，また伝達するものである．核酸はつぎに述べる4種類のヌクレオチドが長く繋がったもので，このヌクレオチドの配列が**遺伝情報**，つまり生物の設計図になっている．

　核酸には，リボ核酸（RNA）とデオキシリボ核酸（DNA）の2種類がある．図2.37にリボ核酸とデオキシリボ核酸の基本構造を示す．どちらも構成単位となるヌクレオチドは，塩基，糖，リン酸からなり，わずかに糖部分の一部の構造が異なっているだけである．糖部分がリボースである核酸がRNAであり，その糖がデオキシリボースである核酸がDNAである．構造上の際はわずかであるが，のちに述べるように，両者の化学的，生物学的性質には大きな違いがある．

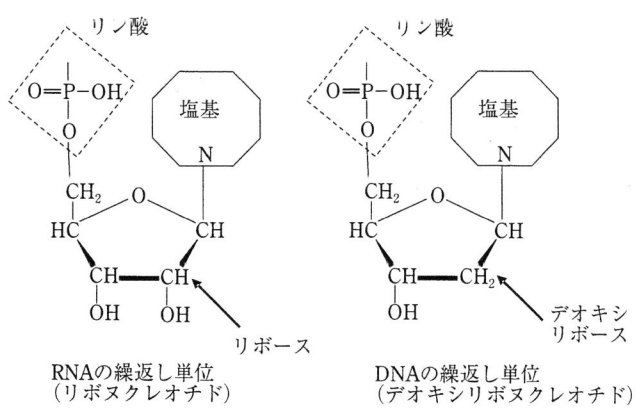

図2.37　リボ核酸とデオキシリボ核酸

核酸の構成要素のうち，塩基と糖が結合した部分のものを**ヌクレオシド**という．これにさらにリン酸が結合したものを**ヌクレオチド**とよぶ（図2.38）．塩基は図2.39に示すようにプリン骨格あるいはピリシジン骨格をもつもの5種類がある．RNAに含まれる塩基は，アデニン，グアニン，シトシン，ウラシルの4種類である．RNAに対応するこれらの塩基がリボースに結合したヌクレオシドは，それぞれアデノシン，グアノシン，シチジン，ウリジンとよぶ．アデノシンにリン酸が結合してヌクレオチドとなったものが，アデノシン5′—一リン酸（AMP）である．さらにリン酸が結合すると，アデノシン5′-二リン酸（ADP），さらに三つ目のリン酸が結合すると，**アデノシン5′-三リン酸（ATP）**となる（図2.40）．ATPは，生体内のエネルギー分子として様々な生体内反応にかかわっている非常に重要な生体成分である．ATP，グアノシン5′-三リン酸（GTP），シチジン5′-三リン酸（CTP）ウリジン5′-三リン酸（UTP）は，RNA合成に使われる基質となる．

一方，DNAに含まれる塩基は，アデニン，グアニン，シトシン，チミンの4種類であり，ウラシルとチミンはRNA, DNA間で共通しない塩基である（図2.41）．DNAに対応する4つの塩基が結合したデオキシリボースに結合したヌクレオシドは，それぞれデオキシアデノシン，デオキシグアノシン，デオキシシチジン，デオキシチミジンである．デオキシアデノシンにリン酸が結合してヌクレオチドとなったものは，デオキシアデノシン5′—一リン酸（dAMP）である．さらに，リン酸が結合すると，デオキシアデノシン5′-二リン酸（dADP），さらに，三つ目のリン酸が結合して

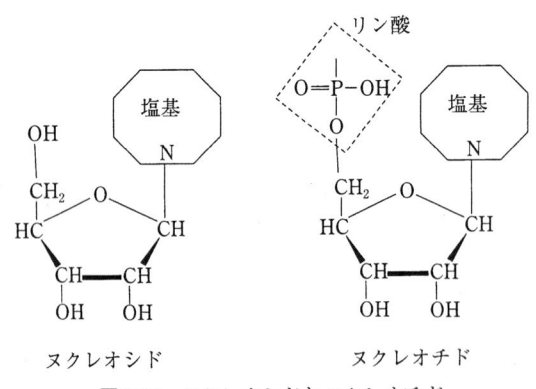

図2.38 ヌクレオシドとヌクレオチド

図2.39 塩基の種類

デオキシアデノシン 5′-三リン酸（dATP）となる．これらのヌクレオチド，すなわち dATP，デオキシグアノシン 5′-三リン酸（dGTP），デオキシシチジン 5′-三リン酸（dCTP），デオキシチミジン 5′-三リン酸（dTTP）は，DNA 合成に使われる基質となる．

これらの核酸塩基は，アデニンとチミンが 2 個の水素結合を介して対応し，グアニンとシトシンが 3 個の水素結合を形成してペアをつくる性質がある（図 2.41）．RNA の場合には，アデニンとウラシルで同様に 2 個の水素結合を介してペアをつくる．このように，水素結合で結びつけられた塩基のペアを塩基対とよぶ．

DNA や RNA は，これらのヌクレオチドが直線的につながってできている．しかも，ポリヌクレオチド鎖には方向性があり，その鎖の一方の端は五炭糖の 3′-OH 基であり，もう一方は五炭糖の 5′-リン酸基である．ある核酸の末端のリボースまたはデオキシリボースの 3′-OH 基に新たなヌクレオチドのリン酸が結合し，そのときにピロリン酸がはずれる．これの繰り返しで核酸が伸長するが，五炭糖の 3′-OH 基と 5′-OH 基のあいだをリン酸基が橋渡ししている構造で，リン酸ジエステル結合とよんでいる（図 2.42）．

核酸は，4 種類の異なる塩基をもつヌクレオチドが一つずつ重合して鎖を延長してできたポリヌ

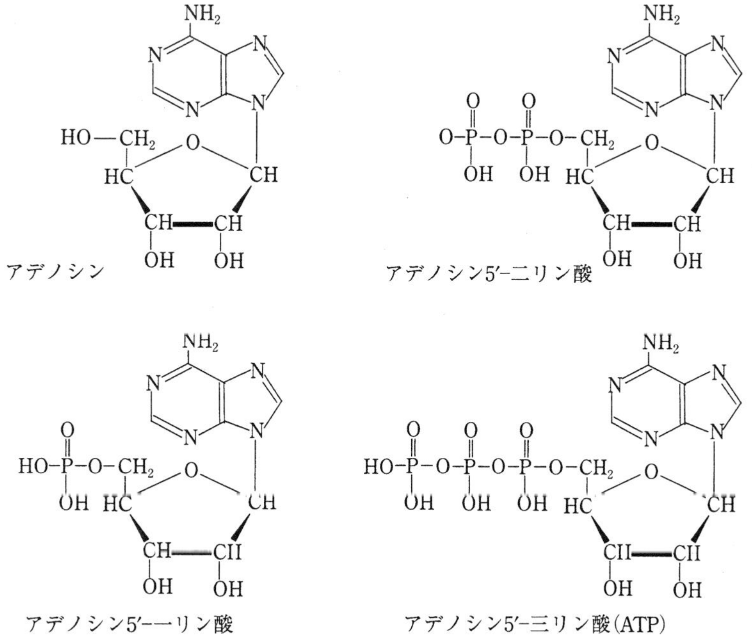

図 2.40 アデノシンのリン酸化産物

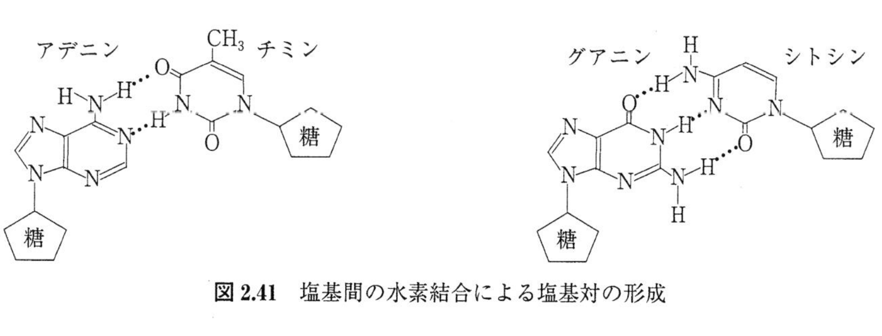

図 2.41 塩基間の水素結合による塩基対の形成

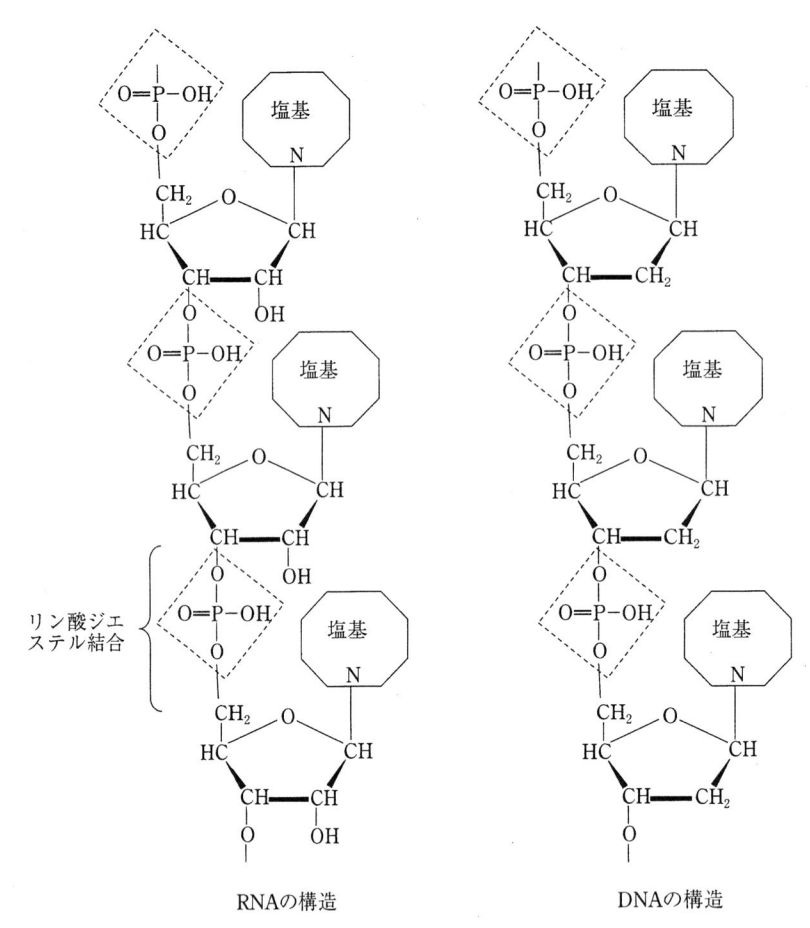

図 2.42 リン酸ジエステル結合による RNA，DNA の形成

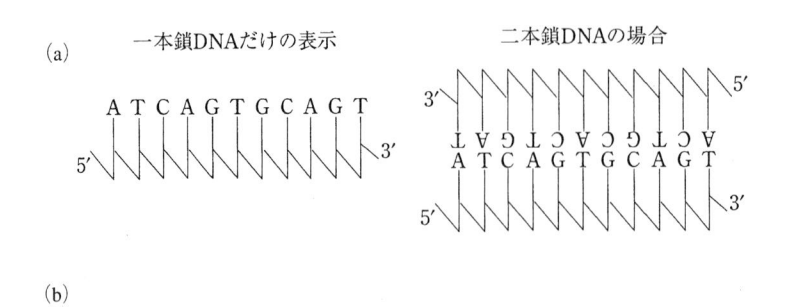

図 2.43 DNA 塩基配列の表記法

クレオチドなので，たとえば，5′-末端から 3′-末端へと方向を決めると，そこに並んでいる塩基の種類はある特定の配列を示す．この核酸塩基の配列を DNA，RNA の一次構造とよんでいる．慣例的に，5′-末端を左に，3′-末端を右に書くことになっており，5′-末端側から**塩基配列**を読むことになっている（図 2.43）．塩基配列を書き表すためにいくつかの表記方法が工夫されている．図 2.43（a）では，縦棒でリボースまたはデオキシリボースを表している．棒の上端が 1′-炭素，下端

が5′-炭素に相当するので，糖の3′-の位置と隣の糖の5′-の位置とがリン酸ジエステル結合で結びついていることを表現している．縦棒の上端に結合している塩基の種類をATGCの記号で表すのである．これが，二本鎖DNAの場合には，向かい合わせに対をつくっていることを示している．同じDNAの塩基配列は，図2.43 (b) のようにアルファベットの記号だけを用いて，より簡略化して表すことも可能であり，このような表記法がよく用いられている．

b. ヌクレオチドの関連物質

ヌクレオチドの基本構造をもちながら，DNA，RNA合成の前駆物質としてのヌクレオチドとは，生体内でのはたらきの異なるものがいくつか知られている．

一つは，すでにビタミンの項で述べた，一部の補酵素である．ニコチン酸アミドアデニンジヌクレオチド（NAD^+）やフラビンアデニンジヌクレオチド（FAD），あるいは補酵素Aは，分子内にいずれもADP部分を含んでいる（図2.34）．これらはジヌクレオチドとよばれていても本来の核塩基ではないので，偽ヌクレオチド（pseudo-nucleotide）である．

アデニル酸シクラーゼという酵素は，ATPからピロリン酸を除くとともに分子内でリン酸ジエステルをつくり，**サイクリックAMP（cAMP）** を産生する（図2.44）．ある種のタンパク質リン酸化酵素（cAMP依存性プロテインキナーゼ；A-キナーゼともよぶ）は，ごく微量のcAMPで強く活性化されることから，cAMPは細胞内の代謝活動のスイッチオン-オフを行う調節因子としてのはたらきをもっている．

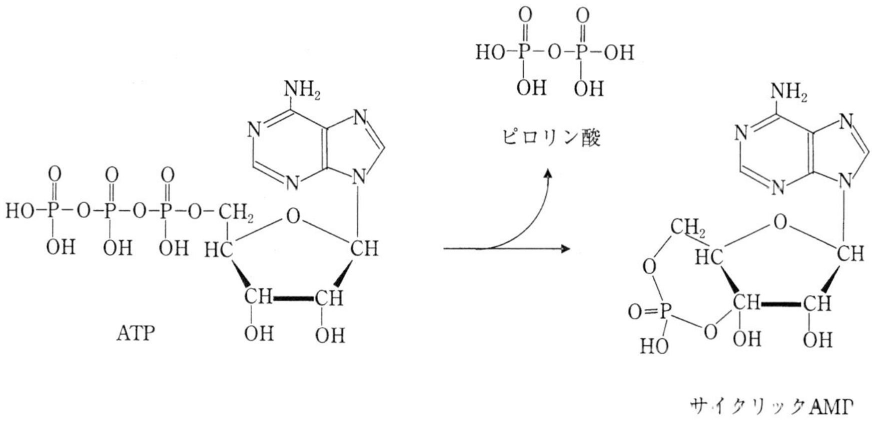

図2.44 ATPからcAMPの生成

c. DNAとRNA

RNAとDNAの違いは，構造上では五炭糖がリボースか，デオキシリボースか，つまり糖に2′-OH基がつくかどうかである．しかし，この水酸基をもつためにRNAはDNAよりもはるかに不安定である．図2.45に示すように，リン酸ジエステルのリン酸が，分子内でリボースの2′-OH基を求核置換して，リン酸ジエステル結合が切れてしまうのである．RNAは薄いアルカリ溶液中で不安定なのに対して，DNAはまったく変化しない．

生物は遺伝情報をDNAの塩基配列の形で保存し，子孫に伝えてきた．このようなはたらきをもてるのは，DNAが十分な安定性をもっているからであり，RNAではこのような役割を果たすこと

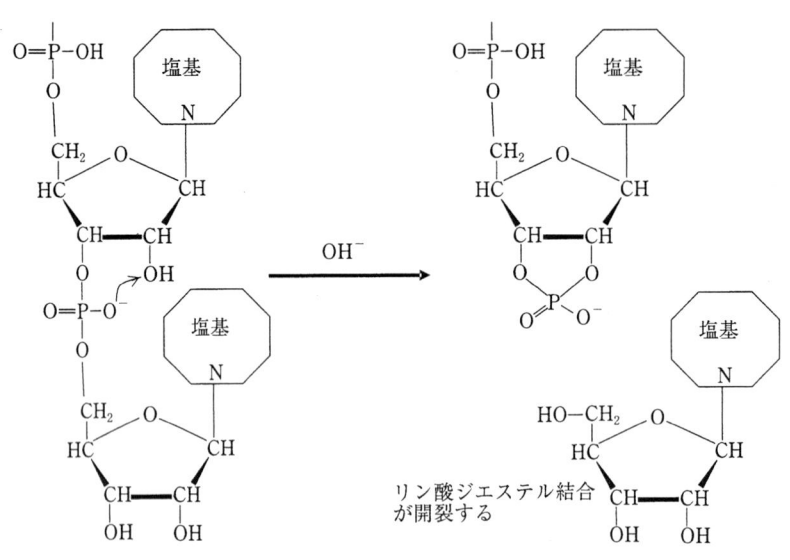

図 2.45　RNA の分解過程

はできないだろうと思われる．

d. 二重らせん

DNA がはじめて単離されたのは 19 世紀の末期であるが，わずか 4 種類のヌクレオチドからなる DNA では複雑な遺伝情報を担うことはないと考えられていた．1940 年代に入りエイブリー（O. T. Avery）らは，病原性の肺炎双球菌から抽出した核酸が非病原性の肺炎双球菌を病原性に形質転換できることを見いだし，DNA が生物の遺伝情報を伝える担い手であることを指摘した．

DNA が身体の中でどのような形で存在しているのか．その立体的な構造モデルが 1953 年，ワトソン（J. D. Watson）とクリック（F. H. C. Crick）によって示された．単離した DNA の X 線回折のデータから，彼らは DNA の性質をきわめてうまく説明できる DNA 構造モデルを考察したのである．それは，2 本の DNA 鎖が逆向きに並んで対をつくり，プリン塩基とピリミジン塩基とが水素結合で**塩基対**をつくる．どの塩基対もその分子間の距離は同じなので，2 本の DNA 鎖は等間隔で対をつくったまま二本鎖のペアができる．二本鎖の DNA は，さらに右向きのらせんを巻いていて，らせんの中心側に塩基対が積み重ねられるように続き，糖がリン酸ジエステル結合で長くつながっている部分はらせんの外側を回っている．これが **DNA の二重らせん**とよばれている構造である（図 2.46）．

この二重らせんモデルでは，アデニンとチミンが 2 個の水素結合を介して対応し，グアニンとシトシンが 3 個の水素結合を形成してペアをつくるため，アデニンの数だけチミンがあり，グアニンの数だけシトシンがあることが明白である．当時すでにシャルガフ（E. Chargaff）によって，DNA 中の塩基存在比は，A：T＝1：1，G：C＝1：1 であることが示されていた．このシャルガフの法則がなぜ成り立つのか，二重らせんモデルによって非常に明快に説明できたのである．

DNA では，A と T，G と C，つねに決まった塩基対が形成される．このことを，「DNA の塩基対は**相補的**である」という．この性質によって，二重らせんの一方の DNA 鎖を鋳型にして対となる新たな DNA 鎖をつくれば，それはもとの DNA と同じ塩基配列が保存された複製であることが

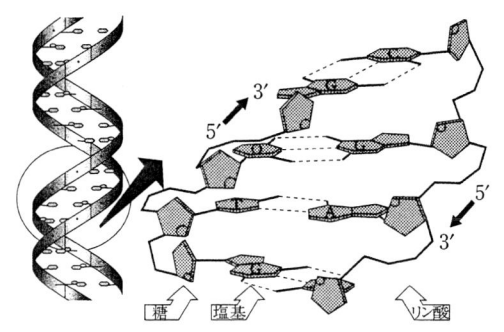

図 2.46 DNA の二重らせん構造
(Lewin 著,菊池韶彦ら訳:遺伝子,第 7 版,東京化学同人,2002 より)

説明できる.DNA の塩基配列に込められた遺伝情報が正確に複製されて,子孫に伝えられていくことも説明できるようになったのである.

2.7 ま と め

1. 生物の主成分は水である.そのほかの構成成分は水分子と水素結合で結びつくか,あるいは疎水性相互作用で排除しあうか,などの相互作用の中で挙動している.
2. 脂質の最も重要な性質は,脂質が細胞膜構造を作ることと,主に貯蔵性のエネルギー源となることである.
3. 糖質の重要な働きは,生体のエネルギー源となること,細胞間の空隙を埋めて保水性,弾力性のある組織を作ること,そして細胞間の分子認識を担う多様な糖鎖構造を作ることである.
4. タンパク質は 20 種類の L-アミノ酸からなる.
5. アミノ酸がペプチド結合により重合してオリゴペプチド,ポリペプチド鎖を構成する.
6. アミノ酸はいずれも炭素原子(α 炭素原子)の周りにアミノ基,カルボキシル基,水素原子,および R 基(側鎖)が結合し,グリシンを除いてすべてのアミノ酸は不斉炭素を有する.
7. アミノ酸は水分子と相互作用する能力により,(1) 非極性の中性アミノ酸,(2) 極性の中性アミノ酸,(3) 酸性アミノ酸,(4) 塩基性アミノ酸の四つの群に分類される.
8. アミノ酸は両性電解質であり,その実効荷電がゼロである pH を等電点とよぶ.タンパク質は等電点では水に対する溶解度が低くなる.
9. タンパク質はその形状から,球状タンパク質と繊維性タンパク質に分類される.
10. タンパク質はその機能から,酵素タンパク質,貯蔵タンパク質,調節タンパク質,構造タンパク質,防御タンパク質,輸送(運搬)タンパク質に分類される.
11. タンパク質は組成から単純タンパク質と複合タンパク質に分類される.
12. タンパク質の構造は四つのレベルに分類される.一次構造はアミノ酸配列のことであり,二次構造はタンパク質の局所的な折りたたみ構造で α-ヘリックス,β-構造が関与する.球状タンパク質が生物活性のある構造に折りたたまれるときにとる全体的な三次元的形状を三次構造とよぶ.比較的大きな分子量の複数のポリペプチド鎖からなるタンパク質はサブユニットとよばれるいくつかのポリペプチド鎖から構成され,これらサブユニットが寄り集まった立体的

配置を四次構造とよぶ．

13. タンパク質の立体構造は物理的・化学的処理により壊されて生物活性を失いその過程を変性とよぶ．変性により水素結合，疎水結合など非共有結合は破壊されるが，ペプチド結合など共有結合は破壊されない．
14. ビタミンは，微量で生体の機能調節に不可欠の生体成分である．ヒト体内で必要量を生合成することができないため，食物から摂取しなければならない．
15. 核酸は生物の遺伝情報を貯蔵，伝達する物質である．核酸には，リボ核酸（RNA）とデオキシリボ核酸（DNA）の2種類がある．いずれも4種類の異なる塩基を含むヌクレオチドの配列が遺伝情報を担っている．

演習問題

2.1 生体内で水の果たしている役割を説明しなさい．
2.2 生体にとって炭素，酸素，窒素など有機化合物の元となる元素のみならず，微量金属もまた必須成分です．これらの微量金属はどのような役割を持っているのか，例をあげて説明しなさい．
2.3 必須脂肪酸（リノール酸やアラキドン酸など）は，他の脂肪酸と異なり食事から供給しなければならない理由を説明しなさい．
2.4 生体膜は何から構成されているのか説明しなさい．
2.5 グルコースは水中で α 型と β 型が相互に変換する反応を説明しなさい．
2.6 グルコースが還元性を示すのに，ショ糖やアミロースが還元性を示さない理由を説明しなさい．
2.7 アミノ酸のもつ両性電解質，等電点について説明しなさい．
2.8 pH6の溶液中でグルタミン酸（pI = 3），アラニン（pI = 6），リシン（pI = 9）の混合液を電気泳動した場合，それぞれのアミノ酸の電場での移動について説明しなさい．
2.9 タンパク質の一次，二次および高次構造について説明しなさい．
2.10 水溶性ビタミンと脂溶性ビタミンの特徴をそれぞれ列挙しなさい．
2.11 DNAとRNAの安定性の違いは何に由来するのか説明しなさい．

参考図書

1) 遠山　益編著：分子・細胞生物学入門，朝倉書店，1999.
2) 堅田利明ら編：NEW生化学，第2版，廣川書店，2006.
3) 清水孝雄ら監訳：カラー生化学，西村書店，2003.
4) P.N.Campbell, A.D.Smith 著，佐藤　敬，高垣啓一訳：図解生化学，西村書店，2005.
5) T.McKee, J.R. McKee 著，市川　厚監修，福岡伸一郎監訳：マッキー生化学，3版，化学同人，2003.

3 酵　素

はじめに

　生命の維持のために生体内で行われる**代謝**（物質の合成・分解およびこれに伴うエネルギー産生や消費）は，様々な化学反応から成り立っている．これらの化学反応は，基本的に試験管内で行われる化学反応と同じである．しかしながら，生体内で行われる化学反応は発熱などを伴う急激な反応ではない．これは，**酵素が生体内触媒**としてこれらの化学反応を穏やかにかつ効率的に進行させるための役割を担っているからである．

　1896年にブフナー（E. Buchner）は，アルコール発酵の研究中に無細胞発酵を発見し，酵母細胞のなかに発酵を起こす物質チマーゼの存在を証明した．これが酵素研究の先駆けであり，またEnzyme（酵素）の語源でもある．酵素は単細胞生物から高等生物にいたるまであらゆる生物体に存在し，また非常に数多くの種類がみつかっている．最近まで，その本体はタンパク質であると考えられていたが，1982年に触媒機能をもつRNAである**リボザイム**の存在が確認され，タンパク質以外に酵素作用があるものが証明された．

　最近では，酵素を利用した工業的な有用物質あるいはエネルギー関連物質の生産，環境保全，人工臓器などの新しい医療への応用も開発されている．

　本章では，酵素タンパク質に焦点を絞り，それらの分類，構造と機能および調節メカニズムについて解説する．

3.1　酵素の分類と命名

　現在までに確認されているすべての酵素の名称は，**国際生化学・分子生物学連合**（International Union of Biochemistry and Molecular Biology：IUBMB）が提唱した命名法によって定められている．この方法によって，酵素は触媒する反応の種類に基づいて6群に分類されており，**酵素番号（EC）**と系統名とよばれる2つの部分からなる名称によって特定される．また，推奨名とよばれる系統名を簡略化した名称も用いられており，一般的には推奨名のみを用いることが多い．酵素番号は4組の数字で表示され，第一の数字は6群のいずれに属するかを示し，第二と第三の数字は，反応のさらに細かい分類を示している．第四の数字は，分類された一群の酵素のなかの通し番号を示す．たとえば，[系統名] alcohol：NAD^+ oxidoreductase [酵素番号]（EC：1.1.1.1）は，通常，[推奨名] アルコールデヒドロゲナーゼ（alcohol dehydrogenase）とよばれる．

　1群：酸化還元酵素（オキシドレダクターゼ）　　生体物質の酸化還元を触媒する酵素は，すべてこれに分類される．酸化される物質を電子供与体（水素供与体），還元される物質を電子受容体（水素受容体）と考え，酸化還元反応の様式，性質，水素電子の供与体や受容体の種類などにより，

脱水素酵素（デヒドロゲナーゼ），還元酵素（レダクターゼ），酸化酵素（オキシダーゼ），酸素添加酵素（オキシゲナーゼ），水酸化酵素（ヒドロキシラーゼ），過酸化酵素（ペルオキシダーゼ）に分類されている．

　（例）アルコールデヒドロゲナーゼ：
$$CH_3-CH_3-OH + NAD^+ \longrightarrow CH_3-C(=O)H + NADH + H^+$$

2群：転移酵素（トランスフェラーゼ）　水以外の一つの化合物（受容体）に，ほかの化合物（供与体）の感応基を転移させる酵素を総称する．転移する基によってC1基（メチル基，ホルミル基，カルボキシル基，カルバモイル基など）を転移するもの，アルデヒド基またはケトン基を転移するもの，アシル基を転移するもの，グリコシル基を転移するもの，メチル基以外のアルキル基，アリール基を転移するもの，アミノ基などの窒素を含む基を転移するもの，リンを含む基を転移するもの，硫黄を含む基を転移するものなどに細分される．受容体がH_2Oの場合は加水分解反応となるので，3群に分類される．

　（例）ヘキソキナーゼ：グルコース + ATP $\longrightarrow$ グルコース 6-リン酸 + ADP

3群：加水分解酵素（ヒドロラーゼ）　反応形式が，A−B + H_2O $\longrightarrow$ A−OH + B−Hで表される加水分解反応を触媒する酵素を総称する．逆反応である脱水縮合は反応条件によって行われることもあるが，ほかの経路によって行われる場合が多い．消化酵素の多くはこれに属する．

　（例）トリプシン：ポリペプチド + H_2O $\longrightarrow$ オリゴペプチド

4群：除去付加酵素（リアーゼ）　物質から加水分解や酸化によらずC−C結合，C−O結合，C−N結合などを脱離させて，二重結合を形成する反応を触媒する酵素である．反応は可逆的で，逆反応では二重結合への付加反応となる．これに分類されるシンターゼは，日本語訳では合成酵素であるが6群に分類されるシンテターゼとはATPの開裂と共役するか否かで異なるので注意を要する．

　（例）ピルビン酸デカルボキシラーゼ：ピルビン酸 + H^+ $\longrightarrow$ アセトアルデヒド + CO_2

5群：異性化酵素（イソメラーゼ）　異性体間の変換を触媒する酵素を総称する．異性化反応の種類により，光学異性化を触媒するもの（ラセマーゼ，エピメラーゼ），シス–トランス光学異性体間の変換を触媒するもの（シス–トランスイソメラーゼ），分子内酸化還元とみなされる反応を触媒するもの（糖イソメラーゼ，トートイソメラーゼ，Δ−イソメラーゼ），分子内基転位を触媒するもの（ムターゼ），閉環反応を触媒するもの（シクロイソメラーゼ）に細分される．

　（例）アラニンラセマーゼ：D-アラニン $\longrightarrow$ L-アラニン

6群：合成酵素（リガーゼ）　ATPなどのリン酸結合の開裂に共役して，二つの分子を結合させる反応を触媒する酵素を総称する．リガーゼについて，1984年の命名法ではシンテターゼあるいはシンターゼとよぶことを推奨している．

　（例）ピルビン酸カルボキシラーゼ：ピルビン酸 + HCO_3^- $\longrightarrow$ オキサロ酢酸

3.2　酵素タンパク質の性質

a. 構造と活性中心

酵素は，その分子表面において特定の分子（基質とよぶ）と相互作用して触媒機能を発揮する．その領域には，触媒機能が発揮できるための構造がつくられている．この特定の領域を，酵素の**活**

性部位または活性中心とよぶ．活性部位は2つの機能をもつと考えることができる．1つは酵素の
まわりに存在する多種類の物質の中から，触媒作用を発揮できる基質のみを選択して結合させる機
能であり，もう1つは，結合している基質と相互作用し分解や合成などのいわゆる触媒活性を行う
機能である．これらの機能はまったく独立した部位で行われるわけではなく，基質分子が結合し，
いわゆる**酵素-基質複合体**（enzyme-substrate（ES）complex）が形成されると，同じ活性部位中
に存在する触媒活性部位が基質にはたらき，反応生成物に転換する．

　通常，活性部位は酵素全体の構造からみると比較的狭い領域であり，いくつかのアミノ酸残基で
構成される立体的な構造である．活性部位の構造の詳細は，多くの酵素についてX線結晶解析を
行うことにより構造上の共通点があることがわかってきた．基本的に活性部位は酵素分子表面に
存在するくぼみまたは割れ目である．これらの部位は疎水性を形成しており，基質と結合しやすい
構造になっている．

　活性部位には，酵素によってそれぞれ基質の構造と特異的に結合する構造をもつ部分がある．こ
れによって酵素は，それに特異的な基質とのみ結合することができる仕組みになっている．これを
酵素の**基質特異性**という．酵素の基質特異性に関して，1894年にフィッシャー（E. Fisher）は
「**鍵と鍵穴**」にたとえて，鍵である基質が酵素の活性部位が形成する鍵穴に入るようにうまく適合
して結合すると説明した（図 3.1）．

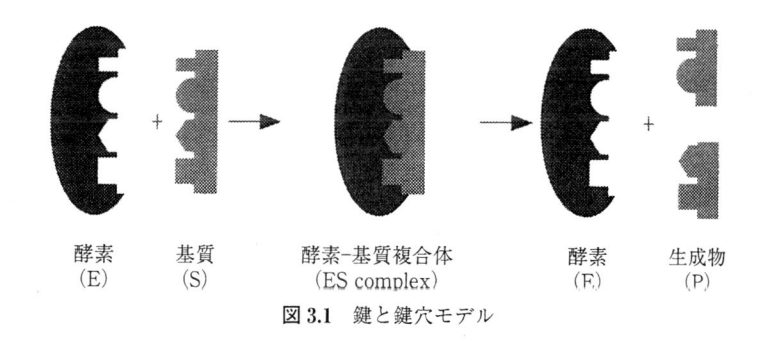

酵素　　　基質　　　酵素-基質複合体　　　酵素　　　生成物
(E)　　　(S)　　　（ES complex）　　　(E)　　　(P)

図 3.1 鍵と鍵穴モデル

　一方，1958年にコシュランド（D. Koshland）は「**誘導適合モデル**」を提唱した（図 3.2）．これ
によると，「酵素の活性部位ははじめから基質の構造に正確に適合した構造をとっているわけでは
なく，酵素と基質が結合することによって活性部位の立体構造が変化し，触媒活性を発揮できるよ
うになるかあるいは基質の構造が遷移状態をとるように変化をする」と説明される．どちらのモデ
ルに従うかは酵素によって異なると考えられている．

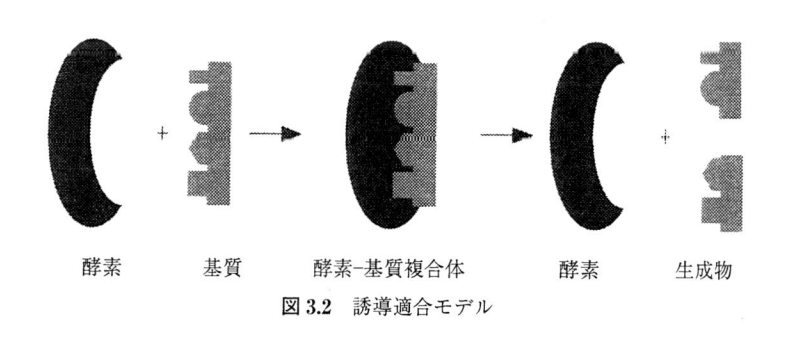

酵素　　　基質　　　酵素-基質複合体　　　酵素　　　生成物

図 3.2 誘導適合モデル

b. 活性化エネルギー

物質間の化学反応の頻度（**反応速度**）は，物質どうしが接触（衝突）する頻度に依存する．ある体積の空間に2種類の物質が非常に低い頻度で衝突する状態で存在するとき（図3.3（a））に，これらの衝突頻度を上昇させるためには，何らかのエネルギーを外部から加えて衝突する頻度を上げる必要がある．たとえば，熱を加えて分子の運動性を高める（図3.3（b））か，あるいは圧力を上昇させて分子間の距離を近接させる（図3.3（c））などである．これらは，存在する分子に**自由エネルギー（活性化エネルギー）**を与えて，遷移状態に達するようにしているのである．酵素反応は触媒作用によって，より低い活性化エネルギーで同じ反応性をもたせる状態にすることを意味する．すなわち，酵素分子上に物質を結合させることによって，分子の遷移状態を極端に高めることなく積極的に接触させると説明できる（図3.3（d））．

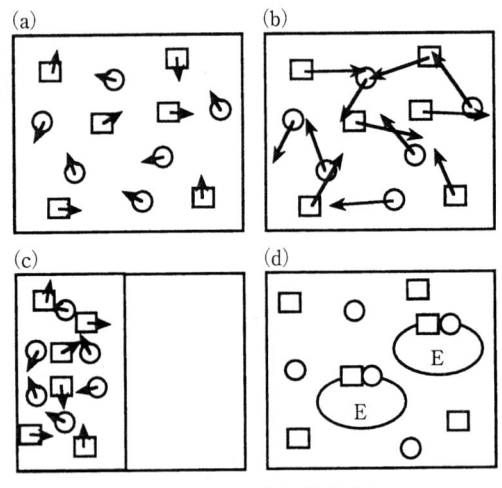

図3.3 化学反応と酵素反応

一般に，触媒とは化学反応の効率を上昇させる作用をもち，自らは反応に関与しない物質をいう．触媒は反応の前後でその性質および量は変化しないので，少量で大量の化学反応を促進することができる．酵素を含め触媒の作用は，活性化エネルギーを低下させて反応が起こりやすくする．図3.4に示すように，遷移状態にある物質の自由エネルギーは反応系のなかのどの物質のエネルギー準位よりも高く，酵素は生体内における化学反応の遷移状態を安定化させて活性化エネルギーを低下させる役割をもつ．しかしながら，酵素は基質や反応生成物のエネルギーレベルを変化させるわけではないので，起こっている反応の効率は変化させるが反応全体のエネルギー変化には影響を与えない．このことは，生体中では酵素のはたらきによって常温，常圧，中性の条件下で，しかもわずかな活性化エネルギーで化学反応が行われ，生体にとってもっとも好都合な条件で物質の相互変換が行われることを意味している．

3.3 酵素反応に影響を与える要因

a. 温度とpH

タンパク質分子は環境因子により大きく影響を受ける．酵素反応の速度はタンパク質分子の構造

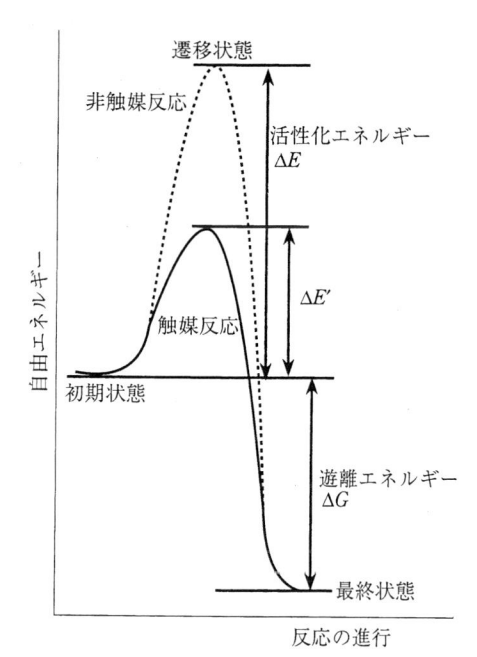

図 3.4 化学反応と活性化エネルギー

と大きな相関性をもつので，分子構造に影響を与える因子はすなわち酵素の反応性にも大きな影響を及ぼすこととなる．

　すべての化学反応は温度の影響を受け，温度が高くなるほど遷移状態に移行するためのエネルギーをもつ分子の割合が増加し，反応効率が上昇する．酵素の触媒活性（通常は酵素反応速度と表記する）も同様に温度が高くなるほど上昇するが，酵素タンパク質は高温になるとタンパク質の高次構造が損なわれてしまうので，触媒活性が失われてしまう（**失活**）．酵素の反応性は，温度の上昇による化学反応性の上昇と酵素タンパク質の変性による反応性の低下の関係で決定される．したがって，酵素はその酵素固有のもっとも反応に適した温度（**至適温度**または**最適温度**）をもつ（図3.5）．酵素の種類によって至適温度はさまざまで，温度に対して非常に不安定なタンパク質で構成されているときには低い温度に至適をもつことになる．しかし，遺伝子操作の技術の一つであるポリメラーゼ連鎖反応（PCR）で用いられる Taq DNA ポリメラーゼは，温泉の高温下でも生息する

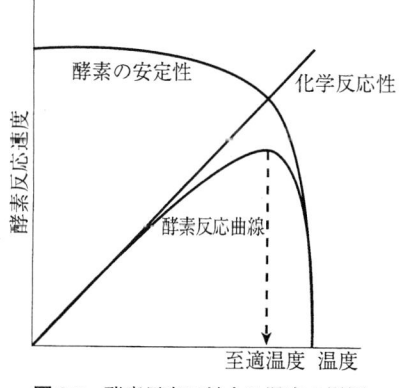

図 3.5 酵素反応に対する温度の影響

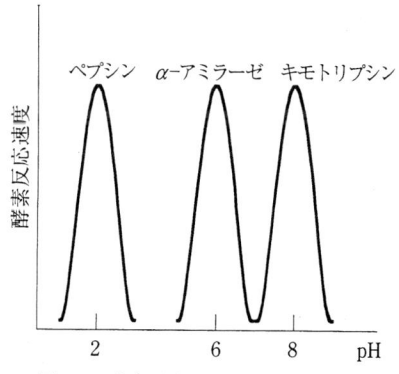

図 3.6 酵素反応に対する pH の影響

細菌類由来のもので，90～100℃といった高い温度にも耐えうる酵素である．

タンパク質は，**両性電解質**であるアミノ酸の重合体である．水素イオン濃度はアミノ酸のイオン化状態を決定するので，タンパク質全体のイオン化状態に影響を与える大きな要因である．したがって，水素イオン濃度の変化，すなわちpHの変化はタンパク質の高次構造を変化させる要因となり，酵素の活性を左右する．酵素の触媒作用が電子の授受に直接関係する場合，活性部のイオン化状態の変化は酵素の活性に大きな影響を及ぼすことになる．pHの幅広い変化に対応できる酵素は少なく，ほとんどの酵素は狭いpHの範囲でのみ活性を示す．したがって，酵素活性が最大となるpHを**至適（最適）pH**という．この値は酵素の種類によって大きく異なる．図3.6に示すように，消化酵素の一つである胃ペプシンの至適pHは2であるが，同じ消化酵素の一つである小腸キモトリプシンでは約8である．また，基質が解離基をもっている場合には，酵素への結合性がpHの影響を受ける場合があり，酵素活性に影響を及ぼす要因の一つとなる．

b. 補　因　子

酵素がはたらくためには，酵素タンパク質と基質のほかに第三の物質が必要とされる場合がある．このような物質を**補因子**（または補欠分子族）とよぶ．酵素と共有結合で強固に結合している場合をとくに補欠分子族として区別して用いる場合があるが，それらの使い分けは明瞭ではない．Na^+，K^+，Mg^+，Ca^{2+}などのアルカリ金属あるいはアルカリ土類金属およびZn^{2+}，Co^{2+}，Fe^{2+}，Fe^{3+}などの遷移金属イオンは，それらが存在しない場合には，酵素が活性を失うかあるいは極端に低下してしまう場合がある（**金属酵素**）ことから，これらの金属イオンを酵素の**活性化剤**とよぶ場合がある．また，比較的低分子の有機化合物で，酵素と可逆的に結合して，その反応に不可欠なはたらきをするものを**補酵素**という．ビタミン類はこれら補酵素の構造の主要部分を構成する．おもな補酵素とそれを構成するビタミンおよび作用する酵素類などを表3.1にまとめた．

補因子と結合して，完全に活性をもつ複合体となった酵素を**ホロ酵素**とよび，ホロ酵素から補因子を取り去ったタンパク質部分のみを**アポ酵素**という．このような酵素では，アポ酵素のみあるいは補因子のみでは触媒活性をもたない．

3.4 酵素反応速度論

a. 酵素活性の測定

通常の化学反応の場合，反応速度は反応に参加する分子どうしが衝突する回数に比例する．この比例定数を**反応定数**（k）という．**反応速度**（v）とは，このときの生成物ができる瞬間速度あるいは反応物質が減少する瞬間速度をいう．A＋B→Pという化学反応の反応定数を求めるときには，片方の物質（B）の濃度をもう一方の物質（A）の濃度の大過剰使用する条件を用いる．このときのBの物質濃度は反応中つねに一定とみなしてよいから，反応速度はAの濃度によって規定されることになる．

酵素反応の反応速度も，化学反応速度と基本的には同じように考えることができる．酵素反応速度を測定するときに，使用する酵素量（[E]）に対して大過剰の基質量（[S]）を使用すると，反応速度は基質の濃度に関係なく進行する．このときの全体の反応は二つの反応，すなわち，基質（S）が酵素（E）と複合体（ES）をつくる反応と，ついでそれが生成物（P）と酵素（E）に分解

表 3.1 補酵素と構成ビタミン

補酵素	構成ビタミン	作用する反応	酵素名
チアミンピロリン酸	チアミン（ビタミン B_{12}）	アルデヒド基転位における運搬体	トランスケトラーゼ，ピルビン酸デヒドロゲナーゼ，2-オキソグルタル酸デヒドロゲナーゼ，ピルビン酸デカルボキシラーゼ
フラビンアデニンジヌクレオチド（FAD）	リボフラビン（ビタミン B_2）	酸化還元反応	グルコースオキシダーゼ，D-アミノ酸オキシダーゼ，コハク酸デヒドロゲナーゼ，モノアミンオキシダーゼ
フラビンモノヌクレオチド（FMN）	リボフラビン（ビタミン B_2）	酸化還元反応	L-アミノ酸オキシダーゼ，グリコール酸オキシダーゼ，ニコチンデヒドロゲナーゼ
ピリドキサールリン酸	ピリドキシン（ビタミン B_6）	アミノ基転位反応	アミノトランスフェラーゼ，アミノ酸デカルボキシラーゼ，ラセマーゼ
ニコチンアミドアデニンジヌクレオチド（NADまたは補酵素 I）	ニコチン酸（ナイアシン）	酸化還元反応	エネルギー代謝系酵素類
ニコチンアミドアデニンジヌクレオチドリン酸（NADPまたは補酵素 II）	ニコチン酸（ナイアシン）	酸化還元反応	グルコース-6-リン酸デヒドロゲナーゼ，イソクエン酸デヒドロゲナーゼ，L-グルタミン酸デヒドロゲナーゼ
補酵素（coenzyme）A	パントテン酸	アシル基転位反応	コリンアセチルトランスフェラーゼ
テトラヒドロ葉酸	葉酸	ホルミル基転位反応	グルタミン酸ホルミルトランスフェラーゼ
デオキシアデノシルコバラミン	ビタミン B_{12}	異性化，脱離，転位，還元などの水素移動を伴う酵素反応の水素運搬体	メチルアスパラギン酸ムターゼ
補酵素 R（ビオチン）	ビタミン H	カルボキシル基転位反応	アセチル CoA カルボキシラーゼ，ピルビン酸カルボキシラーゼ，プロピオニル CoA カルボキシラーゼ

する反応によって構成されると考えることができる（下式）．

$$E + S \underset{k_{-1}}{\overset{k_1}{\rightleftarrows}} ES \underset{k_{-2}}{\overset{k_2}{\rightleftarrows}} E + P$$

この酵素反応系の時間的経過と反応に関与する物質量（c）の変化を表したものが図 3.7 である．基質量が酵素量に対して，過剰に存在する条件で反応が行われるとき，反応の初期段階では**酵素-基質複合体**（ES complex）の形成される方向（$E + S \Rightarrow ES$）に反応が進行する（$t_0 \sim t_1$）．この間では，ES complex が時間の経過に対して一定量存在していないから，生成物量も時間に対して一

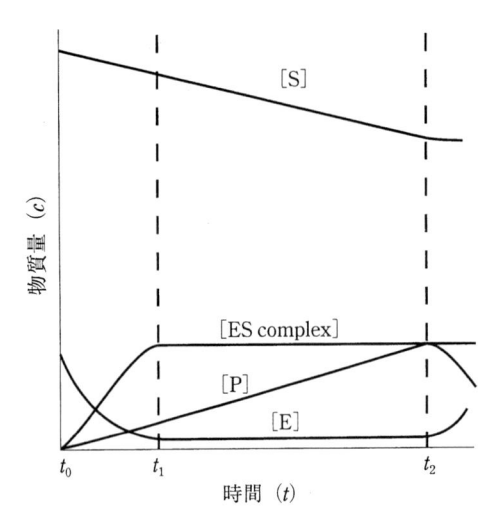

図3.7 酵素反応の時間的経過と各物質量の変化

定には生成されず,したがって反応速度は一定にはならない.

つぎの段階（$t_1 \sim t_2$）では,存在する酵素のすべてが基質と結合しES complexとなり,ES complexの濃度は時間に対してつねに一定となる.つまり,この反応時間帯ではES complexのつくられる反応定数（k_{+1}）と分解する反応定数（k_{-1}）はつねに同じ（(E+S⇔ES)）になる.この状態を反応の**平衡状態**という.ES complexは反応系につねに一定量存在する状態となり,酵素反応はこの段階が律速となる.ES complexの濃度が変化しなければ,つぎの反応段階である生成物形成の反応定数（k_{+2}）はつねに一定であり,つねに一定の反応速度で生成物がつくられることになる.この状態を酵素反応の**定常状態**といい,このときの反応速度がその酵素のもつ真の反応速度（**最大反応速度** V_{max}）と考えることができる.これを**定常状態仮説**といい,酵素反応速度論による酵素反応の解析の基本的な考え方となる.

b. 酵素反応速度論

酵素E（Enzyme）が触媒作用を示して,基質S（Substrate）が生成物P（Product）になるような化学反応を考える.酵素が反応を促進するにはまず酵素Eが基質Sと結合する必要があり,次の反応式が考えられる.

$$E+S \underset{k_{-1}}{\overset{k_1}{\rightleftarrows}} ES \underset{k_{-2}}{\overset{k_2}{\rightleftarrows}} E+P \tag{3.1}$$

（k_1, k_{-1}, k_2, k_{-2} は反応速度定数）

基質が酵素との複合体を経て生成物になる過程では,ESがE+Pになる途中にEPという中間体も考えられるが,反応の速度は律速段階で決まるので,表現法としては（3.1）式でよい.

ふつう,酵素反応を測定するのは,薄い酵素溶液に過剰の基質を加え生成物がどんどん増加する条件下である.すなわち図3.7で示した $t_1 \sim t_2$ の状態である.EとSを混合した直後は生成物は一定速度ででき始める.この生成物が一定速度ででき始めたときの $d[P]/dt$ を v_0（定常速度）という.測定中の基質Sはまだほとんど減少していない間の速度である.

このとき生成物Pの濃度 [P] はほとんど0で,したがってEとPからESができる逆反応は無

視してよい．そこで式（3.1）は次のように書ける．

$$E + S \underset{k_{-1}}{\overset{k_1}{\rightleftarrows}} ES \overset{k_2}{\longrightarrow} E + P \tag{3.2}$$

式（3.2）でPの生成とともに生じたEは，反応前のEと同一分子で繰り返し使用される．

ここで，最初に添加した酵素の全濃度をE_0とする．基質を加える前は当然$E_0 = [E]$，基質を加えるとすぐに，

$$E_0 = [E] + [ES] \tag{3.3}$$

になる．反応のごく初期，誘導期の間に［ES］は増加して反応が初期定常状態に達すると定常値に達し，しばらくの間その一定値に留まる．この［ES］が一定で，その初期の［S］が一定の条件下（反応しても濃度がほとんど変わらない過剰な条件下）での速度定数，E_0および［S］とv_0の関係を考える．生成物［P］はESが速度定数k_2で壊れてできるから初期条件では，

$$v_0 = k_2 [ES] \tag{3.4}$$

定常状態，つまり［ES］が一定とは，ESが「できる速さ」と「壊れる速さ」が相等しいことである．ESができる速さは$k_1[E] \times [S]$であり，ESが壊れるのは，左にいくE+Sができるのと，右にいくE+Pになる2つの道があり，その壊れる速さは$k_{-1}[ES] + k_2[ES]$である．すなわち定常状態では，

$$k_1[E] \times [S] = k_{-1}[ES] + k_2[ES] = (k_{-1} + k_2)[ES]$$

定数だけを集め，新しい定数K_mを定義する．

$$\frac{[E] \times [S]}{[ES]} = \frac{k_{-1} + k_2}{k_1} = K_m \tag{3.5}$$

このK_m値を，研究者の名前をとって，**ミカエリス（Michaelis）定数**と呼んでいる．式（3.5）の［E］に，式（3.3）から求めた［E］を書き換えると，

$$\frac{(E_0 - [ES]) \times [S]}{[ES]} = K_m$$

［ES］についてまとめると，

$$[ES] = \frac{E_0 \times [S]}{[S] + K_m}$$

式（3.4）より

$$v_0 = \frac{k_2 \times E_0 \times [S]}{[S] + K_m} \tag{3.6}$$

基質を十分に加え飽和させれば，反応液中の酵素は全部ESになって，$[ES] \fallingdotseq E_0$になっているはずである．このときの反応速度を**最大反応速度**V_{max}とすると，$V_{max} = k_2 \times E_0$となるので，式（3.6）を書き換えて

$$v_0 = \frac{V_{max} \times [S]}{[S] + K_m} \tag{3.7}$$

この式（3.7）は**ミカエリス-メンテン（Michaelis-Menten）式**とよばれ，酵素反応の性質を表す式として重要である．たとえば，K_m値をとるような基質濃度［S］のとき，すなわち$K_m = [S]$を代入すると，

$$v_0 = \frac{V_{max} \times [S]}{[S]+[S]} = \frac{V_{max} \times [S]}{2[S]} = \frac{1}{2}V_{max} \tag{3.8}$$

となり，言い換えるとK_mとは，最大反応速度V_{max}の1/2の反応速度を与える基質濃度である，と定義できる．このK_m値とV_{max}は酵素にとって固有の値であり，K_m値が小さいほど酵素と基質の親和性が高いことを示す．

実験的にこれらの定数を得るためには，基質の濃度を変化させたときの一定の反応時間で測定される反応速度を，基質濃度に対してプロットし，得られたグラフから反応の定常状態を与える反応速度である最大反応速度とミカエリス定数を読み取る方法が一般的である（図3.8）．

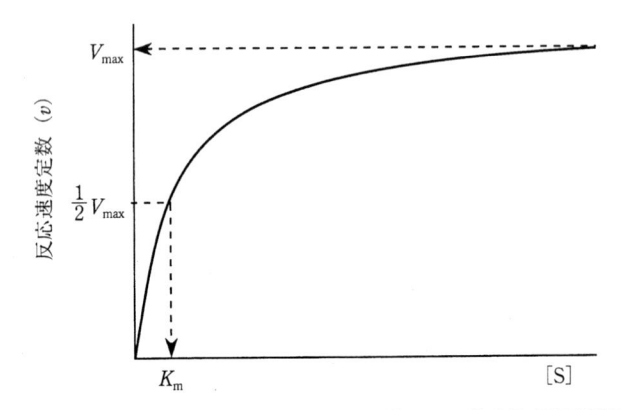

図3.8 ミカエリス-メンテンのプロット法による酵素反応速度解析

ミカエリス-メンテンの式は双曲線型のグラフを与えるが，設定できる基質濃度の範囲内で酵素反応が定常状態にいたらないなどの理由で，実験的に定常状態のときの反応速度を測定できない場合がある．定常状態が示せなければ最大反応速度は推測で求めることとなり，K_mもまた正確な値としては得られないことになる．ラインウィーバー（H. Lineweaver）とバーク（D. Burk）は，この実測値から正確な値を得るためにミカエリス-メンテン式（3.7）を式（3.9）に変形した．

$$\frac{1}{v_0} = \frac{K_m}{V_{max}} \times \frac{1}{[S]} + \frac{1}{V_{max}} \tag{3.9}$$

式（3.9）を図示すると図3.9のように，反応速度vの逆数をy軸とし基質濃度[S]の逆数をx軸として傾きをK_m/V_{max}としたとき，$y = ax + b$のような一次関数となる．これをラインウィーバー

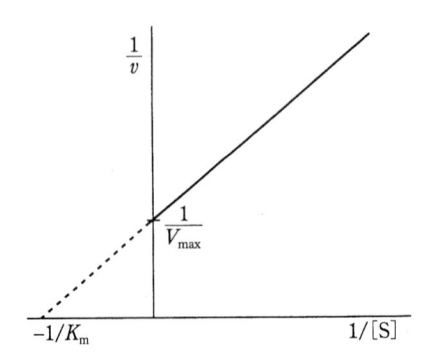

図3.9 ラインウィーバー-バークプロット法による酵素反応速度解析

バークのプロットという．基質濃度を無限大に想定したとき，$1/v$ は $1/V_{max}$ に近似する．また，x 切片を想定すると $-1/K_m$ となり，これらの値から K_m および V_{max} を正確に計算することができる．

c. 酵素阻害

酵素反応速度が可逆的あるいは不可逆的に低下する現象を**阻害**（inhibition）という．酵素タンパク質の高次構造が熱などによって不可逆的に変化してしまい（これを変性という），酵素のはたらきが失われる現象を**失活**といい阻害とは区別される．阻害作用をもつ化合物を**阻害物質**あるいは**阻害剤**（inhibitor）という．阻害剤を用いる酵素反応阻害の研究は，酵素の物理的・化学的構造と機能の関連性を知るうえで重要な情報をもたらす．さらに，阻害剤の研究は創薬の研究としても重要である．生体内に存在するある代謝生成物がその代謝経路を調節する役割をもつ酵素（**律速酵素**）の阻害剤であるとすると，その反応速度を調節することにより，代謝生成物の量を調節する重要な要因の一つであることが理解できる．

医薬品として開発されている酵素活性阻害剤は非常に数が多い．たとえば，アセチルサリチル酸の解熱作用はプロスタグランジン E_2 合成の律速酵素であるシクロオキシゲナーゼのアセチル化による阻害作用であることはよく知られており，痛風治療薬の一つであるアロプリノールは，痛風発症の原因物質である尿酸合成系酵素の一つであるキサンチンオキシダーゼ活性阻害剤である．

阻害剤は，**可逆的阻害剤**と**不可逆的阻害剤**の 2 種類に大別できる．

（1）可逆的阻害

酵素の活性中心に阻害剤が可逆的に結合して反応を阻害する場合を可逆的阻害という．これには，三つのタイプがある．第一は**拮抗（競合）阻害**（図 3.10 (a)）で，阻害剤が基質と構造的な類似性をもつ場合が多く，阻害剤と基質が酵素との結合に競合する．阻害剤は遊離酵素 [E] のみに結合する．阻害剤量を一定にした場合に，阻害の程度は基質との量的比率によって決まり，基質濃度を高くすれば ES complex の形成する確率が高くなるので阻害は起こりにくくなり，ついには阻害剤が存在しないときの酵素反応速度に回復する．つまり，競合阻害剤は，酵素の最大反応速度には影響を与えないが，基質との親和性を小さくする．クエン酸回路においてコハク酸はコハク酸デヒドロゲナーゼによってフマル酸に変換されるが，この反応はマロン酸によって阻害される．マロン酸はコハク酸と競合してこの酵素の活性部位に結合されるが基質とはならない．

第二の可逆的阻害は，**非拮抗（非競合）阻害**である（図 3.10 (b)）．阻害剤は遊離酵素と ES complex の両方に可逆的に結合して阻害作用を示す．基質濃度の上昇に伴い反応速度は上昇するが，阻害剤の存在しないときの反応速度までは回復しない．基質が一つの場合ではほとんど起こらないが，基質が二つ以上の酵素反応では広く認められる．この場合，阻害剤と結合していない酵素分子はまったく影響を受けないので，基質との親和性には影響を受けない結果となる．

第三の可逆的阻害は，**不拮抗（不競合）阻害**である（図 3.10 (c)）．阻害剤は ES complex のみに可逆的に結合して阻害作用を示す．阻害剤は活性中心以外の部位に結合し，活性中心が変化することによって反応が押さえられる．この場合，最大反応速度および親和性ともに小さくなる．すなわち，ラインウェーバー–バークのプロットでの傾きの K_m/V_{max} は変化せず，阻害剤のないときと同じように平行になる．

(a) 拮抗阻害

酵素　基質　　酵素-阻害剤複合体　基質　　酵素　生成物

(b) 非拮抗阻害

阻害剤　　酵素-阻害剤複合体　基質

酵素

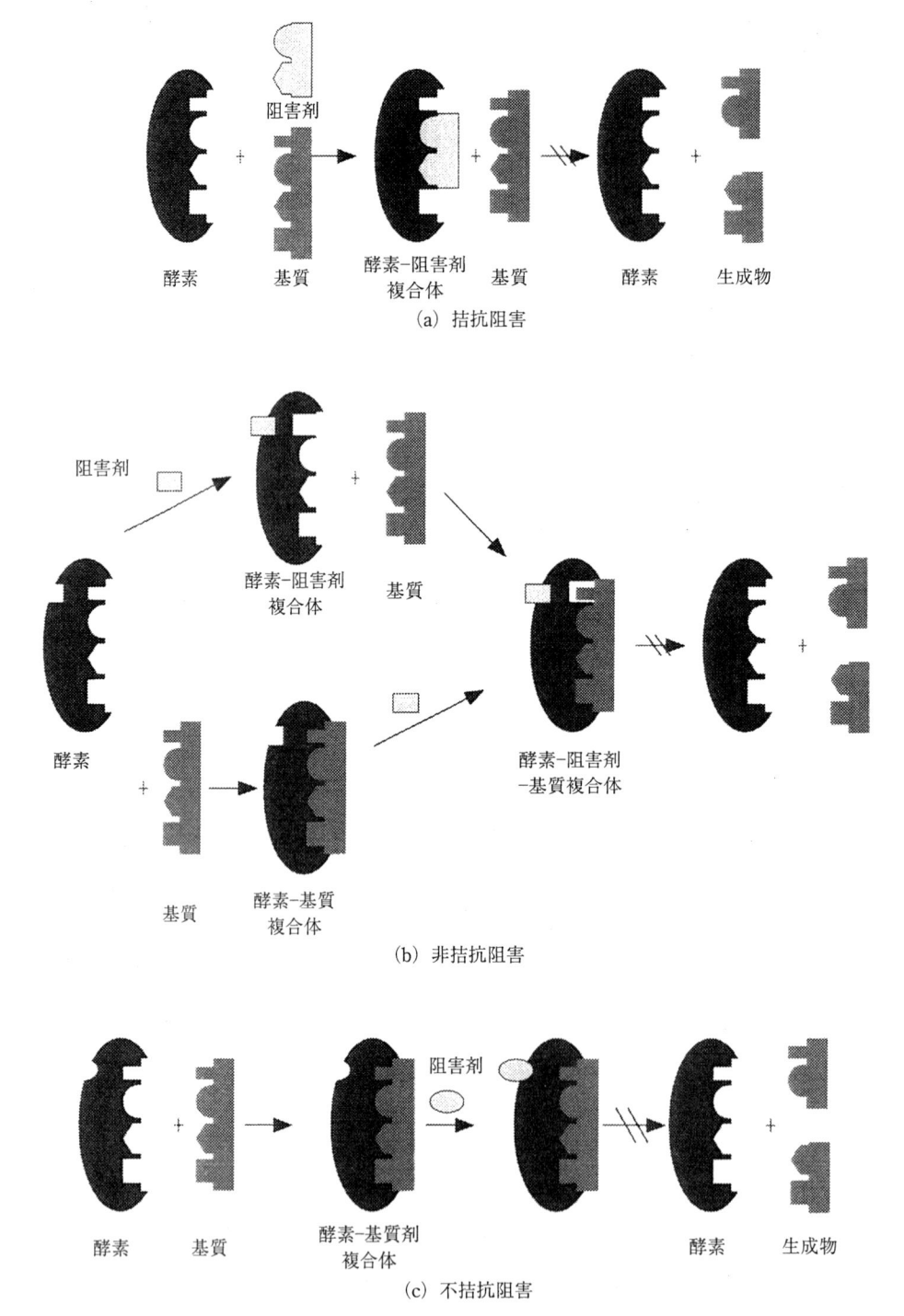

基質　酵素-基質複合体

酵素-阻害剤-基質複合体

(c) 不拮抗阻害

酵素　基質　　酵素-基質剤複合体　阻害剤　　酵素　生成物

図 3.10 可逆的酵素活性阻害モデル

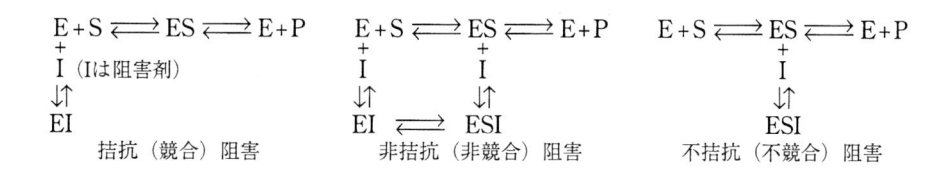

```
E+S ⇌ ES ⇌ E+P        E+S ⇌ ES ⇌ E+P        E+S ⇌ ES ⇌ E+P
 +                      +    +                      +
 I (Iは阻害剤)           I    I                      I
 ↕                      ↕    ↕                      ↕
 EI                     EI ⇌ ESI                   ESI
  拮抗（競合）阻害         非拮抗（非競合）阻害         不拮抗（不競合）阻害
```

酵素反応速度論的な解析を行うことにより，阻害剤とそれらの阻害効果について K_m および V_{max} との関係がよく理解できる（図3.11）．

(2) 不可逆的阻害

阻害剤が酵素に永続的に結合することで，反応が阻害される場合を，**不可逆的阻害**という．阻害剤は酵素タンパク質のアミノ酸残基に共有結合などで結びつき，活性部位をふさいでしまうので，基質が結合できない状態となる．阻害剤の構造と阻害効果の関係を解析することにより，酵素の活性部位の構造などを知る重要な手がかりを得ることができる．遊離のチオール基を活性部位にもつ酵素であるグリセルアルデヒド-3-リン酸デヒドロゲナーゼは，ヨード酢酸などのアルキル化剤によりアルキル化されて活性を失う．また，抗生物質であるペニシリンは，細菌の細胞壁の架橋構造をつくるグリコペプチドトランスペプチダーゼの活性部位に存在するセリン残基に共有結合を形成することにより，この酵素活性を阻害する．

3.5　酵素活性の調節

a. プロエンザイム

ある種の酵素は活性をもたない前駆体として生合成され，特殊な修飾作用を受けることにより活性体となる．これを**酵素の活性化**という．この活性化反応が，ある種のタンパク質分解酵素による酵素の限定的な分解反応による場合，この酵素の前駆体を**プロ酵素**あるいは**チモーゲン**とよぶ場合が多い．たとえば，トリプシン，キモトリプシン，エラスターゼなどは，膵臓でその前駆体トリプシノーゲン，キモトリプシノーゲン，プロエラスターゼとして生合成され，十二指腸あるいは小腸に分泌されたのちに活性化される．

たとえば，キモトリプシノーゲン（アミノ酸残基数245，分子量25600）はトリプシンによって Arg^{15}-Ile^{16} の間が切断されて，活性型の π-キモトリプシンとなる．さらに自己消化により Ser^{14}-

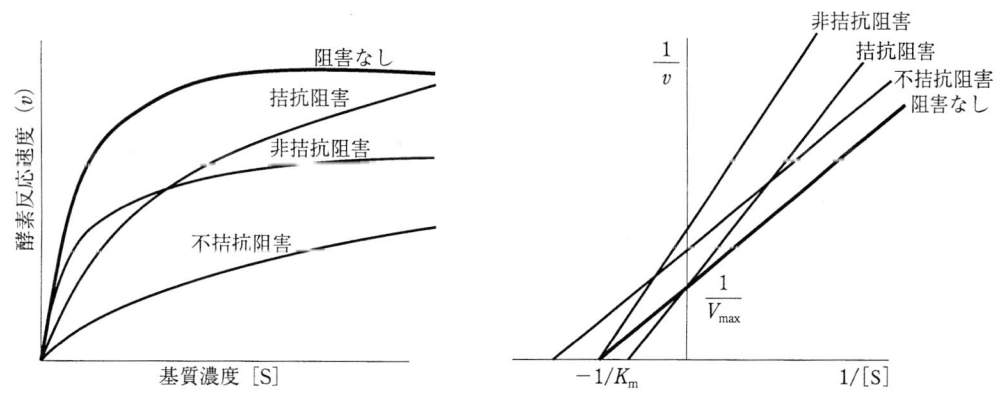

図3.11　可逆的阻害効果の酵素反応速度論による解析

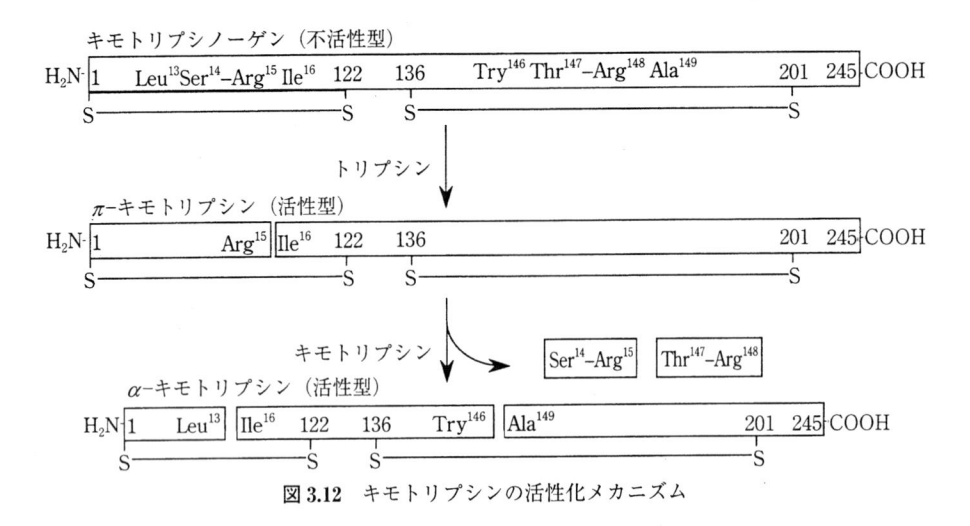

```
                      キモトリプシノーゲン（不活性型）
H₂N-[1  Leu¹³Ser¹⁴-Arg¹⁵Ile¹⁶  122    136  Try¹⁴⁶ Thr¹⁴⁷-Arg¹⁴⁸ Ala¹⁴⁹   201  245]-COOH
     S―――――――――――――S S―――――――――――――――――――――――――S
                                │ トリプシン
                                ▼
                      π-キモトリプシン（活性型）
H₂N-[1         Arg¹⁵][Ile¹⁶  122    136                          201  245]-COOH
     S―――――――――――――S S―――――――――――――――――――――――――S
                         キモトリプシン │ ↘ [Ser¹⁴-Arg¹⁵] [Thr¹⁴⁷-Arg¹⁴⁸]
                                ▼
                      α-キモトリプシン（活性型）
H₂N-[1  Leu¹³][Ile¹⁶  122    136  Try¹⁴⁶][Ala¹⁴⁹                201  245]-COOH
     S―――――――S S―――――――――S―――――――――――――――――――――S
```

図 3.12　キモトリプシンの活性化メカニズム

Arg^{15} と Thr^{147}-Asn^{148} の二つのジペプチドが切断除去されて，三つのペプチド鎖がジスルフィド結合で連結された形の活性型 α-キモトリプシンとなり，生理的な作用をもつ（図3.12）．このような酵素の活性化は，代謝系における不可逆的な制御機構の一つとして重要な役割を担っている．

b. アイソザイム

同一個体中にあり，化学的に異なるタンパク質で構成されているが，同じ化学反応を触媒する酵素どうしを**アイソザイム（イソ酵素）**とよぶ．たとえば $NADH + H^+$ の存在下でピルビン酸を乳酸に可逆的に変化する酵素である乳酸デヒドロゲナーゼ（lactate dehydrogenase：LDH）は，四つのタンパク質サブユニットにより構成される四量体である．これらのサブユニットは，異なる遺伝子に由来する心臓型（H型）と骨格筋型（M型）の2種類のサブユニットにより構成されるので，それらの組合せにより M_4，H_1M_3，H_2M_2，H_3M_1，H_4 の5種類のアイソザイムが存在する．組織により各サブユニットの生成量が異なるため，アイソザイムの存在量が異なり，心臓では H_4 型が，骨格筋では M_4 型がそれぞれ大部分を占める．おのおのの酵素は，基質に対する反応性，阻害剤に対する反応性がそれぞれ異なるため，それぞれが分布する組織に応じた反応を行っていると考えられている．このような組織分布の特異性を利用して，疾病時の炎症などによる組織細胞の壊死のために血清中に漏出した LDH のアイソザイムパターンを電気泳動法で分析することにより，それらの組織の疾病の診断に応用することができる．

c. アロステリック酵素とアロステリック効果

酵素の基質結合部位とは構造上異なる部位に低分子物質が結合して，その酵素と基質との親和性が変化する現象のことを**アロステリック効果**という．このような機能をもつ酵素（**アロステリック酵素**）の活性は，リガンド（**アロステリックエフェクター**）の結合によって調節される（**アロステリック制御**）．さらに，一つの酵素に同じ基質が複数個結合し，その結合性や酵素活性に協同性がみられる場合にもアロステリック効果とよぶ．すなわち，先に結合した基質あるいはリガンドが，タンパク質の立体構造を変化させ，つぎの基質の結合しやすさや活性そのものを変えるはたらきをする．

3.5 酵素活性の調節

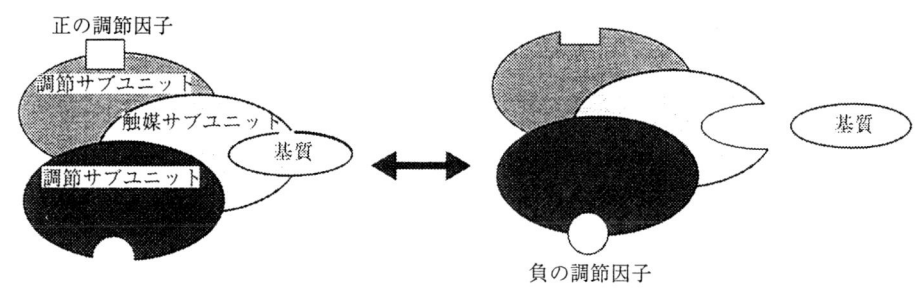

図3.13 アロステリック効果

　アロステリック酵素は多くの場合いくつかのサブユニットからなり，これらが協同的にはたらいてアロステリック効果が現れることが明らかになっている（図3.13）．協同性には正の効果と負の効果があり，正の効果の場合，反応速度と基質濃度の関係はS字型を描く**シグモイド型**となる（図3.14）．基質との反応性が同じ基質によって調節される場合を**ホモトロピック効果**といい，異なるリガンドによって調節される場合を**ヘテロトロピック効果**という．

　アスパラギン酸カルバモイルトランスフェラーゼは，ピリミジンヌクレオチド生合成系の律速酵素であり，微生物においては典型的なアロステリック酵素として知られている．カルバモイルリン酸と L-アスパラギン酸から N-カルバモイル-L-アスパラギン酸と正リン酸が生成される反応を触媒する．この酵素はピリミジンヌクレオチドであるシチジン三-リン酸（CTP）によりアロステリックに阻害され，プリンヌクレオチドであるアデノシン三-リン酸（ATP）によりアロステリックに活性化される．ピリミジン生合成系の最終生成物である CTP による阻害は，フィードバック阻害の1例であり，CTP 濃度が高くなると CTP が酵素に結合して CTP 合成を抑制し，逆に CTP 濃度が低くなると CTP が酵素から離れて CTP 合成を促進する．また，ATP 濃度が CTP 濃度よりも高いと，ATP が酵素に結合することで CTP 合成を促進させる．核酸合成には，プリンヌクレオチドとピリミジンヌクレオチドの量が等量必要であり，両者の合成量のバランスをとるための調節機構としてはたらいている．

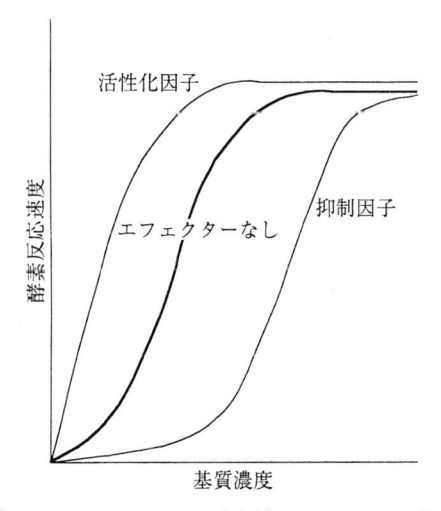

図3.14 アロステリック酵素とアロステリック効果

d. アロステリック酵素の反応速度調節

生体内で一連の代謝経路における調節は律速酵素によって行われている．律速酵素の調節機構の多くはアロステリック変化によって行われている．アロステリック変化に影響を及ぼすものには，基質そのものや最終代謝生成物がある．基質濃度によるアロステリック変化の特徴を説明すると次のようになる（図3.15）．

通常，生体のなかで存在する酵素が全部はたらくことはほとんどない．すなわち，反応速度が V_{max} に達することはない．せいぜい V_{max} の75％ぐらいが最大であり，このときその酵素は活性化された状態である．逆に，酵素活性を抑えるときには，V_{max} の10％にしておく．このときその酵素は不活性化された状態である．典型的な酵素のときには，反応速度を V_{max} の10％から75％に上げるときに基質濃度を27倍程度まで高めなければならないが，アロステリック酵素の場合には，基質濃度をたった2～3倍の増減で活性を抑制したり，あるいは活性化したりできる．

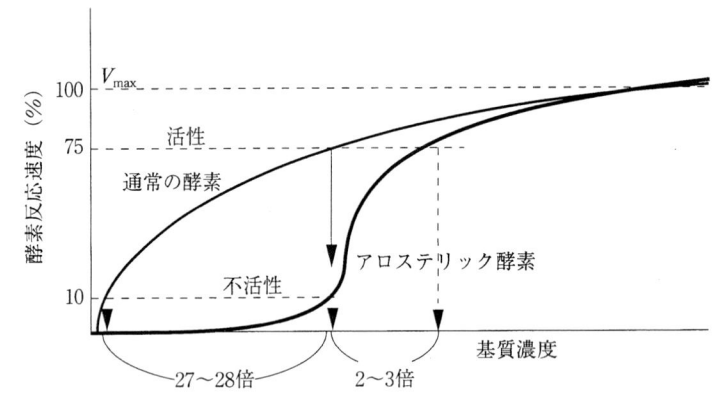

図3.15 アロステリック酵素の基質濃度による反応の調節機構

e. 酵素タンパク質のリン酸化と脱リン酸化

酵素の活性型と不活性型の可逆的変換に，酵素タンパク質の特定の部位のアミノ酸が共有結合されることによる化学的修飾作用が関与している場合がある．その代表的なものは，特異的なアミノ酸残基のリン酸化あるいは脱リン酸化による調節である．グリコーゲンホスホリラーゼとグリコーゲンシンターゼはグリコーゲン代謝の律速酵素であり，血中のグルコースの量を調節することによるエネルギー代謝の重要な調節要素となる酵素である（図3.16）．

これらの酵素の活性化と不活性化は，グルカゴン，インスリンおよびエピネフリンなどのホルモンと Ca^{2+} イオンとによってGTP結合タンパク質を介した共通の機構で調節されている．エピネフリンあるいはグルカゴンの作用により活性化されたアデニル酸サイクラーゼを介して，ATPから合成されたcAMP①は，不活性型のプロテインキナーゼA（PKA）を活性化する②．活性型PKAは，不活性型のホスホリラーゼキナーゼbをリン酸化して活性化型のホスホリラーゼキナーゼaとし③，グリコーゲンホスホリラーゼbをリン酸化することにより活性化（グリコーゲンホスホリラーゼa）④し，グリコーゲンを分解する⑤．一方，活性化型PKAは活性化型グリコーゲンシンターゼaをリン酸化することによって不活性型のグリコーゲンシンターゼbとし⑥，UDP-グルコースからのグリコーゲンの合成を抑制する⑦．また，活性化PKAは，活性型プロテインホスファ

3.5 酵素活性の調節

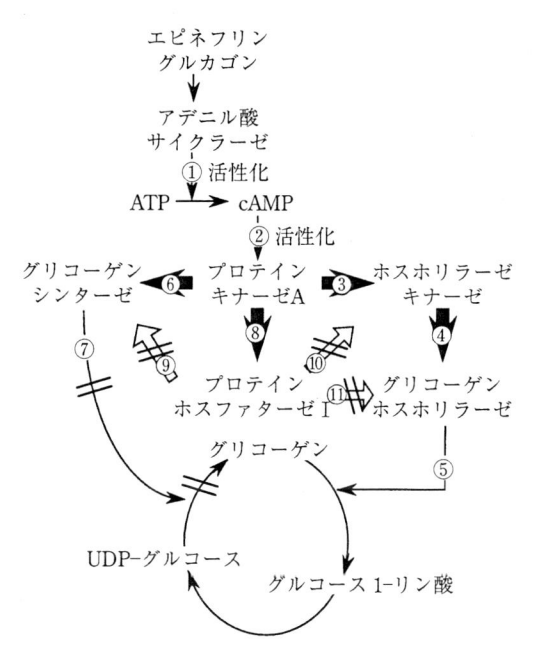

図 3.16 生体内でのグルコース量の調節（増加）

ターゼ I をリン酸化することにより不活性型とし⑧，活性化型プロテインホスファターゼ I による脱リン酸化を介したグリコーゲンシンターゼの活性化⑨，ホスホリラーゼキナーゼの不活性化⑩，およびグリコーゲンホスホリラーゼの不活性化⑪を抑制する．これらの結果，グリコーゲン分解の促進と合成の抑制が進み，遊離のグルコース量が増加する結果となる（図 3.16，図 4.11）．

インスリンは，プロテインホスホリラーゼ I を活性化する①ことにより，上記の作用とは逆の作用となり，グリコーゲンの合成が促進され②，分解が抑制される③こととなる．結果として遊離のグルコース量が減少することとなる．このように，糖代謝の最初の反応であるグリコーゲンの代謝は，この系に関与する酵素のリン酸化および脱リン酸化によって厳密に制御される（図 3.17）．

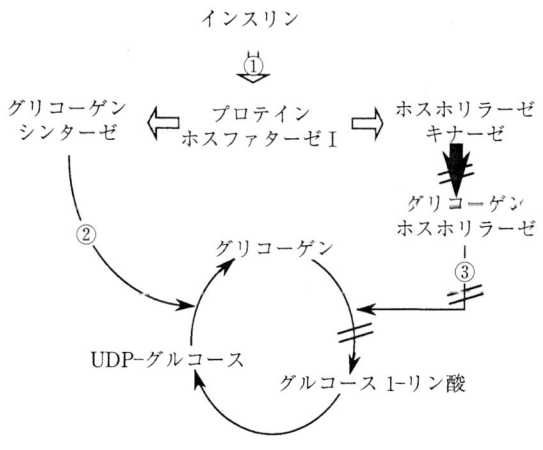

図 3.17 生体内でのグルコース量の調節（減少）

f. 遺伝子発現による調節

特定の基質の存在に応じて，遺伝子制御のもとに生体内の酵素の生合成速度が変化する現象がみられる．これを**酵素誘導**といい，合成される酵素を誘導酵素という．

大腸菌はグルコースを通常の炭素源として用いるが，グルコースが枯渇しラクトースが唯一の炭素源として存在すると，これを代謝するためにβ-ガラクトシダーゼなどのラクトース代謝酵素群遺伝子（*lac* オペロン）が発現され，これらの酵素が誘導される．このような誘導的な酵素の合成は，基質の存在しない状態で発現が抑制されていた酵素の合成が，基質の存在によって抑制が解除されることによる．この場合，ラクトースが誘導物質となる（図3.18）．

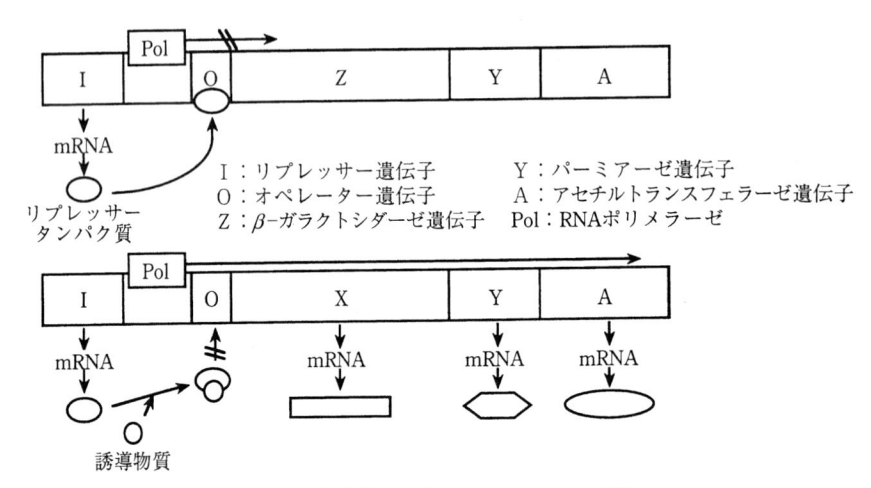

図3.18 大腸菌における *lac* オペロンの誘導

一方，酵素の合成速度が減少することを**酵素抑制**という．大腸菌のトリプトファン合成酵素群の場合にみられるように，ある一連の代謝系において代謝産物が増加し，これが遺伝子の発現を抑制する場合もある．大腸菌のトリプトファン合成系オペロン（*trp* オペロン）は3種類の酵素をつくる五つの遺伝子によって構成されている．トリプトファンの合成量が増加すると，このオペロンのリプレッサーは最終生成物であるトリプトファンと特異的に結合して，このオペロンの転写速度を下げる結果となる．最近，アテニュエーターといわれる *lac* オペロンの転写を途中で停止させる遺伝子部位もみつかっている．このような制御機構を**異化代謝産物制御（カタボライトリプレッション）**という．酵素阻害との相違点は，酵素抑制は酵素の分子数を低下させる制御であるのに対し，酵素阻害は酵素の分子数を変えずに酵素活性を阻害する制御である点が大きく異なる．

3.6 まとめ

1. 酵素は触媒する反応の種類に基づいて，オキシドレダクターゼ，トランスフェラーゼ，ヒドロラーゼ，リアーゼ，イソメラーゼ，リガーゼの6種類に分類されている．そのおのおのは酵素番号といわれる4組の番号によって細分される．
2. 酵素は生体中で行われる化学反応を，円滑に行わせるための触媒（生体触媒）である．そのはたらきは化学触媒と基本的には同じであり，非触媒反応と比較して少ない活性化エネルギーで反応を進行させる．酵素反応は，基質あるいは反応に対して高い特異性をもつ．酵素の活

性部位への基質の結合は，鍵と鍵穴モデルあるいは誘導適合モデルによって説明される．ほとんどの酵素の本体はタンパク質であるが，酵素活性をもつ RNA，リボザイムも存在する．
3. 酵素タンパク質の活性は，様々な要因により影響を受ける．温度は酵素の活性を上昇させるが，タンパク質の安定性の低下を招くので，もっとも反応に適した温度（至適温度）をもつ．また，タンパク質は両性電解質であるアミノ酸の重合体であることから，水素イオン濃度によりそのイオン化状態が影響を受ける．このようなイオン化状態の変化は活性部位の高次構造にも大きく影響し，酵素の活性を左右する大きな要因（至適 pH）となる．
4. 酵素がはたらくために必要な第三の物質を補因子という．比較的低分子の有機化合物でビタミンがその構造の主要部分を構成する場合，これを補酵素，アルカリ土類金属や遷移金属イオンの場合，これを活性化剤という場合がある．
5. 酵素反応速度論は，酵素の触媒活性を定量的に表すための解析方法であり，酵素反応速度を基質濃度の関数として表す．ミカエリスとメンテンは，酵素はある速度定数で基質と結合して ES complex を形成し，さらにこれが生成物となるという基本的な考え方により，定常状態における酵素反応速度論を提唱した．ミカエリス-メンテンの式

$$v = \frac{V_{max} \times [S]}{K_m + [S]}$$

において，V_{max} は最大反応速度を示し，K_m はミカエリス定数であり，酵素と基質の親和性を示す．また，V_{max} と K_m はラインウェーバーとバークの解析方法により，正確に求めることができる．
6. 酵素阻害は，可逆的および不可逆的阻害に分けられる．可逆的阻害には，拮抗阻害，非拮抗阻害，不拮抗阻害などの阻害様式がある．また，不可逆的阻害は，阻害剤が酵素に共有結合する場合が多い．阻害剤による酵素阻害の解析は，酵素の物理的・化学的構造と機能の関連性を知るうえで重要な情報をもたらす．代謝産物が阻害剤となり，代謝経路を制御する重要な要因の一つとなる．また，阻害剤は医薬品として治療に用いられることが多い．
7. 酵素活性は，様々な要因により調節される．プロエンザイムとして合成されたあとに必要に応じて活性化される調節機構や，異なるタンパク質で構成されるが同じ反応を触媒するアイソザイムは，生体内組織分布が異なる．
8. アロステリック効果により酵素活性が調節されるアロステリック酵素は，複数のサブユニットからなるタンパク質であり，アロステリックエフェクターの結合により，活性化や阻害の作用を受ける．
9. 酵素タンパク質がリン酸化などの置換基の結合あるいは脱離により，活性化あるいは不活化の作用を受ける場合がある．ホルモンの作用による細胞の応答の際にみられる酵素タンパク質のリン酸化あるいは脱リン酸化により活性が調節される．
10. ある代謝系のはじめの物質あるいは代謝産物が，その代謝系ではたらく酵素の遺伝子発現を活性化あるいは抑制して酵素量を調節する方法（酵素誘導あるいは酵素抑制）は，代謝系全体を制御する重要な要因である．グルコースのかわりにラクトースを炭素源としたときの大腸菌は *lac* オペロンを誘導し，グルコースが存在しているときは誘導しないラクトース分解酵素系を発現して生育する．

演習問題

3.1 次の語句を説明しなさい．
a. 酵素番号，b. 活性中心，c. 誘導適合モデル，d. 活性化エネルギー，e. 補酵素，f. 定常状態と最大反応速度，g. 可逆的阻害と不可逆的阻害，h. プロエンザイム，i. アイソザイム，j. アロステリック酵素，k. 酵素タンパク質合成の遺伝子による制御

3.2 下表に示した酵素反応の結果から，ミカエリス–メンテンの方法とラインウェーバー–バークの方法を用いて，この酵素の K_m および V_{max} を求めなさい．また，阻害剤の阻害様式を推測しなさい．

基質濃度 [mM]	酵素反応速度 [μmol/min]	阻害剤存在下での 酵素反応速度 [mmol/min]
0.00	0.00	0.00
0.25	3.24	1.25
0.50	4.90	2.22
0.75	5.90	3.00
1.00	6.57	3.64
1.25	7.06	4.17
1.50	7.41	4.61
1.75	7.42	5.00
2.00	7.93	5.33
2.50	8.28	5.88
3.00	8.52	6.31
3.50	8.70	6.66
4.00	8.85	6.95
4.50	8.96	7.20
5.00	9.06	7.40
5.50	9.13	7.58
6.00	9.20	7.74

4

代　　　謝

はじめに

　代謝とは，生体内の化学反応の経路であり，三大栄養素である糖質，タンパク質，脂質の細胞内での分解過程において生じるエネルギーのATPへの変換（異化作用），および糖質，タンパク質，脂質の相互変換や合成（同化作用）などを包含している．すなわち，われわれが摂取した栄養物質が人体でどのように変化していくのかを理解することが代謝である．

　本章では，糖質によるエネルギー生成を，各反応の酵素レベルで理解したうえで（異化作用），エネルギーが十分なときの浪費を避ける調節機構，糖質から他の生体成分を合成する同化作用およびその調節機構などを学ぶ．それにはグリコーゲン合成，脂質合成，核塩基合成などが含まれる．つぎに，摂取栄養源が不足したとき，すなわち飢餓状態のとき異化作用がどのようになるかについても学ぶ．それには，脂肪酸分解やタンパク質分解，あるいはそれに伴うアンモニアの処理代謝などが含まれる．

4.1　糖　質　の　代　謝

　ヒトが摂取する食物は多様であるが，大多数の場合，糖質が日常の摂取食物の大部分を占めている．代謝での糖質の主要な役割は燃焼としてであり，それに消費される糖質としては，グルコース，フルクトースおよびガラクトースの3種類の六炭糖の単糖類である．これら単糖に蓄えられているポテンシャルエネルギーのいくらかが放出され，ADPからATPの合成を進めるために使われる．

　ほとんどの生物にとってグルコースは重要な燃焼といえる．デンプンを多く摂取するとグルコースとして吸収され，ショ糖の摂取が多くなれば，フルクトースが量的に重要な意義を占める．さらに，乳児は母乳がエネルギー源なので，乳糖として摂取され，ガラクトースが量的に重要な意義を占める．これらフルクトースとガラクトースも吸収後，肝臓で容易にグルコースに変換される．したがって，解糖系はおもにグルコースの異化代謝経路である．

　解糖は "**glycolysis**"（グリコリシス）といい，ギリシャ語の"甘い成分の分解"からきている．**解糖系**とよばれる一連の反応群はほとんどすべての生物の細胞に存在しており，この経路にかかわる酵素類および反応の機構は原核生物と真核生物のいずれにおいても存在し，その反応様式もきわめて一様である．解糖系は酸素を使用するような酸化が起こらなくても，嫌気的条件下で進行が可能である．おそらく，真核生物が出現する以前の，酸素濃度の低い地球環境でも存在したと推定される．嫌気性生物，つまり無酸素の環境で生存する微生物は，代謝エネルギーのすべてをこの過程から得ている．一方，好気性細胞では，解糖系は酸素消費による糖質の完全な分解経路の最初の段階に相当する．すなわち，解糖系では，炭素6つのグルコースが2分子の3炭素酸のピルビン酸ま

で嫌気的に分解される．さらにピルビン酸は，ミトコンドリアに運ばれて好気的にクエン酸回路で分解されて，二酸化炭素（CO_2）と水に酸化される（図4.1）．

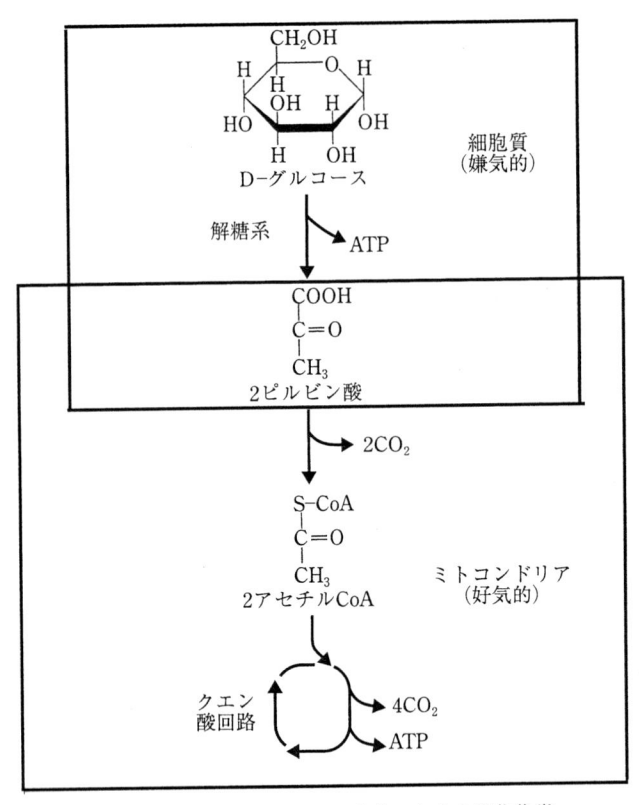

図4.1 グルコースのATP合成のための異化代謝

脊椎動物では，グルコースが血流によって体全体の細胞に輸送される．とくに，脳のような一部の組織では，通常グルコースを唯一のエネルギー源として用いており，そのような細胞ではすべてのエネルギー産生は解糖系からはじまる．

細胞にATPというエネルギー保有量が少なければ，グルコースがまず解糖系により分解されATPを得ようとするが，それだけでなく，解糖系は，ほかの経路のためのエネルギーと代謝中間体の，両方を産生する中心的な役割を果たしている．エネルギー生産がすぐに必要でない場合には，グルコースは肝臓と筋肉にグリコーゲンとして貯蔵される．一部は腎臓と脳細胞にも貯蔵される．

a. 解糖系

解糖系はしばしばその発見者の名前をとって，エムデン-マイヤーホフ（**Embden‐Meyerhof**）**経路**ともよばれている（図4.2）．この経路のすべての酵素は，細胞質に存在する．この経路では，図4.1で示したようにグルコースからピルビン酸まで分解される．ピルビン酸はミトコンドリアに取り込まれアセチルCoAとなり，クエン酸回路に組み込まれ二酸化炭素と水に完全に分解されるが，それには大量の酸素が必要である．酸素の供給が不十分な嫌気的な生理条件下では，ピルビン酸はミトコンドリアに運び込まれず，細胞質で乳酸に還元されてしまう．この反応は，ピルビン酸がクエン酸回路で酸化されるよりも速く生成するときに生じる．骨格筋細胞では，激しい運動時に

4.1 糖質の代謝

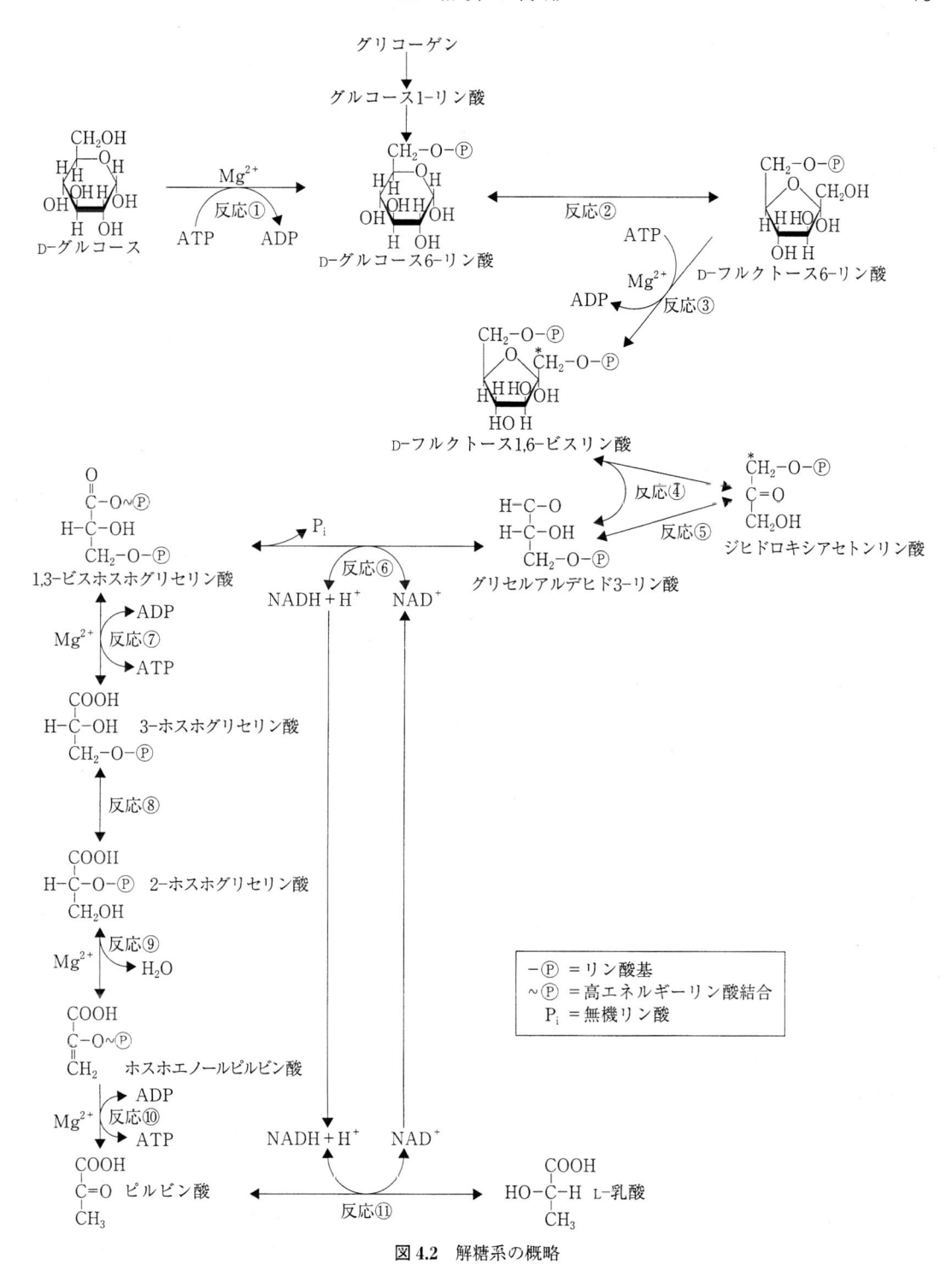

図4.2 解糖系の概略

大量の乳酸が生じることが知られている．

反応①：グルコースのリン酸化

グルコースはグルコース6-リン酸にリン酸化されると解糖系へ入る．反応は，まずヘキソキナ

ーゼの触媒するグルコースのATP依存性リン酸化ではじまる．ATPの反応型はMg^{2+}とのキレート複合体なので，マグネシウムイオンを必要とする．ヘキソキナーゼは糖に対する広範な特異性と糖基質に対する低いK_m（0.01〜0.1 mM）を特徴とする．低い特異性により，フルクトースやマンノースを含む多種のヘキソース糖をリン酸化して，解糖系でそれらを利用できるようにする．ヘキソキナーゼは，生成物のグルコース6-リン酸によってアロステリックに阻害される．これは，解糖系への基質の流入を制御する機構である．すなわち，一つの細胞でグルコースが独占的に使用されるのを防いでいる．細胞内のグルコース濃度は通常ヘキソキナーゼのK_m値よりもはるかに高いので，しばしば飽和基質濃度で機能している．

肝臓にはヘキソキナーゼの異型が含まれており，非常に高いK_m値を有し（約10 mM），この酵素はグルコキナーゼとよばれる．グルコキナーゼの特徴は，誘導酵素で栄養状態で活性が変化し，しかもグルコース6-リン酸で阻害されない．この特殊なヘキソキナーゼ（グルコキナーゼ）のおかげで，肝臓は血中のグルコース濃度の変動に応じてその利用速度を調節することができ，それによって血中グルコース濃度を調節している．グルコキナーゼの機能は，食後血中から不必要に高い濃度のグルコースを取り除くことができ，その高いK_m値によると血糖値が100 mg/dLのときに最適である．

$$\text{D-グルコース} + \text{ATP} \xrightarrow{\text{ヘキソキナーゼ,}\atop\text{グルコキナーゼ}} \text{D-グルコース6-リン酸} + \text{ADP}$$

この反応で生じたグルコース6-リン酸は，いくつかの代謝経路の分岐点にあたり重要な化合物である．それは，ここで取り上げる解糖系のほかに，のちに述べるペントースリン酸経路，グリコーゲンの合成と分解，糖新生（血糖への供給）などの中間体になっている（図4.3）．

反応②：グルコース6-リン酸の異性化

グルコース6-リン酸はホスホヘキソースイソメラーゼによってフルクトース6-リン酸に変換する．これは，アルドース（グルコース）・ケトース（フルクトース）の異性化反応である．この酵素反応は，可逆的に進行する．

$$\text{D-グルコース6-リン酸} \xleftrightarrow{\text{ホスホヘキソースイソメラーゼ}} \text{D-フルクトース6-リン酸}$$

反応③：フルクトース1,6-ビスリン酸の生成

この反応に続いて，さらにホスホフルクトキナーゼという酵素に触媒されてATPによってリン酸化を受けフルクトース1,6-ビスリン酸を生じる．フルクトース1,6-ビスリン酸は以前はフルク

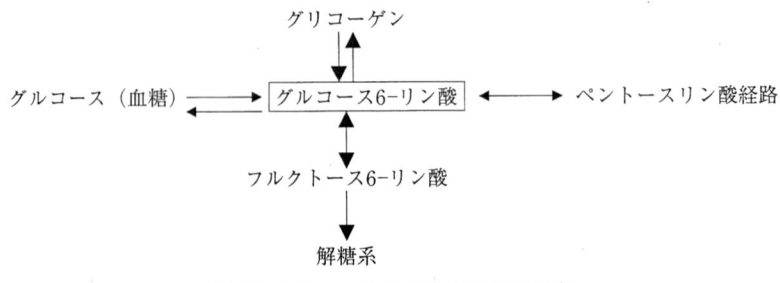

図4.3 グルコース6-リン酸の代謝運命

トース 1,6-二リン酸とよばれていたが，二つのリン酸基が ADP のように結合しているのではなく，離れていることを示すために改名された．ホスホフルクトキナーゼは誘導可能な酵素の一つであり，その活性は解糖速度の調節のときに主要な役割を演じると考えられている．後述するが，酵素はアロステリック変化をする酵素であり，基質と ATP 濃度によって活性化されたり，不活性化されたりしている．より多くの ATP を必要とするときには，この酵素を活性化させて解糖系を活発にして ATP を合成し，逆に，ATP が十分か，あるいはクエン酸回路で酸化しうる基質が十分に蓄積されているときには阻害される．

$$\text{D-フルクトース6-リン酸} + \text{ATP} \xrightarrow{\text{ホスホフルクトキナーゼ}} \text{D-フルクトース1,6-ビスリン酸} + \text{ADP}$$

グルコースのリン酸化と同様に，この反応は十分に**発エルゴン反応**（exergonic reaction，エネルギーを発生する反応）であるので不可逆的な反応である．

反応④：アルドラーゼの反応

フルクトース 1,6-ビスリン酸は，**アルドラーゼ**（フルクトース 1,6 ビスリン酸アルドラーゼ）により 2 種類のトリオースリン酸に分割される．すなわち，グリセルアルデヒド 3-リン酸およびジヒドロキシアセトンリン酸になる．

$$\text{D-フルクトース1,6-ビスリン酸} \xleftrightarrow{\text{アルドラーゼ}} \text{D-グリセルアルデヒド3-リン酸} + \text{ジヒドロキシアセトンリン酸}$$

アルドラーゼにはいくつかの異なったアイソザイムが見いだされており，**アルドラーゼ A** は多くの組織中に存在し，**アルドラーゼ B** は肝臓と腎臓に存在する．前者は D-フルクトース 1,6-ビスリン酸を基質としているのに対して，後者は D-フルクトース 1-リン酸を基質とする．筋ジストロフィーなどでは血清中にアルドラーゼ A が増加する．

反応⑤：ジヒドロキシアセトンリン酸の異性化

D-グリセルアルデヒド 3-リン酸とジヒドロキシアセトンリン酸は**トリオースリン酸イソメラーゼ**により，相互に変換する．これは可逆的な反応であるが，D-グリセルアルデヒド 3-リン酸がつぎの解糖反応の基質になり，標準条件下では細胞濃度が非常に低いので，通常は下記反応の右向きに進行する．1 分子のグルコースからは 2 分子の D-グリセルアルデヒド 3-リン酸が生じる．

$$\text{ジヒドロキシアセトンリン酸} \xleftrightarrow{\text{トリオースリン酸イソメラーゼ}} \text{D-グリセルアルデヒド3-リン酸}$$

ジヒドロキシアセトンリン酸は，トリアシルグリセロールやリン脂質合成の基質となる．

反応⑥：D-グリセルアルデヒド 3-リン酸の酸化

D-グリセルアルデヒド 3-リン酸は，**グリセルアルデヒド 3-リン酸デヒドロゲナーゼ**という酵素によって酸化され，1,3-ビスホスホグリセリン酸になる．この酵素は，反応に補酵素 NAD^+ を要求し，基質から電子を受け取りながらリン酸化する．

$$\text{D-グリセルアルデヒド3-リン酸} + H_3PO_4 \xleftrightarrow[\substack{NAD^+ \quad NADH+H^+}]{\text{D-グリセルアルデヒド3-リン酸デヒドロゲナーゼ}} \text{1,3-ビスホスホグリセリン酸}$$

反応によって生じた1,3 ビスホスホグリセリン酸のC1位には高エネルギーリン酸として保持される．このエネルギーは，ATPのリン酸無水物よりはるかにエネルギーに富むので，つぎの反応でホスホグリセリン酸キナーゼが触媒するときに，ADPとの反応によってATPとしてエネルギーを捕捉する．1,3-ビスホスホグリセリン酸は3-ホスホグリセリン酸になる．

反応⑦：最初の基質レベルのリン酸化

1,3-ビスホスホグリセリン酸は，C1位に高いポテンシャルをもつので，ホスホグリセリン酸キナーゼの反応によってC1位のリン酸基をADPに転移してATPを形成し，1,3-ビスホスホグリセリン酸は3-ホスホグリセリン酸になる．この段階で，解糖の経過中に1分子のグルコースから2分子のトリオースリン酸が生じるので，1モルのグルコースあたり2モルのATPが生じる．

この反応は「**基質レベルのリン酸化**」という．細胞内のATP合成の大部分は，ミトコンドリア中で酸素を消費しながらできるので，酸素を用いないでATPが生じる基質レベルのリン酸化は，嫌気的条件下でのエネルギー獲得（ATP合成）として重要である．

基質レベルのリン酸化は，後述する第10番目の反応でも起こる．

$$1,3\text{-ビスホスホグリセリン酸} + ADP \xrightleftharpoons[]{\text{ホスホグリセリン酸キナーゼ}} 3\text{-ホスホグリセリン酸} + ATP$$

反応⑧：2-ホスホグリセリン酸の合成

3-ホスホグリセリン酸は，**ホスホグリセリン酸ムターゼ**という酵素で2-ホスホグリセリン酸になる．この酵素は異性化反応を触媒し，C3位のリン酸をC2位に移す．

$$3\text{-ホスホグリセリン酸} \xrightleftharpoons[]{\text{ホスホグリセリン酸ムターゼ}} 2\text{-ホスホグリセリン酸}$$

反応⑨：ホスホエノールピルビン酸の合成

エノラーゼという酵素によって，2-ホスホグリセリン酸は分子中のエネルギー再分配と脱水が行われ，C2位のリン酸を高エネルギー状態にしてホスホエノールピルビン酸を形成する．エノラーゼはフッ素イオンで阻害される．フッ素によるこのような解糖系の阻害は，血糖値の測定時にも利用されている．

$$2\text{-ホスホグリセリン酸} \xrightleftharpoons[]{\text{エノラーゼ}} \text{ホスホエノールピルビン酸} + H_2O$$

反応⑩：2番目の基質レベルのリン酸化

ピルビン酸キナーゼの触媒する解糖系最後の反応では，もう一つの「基質レベルのリン酸化」が行われ，ホスホエノールピルビン酸の高エネルギーリン酸基がADPに移され，ATPを生じる．1分子のグルコースについて2分子のホスホエノールピルビン酸が生じるので，この段階では，2分子のATPと2分子のピルビン酸ができる．この反応は自由エネルギーが熱として失われる発エルゴン反応で，非平衡反応であり，生理的に不可逆的であるにもかかわらず，酵素名はピルビン酸を基質名とする左向きの反応名として命名されている．

$$\text{ホスホエノールピルビン酸} + ADP \xrightarrow{\text{ピルビン酸キナーゼ}} \text{ピルビン酸} + ATP$$

ピルビン酸キナーゼの反応は，もう一つの重要な代謝調節部位である．この酵素は肝臓の酵素でよく研究されている．肝臓では分子量約 250 000 の四量体で，アロステリック効果によって ATP で阻害され，逆にフルクトース 1,6-ビスリン酸で活性化される．この調節は，酵素タンパク質のリン酸化と脱リン酸化によって調節されている．リン酸化（阻害反応）は，脂肪酸酸化とクエン酸回路がすでに細胞の必要とするエネルギー量に十分見合う速度で進んでいるときに，ホスホエノールピルビン酸を糖新生系に向かわせる．対照的に，骨格筋では，生成したほとんどすべてのホスホエノールピルビン酸はピルビン酸に変換される．この肝臓の酵素の合成は食餌でも誘導がかかり，糖質を摂取すると細胞内の活性は 10 倍にも増加する．

グルコースからピルビン酸までの解糖系全体のエネルギー収支は，つぎのようになる．前半の反応では，ヘキソキナーゼまたはグルコキナーゼの反応と，ホスホフルクトキナーゼの反応の段階で 2 分子の ATP が消費され，グルコースは 2 分子のグリセルアルデヒド 3-リン酸になる．2 分子のグリセルアルデヒド 3-リン酸は，ピルビン酸になるまでに 2 つの段階で ATP を生じるので，4 分子の ATP ができる．消費した ATP を差し引くと，1 分子のグルコースから 2 分子のピルビン酸と 2 分子の ATP ができ，さらに 2 分子の NADH ができたことになる．

反応⑪：ピルビン酸の代謝運命

解糖系で生じたピルビン酸は，反応が行われた組織の酸化還元状態によって，どのような運命を通るかが決定される．解糖系を続けるためには 1,3 ビスホスホグリセリン酸の生成段階で生じた NADH を NAD^+ に再酸化しなければならない．細胞質で生じたこの NADH は，ミトコンドリアの電子伝達系を通じて酸化されなければならない．電子は最終的に酸素に転移される．すなわち，好気的な生理的条件でないと NAD^+ への再酸化が行われない．好気的条件下では，ピルビン酸はミトコンドリアに運ばれ脱炭酸しながらコエンザイム A と結合して**アセチル CoA** になる（図 4.4）．もし，嫌気的状態が優勢なら呼吸鎖を通じての NADH の再酸化は阻止され，ピルビン酸は細胞質にある**乳酸脱水素酵素**によって触媒され乳酸に還元される．このとき，NADH は酸化されて NAD^+ になる．これによって NAD^+ が細胞質に供給され，継続的な解糖系の反応が可能になる．

無酸素条件下，すなわち嫌気的状態で機能を果たす組織では，乳酸を産生するようにされている．これらの臓器が酸素補給の能力に制限されない速度で仕事をするとき，たとえば骨格筋については

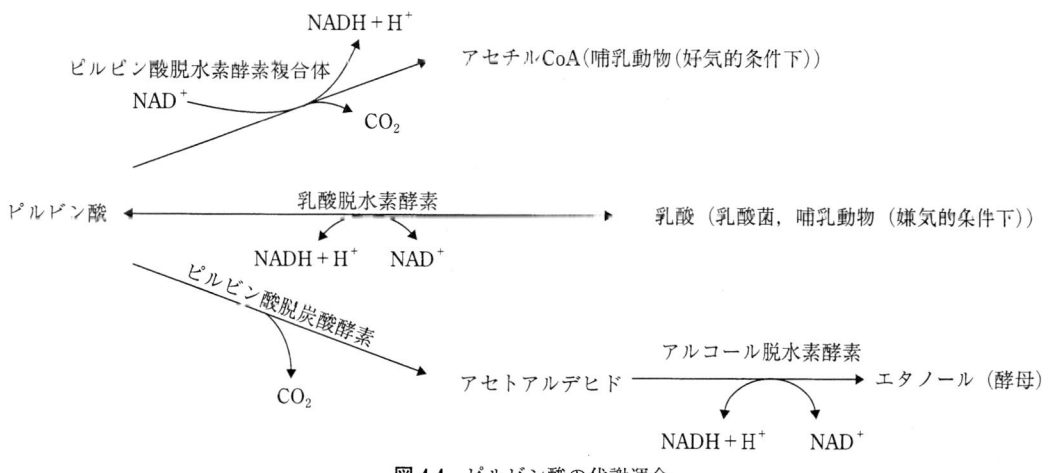

図 4.4 ピルビン酸の代謝運命

よくあてはまる．一方，赤血球では，細胞内の酸素が十分な好気的条件下でも，つねに乳酸が生じる反応でエネルギーを得ている．赤血球では，ピルビン酸の好気的代謝を行うミトコンドリアが存在しないためである．

嫌気性微生物では，ピルビン酸の運命は多様である．乳酸菌では，動物細胞と同じようにピルビン酸を乳酸に還元する．対照的に酵母は，2 段階の経路でピルビン酸をエタノールと CO_2 に変換する．これは，**アルコール発酵**とよばれているが，この過程でも NADH を NAD^+ に酸化するので，連続的に反応が行われる．ピルビン酸は，まずピルビン酸脱炭酸酵素の触媒によって非酸化的脱炭酸反応が起こりアセトアルデヒドになる．この反応のつぎは，アルコール脱水素酵素で触媒され，NADH 依存的にアセトアルデヒドからエタノールへの還元である（図 4.4）．

b. 解糖系の調節（パスツール効果）

解糖系の調節がおもに**ホスホフルクトキナーゼ**の活性によって行われていることは古くから知られていた．微生物学者の**パスツール**（L. Pasteur）は，グルコースを CO_2 と H_2O に完全に酸化できる細胞では，酸素の存在下よりも非存在下において，グルコースを速く消費するということ発見した．このことは，酸素がグルコース消費を阻害しており，酸素による何らかの解糖系の阻害を意味している．この現象をパスツール効果という．

その後，細胞内の代謝中間体を測定すると，酸素存在下でフルクトース 1,6-ビスリン酸以降のすべての中間体の濃度が減少し，その一方でそれ以前のすべての中間体が高濃度に蓄積していることが明らかになり，ホスホフルクトキナーゼを通過する代謝流量が酸素で特異的に大きく減少し，この酵素によって解糖系の制御が行われているという考えと一致した（図 4.5）．

解糖反応の大部分は可逆的であるが，それらのうち表 4.1 にあげた 3 種の酵素の反応は，顕著に発エルゴン反応であるので，生理的には不可逆的である．それらはヘキソキナーゼ，ホスホフルクトキナーゼ，ピルビン酸キナーゼである．解糖系はこれらの酵素によって**アロステリックな制御**を受けており，表 4.1 にあげたアロステリックな因子によって，スイッチが入ったり切れたりする．

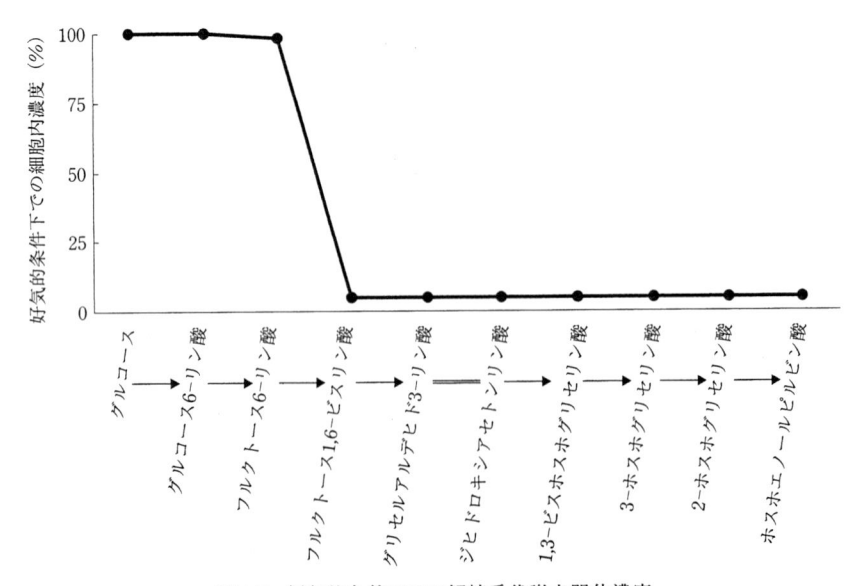

図 4.5 好気的条件下での解糖系代謝中間体濃度

表 4.1 解糖系のアロステリック制御酵素とその因子

酵素	活性化物質	阻害物質
ヘキソキナーゼ		グルコース 6-リン酸，ATP
ホスホフルクトキナーゼ	フルクトース 1,6-ビスリン酸，ADP，AMP	クエン酸，ATP
ピルビン酸キナーゼ	フルクトース 1,6-ビスリン酸，AMP	アセチル CoA，ATP

　一般に，アロステリックな因子は，その細胞内濃度が細胞の代謝状態を鋭敏に反映する物質である．たとえば，ヘキソキナーゼは過剰のグルコース 6-リン酸によって阻害される．いくつかのエネルギーに関連した分子もアロステリックな因子である．高濃度の ADP，AMP（低エネルギー状態の指標）でホスホフルクトキナーゼやピルビン酸キナーゼが活性化され，逆に高濃度の ATP（高エネルギー状態の指標）でこれらの活性が阻害される．ATP が十分に供給されているときにはクエン酸とアセチル CoA の濃度も高いが，これによってもホスホフルクトキナーゼやピルビン酸キナーゼが阻害され，グルコースのエネルギー産生における浪費を抑制し，ペントースリン酸経路やグリコーゲン合成などの別の目的で代謝されるようになる．

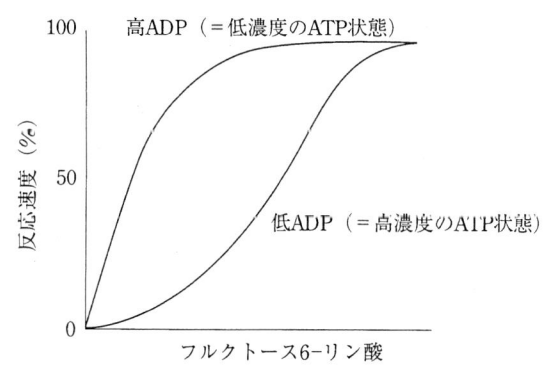

　図 4.6 には，ホスホフルクトキナーゼによるアロステリック制御の例を示した．ホスホフルクトキナーゼは，複雑なサブユニット酵素である．活性型は分子量約 36 万のサブユニットの四量体として存在し，不活性型の二量体型へ可逆的に解離する．この酵素の活性化因子には AMP と ADP があり，不活性化因子は ATP である．

　ホスホフルクトキナーゼにとって ATP はその反応に関与する基質でもあるが，それはごく低濃度のときだけである．ATP が低濃度のとき，フルクトース 6-リン酸に対する基質飽和曲線はほぼ双曲線型である．ATP が低濃度では，逆に AMP や ADP が高濃度に存在し，このときホスホフルクトキナーゼは四量体となり，速やかに活性化され，フルクトース 6-リン酸をフルクトース 1,6-ビスリン酸に変換し，ATP を合成するようにはたらく．

　ATP が細胞内に高濃度に存在するときには，基質飽和曲線は典型的な**シグモイド曲線**をとる．基質であるフルクトース 6-リン酸が低いときには活性を阻害し，そこで蓄積したフルクトース 6-リン酸は可逆反応でグルコース 6-リン酸にもどり，それをペントースリン酸サイクルに使われたり，肝臓や筋肉では，さらにグリコーゲン合成のほうに向かわせる．一方，基質濃度が高いときには，その反応速度は基質が低いときよりも数段階活性化される．このとき，反応でできたフルクト

図 4.6　ホスホフルクトキナーゼのアロステリック制御

ース1,6-ビルリン酸をさらにアルドラーゼでジヒドロキシアセトンリン酸に変え，脂肪合成やリン脂質合成をさかんにする．

c. ペントースリン酸経路

　解糖系によるグルコースの代謝は，両性代謝経路といえる．これは，解糖系が異化作用と同化作用の両面をもっている経路というものである．もし，細胞のエネルギー（ATPとして）保有量が少なければ，グルコースは速やかに解糖系によってピルビン酸まで分解され，さらにクエン酸回路によって効率よくATP合成が行われる．エネルギー合成がすぐに必要でない場合には，すなわち細胞内が必要量のATPで満たされているときには，ATPそのものがホスホフルクトキナーゼを阻害し，そこで蓄積したフルクトース6-リン酸は，グルコース6-リン酸にもどされ（可逆反応），それがペントースリン酸経路に使われたり，肝臓や筋肉では，グリコーゲン合成に使用される．

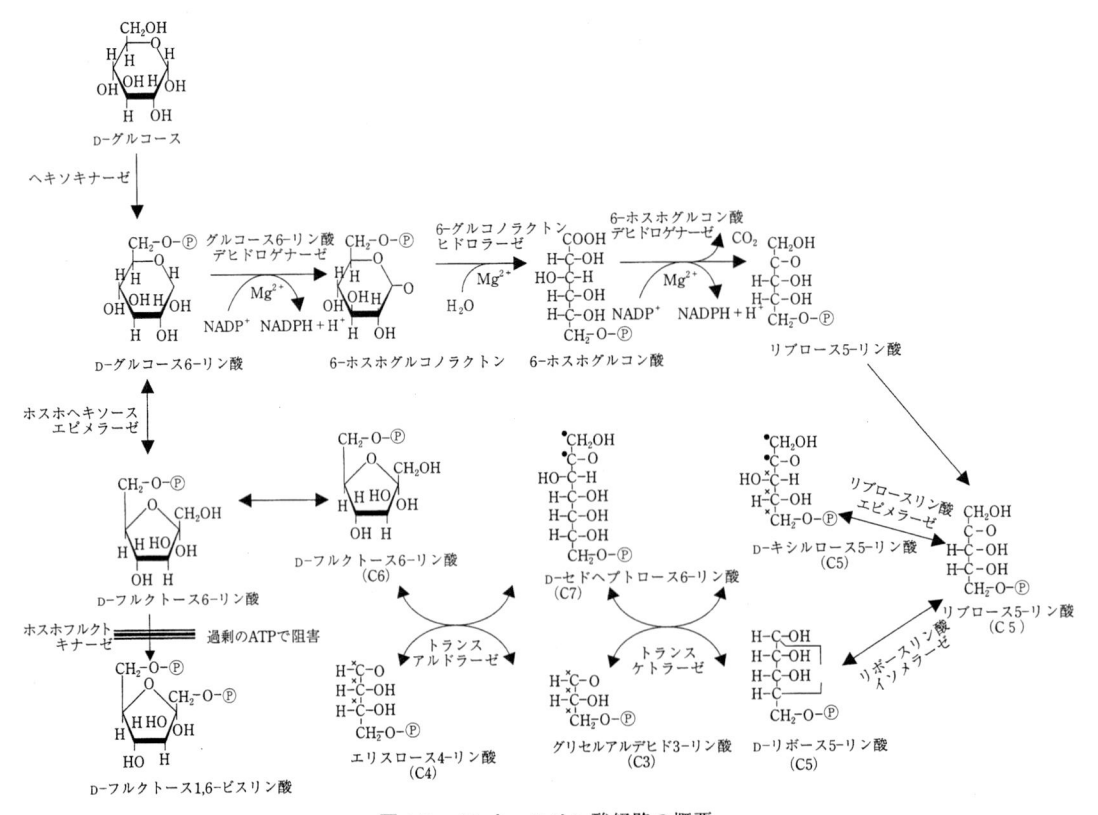

　図4.7にはペントースリン酸経路の概要を示した．この経路はヘキソースリン酸分路，あるいはペントースリン酸回路ともよばれる．グルコース6-リン酸から出発し，いろいろな代謝をしたのち，フルクトース6-リン酸となり，グルコース6-リン酸にもどれるからである．

　この経路のおもな役割は，NADPHの産生とリボース5-リン酸の生成である．

$$\text{グルコース6-リン酸} + 2\,\text{NADP}^+ \longrightarrow \text{リボース5-リン酸} + CO_2 + 2\,\text{NADPH} + 2\text{H}^+$$

　NADPHは，還元的な生合成反応で使われるピリジンヌクレオチド補酵素としてはたらく．脂肪酸

図4.7　ペントースリン酸経路の概要

4.1 糖質の代謝

やステロイドの合成のためのエネルギーは，NADH よりももっぱら NADPH が使用される．ペントースリン酸経路はこれら合成する乳腺，肝臓，副腎，脂肪組織などで活発である．逆に，筋肉や脳などのほかの組織ではペントースリン酸経路は，グルコース消費全体のほんの一部を占めるにすぎない．

ペントースリン酸に関係するすべて酵素は，解糖系と同じように細胞質に存在する．脂肪酸合成の全過程や，コレステロール合成過程の NADPH を必要とする代謝も細胞質に存在し，ここに生じた NADPH の還元力が使われる．

ペントースリン酸経路の反応は 2 相に分けられる．最初の相では，グルコース 6-リン酸が脱水素と脱炭酸を受け，ペントースであるリブロース 5-リン酸が生じ，その反応の過程で NADP が水素受容体として使用され NADPH が生成する．第 2 相では，主として 2 種類の酵素，**トランスケトラーゼとトランスアルドラーゼ**が関与する一連の反応によって，リブロース 5-リン酸が三炭糖～七炭糖に転換される（図 4.7）．具体的には，三炭糖（グリセルアルデヒド 3-リン酸），四炭糖（エリスロース 4-リン酸），五炭糖（リボース 5-リン酸，キシルロース 5-リン酸），六炭糖（フルクトース 6-リン酸），七炭糖（セドヘプトロース 7-リン酸）ができる．

グルコース 6-リン酸の 6-ホスホグルコノラクトンへの脱水素反応は，NADP 依存性酵素であるグルコース 6-リン酸デヒドロゲナーゼによって触媒される．さらに，6-ホスホグルコノラクトンは，6-ホスホグルコノラクトンヒドロラーゼによって 6-ホスホグルコン酸になる．6-ホスホグルコン酸は，6-ホスホグルコン酸デヒドロゲナーゼによって酸化的脱炭酸を受けて，CO_2 ともう 1 分子の NADPH およびリブロース 5-リン酸を生じる．

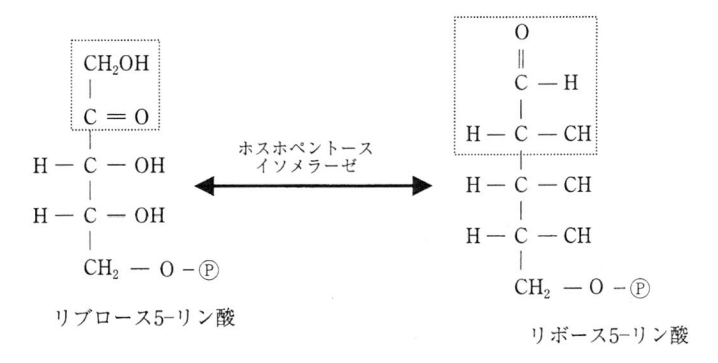

リブロース 5-リン酸の一部は，ホスホペントースイソメラーゼによってリボース 5-リン酸に変換される．多くの細胞では，還元的生合成に NADPH を必要とするが，リボース 5-リン酸はそれほど大量には必要としない．リブロース 5-リン酸の一部は，ホスホペントースエピメラーゼによって，キシルロース 5-リン酸となる．

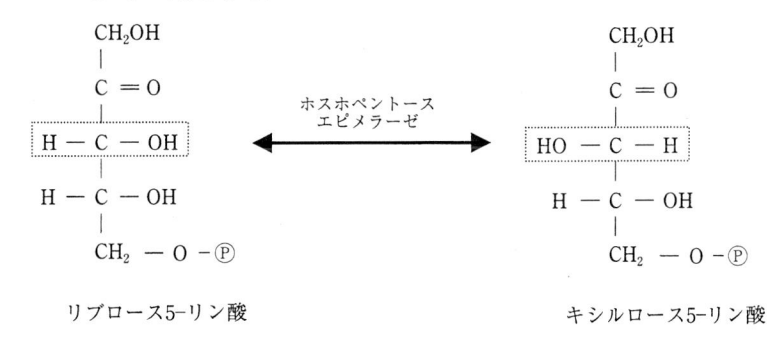

キシルロース5-リン酸とリボース5-リン酸は，トランスケトラーゼが触媒する反応によって，グリセルアルデヒド3-リン酸とセドヘプトロース7-リン酸になる．

キシルロース5-リン酸　リボース5-リン酸　→（トランスケトラーゼ）→　グリセルアルデヒド3-リン酸　セドヘプトロース7-リン酸

さらに，セドヘプトロース7-リン酸とグリセルアルデヒド3-リン酸はトランスアルドラーゼの触媒によって，エリスロース4-リン酸とフルクトース6-リン酸になる．フルクトース6-リン酸は解糖系の成分であり，可逆反応で出発物質のグルコース6-リン酸にもどれる．そのため，この「経路」(pathway) は「回路」(cycle) とよばれることもある．

セドヘプトロース7-リン酸　グリセルアルデヒド3-リン酸　→（トランスアルドラーゼ）→　エリスロース4-リン酸　フルクトース6-リン酸

ペントースリン酸経路のキシルロース5-リン酸が合成されるまでの酸化的反応は不可逆的な反応であるが，その後のエピメラーゼ，イソメラーゼ，トランスケトラーゼ，トランスアルドラーゼの非酸化的反応はすべて平衡に近い可逆的反応である．ここでできる糖リン酸とNADPHの運命は，この経路が存在する細胞の代謝的要求に依存する．細胞分裂が活発な細胞では，リボース5-リン酸とNADPH（NADPHは，リボヌクレオチドをデオキシリボヌクレオチドに還元するときに使用される）を必要とするため，ペントースリン酸経路の活性が高く，主要な産物もこの二つである．トランスケトラーゼとトランスアルドラーゼの代謝はあまり起こらない．もし，細胞のおもな要求が脂肪酸とステロイド合成のためのNADPHならば，非酸化的段階はグルコース6-リン酸に再変換され，再び繰り返し使用される．

一方，ペントースリン酸経路は赤血球中にも存在する．赤血球細胞は，核やミトコンドリアが存在しないため細胞分裂は起こらず，エネルギーは解糖系のみで得ている．ペントースリン酸経路の存在意義がしばらくわからなかったが，グルコース6-リン酸デヒドロゲナーゼの先天的欠損症の研究で初めて明らかになった．ペントースリン酸経路で生成したNADPHがヘモグロビンのFeイオンを2価鉄状態（Fe^{2+}）にもどすために使用される．この先天的欠損患者は，**メトヘモグロビン**（Fe^{3+}）が蓄積し，それが赤血球細胞の構造を変え，細胞膜を脆弱にして溶血しやすくなって

しまう．この患者に**抗マラリア薬**である**プリマキン**を投与すると，さらに感受性が高くなり，赤血球中に過酸化水素と有機過酸化物が発生し，重篤な溶血性貧血が起こってしまう．この赤血球の保護作用にはたらくのは，還元型グルタチオン（G-SH）と**グルタチオンペルオキシダーゼ**およびNADPHである．赤血球で生じた過酸化水素を下記の反応で消去し，G-SHを提供する．

$$H_2O_2 + 2G\text{-}SH \xrightarrow{\text{グルタチオンペルオキシダーゼ}} G\text{-}S\text{-}S\text{-}G + 2H_2O$$

過酸化水素　還元型グルタチオン　　　　　　　　　　　酸化型グルタチオン

$$G\text{-}S\text{-}S\text{-}G + NADPH + H^+ \xrightarrow{\text{グルタチオンレダクターゼ}} 2G\text{-}SH + NADP^+$$

鎌型赤血球貧血症と同じように，熱帯熱マラリア原虫によって引き起こされるマラリアに抵抗性を示し，マラリアが好発する熱帯地域では生存に有利にはたらく**逆淘汰現象**がみられる．

d. ウロン酸経路

グルコース6-リン酸は解糖系に使用されるが，ATPというエネルギーが満たされていれば，グルコース6-リン酸はホスホグルコムターゼによって，グルコース1-リン酸になる．グルコース1-リン酸は，さらにUTP（ウリジントリリン酸）からUDP（ウリジンジリン酸）を結合させるUDPグルコースピロホスホリラーゼによって，UDPグルコース（図4.8）となり，**ウロン酸経路**

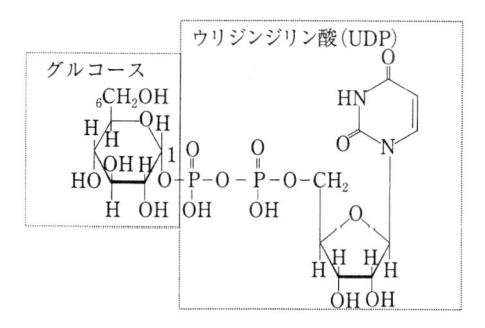

図4.8　UDPグルコースの構造

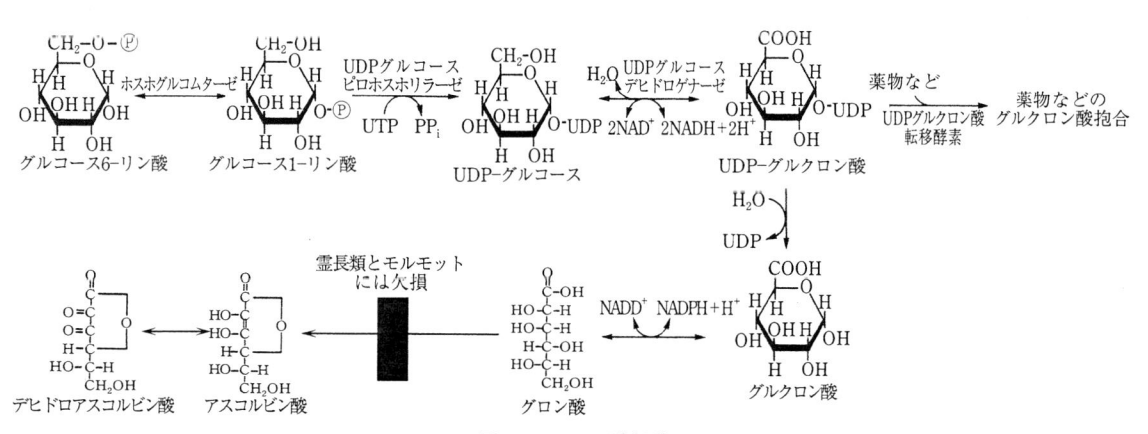

図4.9　ウロン酸経路

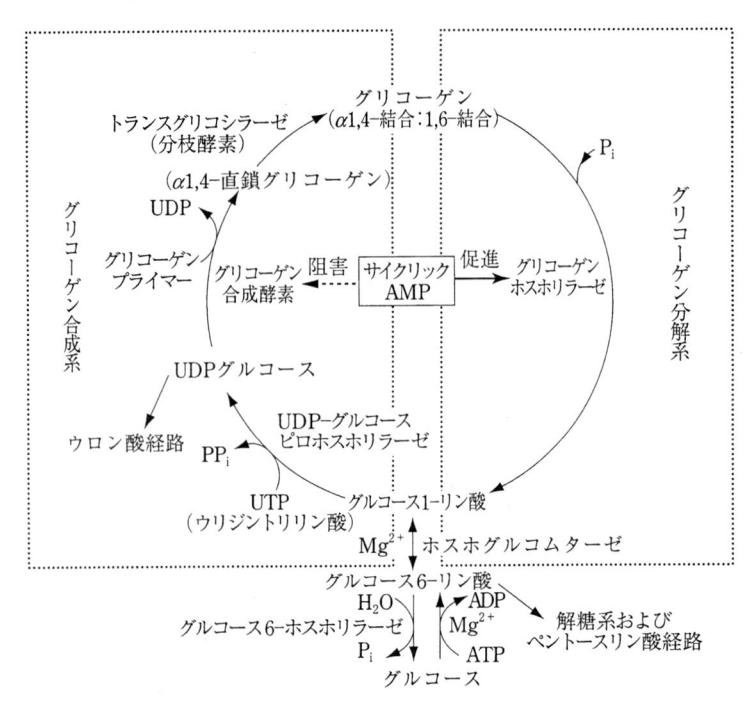

図 4.10 グリコーゲンの合成と分解

（図 4.9）や肝臓や筋肉では**グリコーゲン合成**（図 4.10）に使用される．

UDP グルコース（図 4.8）はさらに UDP グルコースデヒドロゲナーゼによって，UDP グルクロン酸となる．UDP グルクロン酸は，UDP グルクロン酸転移酵素によって，ある種の脂溶性薬物を**グルクロン酸抱合**することで水溶性化し，体外へ排泄しやすくしている．そのほかに，ビリルビン（関節ビリルビン）をグルクロン酸抱合し，抱合型ビリルビン（直接ビリルビン）に変え，胆汁排泄している．**ウロン酸経路**は一種の解毒機構といえよう．

UDP グルクロン酸は，**アスコルビン酸合成**にも使用されるが，この代謝経路は，霊長類やモルモットにはない．したがって，アスコルビン酸は，ヒトにとってビタミンである（2.5 節参照）．

e. グリコーゲンの合成と分解

（1） グリコーゲンの合成

図 4.10 にはグリコーゲンの合成経路と分解経路を示した．これらの合成と分解経路は別の酵素が必要であり，おもに肝臓と筋肉のみで行われている．一部では腎臓と脳細胞でも行われている．脊椎動物では食物として取り入れたグルコースの約 2/3 は，グリコーゲンに変わるといわれている．筋肉中のグリコーゲンは，食事と食事のあいだの筋肉運動にもっぱら使用され，肝臓中のグリコーゲンは食間の血中のグルコース維持のために使用される．

筋肉では全重量の 0.7 ％程度がグリコーゲンであり，体重約 60 kg のヒトでは，全身筋肉量が約 30 kg なので 210 g の貯蔵量である．肝臓では 4.0 ％程度がグリコーゲンであり，肝臓重量を約 1.5 kg とすると，60 g 程度の貯蔵量である．したがって，1 分子のグルコースが 4 kcal をつくりだせるとすると，貯蔵エネルギーは約 1000 kcal 程度であり，12 〜 18 時間絶食すると全身のグリコーゲンは枯渇する．血中では，厳密にグルコース濃度で **3 〜 10 mM**（54 〜 180 mg/dL）にコントロ

ールされており，2.5 mM 以下になると脳への取込みが影響を受け，危険な状態になる．逆に 10 mM 以上になると，腎臓から尿中に排泄される．血糖値の基準値は **6 mM 以下**（110 mg/dL）であり，空腹時血糖値で **7 mM 以上**（126 mg/dL）では**糖尿病**と診断される．

ウロン酸経路（図 4.9）でも示したが，グルコース 6-リン酸は，ホスホグルコムターゼによってグルコース 1-リン酸となり，さらに UDP グルコースピロホスホリラーゼによって UDP グルコースになる．この UDP グルコースがグリコーゲン合成に使用される（図 4.10）．UDP グルコースは，グリコーゲン合成酵素によってグルコースの 1,4 グリコシド結合を形成し，直鎖のグリコーゲンができる．この反応の開始には，前から存在するグリコーゲン分子，あるいは比較的分子量の小さい"**グリコーゲン・プライマー**"が必要である．

UDP-グルコース + グリコーゲン・プライマー (n) ─────→ UDP + グリコーゲン (n+1)

グルコース残基のグリコーゲン・プライマーへの付加反応は，分子外側の非還元末端で起こる．グリコーゲン分子は，順次 1,4 結合の鎖の延長として延びていく．細胞内のサイクリック AMP（**cAMP**）濃度は，グリコーゲン合成を阻害し，グリコーゲン分解を促進する．ホルモンのアドレナリン（筋肉）とグルカゴン（肝臓）によって**アデニル・シクラーゼ**が活性化されることによって cAMP 濃度が上昇する．

この鎖の長さが 6～10 個まで伸びると，グリコーゲン分枝酵素によって 1,4 鎖の一部分を隣り合う鎖に 1,6 結合として転移させ，その結果，グリコーゲン分子に枝分かれを生じさせる．

(2) グリコーゲンの分解とその調節

哺乳動物では，エネルギーの浪費を避けるためにグリコーゲン代謝は厳密に調節されている．合成と分解は，インスリン，グルカゴンおよびアドレナリンが関係する複雑な機構によって制御されている．グルコースが豊富なときには，**インスリン**がはたらいて，グリコーゲンとして蓄える．逆に空腹時や，戦うか逃げ出すか，といった緊急状況時では，**アドレナリンやグルカゴン**が分泌され，グリコーゲンを分解して燃料として供給する．アドレナリンやグルカゴンは同時に脂肪細胞をも刺激し，**ホルモン活性リパーゼ**を活性化し，蓄積脂肪を分解して燃料として供給している．筋肉細胞では，アドレナリンによって刺激され，グリコーゲンを分解し，おもに筋肉の収縮燃料に使用される．

これに対し，肝臓細胞ではグルカゴンによって刺激され，グリコーゲンを分解し，そのほとんどがグルコースに変えて肝細胞を出て，ほかの組織，とくに脳細胞や赤血球細胞で使用される．これらの組織は，グルコースからしかエネルギーを得られないからである．

グリコーゲンの分解は，**ホスホリラーゼ**（グリコーゲンホスホリラーゼ）の作用で開始される．この酵素は，グリコーゲンの α1,4-結合を特異的に加リン酸分解し，グルコース 1-リン酸を生じる．この酵素は，活性型をホスホリラーゼ a，不活性型をホスホリラーゼ b といい，細胞内のサイクリック AMP によって活性型に変えられる．グリコーゲン分解の制御を図 4.11 に示した．調節はカスケード様式になっており，最初の調節シグナルの強さが一連の酵素活性を通じて何倍にも増幅される．

アドレナリンが筋肉細胞の受容体に結合したり，グルカゴンが肝細胞の受容体に結合したりすると，細胞膜に存在する**アデニルシクラーゼ**を活性化し，ATP をサイクリック AMP（細胞内情報伝達で，ホルモンの第 2 メッセンジャーといわれている．cAMP と省略される）の合成を亢進する．ホルモン受容体によるアデニルシクラーゼの活性化は **G タンパク質**を介して行われる．cAMP は，

アドレナリン（筋肉），グルカゴン（肝臓）

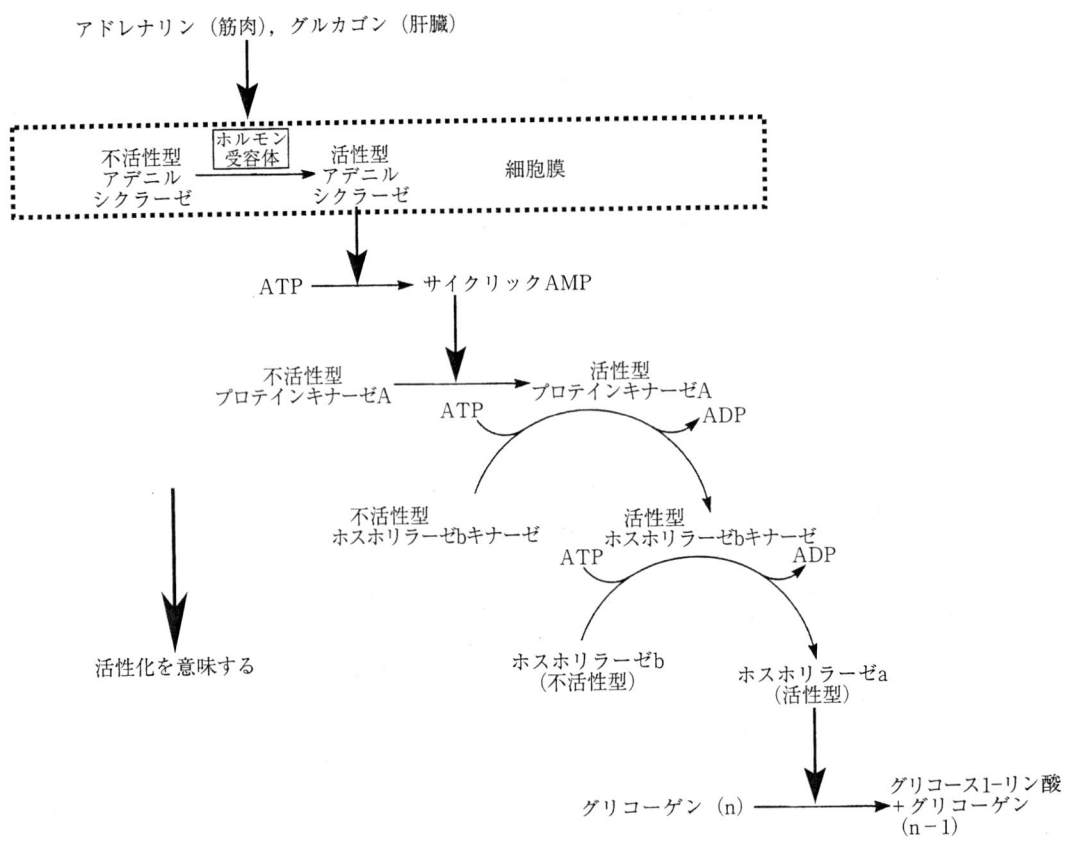

図4.11 グリコーゲンの分解の制御カスケード

不活性型の**プロテインキナーゼA**を活性型に変える．これがつぎに，ATPのエネルギーを介してホスホリラーゼbキナーゼをリン酸化することによって活性型に変える．ホスホリラーゼbキナーゼは，不活性型の**グリコーゲンホスホリラーゼb**を，これもATPを介してリン酸化し活性型の**ホスホリラーゼa**に変える．ホスホリラーゼaはグリコーゲンを末端から加リン酸分解し，グルコース1-リン酸にする．貯蔵グリコーゲンは多数 $\alpha1,6$-結合して枝分かれして存在する．直鎖の部分が適当に加リン酸分解で除かれると，分枝鎖の部分が転移酵素によって直鎖の部分に転移し，

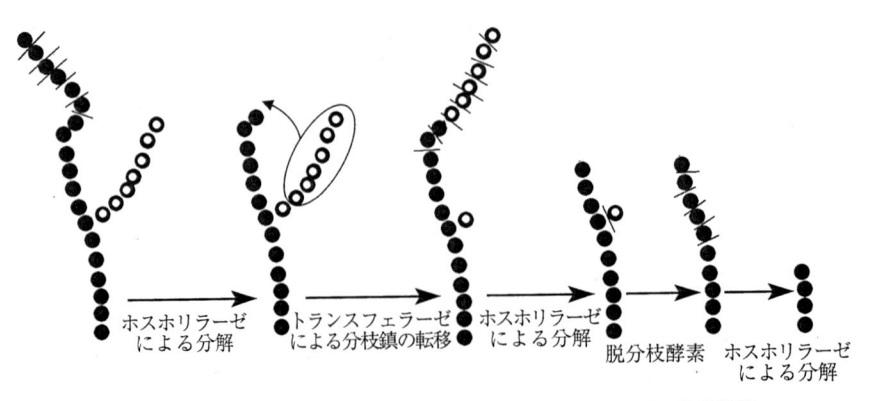

図4.12 グリコシド転移酵素と脱分枝酵素によるグリコーゲン分解過程

α1,4-結合の直鎖になる（図4.12）．これも，さらにホスホリラーゼaの作用を受け，最終的に残ったα1,6-結合も**脱分枝酵素**で分枝が除かれると，さらにホスホリラーゼで分解される．

こうしてできた大量のグルコース1-リン酸は，肝臓でも筋肉でも可逆的酵素であるホスホグルコムターゼによって，グルコース6-リン酸に変えられる．肝臓にはグルコース6-ホスファターゼという酵素が存在し（筋肉にはない），グルコース6-リン酸をグルコースに変え，さらに血液中に放出する．一方，筋肉ではこの酵素がないのでグルコースのほかの細胞への供給は行われず，もっぱら解糖系，クエン酸回路を通してATPを合成し，筋肉運動に使用される．

f. 糖新生

糖質を食物から十分得られないときには，まず肝臓や筋肉（一部腎臓も）に蓄えられているグリコーゲンを使用してグルコースを供給する．グルコースの絶え間ない供給が神経系と赤血球にとっては必要である．ヒトの脳でのグルコース所要量は非常に多く，身体全体では1日約160 gを必要とするうち，その120 gが神経細胞で消費される．たとえば，大型の哺乳動物でも16～24時間何も食べないときには，肝臓の蓄積グリコーゲンを使いつくしてしまう．そのようなときには，糖新生によって身体のグルコース要求を満たしている．糖新生にとって重要な基質は，骨格筋や赤血球においては，解糖系から産生される乳酸である．さらに，脂肪分解で生じたグリセロールやタンパク質分解に由来するアミノ酸から生じるピルビン酸や2-オキソ酸（α-ケト酸）もグルコース合成に使用される．脂質代謝で遊離した脂肪酸は，**グリオキシル酸回路**（植物の種子に存在し，発芽時に活性が強い）をもつ組織以外では糖新生には使用されない．糖新生系がはたらくおもな組織は肝臓であるが，ほかに腎臓の皮質部分でも行っている．

乳酸は，量的にもっとも重要な糖新生系の前駆体である．骨格筋は，激しい運動中グルコースが完全に酸化されるために必要な酸素が供給されないときに，解糖系のみでエネルギーを得ている．そのような状況下では，筋肉中の貯蔵グリコーゲンが動員され，ピルビン酸が，クエン酸回路を介して代謝されるよりも多くできてしまう．乳酸脱水素酵素が筋肉には大量に存在し，速やかにピルビン酸を乳酸に変える．この乳酸は，血中に放出されそのほとんどが肝臓に入り，再度ピルビン酸に酸化される．ピルビン酸は糖新生系によって利用され，生成したグルコース血中に放出され，筋肉中にもどされる．このような，骨格筋でのグルコースから乳酸生成，肝臓での乳酸からのグルコ

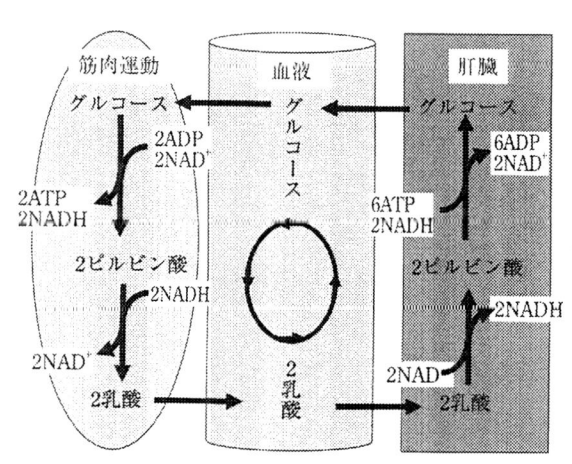

図 4.13 コリ回路（筋肉で生成した乳酸からの肝臓でのグルコース生成）

ース合成，さらにそのグルコースの骨格筋でのグルコース利用のサイクルを**コリ回路**（Cori cycle）（図4.13）という．長時間の激しい運動により，コリ回路を上まわるほど血中に乳酸が蓄積してしまうと，もはや運動が持続できなくなってしまう．激しい筋肉労作からの回復中にこの回路がとくに活発になる．

　糖新生は，解糖系の逆行と似ている反応経路で行われる（図4.14）．解糖系の酵素はほとんどが可逆的な反応である．非可逆的な反応は（1）ホスホエノールピルビン酸→ピルビン酸，（2）フルクトース6-リン酸→フルクトース1,6-ビスリン酸，（3）グルコース→グルコース6-リン酸，の間である．これらの非可逆的反応の箇所は，解糖系反応の制御をしている箇所であることも解糖系のところで述べた．糖新生においては，これらの逆行反応を行う別の酵素，あるいは別の経路が存在するので以下に述べる．

　（1）の逆反応：ピルビン酸→ホスホエノールピルビン酸であるが，これは迂回経路が存在する．肝臓において，乳酸から乳酸脱水素酵素の反応で，あるいはアラニンからはアラニントランスアミナーゼの反応で，ピルビン酸が生ずる．このピルビン酸はミトコンドリアに取り込まれ，細胞内にグルコースが枯渇しているという状況下では，ピルビン酸はアセチルCoA（**ピルビン酸デヒドロ**

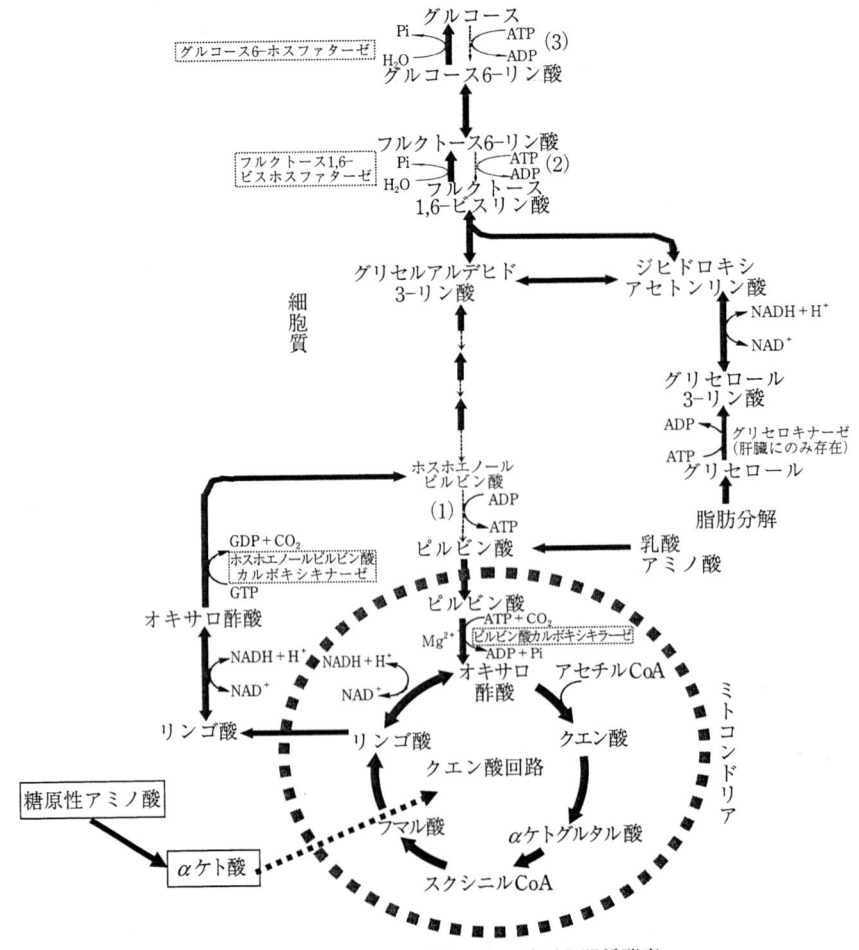

図4.14　糖新生の経路と，その重要な関係酵素

ゲナーゼ複合体の反応）にならず，**ピルビン酸カルボキシラーゼ**の反応を受け，オキサロ酢酸に変換される．オキサロ酢酸は，このままではミトコンドリアの外に出られない．ミトコンドリアの内膜から拡散できるのは，**リンゴ酸**および**クエン酸**である．クエン酸回路をまわるか，可逆反応によって，リンゴ酸となってはじめて外に出られる．細胞質に出たリンゴ酸は再びオキサロ酢酸となり，**ホスホエノールピルビン酸カルボキシキラーゼ**によってホスホエノールピルビン酸に変換される．この補酵素はGTPであり，そのリン酸基がオキサロ酢酸に脱炭酸しながら付加される．

　細胞にグルコースとATPが満たされていれば，ピルビン酸からアセチルCoAとなり，オキサロ酢酸と縮合してクエン酸となり，ミトコンドリア外に出る．細胞質に出たクエン酸は**クエン酸リアーゼ**によって，アセチルCoAとオキサロ酢酸に解裂する．このアセチルCoAはコレステロールや脂肪酸合成に使用され，オキサロ酢酸はミトコンドリア内にもどされ，再びアセチルCoAとともにクエン酸合成に使用される．

　(2)の逆反応：フルクトース1,6-ビスリン酸→フルクトース6-リン酸の反応は，**フルクトース1,6-ビスホスファターゼ**が触媒する．フルクトース1,6-ビスリン酸は，乳酸やアラニン由来のピルビン酸だけでなく，脂肪分解でできたグリセロールからも生成される．この反応は，肝臓においてグリセロキナーゼが存在し，グリセロールがグリセロール3-リン酸となり，ジヒドロキシアセトンリン酸を経て合成される．

　(3)の逆反応：グルコース6-リン酸→グルコースの反応は，**グルコース6-ホスファターゼ**が触媒する．この酵素もおもに肝臓のみに存在し，一部腎臓にも存在する．この酵素は，骨格筋には存在しない．この反応によって生じたグルコースは肝臓から出て，血中を経て骨格筋に取り込まれ，再び筋肉運動に使用される．このグルコースは赤血球細胞や脳細胞でも使用される．

　グルコースは，タンパク質が分解してできるアミノ酸からも合成される．これを糖原性アミノ酸といい，脱アミノ化してできるαオキソ酸（αケト酸）は，直接あるいは間接的にクエン酸回路の構成分となり，これもリンゴ酸になってミトコンドリア外に運ばれ，オキサロ酢酸，ホスホエノールピルビン酸を経て，グルコースが合成される．

4.2 脂質の代謝

　哺乳動物にとって脂質は，エネルギー源として重要な役割を果たしているだけでなく，膜の成分やホルモンあるいは断熱材としてもはたらいている．さらに，**プロスタグランジン**のように生理活性をもつ脂質もある．代謝上重要な脂質は，**トリアシルグリセロール**（以前はトリグリセリドといわれていた），**リン脂質**，**ステロイド**およびそこから代謝産物として生ずる**脂肪酸**などである．

　脂質を貯蔵エネルギーとしてみたときに，グリコーゲンとは異なる好都合な面を有している．たとえば，①熱量は糖質やタンパク質は約17 kJ/g（約4 kcal/g）であるのに対して，脂質は2倍以上の38.9 kJ/g（約9 kcal/g）であり，②貯蔵に際しては水分が少なくて蓄えることができ，③水に溶けないので細胞内の浸透圧に影響を与えることがない，などである．

　60 kgの体重のヒトでは，40万kJ（約10万kcal）の貯蔵エネルギーを体脂肪として有しており，タンパク質の10万kJ（筋肉タンパク質として）（約2.4万kcal）や，グリコーゲンの4000 kJ（約1000 kcal）の蓄積エネルギーよりも格段に多いことがわかる．しかもエネルギー源として代謝されるとき，**代謝水**も一番多く発生し，体温維持のための断熱効果もあるということから，哺乳動物の

冬眠や飢餓条件下などでは，もっとも優れた貯蔵エネルギー源である．

貯蔵エネルギーとして組織のなかに含まれる脂肪は，エネルギーを生産する食物が不足したときだけ利用されると長年考えられていたが，最近の研究では，食事と食事のあいだでもつねに活発に合成と分解を繰り返していることがわかっている．すなわち，食物中の多くの糖質は，エネルギーの産生に使用される前にかなりの部分がトリアシルグリセロールに変えられている．言い換えれば，多くの組織では，トリアシルグリセロールから由来する脂肪酸が細胞の直接的なエネルギー源となっている．これらのことから，脂質代謝を考えるとき，単に合成と分解を理解するだけでなく，食事からの摂取，体内での輸送形態なども同時に理解する必要がある．

a. 脂肪酸とトリアシルグリセロール
(1) 脂質の消化と吸収

哺乳動物にとって，食事中の大部分の脂質はトリアシルグリセロールである．それに少量のリン脂質とコレステロールが含まれる．脂質の消化は小腸上部からはじまる．十二指腸には，**ファーター乳頭部**とよばれる部分があり，総胆管と膵管が開口している．そこから，肝臓でつくられた**胆汁酸**（タウロコール酸やグリココール酸など）を含む**胆汁**と，膵臓でつくられた**膵リパーゼ**を含む膵液が分泌される．そこでは，懸濁した脂肪滴が，界面活性作用を有する胆汁酸に包み込まれ，小腸の空腸に送られる．この状態で初めて膵リパーゼの酵素活性が発現できる．トリアシルグリセロールは膵リパーゼでC1とC3位の脂肪酸が加水分解され，それぞれの脂肪酸と2モノアシルグリセロールが生ずる（図4.15）．

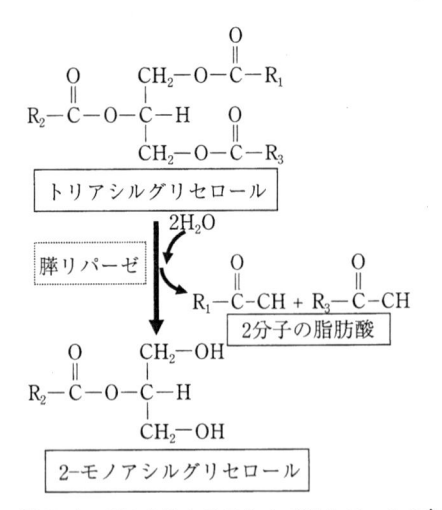

図4.15 膵リパーゼによるトリアシルグリセロールの加水分解

食事に由来する脂肪酸は，主として長鎖脂肪酸（C16〜C18）である．消化されて生じた脂肪酸と2-モノアシルグリセロールは，**胆汁酸ミセル**の形のまま小腸の回腸壁にある**絨毛細胞**から吸収される．取り込まれたミセルは破壊され，脂肪酸と2-モノアシルグリセロールおよび胆汁酸が遊離する．胆汁酸は，腸肝循環で再利用される．脂肪酸は絨毛細胞内でアシルCoAとなり，これが2-モノアシルグリセロールなどと結合して，再びトリアシルグリセロールになる．ここで合成されたトリアシルグリセロールと食事中に含まれていたものと同じかどうかはわからない．さらに，

合成経路の詳細も不明であるが，おそらく肝臓などで行われるトリアシルグリセロール合成経路と似ているだろうと思われる．

食事中のコレステロールは，大部分は遊離型であり，一部は脂肪酸とのエステル型である．コレステロールエステルはトリアシルグリセロールと同じように，膵コレステロールエステラーゼの作用で空腸で加水分解され，遊離コレステロールと脂肪酸となり，これも胆汁酸ミセルのまま小腸絨毛細胞で吸収される．絨毛細胞でアシルCoAと結合して再びコレステロールエステルになる．

小腸で吸収され，再合成されたトリアシルグリセロール，コレステロールエステル（一部遊離コレステロール）は，水に不溶のため特定タンパク質に包み込まれた形で身体中に運ばれる．この特定のタンパク質をアポリポタンパク質といい，それと脂質が結合した形を**リポタンパク質**という．肝臓で合成された脂質成分も血中を介して運ばれるときには，リポタンパク質の形をとる．

血液中のリポタンパク質は大きく分けて5種類になる．大きなほうから，①**カイロミクロン**（chyromicron），②**VLDL**（超低密度リポタンパク質：very low density lipoprotein），③**LDL**（低密度リポタンパク質：low density lipoprotein），④**HDL**（高密度リポタンパク質：high density lipoprotein），それに⑤遊離脂肪酸-アルブミン複合体である．

(2) 血中リポタンパク質の代謝

図4.16に，血中リポタンパク質代謝の概略を示した．**カイロミクロン**は，食事由来の脂質が小腸で消化・吸収され，トリアシルグリセロールとコレステロールエステルの再構成されたものを含んでいる．カイロミクロンは直接門脈を通っては肝臓に行かず，リンパ液中にまず分泌され，左鎖骨静脈から血中に出る．これが存在するのは，食後のみである．これに含まれる脂質は，大部分がトリアシルグリセロールであり，少量のコレステロールエステルも存在する．末梢組織で，リポタンパク質リパーゼの作用でトリアシルグリセロールが脂肪酸に分解されながら細胞に吸収される．

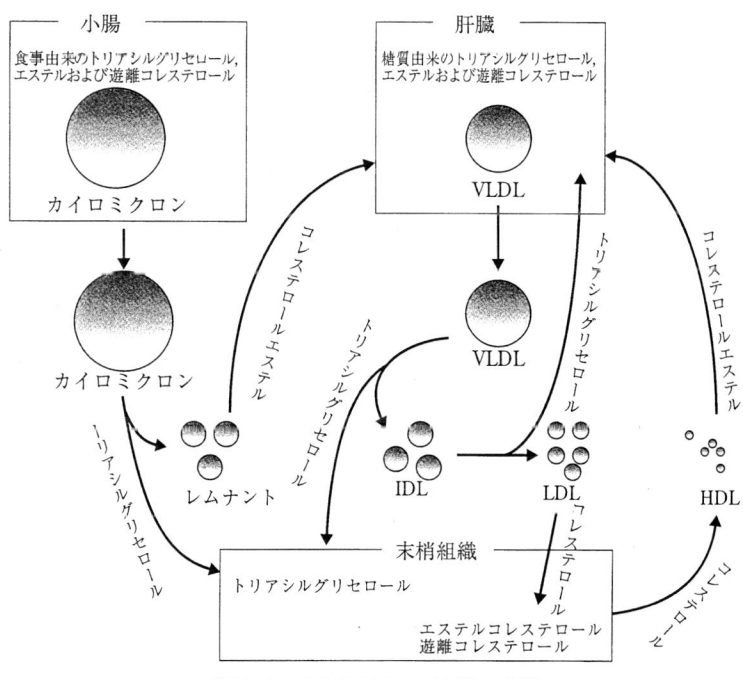

図4.16 血中リポタンパク質の代謝

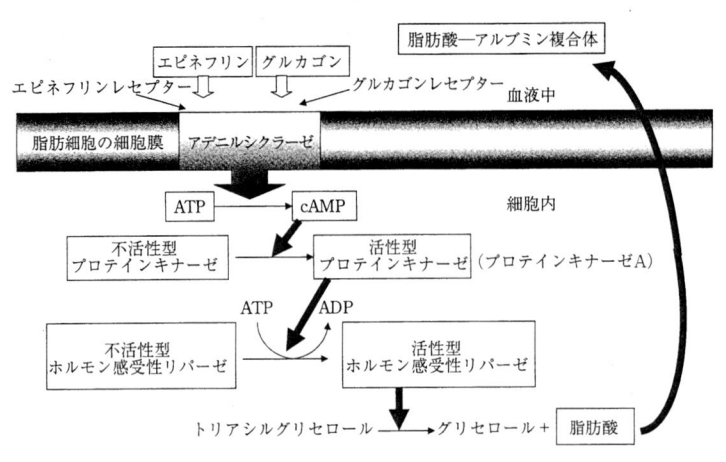

図 4.17 ホルモンによる脂肪細胞からの脂肪酸動員機構

カイロミクロンがトリアシルグリセロールを分解されながら放出し,結果的にサイズが小さくなり,コレステロールエステル組成が多くなったのが**レムナント**である.レムナントは,そのコレステロールエステルを肝臓に運ぶ.

一方,肝臓では,摂取した過剰な糖質からは,トリアシルグリセロールとコレステロールエステルが合成される.肝臓から末梢組織へ運ぶとき,**VLDL**というリポタンパク質の形をとる.糖質からの合成経路で,コレステロールはきわめて厳密な調節機構があるが,トリアシルグリセロールの調節機構は存在しない.したがって,過剰エネルギーの多くはトリアシルグリセロール合成のほうに使われてしまう.したがって,血液中に分泌されたVLDL組成でも,カイロミクロンと同じように,トリアシルグリセロール含量が圧倒的に多く,少量のコレステロールエステルも存在する.これも末梢組織でリポタンパク質リパーゼの作用でトリアシルグリセロールが脂肪酸に分解されながら細胞に吸収される.結果的に小さくなったリポタンパク質を**IDL**(中間密度リポタンパク質:intermediate density lipoprotein)という.IDLは,肝臓にもどされたりするが,さらにトリアシルグリセロールが除かれてより小さくなり,コレステロールエステル組成が多くなったのが**LDL**である.多くの組織の細胞膜には,**LDLレセプター**(LDL receptor)が存在し,LDLとレセプターと結合したままエンドサイトーシス機構で細胞内に取り込まれる.これは,細胞内でリソソームと融合し,タンパク質分解酵素とコレステロールエステラーゼの作用で,遊離コレステロールとして一時プールに貯蔵され,やがて細胞膜などに使用される.

コレステロールは細胞膜に多く存在する.10%前後の含量であるが,細胞によっては全組成の25%も占めることもある.また,少量ではあるがミトコンドリア膜,ゴルジ体膜,核膜などにも存在する.細胞やオルガネラの破壊,そのほかで余剰になったコレステロールは,**HDL**に取り込まれて肝臓に運ばれる.HDL中にはリン脂質が多く含まれており,そのなかにコレステロールが引き抜かれる形で細胞膜などから奪取する.HDLに**LCAT**(レシチンコレステロールアシルトランスフェラーゼ:lecithin cholesterol acyl transferase)が存在し,取り込んだ遊離コレステロールをコレステロールエステルにして,肝臓に送り込む.

$$\text{コレステロール} + \text{ホスファチジルコリン(レシチン)} \xrightarrow{\text{LCAT}} \text{コレステロールエステル} + \text{リゾホスファチジルコリン(リゾレシチン)}$$

4.2 脂質の代謝

末梢組織に運ばれた脂肪酸は，とくにそれが脂肪組織ならば再びトリアシルグリセロールに合成されて貯蔵される．皮下や腹部などに多く脂肪細胞が存在する．これらの脂肪酸およびトリアシルグリセロールの運命は，血中のホルモンが関与している．食後にインスリンが高いときには，トリアシルグリセロールの分解が阻害され，脂肪酸からトリアシルグリセロール合成が促進する．

血糖値が減少し，インスリン濃度が低下すると，速やかにアドレナリンとグルカゴン分泌が起こる．これらのホルモンはそれぞれ骨格筋と肝臓にはたらいて，グリコーゲンの動員を促すことは，糖代謝の項で述べた．これらのホルモンは同時に脂肪細胞にもはたらく（図 4.17）．これらのホルモンは，脂肪細胞膜のそれぞれのレセプターと結合すると，アデニルシクラーゼを活性化し，細胞内で cAMP 濃度を増加させる．cAMP は cAMP 依存性プロテインキナーゼ A を活性化し，これが**ホルモン感受性リパーゼ**をリン酸化することによって活性化する．この酵素は，蓄積しているトリアシルグリセロールから，脂肪酸を動員しながら血中に分泌する．血中に分泌された遊離脂肪酸も水に溶けないので，アルブミンとミセルを形成しながら身体中を移動する．脂肪酸は，心臓，骨格筋，肝臓などの多くの組織に運ばれ，ミトコンドリアで酸化され，エネルギーを得る．

(3) 脂肪酸の β 酸化系

細胞内に取り込まれた脂肪酸は，ミトコンドリアでの分解経路に入る前に，細胞質で活性化される．活性化は脂肪酸に補酵素 A を付加する反応である．下記のように，**アシル CoA 合成酵素**の触媒で，ATP のエネルギーを用いて行われる．反応が完結すると，アシル CoA と AMP およびピロリン酸が生ずる．つまり，ATP から AMP になる反応のエネルギー当量としては，2分子の ATP がアシル CoA 形成のために使用されるのと同じである．

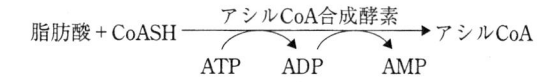

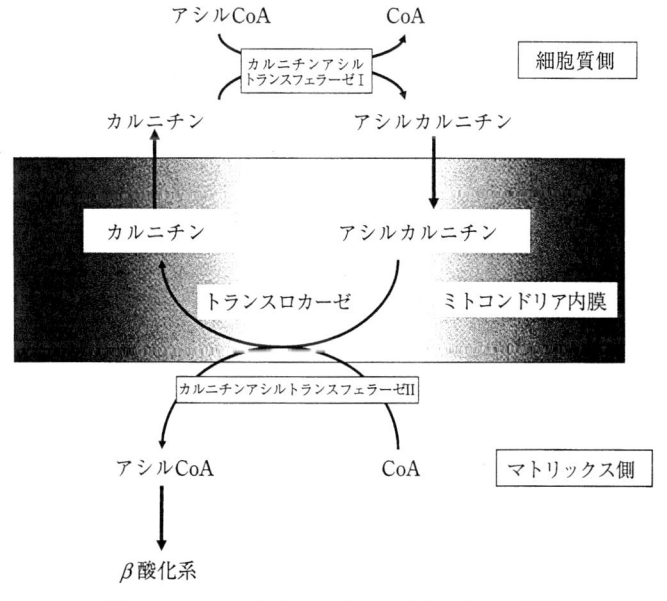

$$\text{脂肪酸} + \text{CoASH} \xrightarrow[\text{ATP} \quad \text{ADP} \quad \text{AMP}]{\text{アシルCoA合成酵素}} \text{アシルCoA}$$

図 4.18 アシル CoA のミトコンドリア内への輸送

生じたアシル CoA が，そのままミトコンドリア内膜を通過することはできない．とくに，長鎖脂肪酸（炭素数 14 以上の）のアシル CoA は，カルニチンと結合して初めて内膜を通過しうる．**カルニチンアシルトランスフェラーゼ I** の酵素反応で，アシル CoA はアシルカルニチンになる．アシルカルニチンはミトコンドリア内膜に存在する**トランスロカーゼ**のはたらきで内膜を通過して，ミトコンドリアのマトリックスに運ばれる．これは一方を汲み入れて，他方を汲み出すポンプになっている．汲み出すもう一方のものは，遊離のカルニチンである．マトリックスに存在する**カルニチンアシルトランスフェラーゼ II** の作用で再びアシル CoA にもどされる．

脂肪酸の分解経路は，ミトコンドリアのマトリックス部分に存在する．この分解経路は脂肪酸の β 位（C3 の炭素）が酸化されて解裂し，アセチル CoA が生ずることから，**β 酸化経路**（β-oxidation pathway）あるいは **β 酸化系**（β-oxidation system）とよばれる（図 4.19）．

脂肪酸が活性化されたアシル CoA が β 酸化系の反応を受ける最初の段階では，**アシル CoA デヒ**

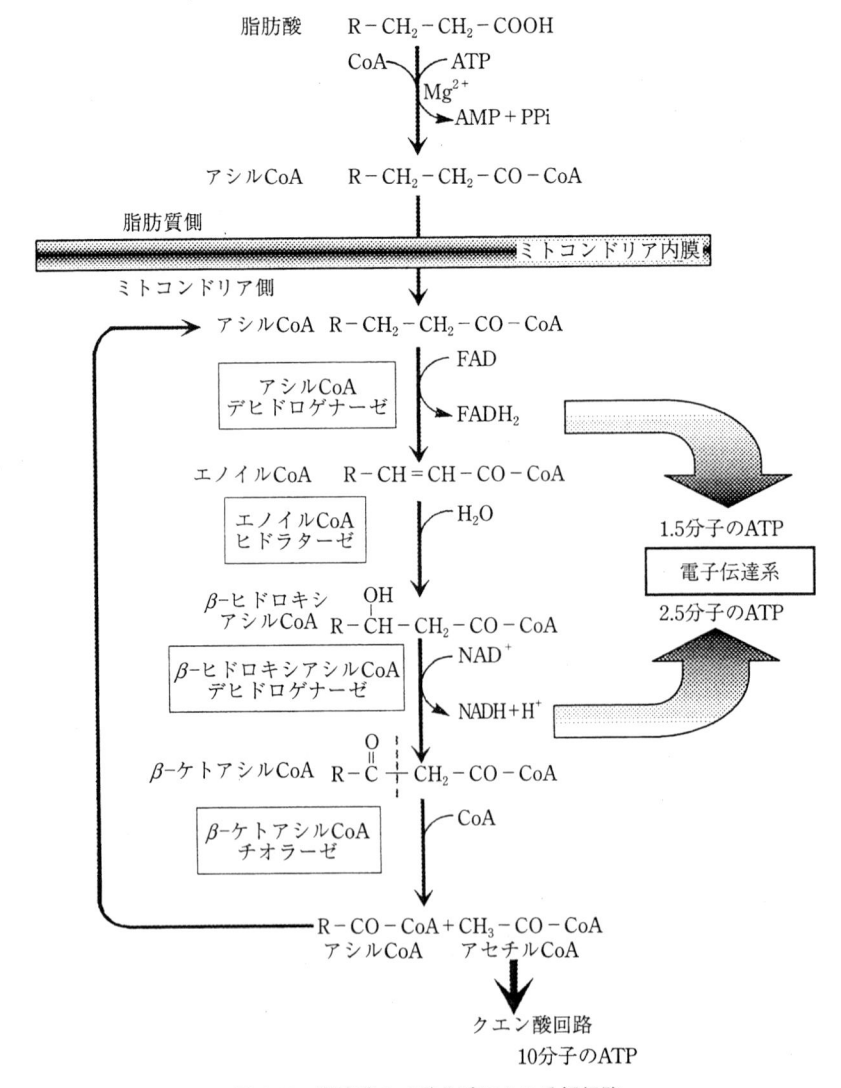

図 4.19 脂肪酸の β 酸化系による分解経路

ドロゲナーゼが触媒する．アシル基の α と β 炭素のあいだに二重結合を形成させ，エノイル CoA（2,3-不飽和アシル CoA）ができる．この二重結合が形成されると，アシル CoA からの電子がアシル CoA デヒドロゲナーゼの FAD 補欠分子へ移動し，還元型の $FADH_2$ を形成する．この $FADH_2$ は，ミトコンドリア内膜の電子伝達系で酸化されるとき，1.5 分子の ATP を生ずる．

エノイル CoA は，つぎに**エノイル CoA ヒドラターゼ**により水分子が付加され，β-ヒドロキシアシル CoA（3-ヒドロキシアシル CoA）になる．これはつぎに β-**ヒドロキシアシル CoA デヒドロゲナーゼ**で，アシル基の α 位と β 位のあいだで脱水素反応が起こり，β-ケトアシル CoA（3-ケトアシル CoA）になる．この反応には補酵素 NAD^+ が関係しており，還元されて $NADH + H^+$ になる．この $NAD + H^+$ も電子伝達系で酸化され，結果的に 2.5 分子の ATP を生ずる．最後に，β-ケトアシル CoA は，CoA の求核性スルフヒドリル基が**チオラーゼ**（β-ケトアシル CoA チオラーゼ）が触媒する α の炭素（C2）と β の炭素（C3）の解裂反応によって，1 分子のアセチル CoA と，炭素が 2 個だけ少なくなったアシル CoA になる．

アシル CoA は，再び β 酸化系の最初の反応であるアシル CoA デヒドロゲナーゼの作用を受ける．アセチル CoA のアセチル基は，β 酸化系酵素群と同じミトコンドリアのマトリックスに存在するクエン酸サイクルによって完全に二酸化炭素と水になる．このとき，10 分子の ATP を生ずる．

脂肪酸アシル CoA の β 酸化系は，いままでもっぱらミトコンドリアのマトリックスでしか行われていないと思われていたが，最近では**ペルオキシソーム**というオルガネラにも存在することが明らかになった．**ペルオキシソームの β 酸化系**の反応も，ミトコンドリアの反応と非常に似ているが，それぞれまったく違う酵素で行われている．とくに最初の酸化段階は，FAD を補酵素とするアシル CoA オキシダーゼという酵素が触媒している．アシル CoA を FAD を介して酸化し，いったん $FADH_2$ になるが，その水素を O_2 に渡し FAD にもどすと同時に，H_2O_2 を形成する．

$$アシルCoA + O_2 \xrightarrow[FAD]{アシルCoAオキシダーゼ} エノイルCoA + H_2O_2$$

ペルオキシソームの β 酸化経路は，長鎖脂肪酸も酸化するが，ミトコンドリアでは分解されない**極長鎖脂肪酸**（C_{20} 以上），**分枝脂肪酸**（フィタン酸，コレステロールから胆汁酸を合成するときの酸化解裂反応），長鎖型のジカルボン酸なども β 酸化している．この β 酸化系は電子伝達系とは共役しておらず，$FADH_2$ や $NADH + H^+$ から ATP を生じることはない．この反応でできた大量のアセチル CoA もクエン酸回路にも動員されず，おそらく生体成分の合成に使用される．

(4) 脂肪酸酸化によるエネルギー収量

脂肪酸がアシル CoA となり，ミトコンドリアの β 酸化系で分解されるとき，1 回の β 酸化で，1 分子の $FADH_2$，1 分子の NADH，1 分子のアセチル CoA が生成する．C16 のパルミチン酸が分解されるとき，活性化されてパルミチル CoA となり，ミトコンドリアに入る．1 回目の反応で C14 のミリストイル CoA とアセチル CoA ができ，2 回目の β 酸化では C12 のラウリル CoA ができる．6 回の連続したサイクルで 6 分子のアセチル CoA，6 分子の FADH，6 分子の NADH，それにアセトアセチル CoA を生じる．アセトアセチル CoA が最後の β 酸化では 2 分子のアセチル CoA ができる．すなわち，パルミチル CoA が分解されると 7 回の β 酸化で，7 分子の FADH，7 分子の NADH，8 分子のアセチル CoA ができる．FADH が電子伝達系で酸化されるとき 1.5 分子の ATP が合成され，NADH が電子伝達系で酸化されると 2.5 分子の ATP が合成される．アセチル CoA が

表 4.2

反　応	ATP 収量
パルミチン酸のパルミトイル CoA への活性化	− 2
8 個のアセチル CoA のクエン酸回路による分解	8 × 10 = 80
7 個の $FADH_2$ の酸化	7 × 1.5 = 10.5
7 個の NADH の酸化	7 × 2.5 = 17.5
パルミチン酸の β 酸化	106

クエン酸回路で分解されるときには，10 分子の ATP ができる．これらを合計すると，108 分子の ATP が合成されるが，パルミチン酸の活性化に 2 分子当量の ATP が使用されるので，結局 1 分子のパルミチン酸からは 106 分子の ATP が生成することになる（表 4.2）．

一方，1 分子のグルコースからの CO_2 と水への酸化では，ATP 収量が約 32 分子の ATP である．ここから，脂肪酸は糖質より多くのエネルギー産生することがわかる．炭素数を考慮に入れても，グルコースが 6 個の炭素で，パルミチン酸が 16 個の炭素であるので，16/6 を乗じて 32 × 16/6 = 85 分子 ATP となり，炭素あたりでもパルミチン酸が 1.2 倍多くのエネルギーを作れることになる．パルミチン酸が結合しているトリアシルグリセロールとなると，106 分子の 3 倍以上の熱量を産生でき，体重あたりの蓄積エネルギーとしてたいへん優れた物質といえる．

b. 脂質の生合成

食後まもなくは，トリアシルグリセロール合成とコレステロール合成が活発にはたらく．細胞内にグルコースからの ATP 合成が十分満たされると，肝臓と筋肉（一部では腎臓でも）ではグリコーゲン合成がされる．しかし，肝臓や筋肉に蓄積できるグリコーゲン量は限定されており，グルコースの多くを脂肪酸に変え，脂肪の形で過剰のエネルギー源を蓄えておく．その脂肪を，グリコーゲンとともに食事と食事のあいだのエネルギー源として使用している．とくに，脂肪酸が血中に増加すると空腹感が増加する．

(1) 脂肪酸の合成

グルコースからの脂肪酸合成，さらにそれからの脂肪合成および VLDL（超低密度リポタンパク質）は肝臓でさかんに行われている．脂肪酸合成は肝臓以外にも腎臓，脳，肺，乳腺，脂肪組織の多くの組織に見いだされている．脂肪酸合成系は，これらの細胞の細胞質に存在する．

脂肪酸合成の補助因子として，ペントースリン酸経路で生じた NADPH と ATP，Mn^{2+}，HCO_3^-（CO_2 源として）などが必要であり，全体の基質としては，アセチル CoA が使われ，パルミチン酸がおもな最終産物である．

このアセチル CoA は，図 4.20 のようにミトコンドリアから供給される．すなわち，グルコースから解糖系でピルビン酸になり，ミトコンドリアに取り込まれる．ピルビン酸は，ピルビン酸デヒドロゲナーゼ複合体によってアセチル CoA になる．この反応は非可逆的であるが，アセチル CoA はそのままの形では，ミトコンドリア内膜を通過できない．いったんクエン酸サイクルに入って，クエン酸となる．細胞内に ATP が十分に存在するときには，クエン酸がそれ以上クエン酸サイクルで代謝されることが阻害され，ミトコンドリアの外に運ばれる．細胞質にでたクエン酸は，細胞質に存在するクエン酸リアーゼによってオキサロ酢酸とアセチル CoA に分解される．このアセチル CoA が脂肪酸合成およびコレステロール合成に使用される．オキサロ酢酸は細胞質に存在する

4.2 脂質の代謝

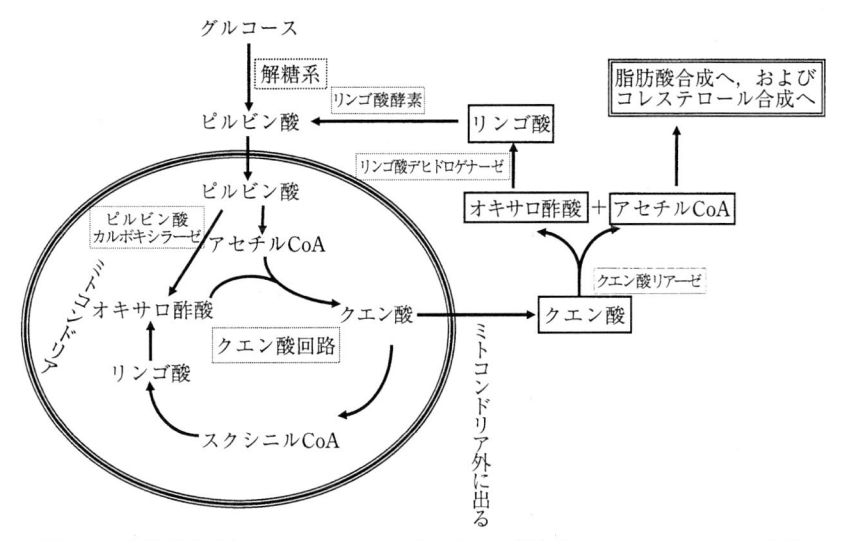

図4.20 脂肪酸合成とコレステロール合成のための細胞質へのアセチルCoAの供給

リンゴ酸デヒドロゲナーゼによってリンゴ酸となり，さらに，リンゴ酸酵素によってピルビン酸にもどされ，ミトコンドリア内に取り込まれる（図4.20）．

細胞質に存在する脂肪合成系の第1の反応は，**アセチルCoAカルボキシラーゼ**という酵素で，アセチルCoAをカルボキシル化してマロニルCoAにする反応で，この反応にはCO$_2$源としてHCO$_3^-$が必要であり，ビオチンを補酵素とする酵素である．この酵素は，脂肪合成の調節を行う律速酵素である．

$$CH_3CO-CoA + HCO_3^- + ATP \xrightarrow[\text{(ビオチン酵素)}]{\text{アセチルCoAカルボキシラーゼ}} HOOC \cdot CH_2CO-CoA + ADP$$

脂肪酸合成系は，七つの反応系からなっているが，哺乳動物をはじめ，酵母，鳥類では，全体として酵素群の複合体として存在している．細菌や植物では，これらの酵素群はバラバラになって存在している．反応はパントテン酸を 4′ ホスホパンテテインの形で含んでいる**アシルキャリヤープロテイン（ACP）**が複合体の一部として存在している．マロニルCoAもアシルCoAもこのACPに結合した状態で反応を行う．この複合体を破壊すると，脂肪酸の合成活性も失われてしまう．この酵素複合体は，同一のモノマーからなる二量体（dimer）として存在しており，それぞれAサブユニットとBサブユニットのモノマーの分子量は25万である．このモノマーにACPも結合している．反応の概要を図4.20，4.21に示す．

ACPの 4′ ホスホパンテテイン SH の部分に，まずアセチルCoAのアセチル基を**アセチル基転移酵素**によって運び込み，アセチルACPとする（反応1，式(4.1)）．つぎにマロニルCoAのマロニル基を**マロニル基転移酵素**によって運び込み，マロニルACPとしている（反応2，式(4.2)）．

$$CH_3CO-CoA + ACP \longrightarrow CH_3CO-ACP + CoA \quad (4.1)$$
アセチルCoA　　　　　　　　　　　アセチルACP

$$HOOC \cdot CH_2CO-CoA + ACP \longrightarrow HOOC \cdot CH_2CO-ACP + CoA \quad (4.2)$$
マロニルCoA　　　　　　　　　　　　マロニルACP

つぎに，アセチル ACP にマロニル ACP が **β-ケトアシル合成酵素**によって，脱炭酸しながら縮合しアセトアセチル ACP（2 回目以降は，β-ケトアシル ACP）となる（反応 3，式（4.3））．つぎに，**β-ケトアシル還元酵素**によって，β-ヒドロキシブチリル ACP（2 回目以降は，β-ヒドロキシアシル ACP）になる．この反応の補酵素は，NADPH + H$^+$ である（反応 4，式（4.4））．

$$CH_3CO-ACP + HOOC \cdot CH_2CO-ACP \longrightarrow CH_3COCH_2CO-ACP + CO_2 \qquad (4.3)$$
アセチル ACP　　　マロニル ACP　　　　　　　アセトアセチル ACP
（アシル ACP）　　　　　　　　　　　　　　　　（β-ケトアシル ACP）

$$CH_3COCH_2CO-ACP + NADPH + H^+ \longrightarrow CH_3\overset{OH}{\underset{|}{C}}HCH_2CO-ACP + NADP^+ \qquad (4.4)$$
アセトアセチル ACP　　　　　　　　　　　　β-ヒドロキシブチリル ACP
（β-ケトアシル ACP）　　　　　　　　　　　（β-ヒドロキシアシル ACP）

β-ヒドロキシブチリル ACP（β-ヒドロキシアシル ACP）は，つぎに**β-ヒドロキシアシル脱水酵素**によって，α,β-ブテニル ACP（2 回目以降は，α,β-不飽和アシル ACP）になる（反応 5，式（4.5））．さらに，α,β-ブテニル ACP は，α,β-**不飽和アシル還元酵素**によってブチル ACP（2 回目以降は，アシル ACP）になる（反応 6，式（4.6））．この反応の補酵素も NADPH + H$^+$ である．

このアシル ACP は，つぎに B サブユニットのアシル基転移酵素に運ばれ，B サブユニットの反応がはじまる．B サブユニットでもマロニル基転移酵素によってマロニル CoA のマロニル基が運ばれ，A サブユニットのときと同じような反応を繰り返す．

$$CH_3\overset{OH}{\underset{|}{C}}HCH_2CO-ACP \longrightarrow CH_3CH=CHCO-ACP + H_2O \qquad (4.5)$$
β-ヒドロキシブチリル ACP　　　α,β-ブテニル ACP
（β-ヒドロキシアシル ACP）　　（α,β-不飽和アシル-ACP）

$$CH_3CH=CHCO-ACP + NADPH + H^+ \longrightarrow CH_3CH_2CH_2CO-ACP + NADP^+ \qquad (4.6)$$
α,β-ブテニル ACP　　　　　　　　　　　ブチル ACP
（α,β-不飽和アシル-ACP）　　　　　　（アシル ACP）

最初の A サブユニットの反応で，炭素数 4 つのアシル基が合成され，つぎの B サブユニットの反応で，炭素数 6 つのアシル基が合成される．こうして A → B → A → B の反応が繰り返され，やがてパルミトイル ACP が合成されると，脂肪酸合成酵素系から遊離してパルミチン酸になる（図 4.21）．

A(C4)→B(C6)→A(C8)→B(C10)→A(C12)→B(14)→A(C16-ACP)→→C16脂肪酸（パルミチン酸）

図 4.21 で示すように，ある特定の反応系にあずかるすべての酵素が**酵素複合体**という機能上一つの単位に集合することによって，反応効率を高め，ほかの反応過程からの妨害を逃れることができる．アセチル CoA とマロニル CoA からパルミチン酸が合成される全反応式は，つぎのように示される．

$$CH_3CO-CoA + 7HOOC \cdot CH_2CO-CoA + 14NADPH + 14H^+ \longrightarrow CH_3(CH_2)_{14}COOH + 7CO_2 + 6H_2O$$
アセチル CoA　　マロニル CoA　　　　　　　　　　　　　　　パルミチン酸
　　　　　　　　　　　　　　　　　　　　　　　　　　　　　　+ 8CoA + 14NADP$^+$

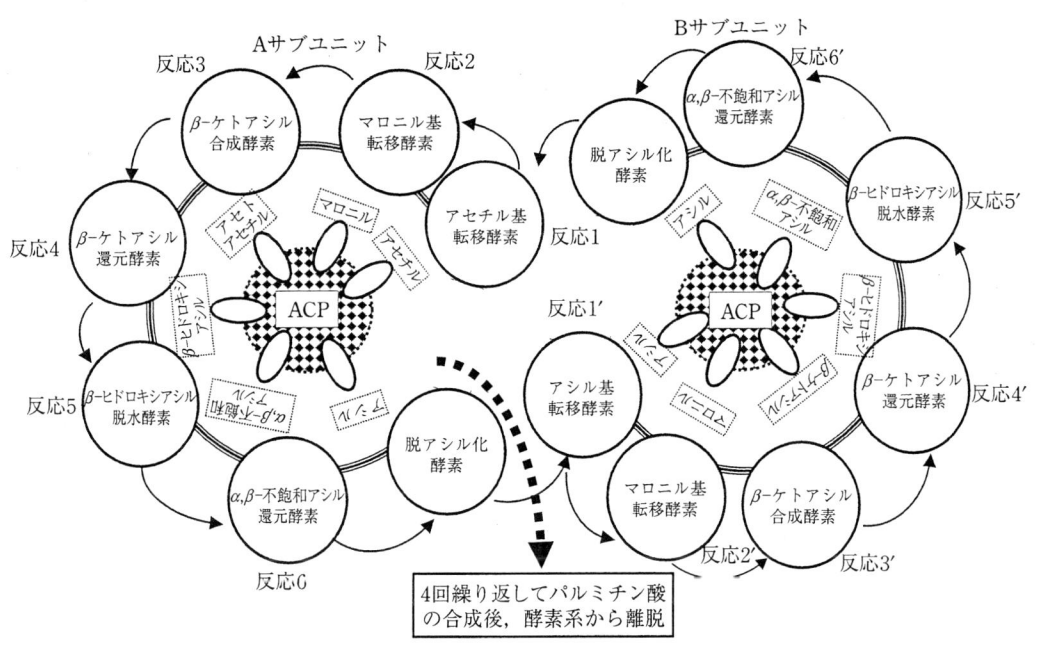

図 4.21 脂肪酸合成酵素系の複合体

$$R-CH_2\overset{O}{\overset{\|}{C}}-CoA + \overset{O}{\overset{\|}{CH_2C}}-CoA$$
アシルCoA　　　　*COOH
(パルミトイルCoA)　マロニルCoA

$\boxed{\beta\text{-ケトアシルCoA合成酵素}}$ → CoA + *CO$_2$

$$R-CH_2-\overset{O}{\overset{\|}{C}}-CH_2-\overset{O}{\overset{\|}{C}}-CoA \quad \beta\text{-ケトアシルCoA}$$

$\boxed{\beta\text{-ケトアシルCoA還元酵素}}$ ← NADPH + H$^+$ → NADP$^+$

$$R-CH_2-\overset{OH}{\overset{|}{CH}}-CH_2-\overset{O}{\overset{\|}{C}}-CoA \quad \beta\text{-ヒドロキシアシルCoA}$$

$\boxed{\beta\text{-ヒドロキシアシルCoA脱水酵素}}$ → H$_2$O

$$R-CH-CH=CH-\overset{O}{\overset{\|}{C}}-CoA \quad \alpha,\beta\text{-不飽和アシルCoA}$$

$\boxed{\alpha,\beta\text{-不飽和アシルCoA還元酵素}}$ ← NADPH + H$^+$ → NADP$^+$

$$R-CH_2-CH_2-CH_2-\overset{O}{\overset{\|}{C}}-CoA$$
アシルCoA (ステアリルCoA)

図 4.22 小胞体の脂肪酸鎖長伸長反応

(2) 脂肪酸の鎖長伸長反応と不飽和化反応

細胞質で合成されたり（おもにパルミチン酸），食事から得られた脂肪酸の鎖長伸長反応および不飽和化反応は，小胞体の酵素によって行われている（図 4.22）．

小胞体で行われるマロニル CoA 由来の C2 単位を既存のアシル CoA に付加する鎖長伸長反応は，細胞質の脂肪酸合成経路と同様に，縮合，還元，脱水，再還元という一連の反応をたどる．還元力も同様に，**NADPH** によって供給されている．小胞体における伸長反応の中間生成物は，細胞質の脂肪酸合成酵素系の ACP 誘導体でなく CoA のエステルである．

細胞膜のリン脂質には，飽和脂肪酸だけでなく不飽和脂肪酸も使われている．体内で合成できる不飽和脂肪酸はオレイン酸（$18:1c\Delta^9$）とパルミトオレイン酸（$16:1c\Delta^9$）である．それぞれステアリン酸とパルミチン酸から図 4.23 に示す小胞体の不飽和化反応によって合成される．この反応は，アシル CoA 不飽和化酵素によって触媒され，C9 位と C10 位の炭素が酸化されて二重結合が形成される．この反応における電子伝達全体としては，もう一つの酵素である FAD 依存の**シトクロム b5 還元酵素**を必要としている．

小胞体の脂肪酸鎖長伸長反応と不飽和化反応がはたらくことによって，必須脂肪酸のリノール酸からリノレン酸を経てアラキドン酸が合成される（図 4.24）．合成された脂肪酸は脂肪酸プールに保存され，トリアシルグリセロールやグリセロリン脂質合成に使用される．

(3) グリセロール脂質（トリアシルグリセロール，グリセロリン脂質）の合成

糖質から合成されたものや，食事として取り入れた脂肪酸は，さらに，リン脂質となって細胞膜に使用されたり，トリアシルグリセロールとなって蓄積エネルギーとして保存されたりしている．この合成の活性は肝臓でもっともさかんである．

図 4.25 に，トリアシルグリセロールとグリセロリン脂質の合成経路を示す．両者ともジアシルグリセロールまでは，同じ合成経路で行われる．この合成は小胞体で行われており，その出発物質

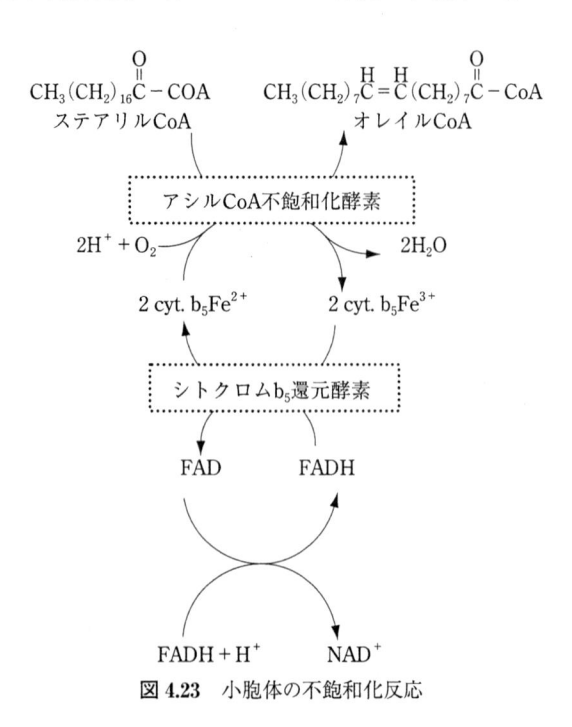

図 4.23 小胞体の不飽和化反応

は，解糖系の**アルドラーゼ**の酵素反応で得られる**ジヒドロキシアセトンリン酸**である．

まず，**ジヒドロキシアセトンリン酸アシルトランスフェラーゼ**によって，ジヒドロキシアセトンリン酸にアシル CoA が付加されて，1-アシルジヒドロキシアセトンリン酸になる．ついで，1-アシルジヒドロキシアセトンリン酸還元酵素によって還元され，1-アシルグリセロ 3-リン酸になる．さらに，アシルトランスフェラーゼによって 1,2-ジアシルグリセロール 3-リン酸となる．この物質は，別名**ホスファチジン酸**ともよばれている．

つぎに，ホスファチジン酸は**ホスファチジン酸ホスファターゼ**によって，脱リン酸され 1,2-ジアシルグリセロールとなる．この化合物が，リン脂質の素材となる CDP-コリンや CDP-エタノールアミンが存在すると，それぞれ**ホスファチジルコリン**や**ホスファチジルエタノールアミン**となるが，それらが不足しているとトリアシルグリセロールになる．

さらに，肝臓のみは**グリセロールキナーゼ**が存在するので，グリセロールからグリセロールリン酸となり，これにグリセロール 3-リン酸アシルトランスフェラーゼがはたらいて 1-アシルグリセロール 3-リン酸になる．

なお，1-アシルジヒドロキシアセトンリン酸がペルオキシソームに取り込まれ，**1-アルキルジヒドロキシアセトンリン酸合成酵素**によって，アシル基と脂肪アルコールのアルコール基が置換反応すると，1-アルキルジヒドロキシアセトンリン酸となると，やがて**プラズマローゲン**や **PAF**（血小板凝集活性化因子）のようなエーテルリン脂質に合成される．

トリアシルグリセロール合成は，ジアシルグリセロールアシルトランスフェラーゼによって触媒され，ジアシルグリセロールにアシル CoA のアシル基が運ばれて完成する．トリアシルグリセロ

$$CH_3(CH_2)_4CH=CHCH_2CH=CH(CH_2)_7\overset{O}{\overset{\|}{C}}-CoA$$
リノレイル CoA $(18:2\Delta^{9,12})$

$O_2 + NADH + H^+$ ⟶ 不飽和化反応
$2H_2O + NAD^+$ ⟵

$$CH_3(CH_2)_4CH=CHCH_2CH=CHCH_2CH=CH-(CH_2)_4\overset{O}{\overset{\|}{C}}-CoA$$
γ-リノレノイル CoA $(18:3\Delta^{6,9,12})$

$NADPH + H^+$ ⟶ マロニル CoA / 鎖長伸長反応
$2H_2O + NADP^+$ ⟵ CO_2

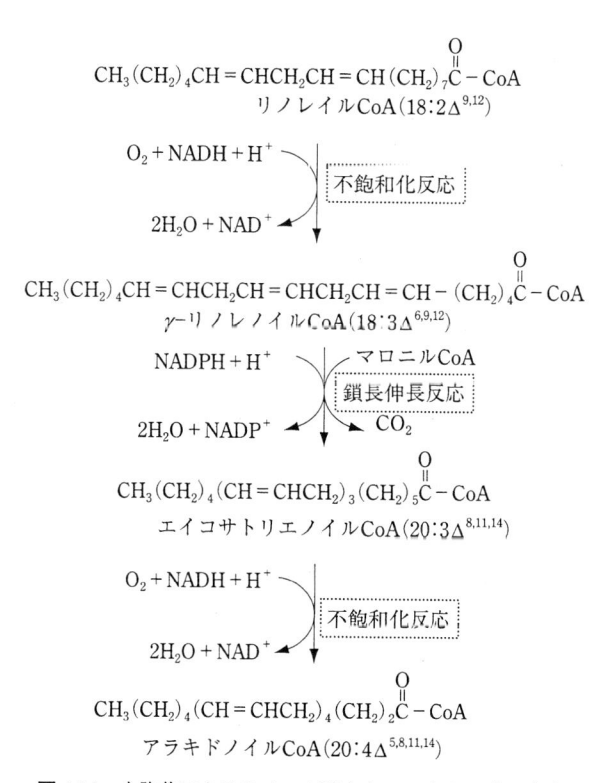

$$CH_3(CH_2)_4(CH=CHCH_2)_3(CH_2)_3\overset{O}{\overset{\|}{C}}-CoA$$
エイコサトリエノイル CoA $(20:3\Delta^{8,11,14})$

$O_2 + NADH + H^+$ ⟶ 不飽和化反応
$2H_2O + NAD^+$ ⟵

$$CH_3(CH_2)_4(CH=CHCH_2)_4(CH_2)_2\overset{O}{\overset{\|}{C}}-CoA$$
アラキドノイル CoA $(20:4\Delta^{5,8,11,14})$

図 4.24 小胞体によるリノール酸からアラキドン酸の合成

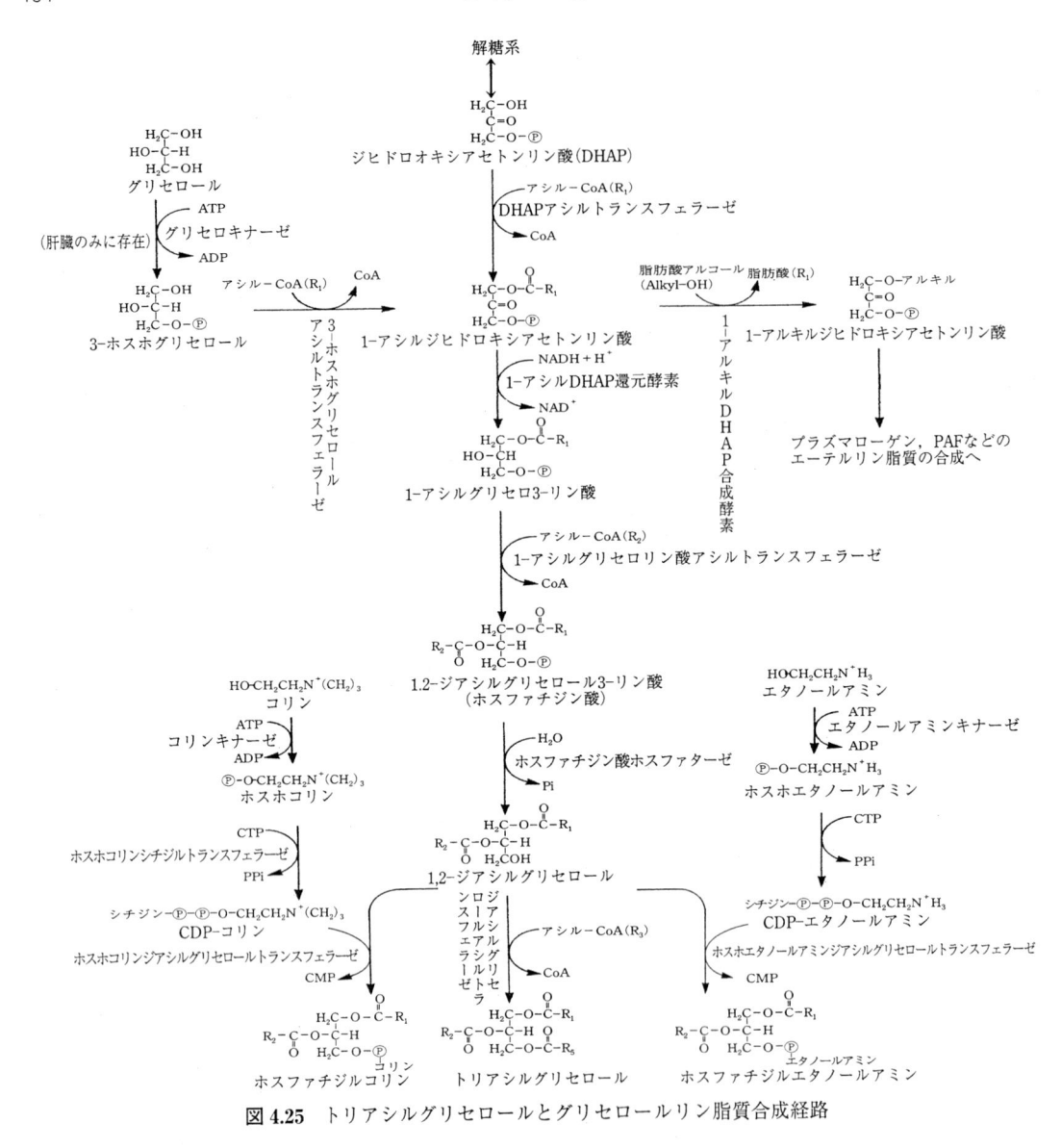

図 4.25 トリアシルグリセロールとグリセロールリン脂質合成経路

ールは中性脂肪ともよばれ，エネルギーの貯蔵目的で合成され，アポ VLDL と結合し，VLDL となって肝臓から分泌される．VLDL 中のトリアシルグリセロールは脂肪細胞に蓄えられる．

　ホスファチジルコリンは，コリンにリン酸基がついてホスホコリンとなり，さらにシチジントリリン酸（CTP）と反応してシチジンジリン酸（CDP）-コリンとなり，これがジアシルグリセロールに運ばれてホスファチジルコリンとなって，合成が完成する．ホスファチジルエタノールアミンも同じように，CDP-エタノールアミンがジアシルグリセロールと反応して合成される．これらのリン脂質は，細胞膜に多く使用される．

c. コレステロールなど，イソプレノイドの代謝

　コレステロールは一種のイソプレノイド脂質であり，ほかのイソプレノイド分子の代謝よりもよ

く研究されている．生物種が異なっても，それらの生成機構は似ている．**イソプレノイド脂質**合成の第一段階は，**イソペンテニルピロリン酸**の合成であるが，これは生物種で同一である．

図4.26に，主要イソプレノイド合成の概要を示す．すべてのイソプレノイドの炭素は，アセチルCoAに由来する．アセチルCoAからアセトアセチルCoAをへて，**HMG-CoA**（ヒドロキシメチルグルタリルCoA）を生じる．さらに，**HMG-CoA還元酵素**によって，**メバロン酸**ができる．この酵素はイソプレノイド脂質合成の律速酵素といわれている．メバロン酸はイソペンテニルピロリン酸になるが，この炭素五つのイソペンテニルピロリン酸3個が縮合反応を受けて，**ファルネシルピロリン酸**となる．

このファルネシルピロリン酸が，各種イソプレノイド合成の分岐点である．大部分はコレステロール合成に使用され，一部はソラネシルピロリン酸をへて**ユビキノン**に合成されたり，ポリプレノールを経て**ドリコール**に合成されたりしている．前者は電子伝達系の構成分として役割を果たし，後者は，糖タンパク質合成の際の**糖鎖キャリヤー**として役割を果たしている．

アセチルCoAからファルネシルピロリン酸までの生合成は細胞質で行われ，そこからのコレステロール合成は小胞体で行われる．さらに，ファルネシルピロリン酸からのドリコール合成はペルオキシソームで行われている．ユビキノン合成の場所はまだよくわかっていない．

以下に，代表的なイソプレノイドであるコレステロールの合成経路について詳しく述べる（図4.27）．コレステロールは細胞膜の重要な成分であり，さらに，ステロイドホルモンならびに胆汁酸の前駆体である．哺乳動物では，多くの細胞でコレステロールを合成できるが，しかし体内のコレステロールの量を調節しているのは肝臓細胞である．

コレステロール合成の炭素は，細胞質のアセチルCoAに由来する．このアセチルCoAは，グル

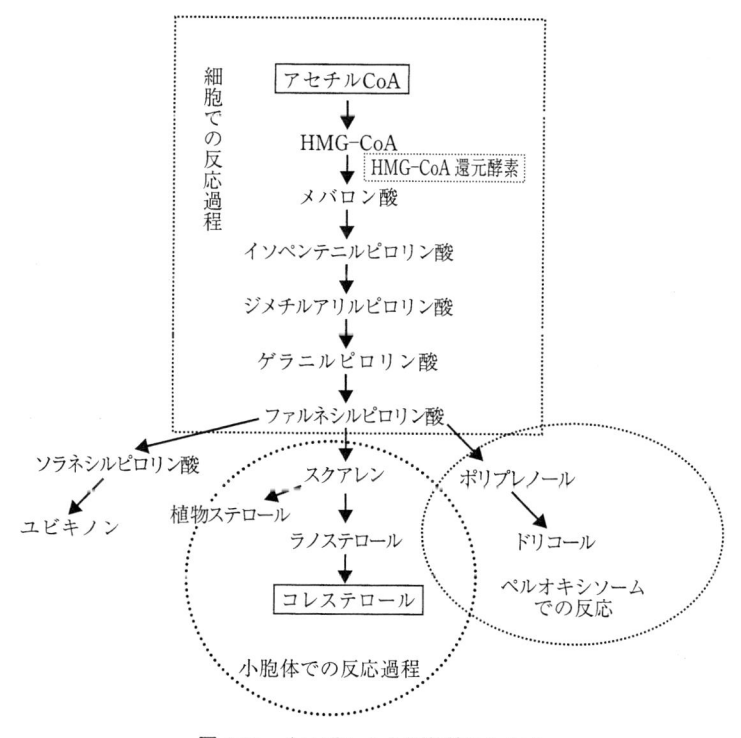

図4.26 イソプレノイド脂質の生合成

コースからのピルビン酸がミトコンドリアに取り込まれてアセチルCoAになったものが使用されるが，直接ミトコンドリア外へは出られず，いったんクエン酸となってミトコンドリア外に出て，これが**クエン酸リアーゼ**で再びアセチルCoAに戻されたものが使用される（図4.20参照）．

アセチルCoAから**スクアレン**までの代謝経路を図4.27に示す．

コレステロール合成の第一段階は，3分子のアセチルCoAが縮合してHMG-CoAを合成する反応である．この反応には，**アセトアセチルCoAチオラーゼ**と，**HMG-CoA合成酵素**が関係している．コレステロール合成のためのこれらの酵素は，細胞質に存在するが，ミトコンドリアにも同じアイソザイムが存在する．しかし，ミトコンドリアで生じたHMG-CoAはミトコンドリア外には出られず，やがて**ケトン体**を合成する運命にある．細胞質に存在するHMG-CoAはコレステロール合成に使用される．

HMG-CoAは，補酵素NADPHの還元力と**HMG-CoA還元酵素**の触媒によってメバロン酸に

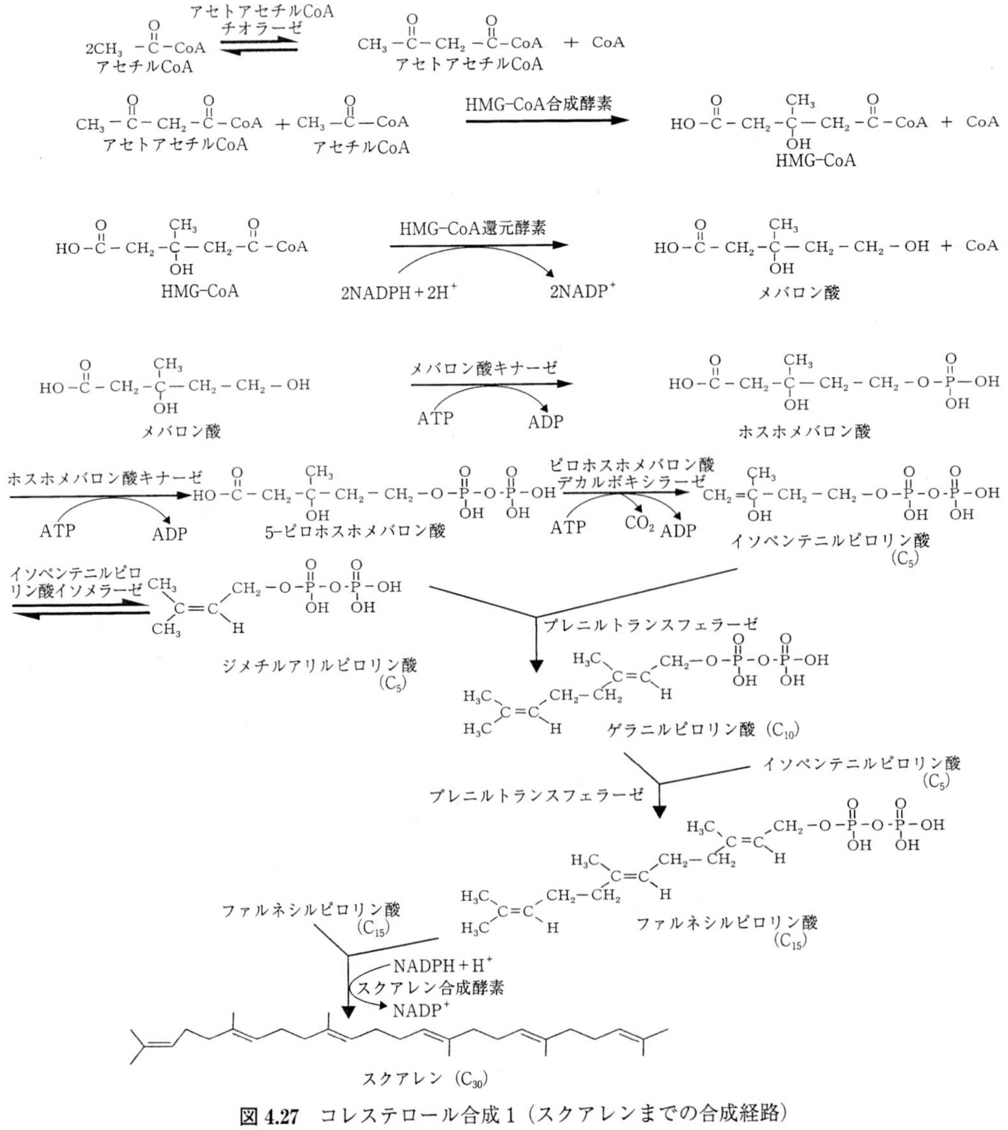

図4.27　コレステロール合成1（スクアレンまでの合成経路）

なる．この酵素は，**コレステロールの律速酵素**といわれ，体内のコレステロールの量を調節している．HMG-CoA 還元酵素は小胞体の酵素であるが，小胞体の膜に存在しており，しかもその酵素活性を示す活性中心は細胞質側を向いているので，基質である HMG-CoA が細胞質に存在するままの状態で活性を発現できる．さらに，細胞内にコレステロールの量が一定以上になると，それが HMG-CoA 還元酵素のアロステリック変化を引き起こし，活性を阻害する（図 4.28）．もう一つの不活性化も知られている．それは，ATP 濃度が減少したときに，**AMP 依存性プロテインキナーゼ**によって，HMG-CoA 還元酵素がリン酸化されることによって，脂肪酸合成の初発段階であるアセチル CoA カルボキシラーゼとともに不活性化される．すなわち，ATP が減少したときに，このキナーゼを活性化し，コレステロールと脂肪酸両方の合成を阻害し，アセチル CoA をもっぱら ATP 量の回復にまわす．

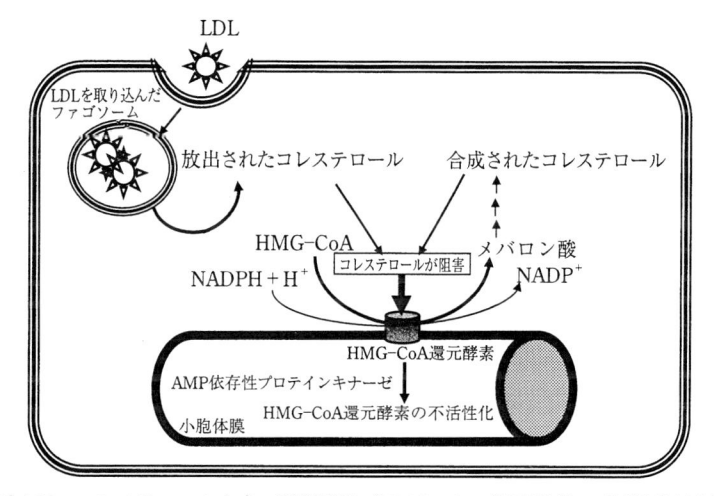

図 4.28 コレステロール合成の調節機構（HMG-CoA 還元酵素の不活性化反応）

メバロン酸は，つぎにメバロン酸キナーゼによってホスホメバロン酸となり，さらにホスホメバロン酸は，**ホスホメバロン酸キナーゼ**によってイソペンテニルピロリン酸になる．イソペンテニルピロリン酸から，そのイソメラーゼによってメチルアリルピロリン酸へ変換する．ついで，これが第二のイソペンテニルピロリン酸分子と頭-尾様式で縮合し，C10 分子のゲラニルピロリン酸が形成される（図 4.27）．

ゲラニルピロリン酸が第三のイソペンテニルピロリン酸と頭-尾様式で縮合し，C15 分子の**ファルネシルピロリン酸**が形成される．このファルネシルピロリン酸は，小胞体に取り込まれ，以後コレステロールが合成されるまで，小胞体に取り込まれたまま反応が進行する．

つぎに，2 分子のファルネシルピロリン酸が頭-頭様式で縮合し，C30 分子の**スクアレン**が形成される．スクアレンからコレステロールへの変換は，数段階の複雑な反応が行われる（図 4.29）．その一つが，スクアレンが酸素原子付加と鎖の四つの閉環反応が起こり，**ラノステロール**へ変換される反応である．この反応によって，ステロイド核が形成される．ラノステロールからコレステロールへの変換は，脱メチル化反応や還元反応など数段階の反応で行われている．コレステロール合成の還元反応の補酵素は，すべて NADPH が使用される（図 4.27〜4.29）．

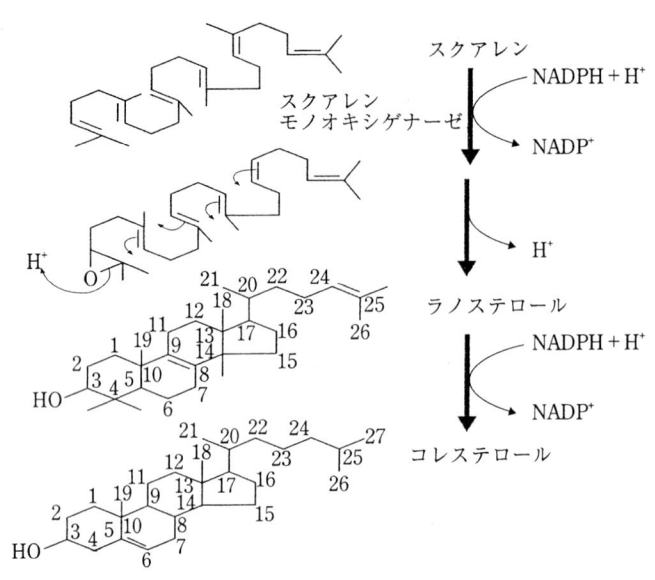

図 4.29 コレステロール合成 2（スクアレンからの合成）

d. ケトン体の合成

脂肪酸のアシル CoA の β-酸化系に由来するアセチル CoA は大部分はクエン酸回路に入って，大量の ATP を発生しうる．しかし，飢餓状態や糖尿病のときには，細胞内で利用できるグルコースが極端に減少し，肝臓では危機感を感じてグルコースを合成しようとする．なぜならば，脳細胞，赤血球細胞などはグルコースからしかエネルギーを得られないからである．前者はおそらく**血液－脳関門**のために脂肪酸を通過させないためであり，後者はミトコンドリアが存在しないためである．赤血球は，自らは酸素を運ぶ役割を果たすが，酸素を運搬後の嫌気的条件でも細胞が生きていけるように嫌気的糖代謝（解糖系）のみで ATP を得ているのである．

アミノ酸が脱アミノ化された α-ケト酸がミトコンドリアに取り込まれ，クエン酸回路の各成分に組み込まれる．α-ケト酸のなかにはピルビン酸になるものもある．これは直接ピルビン酸カルボキシラーゼによってオキサロ酢酸となり，さらに可逆反応でリンゴ酸になってミトコンドリア外に出る．細胞質に出たリンゴ酸はオキサロ酢酸，ホスホエノールピルビン酸などを経て，グルコースが合成されることはすでに述べた．

このような状態では，ミトコンドリア内ではオキサロ酢酸が枯渇状態となり，β-酸化系で生じた大量のアセチル CoA はクエン酸回路には入れず，しかもアセチル CoA は内膜を通過することもできず，ミトコンドリア内で蓄積してしまう．このアセチル CoA は，**ケトン体**となってミトコンドリアから放出される（図 4.30）．

飢餓状態が続いた脳-血液関門では，ケトン体を通過できる．脳細胞に取り込まれたケトン体は，ミトコンドリア内でアセチル CoA にもどされ，エネルギー源として使用できるようになる．

図 4.31 にケトン体の合成経路を示す．すべてミトコンドリア内の反応である．ミトコンドリア内に蓄積したアセチル CoA は，**チオラーゼ**によって 2 分子縮合し，アセトアセチル CoA になる．さらにもう 1 分子が **HMG-CoA 合成酵素**によって，アセトアセチル CoA に付加されて 3-ヒドロキシメチルグルタリル-CoA（HMG-CoA）になる．これもミトコンドリアを出られない．もし通

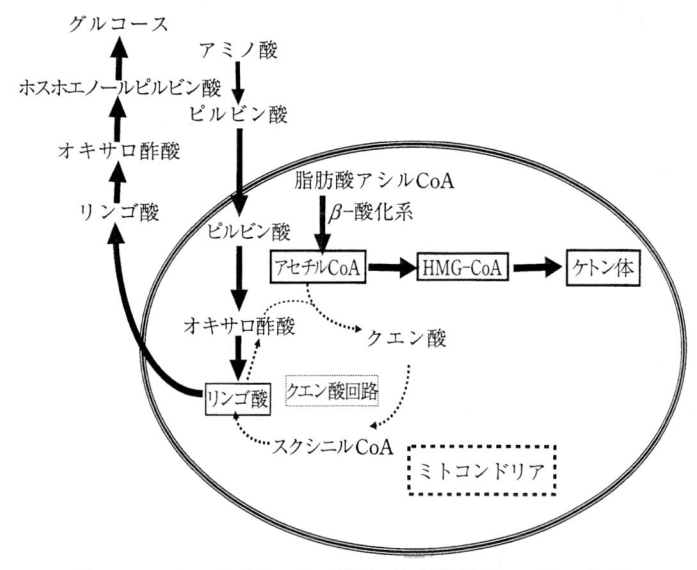

図 4.30 ケトン体合成の生理状態（飢餓状態または糖尿病時）

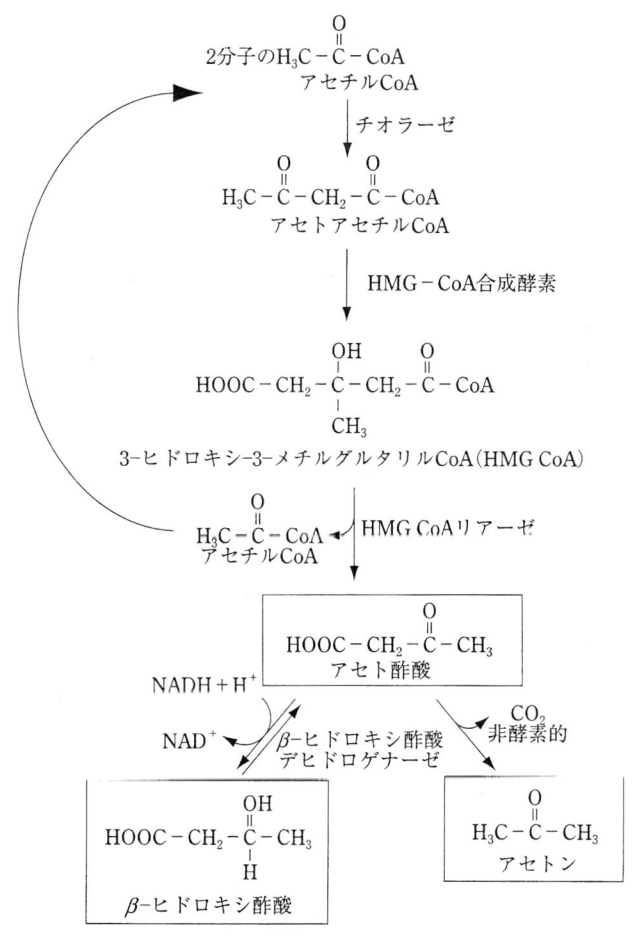

図 4.31 ケトン体の生合成

過できれば，コレステロール合成に使用されるが，ミトコンドリアに蓄積した HMG-CoA は **HMG-CoA リアーゼ**の反応を受け，**アセト酢酸**とアセチル CoA になる．アセト酢酸は，さらに β-ヒドロキシ酪酸デヒドロゲナーゼの酵素反応で **β-ヒドロキシ酪酸**となったり，非酵素的に脱炭酸されて**アセトン**となる．このように生じた**アセト酢酸**，**β-ヒドロキシ酪酸**および**アセトン**を総称して**ケトン体**という．ケトン体は脂肪酸の β-酸化系が活発なときに体内に蓄積する．アセト酢酸，β-ヒドロキシ酪酸は酸性を示し，これが蓄積するとアシドーシスになる．糖尿病や飢餓時のアシドーシスの原因がこのケトン体の蓄積であり，**ケトアシドーシス**という．

4.3 生体窒素化合物の代謝 I（各種窒素化合物の合成反応）

a. アミノ酸の生合成

タンパク質合成に必要なアミノ酸は約 20 種類ある．植物と多くの微生物が，ほとんどすべてのアミノ酸をつくりだすことができるのに対し，ヒトやほかの動物では，必要なものの約半分しか生合成することができない．したがって，生合成できない残りのアミノ酸は食物として供給されなければならない．ヒトが生合成できないアミノ酸を**必須アミノ酸**，生合成できるアミノ酸を**非必須アミノ酸**と呼ぶ（表 4.3）．

生物学的には，生合成するのに多くの酵素群が関係するアミノ酸が必須となっており，特定の中間体が存在すれば，容易に合成できるアミノ酸は非必須アミノ酸である．すなわち，必須アミノ酸の合成には，複雑な合成段階に大量のエネルギーと，多数の酵素に対する DNA 遺伝情報を必要とするが，生物進化の途中でこれら面倒なアミノ酸の合成能を失わせ，食物の栄養として摂取すればよいようにした．これを失ったほうが生存に有利になったのである．

アミノ酸は食事から得られるものと，細胞内で合成されたものが存在し，代謝系でただちに利用できるアミノ酸プールとして蓄積する．いろいろな代謝の要求に従って，ある種のアミノ酸がたえず合成，あるいは相互転換され組織に運ばれ利用されている．

表 4.3　ヒトの必須アミノ酸と非必須アミノ酸

必須アミノ酸 （括弧内は合成に関与する酵素）	非必須アミノ酸 （括弧内は合成に関与する酵素）
アルギニン*（7）	アラニン（1）
イソロイシン（14）	アスパラギン（1）
スレオニン（6）	アスパラギン酸（1）
トリプトファン（13）	グリシン（1）
バリン（8）	グルタミン（1）
ヒスチジン*（6）	グルタミン酸（1）
フェニルアラニン（10）	システイン（2）
メチオニン（9）	セリン（3）
ロイシン（10）	チロシン（1）
リジン（8）	プロリン（3）

必須アミノ酸合成は，共用反応の酵素も含んでいる．
非必須アミノ酸合成は既存物質からの反応．
アルギニンとヒスチジンは幼児期に必須アミノ酸であり，成人では合成できる．

生体内の窒素量（おもにタンパク質）はおよそ一定になっている．栄養素としてタンパク質を摂取した窒素量は，一時的に生体内の窒素量が増加しても，1日あるいは1週間というスパンでみたとき，排泄される窒素量（尿中の尿素，尿酸，糞中のアミノ酸などの合計）と同じになっている．このように，窒素摂取量が窒素排泄量と等しいとき，「**窒素バランス**」がとれているという．成長中の子どもや，妊娠中，あるいは病気が回復中の患者の場合には，窒素摂取量が窒素排泄量を上まわる．このようなときには，「**正の窒素バランス**」になっているという．

反対に，窒素排泄量が窒素摂取量を上まわるときには，「**負の窒素バランス**」になっているという．病気が重篤になって身体が痩せ細ってしまったときや，老衰のときになどにみられる．このようなときには，必須アミノ酸が十分含まれている良質なタンパク質を補充する．食事にタンパク質が不足し，それが長期間続くとクワシオルコル（アフリカ語で"赤い身体"の意）という栄養障害になる．その症状は成長遅延，肝肥大，感情鈍麻などで，アフリカやアジア，中南米など，発展途上国の小児に多くみられる．牛乳，卵，肉など，良質なタンパク質を豊富に含む食事を与えることによって回復する．

(1) アンモニアの固定によるアミノ酸の合成

生物的に合成されたアンモニアを取り込む効率的な経路の一つがα-ケトグルタル酸のグルタミン酸への還元的アミノ化である．これを触媒するのは**グルタミン酸デヒドロゲナーゼ**で，補酵素はNADPHである．この酵素は動物細胞だけでなく，植物や微生物にも存在している．哺乳動物では，グルタミン酸デヒドロゲナーゼはミトコンドリアに存在し，α-ケトグルタル酸の再生のために，平衡に近い反応を触媒して，通常，実質的な流れはグルタミン酸分解に向いている．分解でできたα-グルタル酸は，グルコース合成に向かう．

$$\text{HO-}\underset{\text{O}}{\overset{\text{O}}{\text{C}}}\text{-CH}_2\text{-CH}_2\text{-}\underset{\text{O}}{\overset{\text{O}}{\text{C}}}\text{-}\underset{\text{O}}{\overset{\text{O}}{\text{C}}}\text{-OH} + \text{NH}_4^+ \underset{\text{グルタミン酸デヒドロゲナーゼ}}{\overset{\text{NADPH+H}^+ \quad \text{NADP}^+}{\rightleftarrows}} \text{HO-}\underset{\text{O}}{\overset{\text{O}}{\text{C}}}\text{-CH}_2\text{-CH}_2\text{-}\underset{\text{NH}_2}{\overset{\text{H}}{\text{C}}}\text{-}\underset{\text{O}}{\overset{\text{O}}{\text{C}}}\text{-OH}$$

α-ケトグルタル酸
(2-オキソグルタル酸)　　　　　　　　　　　　　　　　　　　　　　　　グルタミン酸

アンモニア固定のもう一つの反応は，グルタミン合成酵素によるグルタミン酸のアミノ化である．この反応によってグルタミンが形成される．

$$\text{HO-}\underset{\text{O}}{\overset{\text{O}}{\text{C}}}\text{-CH}_2\text{-CH}_2\text{-}\underset{\text{NH}_2}{\overset{\text{H}}{\text{C}}}\text{-}\underset{\text{O}}{\overset{\text{O}}{\text{C}}}\text{-OH} + \text{NH}_4^+ \underset{\text{グルタミン合成酵素}}{\overset{\text{ATP} \quad \text{ADP}}{\rightarrow}} \text{H}_2\text{N-}\underset{\text{O}}{\overset{\text{O}}{\text{C}}}\text{-CH}_2\text{-CH}_2\text{-}\underset{\text{NH}_2}{\overset{\text{H}}{\text{C}}}\text{-}\underset{\text{O}}{\overset{\text{O}}{\text{C}}}\text{-OH}$$

グルタミン酸　　　　　　　　　　　　　　　　　　　　　　　　　　　グルタミン

多くの生合成反応でグルタミンは窒素供与体になる．たとえば，グルタミンのアミド窒素は，プリン塩とピリミジン環合成のときの前駆体になっている．

(2) アミノ基転移反応によるアミノ酸の合成

哺乳動物は多様な**トランスアミナーゼ**（アミノ基転移酵素，アミノトランスフェラーゼともいう）をもっている．細胞質およびミトコンドリアのどちらにもみられ，それぞれ2つのタイプの特異性を有する．すなわち，トランスアミナーゼは，① α-アミノ基を供与するα-アミノ酸型と，② α-アミノ基を受け取るα-ケト酸（2-オキソ酸）型に分かれる．トランスアミナーゼは非常に多岐にわたるが，そのほとんどはアミノ基の供与体としてグルタミン酸を用いている．アミノ基転移反応

は，ピリドキシン（ビタミン B_6）に由来する補酵素のピリドキサールリン酸（PLP）を必要とする．PLPはほかのアミノ酸の反応にも関係している．アミノ酸のラセミ化反応，脱炭酸反応，いくつかのアミノ酸側鎖の修飾反応などの補酵素となっている．

$$R_1-\overset{O}{\underset{}{C}}-\overset{O}{\underset{}{C}}-OH + HO-\overset{O}{\underset{}{C}}-CH_2-CH_2-\overset{H}{\underset{NH_2}{C}}-\overset{O}{\underset{}{C}}-OH \xrightleftharpoons{\text{トランスアミナーゼ}}$$

α-ケト酸
（2-オキソ酸）　　　　グルタミン酸

$$R_1-\overset{H}{\underset{NH_2}{C}}-\overset{O}{\underset{}{C}}-OH + HO-\overset{O}{\underset{}{C}}-CH_2-CH_2-\overset{O}{\underset{}{C}}-\overset{O}{\underset{}{C}}-OH$$

新たにつくられたアミノ酸　　　　α-ケトグルタル酸
（2-オキソグルタル酸）

下に**アラニントランスアミナーゼ**（臨床検査関係では，**ALT**あるいは**GPT**と省略される）と**アスパラギン酸トランスアミナーゼ**（同じく，**AST**あるいは**GOT**と省略される）の反応を示す．

アラニントランスアミナーゼはピルビン酸とグルタミン酸を基質にするトランスアミナーゼであり，これによってアラニンができる．

アスパラギン酸トランスアミナーゼは，オキサロ酢酸とグルタミン酸を基質とするトランスアミナーゼであり，この反応でアスパラギン酸が生じる．これらのトランスアミナーゼの反応は可逆的な反応であり，飢餓時にはタンパク質からアミノ酸を遊離し，それをこの反応で脱アミノ化してピルビン酸やオキサロ酢酸を生成し，それらからグルコース合成を行っている．

$$CH_3-\overset{O}{\underset{}{C}}-\overset{O}{\underset{}{C}}-OH + HO-\overset{O}{\underset{}{C}}-CH_2-CH_2-\overset{H}{\underset{NH_2}{C}}-\overset{O}{\underset{}{C}}-OH \xrightleftharpoons{\text{アラニントランスアミナーゼ}}$$

ピルビン酸　　　　グルタミン酸

$$CH_3-\overset{H}{\underset{NH_2}{C}}-\overset{O}{\underset{}{C}}-OH + HO-\overset{O}{\underset{}{C}}-CH_2-CH_2-\overset{O}{\underset{}{C}}-\overset{O}{\underset{}{C}}-OH$$

アラニン　　　　α-ケトグルタル酸

$$HO-\overset{O}{\underset{}{C}}-CH_2-\overset{O}{\underset{}{C}}-\overset{O}{\underset{}{C}}-OH + HO-\overset{O}{\underset{}{C}}-CH_2-CH_2-\overset{H}{\underset{NH_2}{C}}-\overset{O}{\underset{}{C}}-OH \xrightleftharpoons{\text{アスパラギン酸トランスアミナーゼ}}$$

オキサロ酢酸　　　　グルタミン酸

$$HO-\overset{O}{\underset{}{C}}-CH_2-\overset{H}{\underset{NH_2}{C}}-\overset{O}{\underset{}{C}}-OH + HO-\overset{O}{\underset{}{C}}-CH_2-CH_2-\overset{O}{\underset{}{C}}-\overset{O}{\underset{}{C}}-OH$$

アスパラギン酸　　　　α-ケトグルタル酸

(3) セリン，グリシン，システインの合成

セリンはグリシンとシステインの生合成の前駆体である．セリンは図4.32で示すように，哺乳動物では2種の経路が存在する．解糖系の中間体である3-ホスホグリセリン酸から，両方とも3段階の反応で合成される．哺乳動物での大半のセリンは，リン酸化された中間体を経て，一部は脱リン酸化された中間体を経て合成される．

リン酸化された中間体を経る合成には，まず**3-ホスホグリセリン酸デヒドロゲナーゼ**が反応し，3-ホスホヒドロキシピルビン酸となり，つぎにアミノ基転移反応でホスホセリンとなる．さらに，ホスファターゼでリン酸が加水分解的に除去されてセリンになる．脱リン酸化された中間体を経て

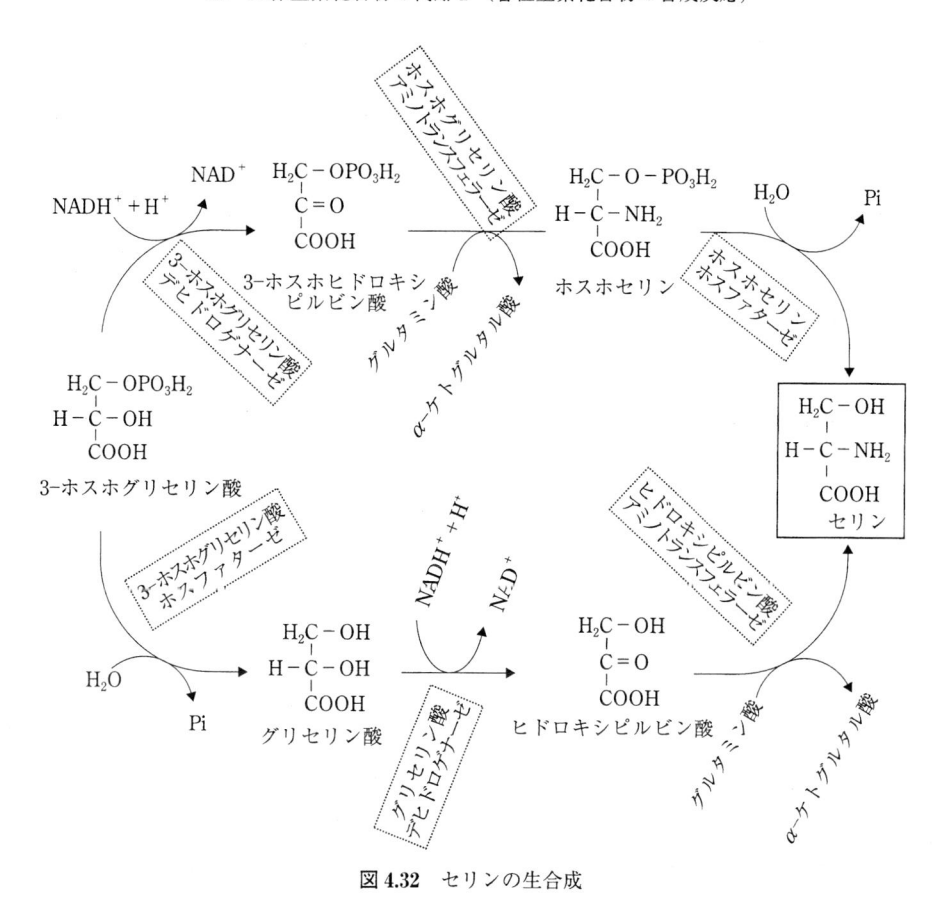

4.3 生体窒素化合物の代謝Ⅰ（各種窒素化合物の合成反応）

図 4.32 セリンの生合成

合成される反応は，最初にホスファターゼによって脱リン酸化されグリセリン酸になり，これが酸化されてヒドロキシピルビン酸となり，最後にアミノ基転移酵素によってセリンができる．

　グリシンの生合成は，いろいろな経路が知られている．その一つは，上でも述べたように，セリンから合成される（図 4.33）．セリンに**セリンヒドロキシメチルトランスフェラーゼ**が反応して，メチレン基をテトラヒドロ葉酸に転移してグリシンができる．この酵素の補酵素はピリドキサールリン酸（PLP）である．

　コリンからもグリシンが合成される（図 4.34）．コリンからベタインを経て合成される．セリンからシステインも合成されるが，この硫黄分はメチオニンに由来するホモシステインが使用される．セリンとホモシステインにシスタチオン合成酵素がはたらいてシスタチオニンが生じ，さらにシスタチオンリアーゼが触媒して，システインと α-ケト酪酸になる（図 4.35）．メチオニンから ATP

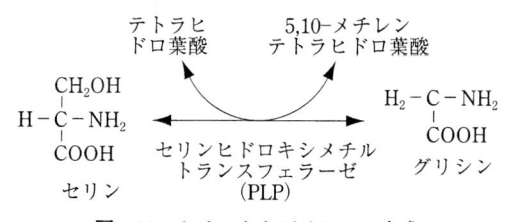

図 4.33 セリンからグリシンの合成

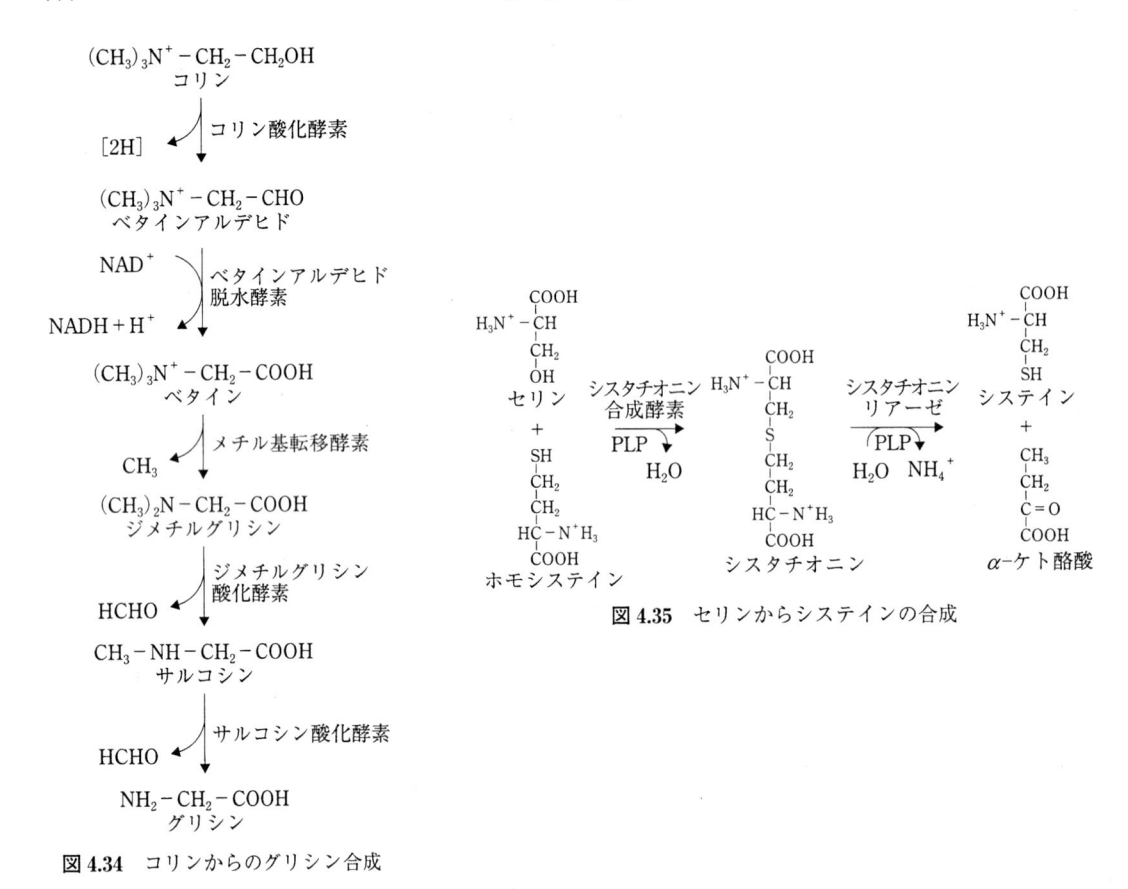

図 4.34 コリンからのグリシン合成

図 4.35 セリンからシステインの合成

のエネルギーでS-アデノシルメチオニンとなり，さらに脱メチル化されてS-アデノシルホモシステインとなり，アデノシンが離脱してホモシステインが生じる（図 4.36）．

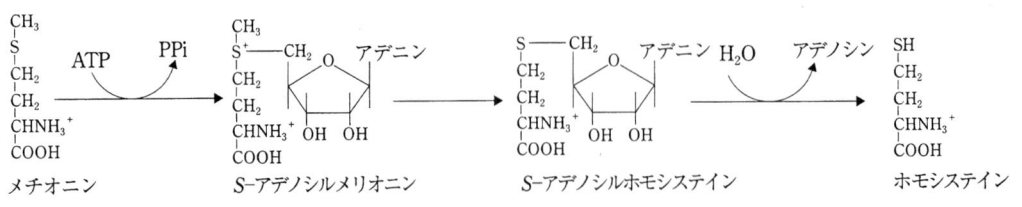

図 4.36 メチオニンからホモシステインの合成

(4) プロリンとアルギニンの生合成

プロリンとアルギニンは，グルタミン酸から合成される．グルタミン酸が脱水素酵素によってグルタミン γ-セミアルデヒドになり，ここからプロリン合成と，アルギニン合成に分岐する．グルタミン酸 γ-セミアルデヒドが非酵素的に脱水しながら閉環し，ピロリン 5-カルボン酸となり，さらにデヒドロゲナーゼの作用でプロリンが合成される（図 4.37）．グルタミン酸はまたアルギニンの前駆体でもある．哺乳動物では，グルタミン酸の α-アミノ基がアセチル化されることによってはじまる．N-アセチルグルタミン酸はリン酸化，還元，アミノ基転移，およびアセチル基の脱離といった一連の反応によってオルニチンに変換される．オルニチンがアルギニンに転換されるその後の反応は，尿素回路の一部である．幼児では，尿素回路が十分に機能しないため，アルギニンは

4.3 生体窒素化合物の代謝 I（各種窒素化合物の合成反応）

図 4.37 プロリンの生合成

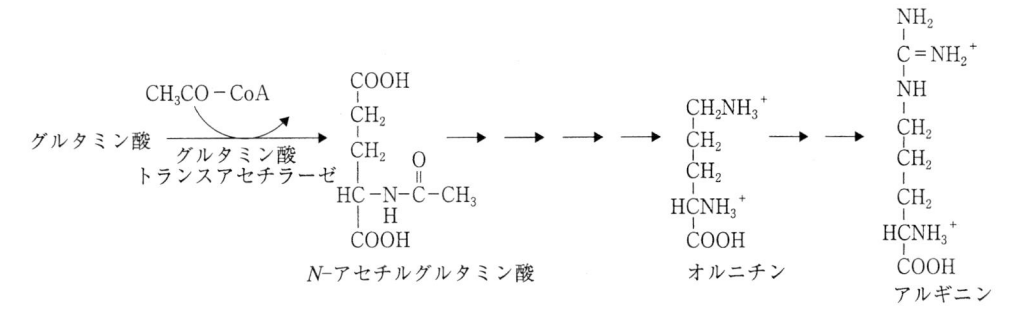

図 4.38 アルギニンの生合成

必須アミノ酸である（図 4.38）．

(5) チロシンの生合成

チロシンは，フェニルアラニンから変換される．したがって，フェニルアラニンは栄養学的に必須アミノ酸であるが，チロシンはそうでなく，十分量のフェニルアラニンを含む食物から供給される．この反応は，**フェニルアラニン水酸化酵素**によって触媒され，この補因子である**テトラヒドロキシビオプテリン**も同時にジヒドロキシビオプテリンに酸化される（図 4.39）．ジヒドロキシビオプテリンは NADPH を用いて還元酵素によってテトラヒドロキシビオプテリンにもどされる．

チロシンは，**メラニン色素**や**アドレナリン合成**の前駆体になっており，フェニルアラーン水酸化酵素の遺伝的欠損を**フェニルケトン尿症**といい，常染色体劣性の遺伝病である（図 4.40）．この病気は，チロシンへの変換が阻害されるため，フェニルアラニンは非常に高いレベルまで蓄積し，蓄積したフェニルアラニンはアミノ基転移が起こってフェニルピルビン酸となり，さらにフェニル乳酸やフェニル酢酸となって尿に出現する．治療しないで放置すれば，知的障害，色素の欠乏（黄褐

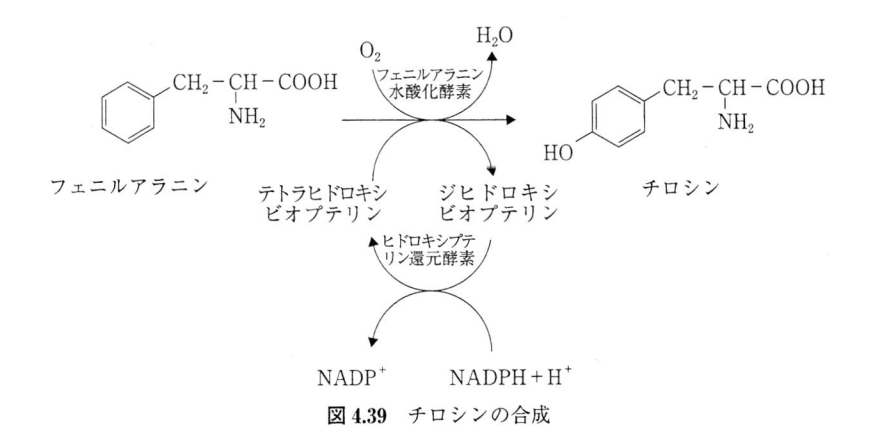

図 4.39 チロシンの合成

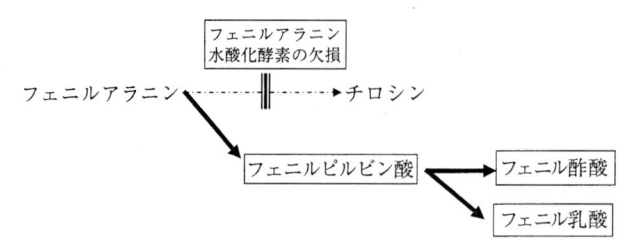

図 4.40 フェニルケトン尿症の代謝

色の毛髪や白い皮膚）などが必発する．

b. その他の窒素化合物の合成

（1）ポルフィリン環，ヘムの合成

ヘムはヘモグロビン，ミオグロビンおよびシトクロムなど，ヘムタンパク質の補欠分子族であり，ポルフィリン環に2価の鉄イオンが配位したものである．ヘムの生合成経路は，肝臓，骨髄，小腸などや網状赤血球においてとくに活発である．ヘムは哺乳動物細胞によって合成されるもっとも複雑な分子の一つであるが，比較的単純なグリシンとスクシニルCoAから合成される（図4.41）．

ヘム合成の初発反応は，グリシンとスクシニルCoAの縮合反応である．**アミノレブリン酸合成酵素（ALA合成酵素）** によって触媒され，これによってδ-アミノレブリン酸（ALA）が生成する．この酵素は，ミトコンドリア酵素であり，**ヘム合成の律速段階**となっており，最終産物であるヘムが大量に存在すると，この酵素がアロステリック的に阻害される．

つぎの段階では，2分子のALAを縮合して，ポルホビリノーゲンを生成する．この反応を触媒するのは，ポルホビリノーゲン合成酵素である．ポルホビリノーゲン合成酵素は亜鉛を含む金属酵素であり，とくに鉛などの重金属汚染には敏感である．

つぎに，4分子のポルホビリノーゲンがウロポルフィリノーゲンI合成酵素によって対称的に縮

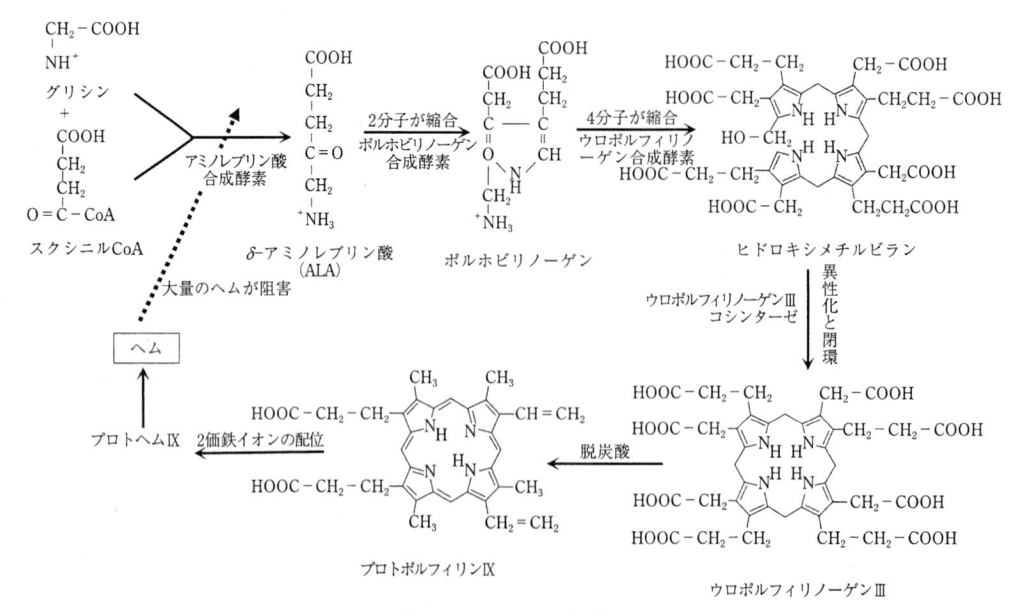

図 4.41 ヘムの合成経路

合させ，ヒドロキシメチルビランができる．さらに，ウロポルフィリノーゲンIIIコシンターゼが触媒して，異性化と閉環反応が起こりウロポルフィリノーゲンができる．さらに，脱炭酸反応でヘムの直接の前駆体であるプロトポルフィリンIXが生成する．ヘム合成の最終段階は，Fe^{2+}の挿入である．この挿入反応は，**フェロケラターゼ**という酵素によって促進される．

(2) ヌクレオチドの代謝

ヌクレオチドの核塩基には，プリン塩基とピリミジン塩基があり，DNAやRNAのかたちで，ほとんどあらゆる細胞内に存在している．ヌクレオチド代謝は，細胞分裂およびタンパク質合成に密接に関係している．そればかりではなく，ATP（アデノシン5′-トリリン酸）のようなヌクレオチドは，細胞の直接のエネルギーや，代謝の補助基質として機能したり，サイクリックAMP（cAMP，サイクリックアデノシン3′,5′-モノリン酸）のようなヌクレオチドはホルモンの第二メッセンジャーとして代謝の調節分子としてもはたらいている．

i) プリンヌクレオチドの生合成　DNAとRNAに使用されるプリン塩基はアデニンとグアニンであり，これらの各塩基はイノシン酸（IMP）から合成される．図4.42にプリン塩基の各元素の由来と，プリン環の各元素の番号付けを示す．N1はアスパラギン酸のアミノ基から，C2とC8は10-ホルミルテトラヒドロ葉酸のホルミル基から由来する．N3とN9はグルタミンのアミド基を用いる．C4, C5, とN5はグリシンの骨格を利用し，C6は炭酸固定によって組み込まれる．

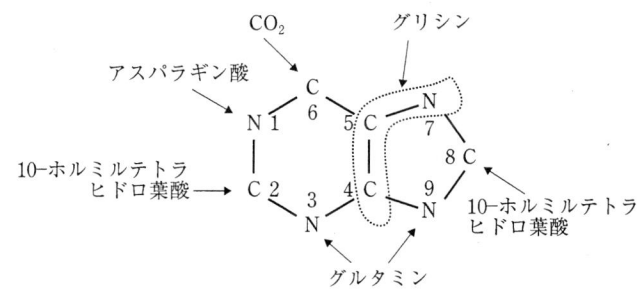

図4.42 プリン環元素の番号付けと各元素の由来

イノシン酸（IMP）の新規生合成経路を図4.43に示す．生合成はホスホリボースピロリン酸合成酵素によるリボース5-リン酸から**ホスホリボシルピロリン酸**（**PRPP**）の生成から始まる（①の反応）．リボース5-リン酸はペントースリン酸経路で合成されたものが使用される．

PRPPは，つぎにピロリン酸基がグルタミンのアミドに置換され，5′-ホスホリボシルアミンが生じる（②の反応）．この反応は，**ホスホリボシルアミン合成酵素**によって触媒され，この酵素はプリン生合成全体の調節部位になっている．すなわち，生合成によってイノシン酸が大量に存在すると，これが酵素をアロステリック的に阻害する．5-ホスホリボシルアミンがいったん産生されれば，プリン環生合成反応がどんどん進んでいく．つぎに，ホスホリボシルグリシンアミド合成酵素によって，グリシンのカルボキシル基と5′-ホスホリボシルアミンのアミノ基とのアミド結合を形成させ，5′-ホスホリボシルグリシンアミドができる（③の反応）．

つぎに，**10-ホルミルテトラヒドロ葉酸**のホルミル基をIMPのN7になるアミノ基に転移する（いわゆる**C1ユニットの転移反応**という）．この反応を触媒するのは，**ホルミルトランスフェラーゼ**であり，生成するのは，5′-ホスホリボシル-N-ホルミルグリシンアミドである（④の反応）．つぎに，グルタミンのアミド基がC4のケト基に転移する．この窒素原子IMP骨格のN3になる．

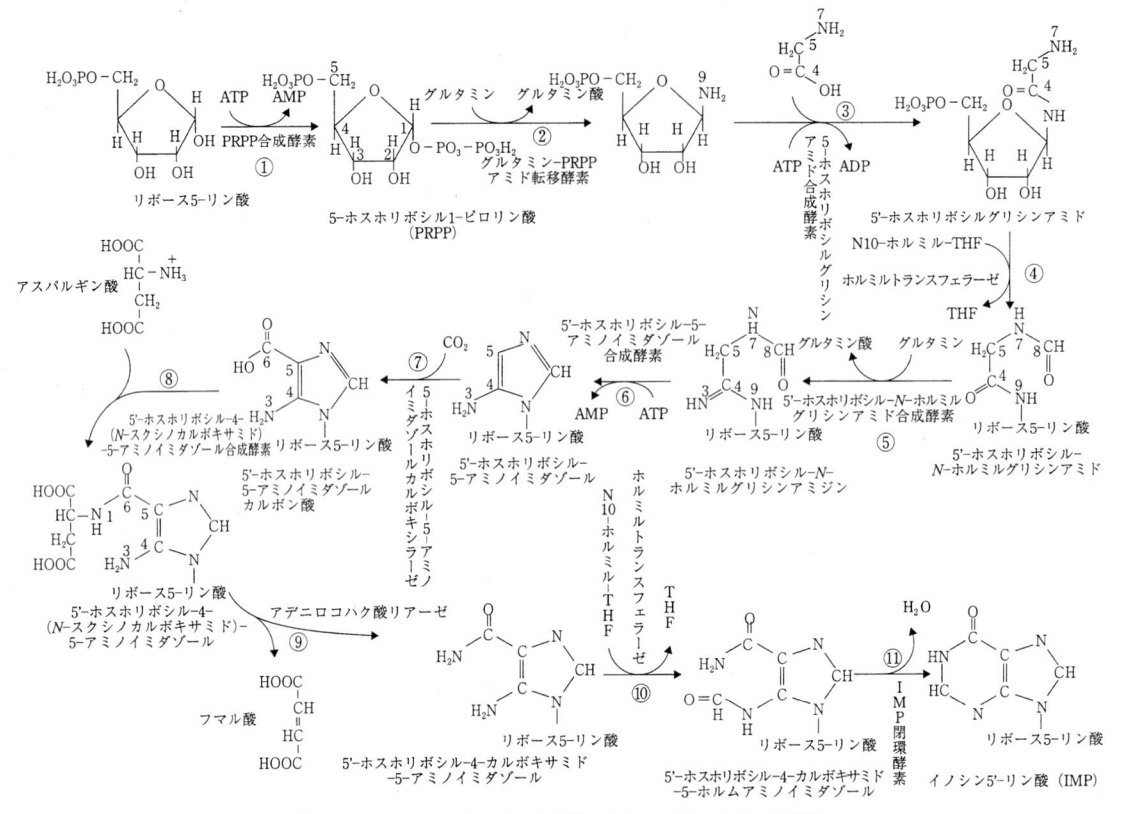

図 4.43 イノシン酸の生合成経路（プリン環の生合成経路）

この反応は 5′-ホスホリボシル-N-ホルミルグリシンアミド合成酵素によって起こり，5′-ホスホリボシル-N-ホルミルグリシンアミジンが生じる（⑤の反応）．つぎの反応は，ATP 要求性の閉環反応で，イミダゾール環が生じる（⑥の反応）．これに，CO_2 が，IMP の C5 になる炭素に付加され，5′-ホスホリボシル-5-アミノイミダゾールができる（⑦の反応）．

つぎに，アスパラギン酸のアミノ基が IMP の C6 になるところのカルボン酸と脱水し，シッフ塩基を形成しながら結合する（⑧の反応）．5′-ホスホリボシル-4-（N-スクシノカルボキサミド）-5-アミノイミダゾールが生成する．つぎに，**アデニロコハク酸リアーゼ**によってフマル酸が離脱し，5′-ホスホリボシル 4-カルボキサミド 5-アミノイミダゾールになる（⑨の反応）．つぎに，再度 C1 ユニットの転移反応が起こり，5′-ホスホリボシル-4-カルボキサミド-5-ホルムアミノイミダゾールが生じる（⑩の反応）．最終的に IMP 閉環酵素によって，脱水しながら閉環反応が起こり，イノシン 5′-リン酸（IMP）が生じる．

ⅱ）イノシン酸から AMP および GMP への変換　DNA や RNA に使用されるプリン核塩基は**イノシン塩基**ではなく，**アデニン塩基（A）**や**グアニン塩基（G）**である．これらはすべてイノシン酸（IMP）から変換される．IMP から AMP（アデノシン 5′-モノリン酸）や GMP（グアノシン 5′-モノリン酸）変換され，そこから，それぞれ ATP（アデノシン 5′-三リン酸）や dATP（デオキシアデノシン 5′-三リン酸），あるいは GTP（グアノシン 5′-三リン酸）や dGTP（デオキシグアノシン 5′-三リン酸）が合成される．

IMP（イノシン酸ともいう）から AMP（アデニル酸ともいう）あるいは GMP（グアニル酸）へ

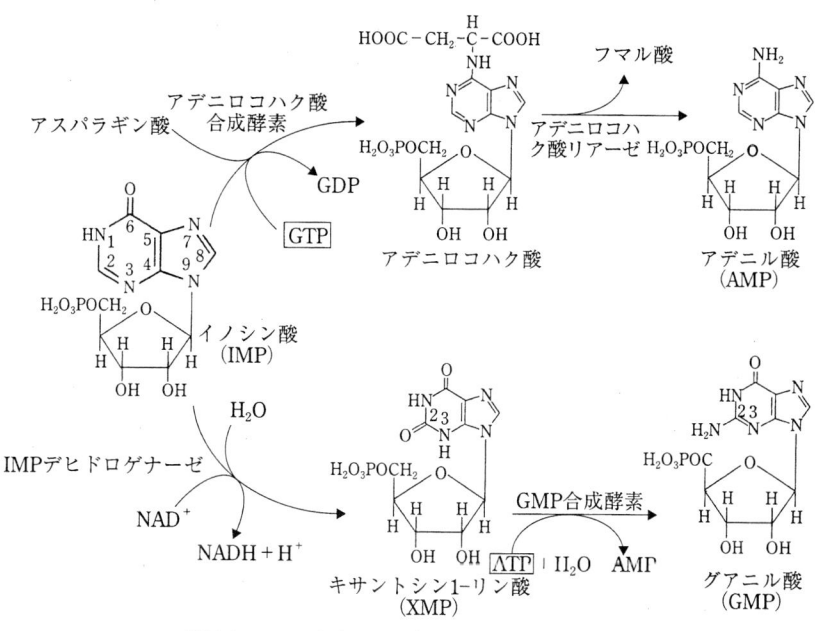

図4.44 IMPからAMPあるいはGMPへの変換

の転換には二つの反応が必要である（図4.44）．AMPとIMPとの相違はたった一つである．すなわち，IMPのC6のケト基の酸素がアミノ基で置換されているだけである．これは，アスパラギン酸から供給される．アスパラギン酸がC1に付加してアデニロコハク酸になる．これから，フマル酸が離脱することによってAMPが生成する．このアデニロコハク酸の合成は，**アデニロコハク酸合成酵素**が触媒するが，重要なことは，AMPの合成には，GTPというもう一方の核塩基の高エネルギーリン酸を要求していることである．

IMPからGMPへの変換は，IMPデヒドロゲナーゼが触媒するNAD^+を用いる脱水反応によってはじまる．この反応生成物はC2がケトンになったキサントシンモノリン酸（XMP）である．つぎに，**GMP合成酵素**が触媒する反応においてC2のケト基の酸素がアミノ基と置換してGMPができる．ここでも重要なことは，GMPの合成には，ATPというもう一方の核塩基の高エネルギーリン酸を要求していることである．すなわち，DNAやRNAの合成には4つの核塩基が全部十分にそろっていてはじめて合成することができるが，プリン環合成には，プリン環そのものが十分存在するときには，IMPが合成の初期段階の酵素を阻害することよって大過剰に合成されるむだを省き，ATPあるいはdATPがだけが不足しているときには，余分なGTPのエネルギーを用いてアデニル塩基を合成し，逆にGTPあるいはdGTPが不足しているときには，余分に存在するATPのエネルギーを用いてグアニル塩基を合成している．

iii）**ピリミジンヌクレオチドの生合成**　ピリミジン環の核塩基は，3種類存在する．DNAには，**チミンとシトシン**が使用され，RNAには**ウラシルとシトシン**が使用される．ここでもPRPP（ホスホリボシルピリリン酸）が糖リン酸の構成成分として使われるが，プリン環合成とは異なり，初めの段階で経路に入るのではなく，**オロチン酸**というすでにピリミジン環が形成されたのち導入される．ピリミジン環は6個元素からなるが，N1とC4，C5，C6の元素はアスパラギン酸に由来し，C2は炭酸の固定反応，N3はグルタミンのアミド基が使用される（図4.45）．この生合成はす

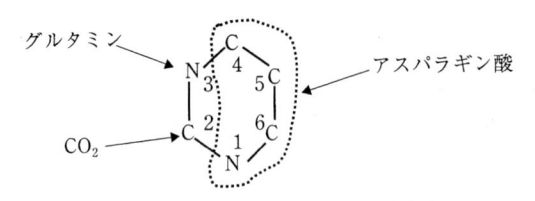

図 4.45 ピリミジン核塩基の元素由来

べて細胞質で行われている．

ピリミジン核塩基生合成の第一段階は，**カルバモイルリン酸**の合成である．この反応は，**カルバモイルリン酸合成酵素**が触媒する．炭酸イオンにATPがはたらいてリン酸化し，さらにグルタミンのアミド基が供給される．カルバモイルリン酸合成酵素は，肝臓ではミトコンドリアにも存在する．この反応は非常に似ているが，アミド基の供給はアンモニアからである．ミトコンドリアで生じたカルバモイルリン酸はシトルリンを経て，やがて尿素が合成される．こちらの酵素が先に発見されたので，**カルバモイルリン酸合成酵素 I** ということもある．ピリミジン合成のこの酵素は**カルバモイルリン酸合成酵素 II** とよばれている．

カルバモイルリン酸合成酵素IIは，アロステリック制御する酵素で，PRPPとIMPはこの酵素を活性化し，種々のピリミジンヌクレオチドの蓄積では阻害される．図4.46にピリミジン環ヌクレオチド合成の代謝経路を示す．

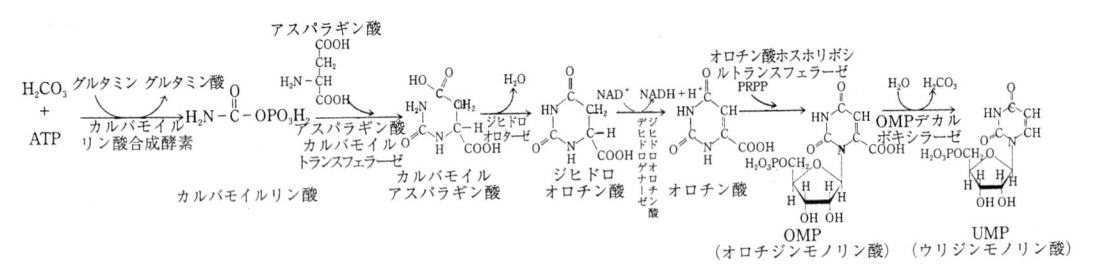

図 4.46 UMPの生合成経路（ピリミジンヌクレオチドの合成）

つぎの反応では，カルバモイルリン酸にアスパラギン酸がアミノ基に付加され，カルバモイルアスパラギン酸を形成する．**アスパラギン酸カルバモイルトランスフェラーゼ**が触媒する．かつて**アスパラギン酸トランスカルバミラーゼ**といわれていたこともあり，その略号として**ATCアーゼ**という名称が使われることもある．カルバモイルアスパラギン酸は，つぎに脱水閉環反応によってジヒドロオロチン酸になる．これは，**ジヒドロオロターゼ**が触媒する．この反応でピリミジン環が生成するが，PRPPの組込みはまだ行われていない．つぎに，**ジヒドロオロチン酸デヒドロゲナーゼ**のはたらきで還元され**オロチン酸**となる．つぎの反応でPRPPが組み込まれてオロチジンモノリン酸（OMP）というヌクレオチドができる．さらに，OMPのC6についていたカルボキシル基がOMPデカルボキシラーゼによって脱炭酸され，**ウリジンモノリン酸（UMP）**というRNAに使用されるヌクレオチドになる．

　iv）　種々ヌクレオチドの生合成とその調節　　DNAやRNAの合成は，それぞれの構成ヌクレオチドが全部そろっていてはじめて行われる．使われるヌクレオチドは，RNAではATP，GTP，CTPおよびUTPであり，DNAでは，dATP，dGTP，dCTP，dTTPである．図4.47に，その合成経路を示す．ATPはAMPからADPを経て合成される．同じように，GTPはGMPからGDPを経

図 4.47 種々ヌクレオチドの生合成と調節

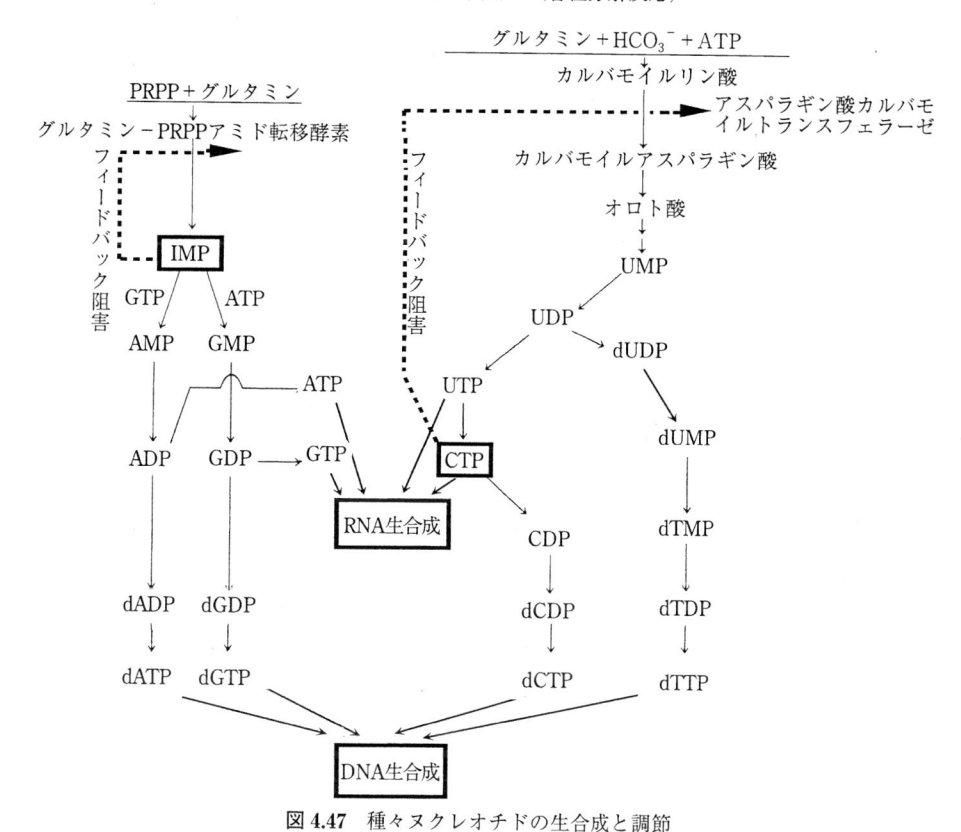

て合成される．UTP は UMP から UDP を経て合成され，さらに UTP から CTP が合成される．

DNA に使用されるデオキシリボースヌクレオチドへの酸化は，すべてヌクレオチドジリン酸のときに行われ，さらにリン酸化されてヌクレオチド三リン酸になる．ピリミジンヌクレオチドは，DNA と RNA の両方に使用される核塩基である CTP によって行われ，その過剰は**カルバモイルアスパラギン酸合成酵素**を阻害することによって，量的な調節が行われている．

4.4 窒素化合物の代謝 II（各種分解反応）

a. アミノ酸の異化反応

飢餓状態にある哺乳動物あるいはタンパク質を過剰に摂取した動物では，アミノ酸の代謝産物の多くが糖新生（グルコース合成）に使われる．直接分解されてエネルギーになることもある．アミノ酸の糖新生利用もエネルギー産生利用も，アミノ酸が脱アミノ化され，α-ケト酸となり，それが代謝される．

(1) アミノ酸の脱アミノ化反応

i) アミノ基転移反応とグルタミンデヒドロゲナーゼ　哺乳動物には，アミノトランスフェラーゼ，またはトランスアミナーゼとよばれる一群の酵素によって触媒されるアミノ基転移によりアミノ酸が脱アミノ化される反応がある．図 4.48 には，**アラニントランスアミナーゼ（ALT）**の例を示す．この酵素はピリドキサールリン酸を補酵素として，アラニンのアミノ基を α-ケトグルタル酸に渡し，グルタミン酸となる．アラニンはピルビン酸となって，エネルギー使用されたり，オ

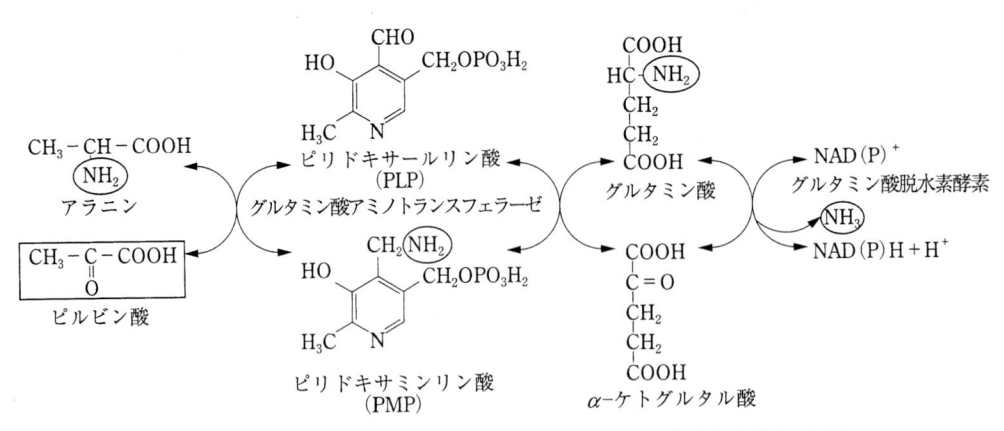

図 4.48 グルタミン酸トランスアミナーゼとグルタミン酸脱水素酵素の反応

キサロ酢酸となってグルコース合成に使用される．この酵素は，以前は**グルタミン酸-ピルビン酸トランスアミナーゼ（GPT）**とよばれていた．肝臓にかなり特異的に存在し，肝疾患のときに血清中に増加するために臨床検査に使用されている．

アラニンのほかに，アスパラギン酸が基質になる酵素も存在する．**アスパラギン酸トランスアミナーゼ（AST）**とよばれ，同じようにアスパラギン酸のアミノ基を α-ケトグルタル酸に渡し，反応生産物としてはオキサロ酢酸とグルタミン酸ができる．この酵素も以前は**グルタミン酸-オキサロ酢酸トランスアミナーゼ（GOT）**とよばれていた．この酵素も心臓や肝臓に多く存在し，これらの疾患では血中に増加するので臨床検査に使用されている．脱アミノ化されたオキサロ酢酸はクエン酸回路の構成分なので，エネルギーになったり，グルコース合成に使用されたりする．

すべてとはいえないが，大部分のアミノ酸はアミノ基転移反応の基質となる．アミノ基を受け入れる α-ケト酸は，α-ケトグルタル酸かピルビン酸である．その結果生じるアミノ酸は，アラニンかグルタミン酸である．アラニンは，ALT によって再びピルビン酸に変わるので，生体内のアミノ基はグルタミン酸に集中する傾向にある．トランスアミナーゼの基質となりえない例外的なものは，リシン，スレオニンそれにプロリンやヒドロキシプロリンである．

グルタミン酸は，グルタミン酸脱水素酵素により，酸化的脱アミノ化反応の触媒になり，α-ケトグルタル酸にもどされ再び使用される．この酵素は，NAD または NADP を補酵素とし，ほ乳動物に広く分布し，しかも活性度が高い．ここで生じた遊離アンモニアは肝臓に運ばれて尿素に合成されて排泄される．

ii）**その他のアミノ酸の脱アミノ化反応**　哺乳動物の肝臓と腎臓には，多くの L-α-アミノ酸（タンパク質合成に使用されるアミノ酸）を酸化的に脱アミノ化するアミノ酸酸化酵素が存在する．FMN（フラビンモノヌクレオチド）を補酵素として，いったんイミノ酸を経て，脱アミノ化されて，α-ケト酸が生じる（図 4.49）．

各種アミノ酸 ⟶ ［イミノ酸］ ⟶ α-ケト酸 + NH_3 + H_2O_2

図 4.49　アミノ酸酸化酵素の反応

(2) 糖原性アミノ酸とケト原性アミノ酸

アラニンとアスパラギン酸は脱アミノ化されそれぞれピルビン酸やオキサロ酢酸になる．大きく

分けると、脱アミノ化された骨格がピルビン酸やクエン酸回路の構成分となるようなアミノ酸とロイシンやリシンのようなアセチルCoAやアセトアセチルCoAになるようなアミノ酸が存在する．ピルビン酸になるようなアミノ酸はピルビン酸から**ピルビン酸カルボキシラーゼ**によってオキサロ酢酸となり，さらにクエン酸回路の構成分はそれぞれオキサロ酢酸を経て**ホスホエノールピルビン酸**に合成される．ホスホエノールピルビン酸はグルコースになりうる．これらのグルコースを合成しうるアミノ酸を**糖原性アミノ酸**という．

ロイシンやリシンはアセチルCoAになる．このように，アセチルCoAになるようなアミノ酸を**ケト原性アミノ酸**という．図4.50に糖原性アミノ酸とケト原性のアミノ酸の分類を示す．

タンパク質をエネルギー源に使用とするときには，飢餓状態にあり血糖値は極端に減少している．しかし，重要な組織である赤血球細胞や脳細胞はグルコースからしかエネルギーを得られない．植物には，**グリオキシル酸回路**（図4.51）が存在するので，脂肪からグルコースを合成することができるが，この回路は哺乳動物には存在しない．したがって，哺乳動物は自分の骨格（タンパク質）を壊してアミノ酸とし，そこからグルコースを合成して赤血球や脳神経系に提供している．ミトコンドリア内に極端にオキサロ酢酸が減少するので，ミトコンドリアに蓄積し，出て行くことができない過剰なアセチルCoAが**ケトン体**として合成されてしまう．

基本的には，ロイシンとリシン以外は何らかの形でグルコースになる．したがって，真のケト原性アミノ酸はこの二つのアミノ酸だけである．イソロイシンやチロシン，フェニルアラニンは，反応形体によっては，ケトン体にもなるし，グルコースにもなりうるアミノ酸である．

b. 尿素回路

ヒト男子の1日のエネルギー源を約2400 kcalとすると，1日に約300 gの糖質と，100 gの脂質，および100 gのタンパク質を摂取している．タンパク質を分解し，アミノ酸をエネルギー源として使用すると，1日約16.5 gの窒素を排泄しなければならない．アミノ酸の脱アミノ化で発生したアンモニアを肝臓で**尿素**に変え，おもに腎臓から尿として排泄される．アンモニアから尿素を合成する経路を，**尿素回路**あるいは**オルニチン回路**という．図4.52に尿素回路を示す．

各臓器のタンパク質分解で生じたアンモニアは血流を通って，肝臓に運ばれる．アンモニアは肝臓のミトコンドリアに取り込まれ，CO_2およびATPに由来するリン酸が縮合し，カルバモイルリン酸が生じる．この反応は，**カルバモイルリン酸合成酵素**によって触媒される．カルバモイルリン酸合成酵素は二つのアイソザイムが知られており，ミトコンドリアに存在するものと，細胞質に存在するものである．

反応で生じたカルバモイルリン酸は，ミトコンドリアの内膜の出入りはできず，つぎの代謝を受けるときもできた場所で受ける．ミトコンドリアで生じたカルバモイルリン酸は，**オルニチントランスカルバミラーゼ**の触媒を受け，オルニチンと反応してシトルリンになる．一方，細胞質では，最終的にピリミジン環合成に使用される（図4.46）．発見された順序から，ミトコンドリアに存在する尿素合成のためのカルバモイルリン酸合成酵素を，**カルバモイルリン酸合成酵素I**といい，細胞質に存在するピリミジン環合成のものを，**カルバモイルリン酸合成酵素II**とよんでいる．カルバモイルリン酸合成酵素Iは肝ミトコンドリアでもっとも多量にある酵素の一つであり，ミトコンドリアマトリックスの全タンパク質の約20％を占めている．

つぎの反応でできたシトルリンはミトコンドリアを出て，細胞質に運ばれる．シトルリンは，ア

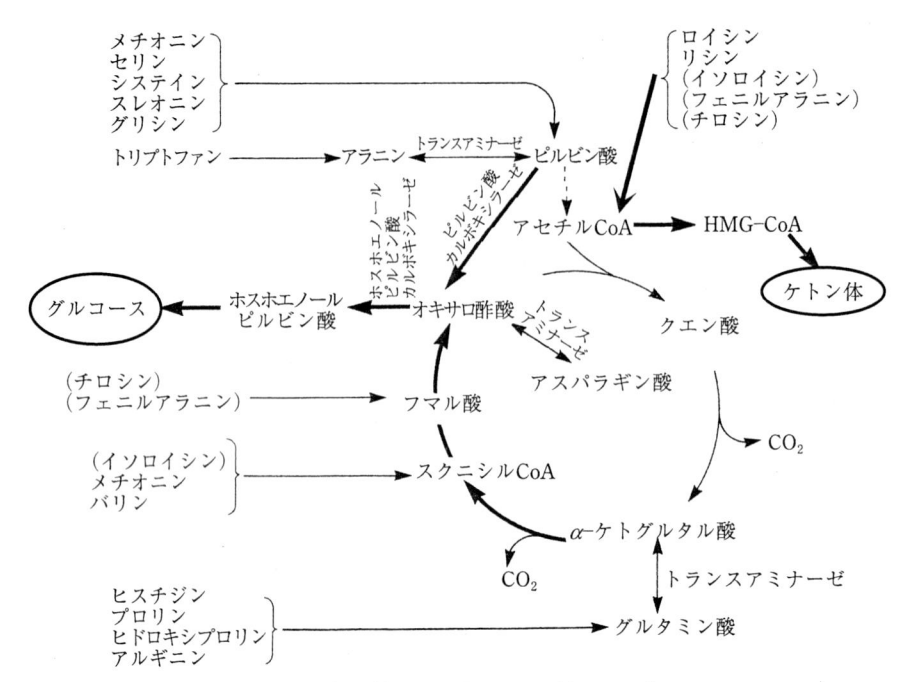

図 4.50 糖原性アミノ酸とケト原性アミノ酸

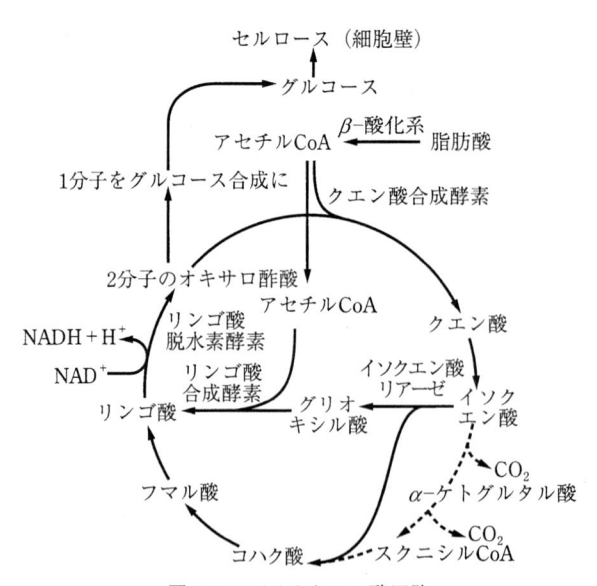

図 4.51 グリオキシル酸回路

グリオキシル酸回路は植物の種子に活性が高い．この回路は脂肪酸からグルコースを合成し，セルロースとし細胞壁をつくって植物が成長するのに重要なはたらきをしている．具体的には脂肪酸を β-酸化系でアセチル CoA にし，これがクエン酸回路と同じようにオキサロ酢酸と反応してクエン酸となる．ついでイソクエン酸になる．クエン酸回路では，コハク酸にまでに代謝されるまでに，二酸化炭素が2分子遊離し，アセチル CoA の2つの炭素が実質分解される（点線で示してある）．一方，グリオキシル酸回路では，この反応を回避する（実線で示してある）．**イソクエン酸リアーゼ**によってイソクエン酸はグオキシル酸とコハク酸となり，グリオキシル酸はもう1分子のアセチル CoA と反応し，リンゴ酸となる．このリンゴ酸はコハク酸からくるものと2分子ができる．さらに2分子オキサロ酢酸となる．1分子のオキサロ酢酸はグルコース合成のほうにまわせ，他の1分子はグリオキシル酸をまわすほうに使用する．哺乳動物では，これらの反応では1分子のオキサロ酢酸しかできないため，実質的に脂肪からグルコースが合成できない．タンパク質から合成される．

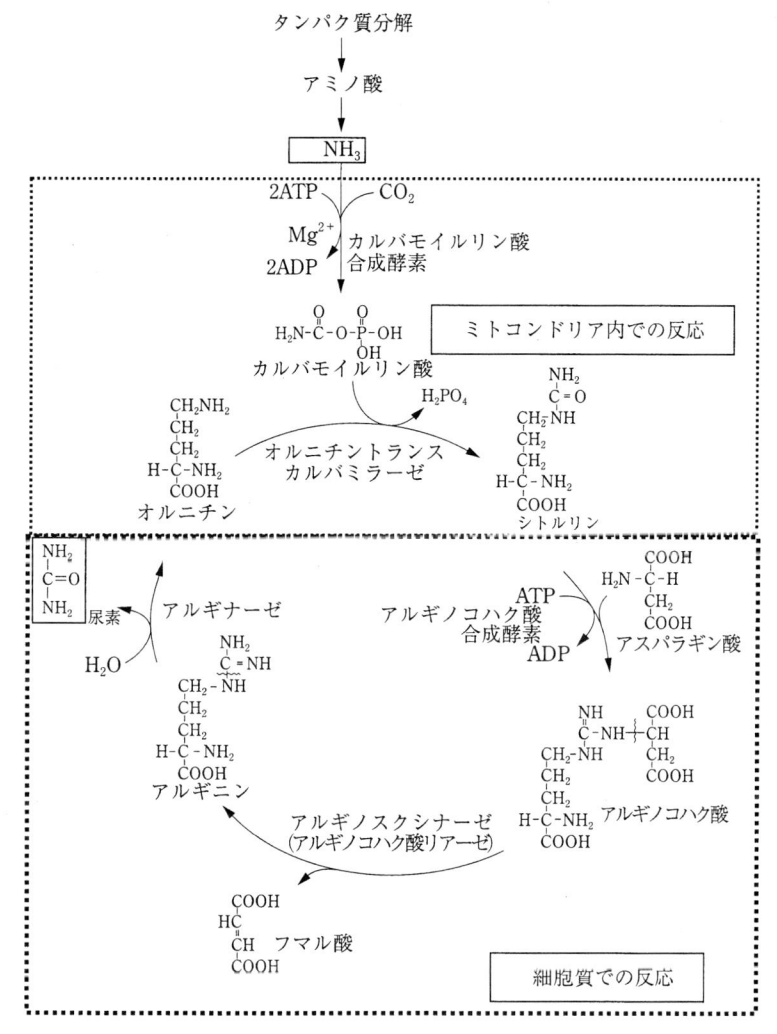

図 4.52 尿素回路の概要

ルギノコハク酸合成酵素の作用を受け，アスパラギン酸を縮合して，アルギノコハク酸になる．さらに，**アルギノスクシナーゼ**（アルギノコハク酸リアーゼ）で，フマル酸を遊離して，アルギニンになる．最終的にアルギニンは**アルギナーゼ**の触媒で，オルニチンと尿素を加水分解的に解離することで完結する．尿素は血液を介して腎臓に運ばれ，尿排泄される．オルニチンはミトコンドリア内に輸送され，ミトコンドリアのオルニチンがカルバモイルリン酸と反応し，尿素回路の連続的反応が維持される．

c. アミノ酸の脱炭酸反応による生理活性アミンの合成

生体内では，種々のアミノ酸から，ピリドキサールリン酸（PLP）を補酵素とするアミノ酸でカルボキシラーゼによる脱炭酸反応によって重要な生理活性アミンが生じる（図 4.53）．

ヒスチジンが脱炭酸反応によって生じる活性アミンは**ヒスタミン**である．生体内には種々の**ヒスタミン受容体**があり，血管拡張作用，胃酸分泌，アレルギー作用を有する．**ヒスタミン受容体 1**

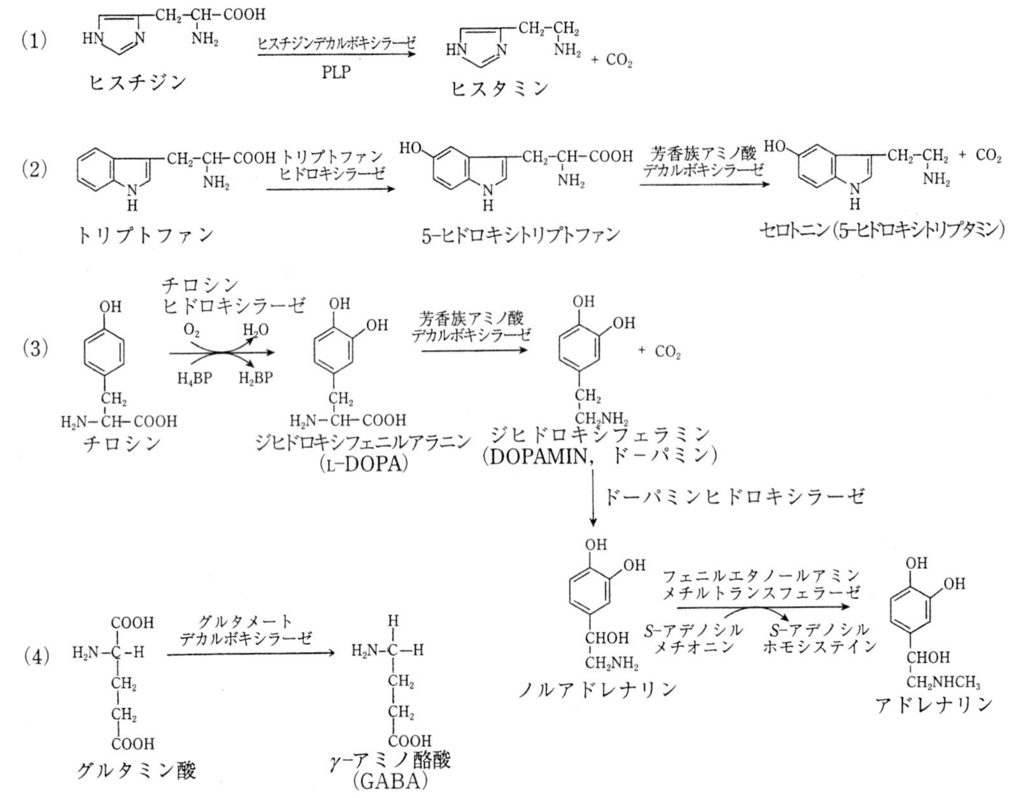

図4.53 アミノ酸の脱炭酸反応による主な生理活性アミンの合成

(histamine receptor 1，H_1）の遮断薬は**アレルギー疾患の治療薬**である．さらに，H_2 **受容体**の遮断薬（H_2 blocker）は胃酸分泌を抑制するので，**胃潰瘍の治療薬**になっている．

トリプロファンは，**トリプトファンヒドロキシラーゼ**でヒドロキシトリプトファンになったのち，脱炭酸反応によって**セロトニン**（5-ヒドロキシトリプタミン，5-HT）となる．セロトニンは神経伝達物質であり，さらに腸では腸管運動を促進するホルモンとしてもはたらいている．毛細血管では収縮作用もある．

チロシンはフェニルアラニンが酸化されて生じたアミノ酸である．さらに，**チロシンヒドロキシラーゼ**によって，ジヒドロキシフェニルアラニンになる．一般的には，L-ドーパといわれている．さらに，これが脱炭酸反応を受け，ジヒドロキシフェニラミンとなる．これも一般的にはドーパミンといわれている．ドーパミンはやがて**ノルアドレナリンやアドレナリン**となるので，これらの前駆物質として知られており，**パーキンソン病の治療薬**として用いられている．アドレナリン，ノルアドレナリンは神経伝達物質であり，交感神経系の興奮作用を有する．

グルタミン酸が脱炭酸されると **γ-アミノ酪酸**（γ-amino butyric acid）になる．これは略名で **GABA** とよばれ，神経伝達の抑制作用を有する．

d. ヌクレオチドの分解と再利用

役割を終えたアデニンやグアニンなど，プリンヌクレオチドの分解は，図4.54に示すような経路で**尿酸**ができる．分解経路において，アデニル酸（AMP）とグアニル酸（GMP）は**ヌクレオチ**

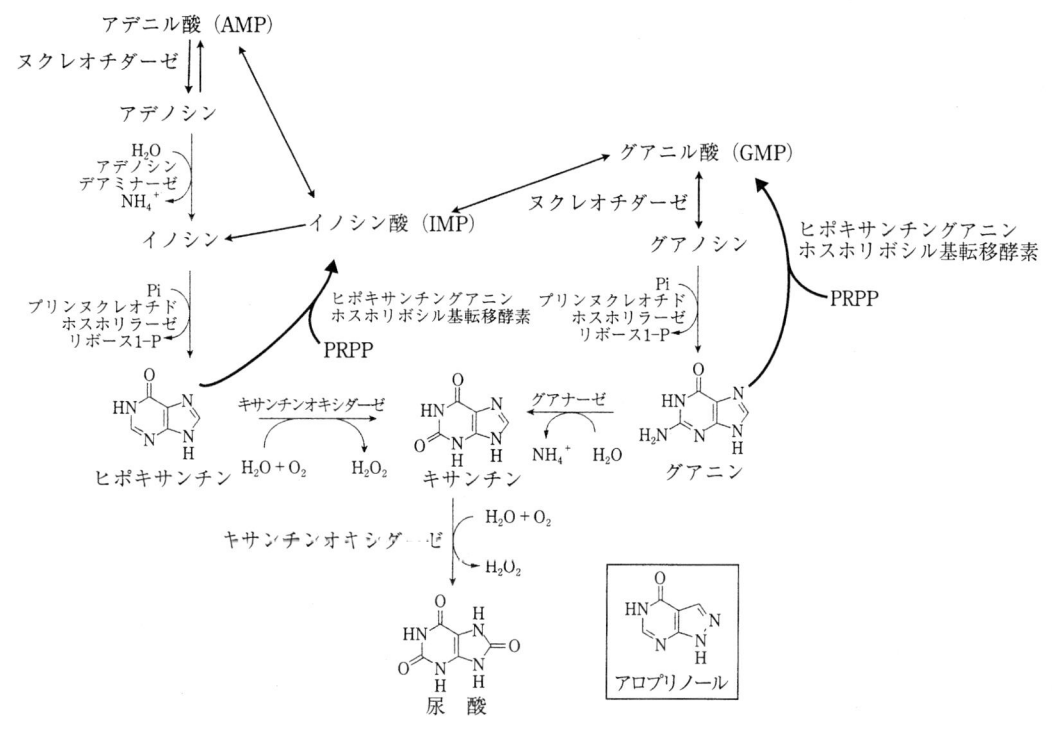

4.4 窒素化合物の代謝Ⅱ（各種分解反応） 127

図 4.54 プリンヌクレオチドの分解反応とその再利用経路

ダーゼによりリン酸基を遊離し，それぞれアデノシンとグアノシンになる．アデノシンは**アデノシンデアミナーゼ**により脱アミノ化され，イノシンを生じる．イノシンとグアノシンはプリンヌクレオシドホスホリラーゼによって，リボースを放ちリボース1-リン酸になると同時に，それぞれ**ヒポキサンチン**と**グアニン**を生じる．さらに，ヒポキサンチンは，**キサンチンオキシダーゼ**の作用でキサンチンを生成する．グアニンも**グアナーゼ**（**グアニンデアミナーゼ**ともいう）の作用で，キサンチンを生成する．キサンチンは，前の反応を触媒した酵素である**キサンチンオキシダーゼ**によって，さらに酸化されて**尿酸**を生じる．

ヒトのプリンヌクレオチドの最終代謝産物は尿酸である．これ以上代謝されず，このかたちで尿中に排泄される．血中に何らかの原因でこの尿酸が蓄積すると，**痛風**の原因になっている．霊長類以外のほ乳動物には，尿酸をさらに分解して，**アラントイン**にする**尿酸酸化酵素**が存在するので痛風にはならない．

生体には，プリン塩基を再利用する経路が存在する．プリン骨格を *de novo* 合成するには，大量のエネルギーと各種成分が必要だからである（図 4.43 参照）．この再利用経路を**サルベージ回路**という．サルベージ回路に関係する酵素は，ヒポキサンチングアニンホスホリボシルトランスフェラーゼである（図 4.54）．この酵素は，ヒポキサンチンにホスホリボシルピロリン酸（PRPP）が反応し，イノシン酸ができる反応と，グアニンにも PRPP が反応し，グアニル酸になる反応を触媒する．イノシン酸はさらにアデニル酸，グアニル酸と変換され，DNA，RNA の合成に再利用される．

痛風は尿酸の過剰生産，あるいは排泄不全によって引き起こされる病気である．尿酸は比較的不溶性の物質であり，血中濃度が上昇すると，腎臓や足関節で結晶化する．その原因はいろいろあるが，そのなかには，先天的にサルベージ回路の酵素，**ヒポキサンチングアニンホスホリボシルトラ**

ンスフェラーゼが欠損しているか，もともと低いことによって起こることが知られている．

アロプリノールという化合物は，キサンチンオキシダーゼを阻害することによって尿酸の生合成を阻害するので，痛風治療薬として使用されている．

4.5 好気的代謝Ⅰ：クエン酸回路

a. 酸化還元反応

多くの生物は酸素がないと生命活動を維持できない．酸素はおもに呼吸において利用されるが，細胞は栄養素の酸化によって水をつくり，この酸化に伴って生命活動に必要なエネルギーを得ている．すなわち，栄養物からエネルギーを得るための異化の過程で，糖，脂肪酸，アミノ酸などが酸化され，その共役反応としてNAD^+やFADなどの補酵素が還元される．それらの還元型補酵素の電子が，電子伝達系で電子供与体と電子受容体のあいだで受け渡され（酸化と還元），それに伴って生ずるエネルギーがATP合成に利用される．

2つの酸化還元系のあいだで，どの系から電子が出て（酸化），どちらが電子を受け取る（還元）かは，それぞれの系の電子の受け取りやすさで決まる．この電子授受能により得られる電位を酸化還元電位（E）という．物質の酸化されやすさの定量的尺度として**標準酸化還元電位**（E^0）が用いられる．これは標準水素電極の表面における，水素イオンと電子との結びつきの強さを基準（0 V）として，その相対値で表される．標準水素電極には，1 MのH^+を含み（pH = 0），1気圧のH_2と平衡状態にある水溶液中に浸した白金電極が用いられる．しかし，このE^0の値はpH 0での値のため，生体の反応には適さない．生物系ではpH 7.0での標準酸化還元電位（E'^0）で表現し，このpHでの水素電極の電位は-0.42 Vである．

一般の化学反応と同様に酸化還元反応の場合にも，反応の進行に伴って自由エネルギー変化がある．この自由エネルギー変化は反応系の平衡定数と相関し，さらに平衡定数は標準酸化還元電位とも相関がある．したがって，反応系の自由エネルギー変化は，その反応を構成する2つの系の標準酸化還元電位差（$\Delta E'^0$）に依存する値となり，両者には

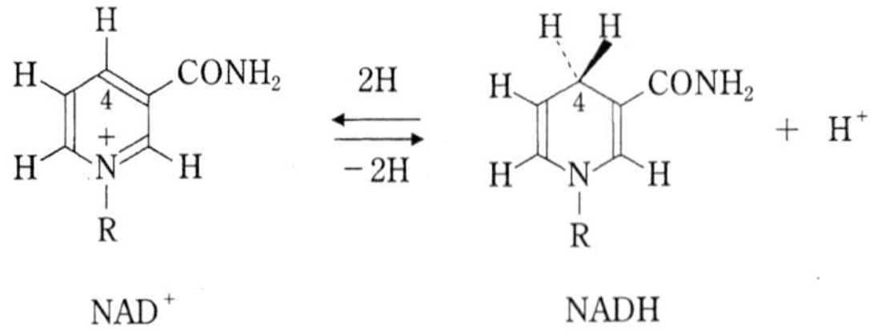

図4.55 ピリジンヌクレオチドのピリジン環の酸化還元反応

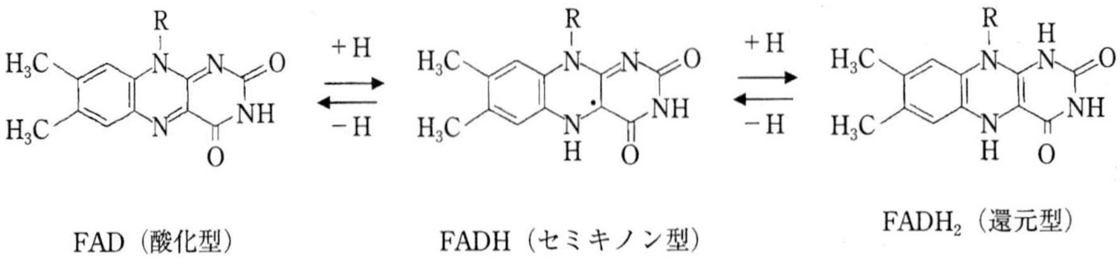

図4.56 フラビンの酸化還元反応

$$\Delta G'^0 \text{ (標準自由エネルギー変化)} = -nF\Delta E'^0$$

という式が成り立つ．この式に数値を代入すると（n は伝達される電子の数で生化学反応では通例 2 とする．F はファラデー定数），$\Delta G'^0 = -46.12\Delta E'^0$ [kcal/V] となる．

生体では糖，脂肪酸，アミノ酸などの酸化の共役反応として NAD^+ は還元されて $NADH + H^+$ になる（図 4.55）．FAD の場合は，1 個の電子を受け取り FADH（セミキノン型）に，2 個の電子を受け取ると $FADH_2$（ヒドロキノン型）になる（図 4.56）．これらの NADH や $FADH_2$ などの還元型補酵素は還元力としての自由エネルギーを保持する．生化学的に重要な反応の標準酸化還元電位を表 4.4 に示す．電子は酸化還元電位の低いほうから高いほうに流れ，ミトコンドリアの電子伝達系では NADH の電子は，順次酸化還元電位の高い電子受容体を流れて，最終的に酸素（O_2）に渡され水が生成する．この過程では，両者のあいだに 1.14 V の電位差があるので（表 4.4），52.6 kcal（220 kJ）の標準自由エネルギー変化があることになる．この自由エネルギーの流れに共役して，ADP とリン酸から ATP が生成される．この ATP の産生を，基質レベルのリン酸化に対して**酸化的リン酸化**という．

b. クエン酸回路

解糖系の最終産物であるピルビン酸は，酸素が十分に存在する場合にはミトコンドリアに入ってマトリックスの複合酵素系によって酸化的脱炭酸反応を受け，**アセチル CoA**（acetyl-CoA）となる．ついで，アセチル CoA は，**クエン酸回路**において代謝される．クエン酸回路は，発見者の名前をとってクレブス（Krebs）回路といわれたり，回路の入口のクエン酸が 3 個のカルボキシル基をもつことから，トリカルボン酸回路（tricarboxylic acid cycle：**TCA 回路**）ともいわれている．クエン酸回路は，ほとんどの細胞において炭素化合物を酸化する全行程のほぼ 3 分の 2 を担う．おもな最終生成物は，CO_2 と NADH のかたちで蓄えられる高エネルギー電子で，CO_2 は廃棄物として排出される．エネルギー産生においては，ミトコンドリアに存在する電子伝達系と共役しており，グルコース 1 モルを解糖系，クエン酸回路，電子伝達系という一連の経路で完全に酸化すると，最大 32 モルの ATP を生じることとなる．

タンパク質由来のアミノ酸や脂質由来の脂肪酸およびグリセロールの代謝物も，最終的にはアセ

表 4.4 生化学的に重要な反応の標準酸化還元電位

反　応	E'^0 [V]
$2H^+ + 2e^- \leftrightarrow H_2$	−0.42
$NADP^+ + H^+ + 2e^- \leftrightarrow NADPH$	−0.32
$NAD^+ + H^+ + 2e^- \leftrightarrow NADH$	−0.32
$FAD + 2H^+ + 2e^- \leftrightarrow FADH_2$	−0.22
フマル酸 + $2H^+ + 2e^- \leftrightarrow$ コハク酸	0.03
ユビキノン(Q) + $2H^+ + 2e^- \leftrightarrow QH_2$	0.04
シトクロム b(Fe^{3+}) + $e^- \leftrightarrow$ シトクロム b(Fe^{2+})	0.08
シトクロム c_1(Fe^{3+}) + $e^- \leftrightarrow$ シトクロム c_1(Fe^{2+})	0.22
シトクロム c(Fe^{3+}) + $e^- \leftrightarrow$ シトクロム c(Fe^{2+})	0.23
シトクロム a(Fe^{3+}) + $e^- \leftrightarrow$ シトクロム a(Fe^{2+})	0.29
$1/2 O_2 + 2H^+ + 2e^- \leftrightarrow H_2O$	0.82

チルCoAになり，この回路で代謝される．クエン酸回路はこれら栄養源の共通の酸化の場であると同時に，種々の生体内成分の生合成経路に原料を供給する役割をもっている．たとえば，クエン酸回路ではアミノ酸の骨格となる有機酸が合成される．2-オキソグルタル酸はグルタミン酸に，オキサロ酢酸はアスパラギン酸の生成に使われる．

(1) ピルビン酸の酸化的脱炭酸反応（ピルビン酸デヒドロゲナーゼ複合体の反応）

解糖系により得られたピルビン酸は，ミトコンドリアに存在する3種の酵素からなる**ピルビン酸デヒドロゲナーゼ複合体**により，**酸化的脱炭酸反応**を受けアセチルCoAとなる．

ピルビン酸の酸化的脱炭酸反応機構を図4.57に示す．ピルビン酸デヒドロゲナーゼ複合体は，ピルビン酸デヒドロゲナーゼ（E_1），ジヒドロリポアミドアセチルトランスフェラーゼ（E_2），ジヒドロリポアミドデヒドロゲナーゼ（E_3）を含み，活性発現には5種の補酵素（NAD^+，CoA，チアミンピロリン酸（TPP），リポ酸およびFAD）を必要とする．E_1 はTPPを，E_2 はリポ酸とCoAを，E_3 はFADとNAD^+をそれぞれ補酵素とする．反応は，以下のようにまとめられる．

$$CH_3COCOOH + CoA\text{-}SH + NAD^+ \rightarrow CH_3COCoA + CO_2 + NADH + H^+$$

5種の補酵素のなかでNAD^+とCoAは，この反応の収支式に表れるが，残りの3化合物は反応式上には表れない．結果的に，1モルのアセチルCoAができる過程で，1モルのCO_2とNADH +

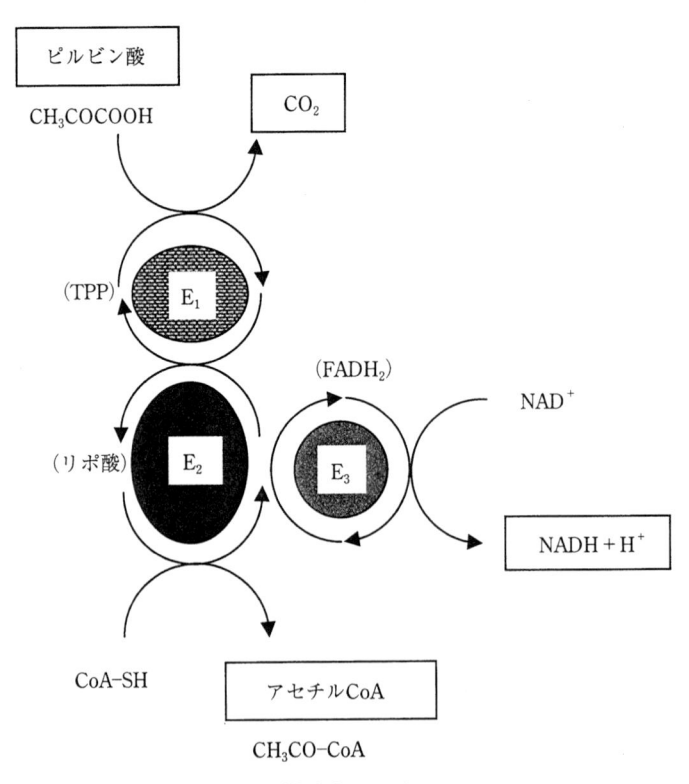

E_1：ピルビン酸デヒドロゲナーゼ（補酵素：TPP）
E_2：ジヒドロリポアミドアセチルトランスフェラーゼ（補酵素：リポ酸，CoA）
E_3：ジヒドロリポアミドデヒドロゲナーゼ（補酵素：FAD，NAD^+）

図4.57 ピルビン酸の酸化的脱炭酸反応（ピルビン酸デヒドロゲナーゼ複合体の反応）

H^+ が生成される．ピルビン酸からアセチル CoA への酸化反応は不可逆的であり，このために脂肪酸から生じたアセチル CoA を糖新生に直接利用することはできない．

(2) クエン酸回路の酵素反応

ピルビン酸の酸化的脱炭酸反応で生成したアセチル CoA は，ミトコンドリアのマトリックスに存在するクエン酸回路において 8 段階の酵素反応を受ける．それは，最終的に以下のような式にまとめられる．1 個のアセチル基が 2 モルの CO_2 に酸化される過程で，3 モルの NADH，1 モルの $FADH_2$ および 1 モルの GTP (ATP) が生じる．

アセチル CoA + 3 NAD^+ + FAD + Pi + 2 H_2O → HS-CoA + 3NADH + 3 H^+ + $FADH_2$ + GTP + 2 CO_2

クエン酸回路を図 4.58 に示し，各段階の反応を以下に記す．

反応①：2 炭素化合物のアセチル CoA のメチル基が，クエン酸シンターゼにより 4 炭素化合物であるオキサロ酢酸のケト基炭素に縮合し，6 炭素中間体のクエン酸が生じる．この反応は不可逆的で，この段階では水 1 分子を要する．

反応②：クエン酸は，アコニターゼによる脱水反応により cis アコニット酸となり，さらに水和反応によりイソクエン酸となる．

反応③：イソクエン酸は，イソクエン酸デヒドロゲナーゼにより不安定な中間体のオキサロコハク酸を経て，脱炭酸を受け 5 炭素中間体の 2-オキソグルタル酸（αケトグルタル酸）に変換される．そのとき NADH + H^+ を生じる．この酵素はクエン酸回路における律速酵素であり，ADP で活性化され，逆に ATP や NADH により抑制される．

反応④：2-オキソグルタル酸は，2-オキソグルタル酸デヒドロゲナーゼにより酸化的に脱炭酸され，4 炭素中間体のスクシニル CoA（コハク酸 CoA）と NADH + H^+ を生成する．この酵素はピルビン酸デヒドロゲナーゼと同様に複合体をつくり，反応には NAD^+，CoA，TPP，リポ酸，FAD の 5 種の補酵素を必要とする．この反応も不可逆的であり，反応①と併せ，クエン酸回路が酸化方向のみに進行し，逆まわりはしない．

反応⑤：スクシニル CoA は，スクシニル CoA シンテターゼのはたらきによって，コハク酸と高エネルギー化合物の GTP を生じる．GTP は ATP とエネルギー的に等価で，ヌクレオチド二リン酸キナーゼにより GTP + ADP ⇌ GDP + ATP のように変換して，ATP が生成される．この過程においては，クエン酸回路中で唯一の基質レベルのリン酸化が行われる．すなわち，クエン酸回路により直接的に ATP が生成されるのはここだけである．

反応⑥：コハク酸は，コハク酸デヒドロゲナーゼの作用によってフマル酸に酸化される．ここでは，酵素に結合した FAD が，水素を受け取り $FADH_2$ に還元される．

反応⑦：フマル酸は，フマラーゼの作用により 1 モルの水が付加されリンゴ酸になる．

反応⑧：リンゴ酸は，リンゴ酸デヒドロゲナーゼによりオキサロ酢酸となるが，この過程でもさらに NAD^+ から NADH + H^+ が生成される．

このように，クエン酸回路は 1 回転するごとにオキサロ酢酸を再生し，1 モルのオキサロ酢酸が，見かけ上触媒的に多くのアセチル CoA を回路に導入していることになる．しかし実際は，このサイクルに入るアセチル CoA の 2 個の炭素は，2 周目以降に入ってから CO_2 に変わる．

動物は体の中に O_2 を取り込み，呼気として CO_2 を放出するという，いわゆる呼吸をしているが，この放出 CO_2 の大部分はクエン酸回路で生じたものである．解糖系やクエン酸回路で生じた

図 4.58 クエン酸回路

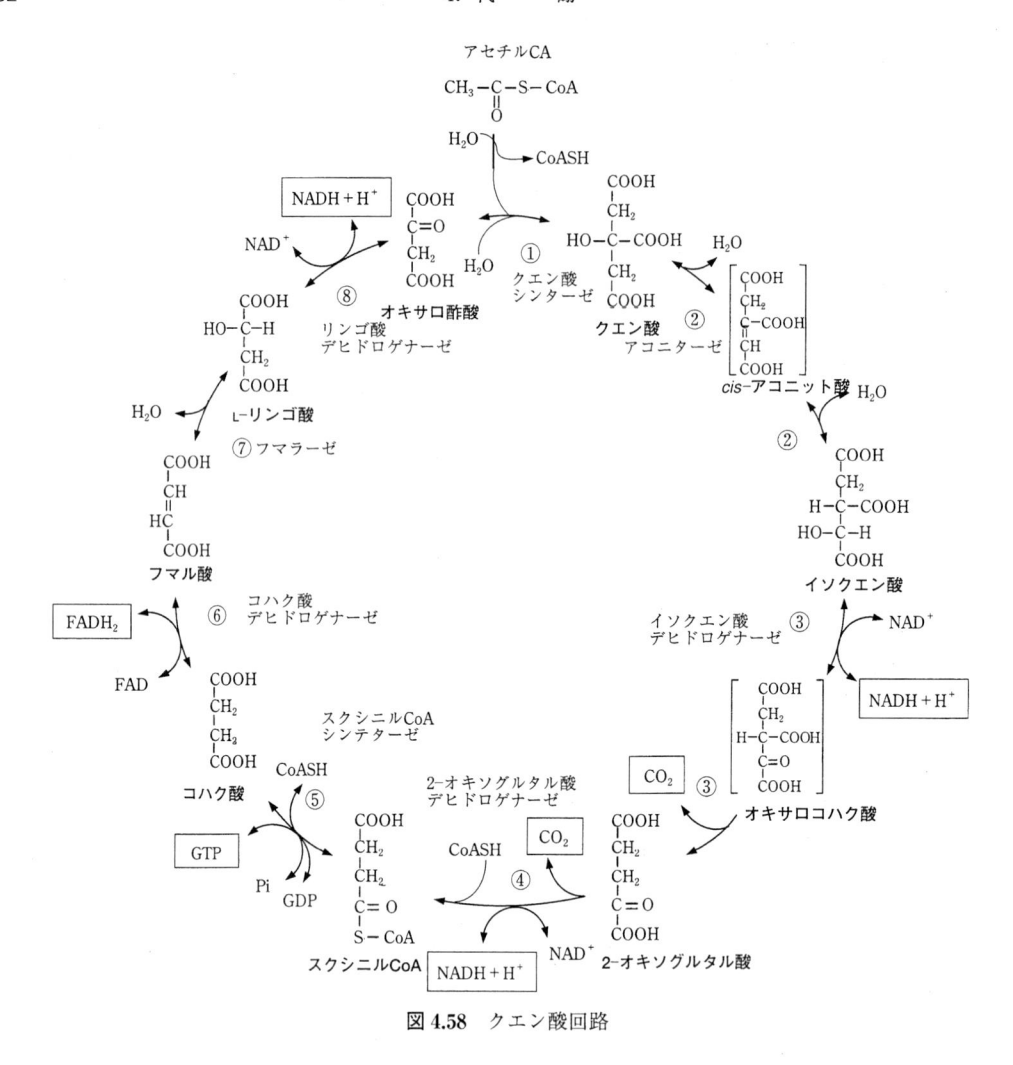

NADH および FADH$_2$ は，ミトコンドリアの内膜にある電子伝達系で酸化され，それと同時に酸化的リン酸化によって ATP が産生される．

(3) クエン酸回路の代謝中間体と代謝調節

　クエン酸回路の大きな目的は，電子伝達系に NADH および FADH$_2$ を送り込むことであるが，クエン酸回路の中間代謝物は種々の生体内物質の合成過程における出発物質となっている．クエン酸は細胞質へ運ばれ，アセチル CoA とオキサロ酢酸に分解されたのち，アセチル CoA からは脂肪酸やコレステロールが生合成される（図 4.20，4.21，4.26 参照）．クエン酸回路の 2-オキソグルタル酸からはグルタミン酸が生じ，多くのアミノ酸やプリン塩基生合成に使用される．スクシニル CoA はヘモグロビンなどの補欠分子族であるポルフィリンの生合成に関係している．また，オキサロ酢酸はアスパラギン酸などのアミノ酸生合成や，糖新生にかかわっている．このように，クエン酸回路の中間代謝物は絶えず生合成に用いられるので，生体はオキサロ酢酸を補うために，ピルビン酸に CO$_2$ を固定してオキサロ酢酸を合成するピルビン酸カルボキシラーゼをもっている（図 4.59）．

　クエン酸回路はエネルギーの充足率が高いと抑えられ，逆に低いと活性化される．また，

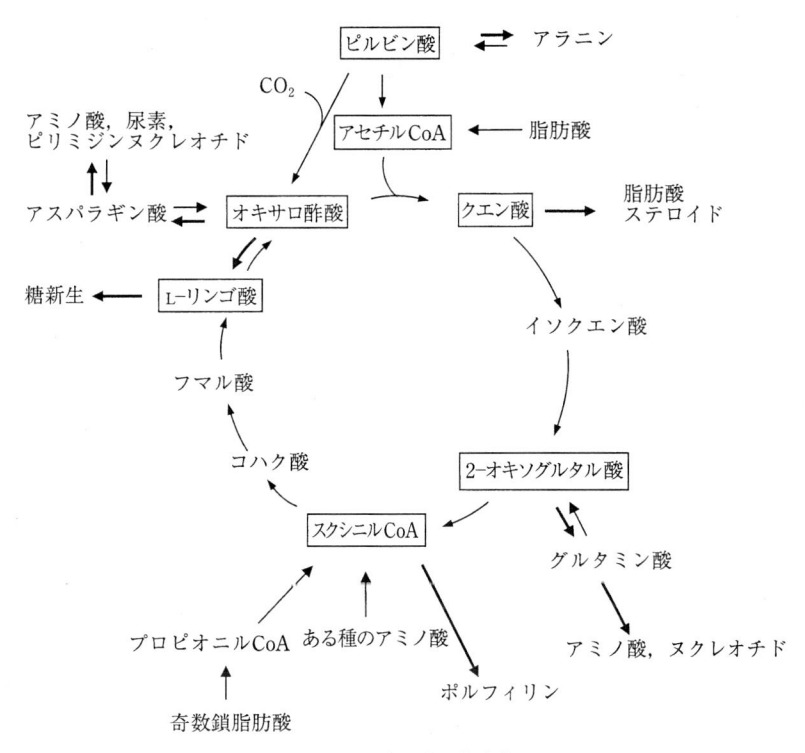

図4.59 クエン酸回路の代謝物の利用

NADH/NAD$^+$比，ATP/ADP比，アセチルCoA/CoA比，スクシニルCoA/CoA比によっても調節されているが，これらから直接影響を受ける酵素はピルビン酸デヒドロゲナーゼ複合体（図4.57），イソクエン酸デヒドロゲナーゼ（図4.58，反応③）および2-オキソグルタル酸デヒドロゲナーゼ（図4.58，反応④）である．ピルビン酸デヒドロゲナーゼ複合体は，脂肪酸分解などでアセチルCoA/CoA比やNADH/NAD$^+$比が高いと抑えられ，ピルビン酸は糖新生に用いられる．イソクエン酸デヒドロゲナーゼはクエン酸回路の律速酵素であり，NADH/NAD$^+$比が高いと抑えられ，ATP/ADP比が低いと活性化される．また，2-オキソグルタル酸デヒドロゲナーゼはスクシニルCoA/CoA比が高いと抑えられ，アセチルCoAは脂肪酸の生合成のほうに使用される．

4.6　好気的代謝Ⅱ：電子伝達と酸化的リン酸化

　ミトコンドリアはまったく性質の異なる2つの膜で囲まれている．外側にあるミトコンドリア外膜はタンパク質が比較的少なく，そのタンパク質の1つは膜貫通タンパク質のポーリンである．ポーリンは膜にチャネルをつくるので，イオンと分子量10 000以下の水溶性の代謝物は，ここを通って外膜の内外に自由に拡散できる．一方，ミトコンドリア内膜はタンパク質を非常に多く含み，タンパク質と脂質の比率は重さにして約4：1である．この内膜は水，O_2，CO_2などの非荷電性の分子を透過させるが，プロトンや，より大きな極性あるいはイオン性分子には障壁になり，それらの物質が内膜を通るには，膜に埋め込まれた専用の輸送体を介さなければならない．ミトコンドリアの内膜と外膜のあいだを膜間腔という．外膜は小さな分子を自由に透過させるので，膜間腔のイオンや代謝物の組成については細胞質とほぼ同じである．したがって，ここでイオンや小分子に

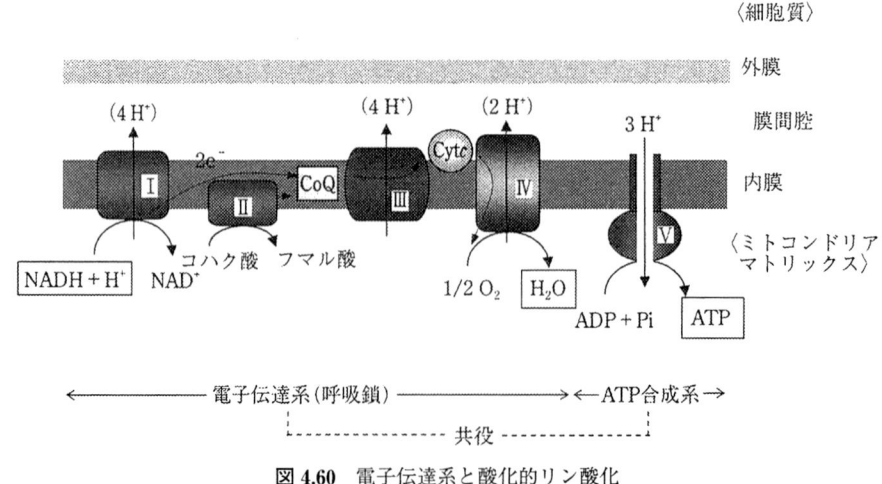

注目してミトコンドリアの機能を考える場合には，膜間腔は細胞質と同じとみなすことができる．

ミトコンドリアにおける ATP の産生機構は，ミトコンドリアに高エネルギーリン酸化合物の存在が確認できなかったため長いあいだ謎であった．しかし，ミッチェル（P.D. Mitchell）により 1961 年に"化学浸透圧説"が提唱され，現在広く受け入れられている．

"化学浸透圧説"でのミトコンドリアにおける ATP のリン酸化は，つぎのような 2 つの段階で行われる．第一段階では，NADH や $FADH_2$ などの電子が内膜の**電子伝達系**（respiratory electron-transport chain）を流れるにつれて，プロトンがミトコンドリア内膜を横切ってマトリックスから膜間腔へ移行する．それによって内膜を境にしたプロトンの電気化学的勾配ができる．第二段階では，プロトンの濃度勾配に蓄えられたプロトン駆動力によって，プロトンが内膜貫通タンパク質の **ATP 合成酵素**（ATP シンターゼ）を通ってマトリックスにもどるとき，ADP と Pi から ATP が合成される．この第一段階の電子伝達系と第二段階の ATP 合成系は互いに密接に"共役"している（図 4.60）．

a．電子伝達

電子伝達系はミトコンドリア内膜に存在し，**呼吸鎖**ともよばれる．酸化的リン酸化に関与する 5 種類のタンパク質複合体が，ミトコンドリア内膜から得られている．そのうちの**複合体Ⅰ**（NADH-補酵素 Q オキシドレダクターゼ），**複合体Ⅱ**（コハク酸-補酵素 Q オキシドレダクターゼ），**複合体Ⅲ**（補酵素 Q-シトクロム c オキシドレダクターゼ）および**複合体Ⅳ**（シトクロム c オキシダーゼ）は電子伝達系を構成している．また，**複合体Ⅴ**は ATP シンターゼであり，ATP 合成に直接かかわる（図 4.60）．図 4.61 は，縦軸がおおよその標準酸化還元電位と標準自由エネルギー変化を，横軸は複合体のあいだの電子の流れる方向を示している．このように，かなりの量のエネルギーが電子伝達の過程で放出される．各段階で放出されるこれらのエネルギーは，プロトン濃度勾配に蓄えられる．

（1）複合体Ⅰ

NADH-補酵素 Q オキシドレダクターゼである複合体Ⅰは，マトリックス内の NADH から補酵素 Q（ユビキノン）への 2 電子伝達を触媒する．NADH の一対の電子は複合体Ⅰ内の FMN に送ら

図 4.60 電子伝達系と酸化的リン酸化

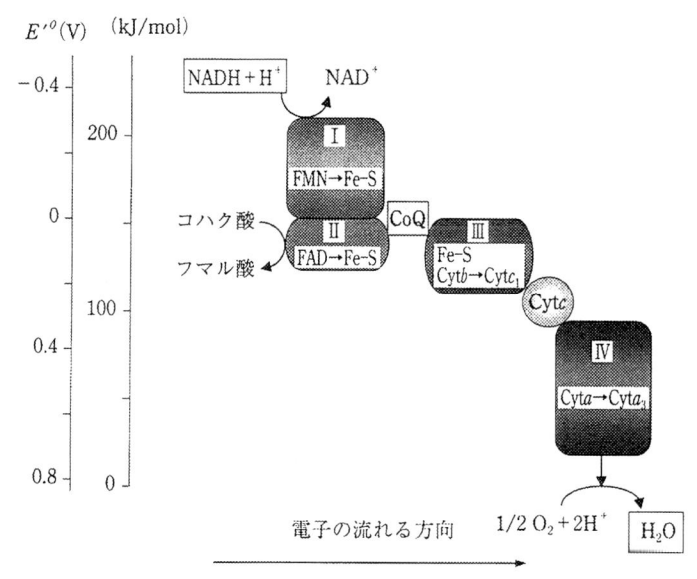

図4.61 ミトコンドリアの電子伝達系

れ，さらに一連の鉄-硫黄クラスターを通って内膜中の補酵素 Q に渡される．NADH から一対の電子が補酵素 Q に渡されるたびに，4個のプロトンがマトリックスから膜間腔へ移行する．

(2) 複合体II

コハク酸-補酵素 Q オキシドレダクターゼまたはコハク酸デヒドロゲナーゼともよばれる複合体IIは，コハク酸から電子を受け取り，複合体Iと同じように，補酵素 Q を QH_2 に還元する反応を触媒する．コハク酸の酸化で生成した $FADH_2$ から電子が鉄-硫黄クラスターを通って内膜中の補酵素 Q に渡される．しかし，この複合体IIにおいてはプロトンのマトリックスから膜間腔への移行はない．補酵素 Q は，移動性の電子伝達体であり脂質二重層内を自由に動く．複合体Iと複合体IIから受け取った電子を，複合体III，すなわち電子伝達系の後半に渡す働きをもつ．

(3) 複合体III

補酵素 Q-シトクロム c オキシドレダクターゼである複合体IIIは，複合体Iや複合体IIから電子を受け取った補酵素 Q からの電子をシトクロム c に受け渡しする．電子2個が，複合体III内のシトクロム b，シトクロム c_1 を介して流れるあいだに4個のプロトンが膜間腔へ移動するとされている．シトクロム c は，ミトコンドリア内膜の外側の面にゆるく結合している表在性膜タンパク質で，移動性の電子伝達体である．複合体IIIからの電子を複合体IVに渡す役割をもつ．

(4) 複合体IV

シトクロム c オキシダーゼである複合体IVは，分子状酸素（O_2）を水（$2H_2O$）に変換する4電子還元反応を触媒する．シトクロム a，a_3 の二つのシトクロムと二つの銅イオンを含む．シトクロム c から2個の電子が，複合体IVを介して酸素に渡されて，最終的に水が生成する．その際に2個のプロトンがマトリックスから膜間腔へ移行するとされる．

このように，電子伝達系を電子が移動するあいだにプロトンがマトリックスから膜間腔にくみ出されるが，1モルの NADH あたり計約10個の，また1モルの $FADH_2$ あたり約6個のプロトンが，マトリックスから膜間腔へ移動することになる（図4.60）．内膜をはさんだプロトンの移行は複雑

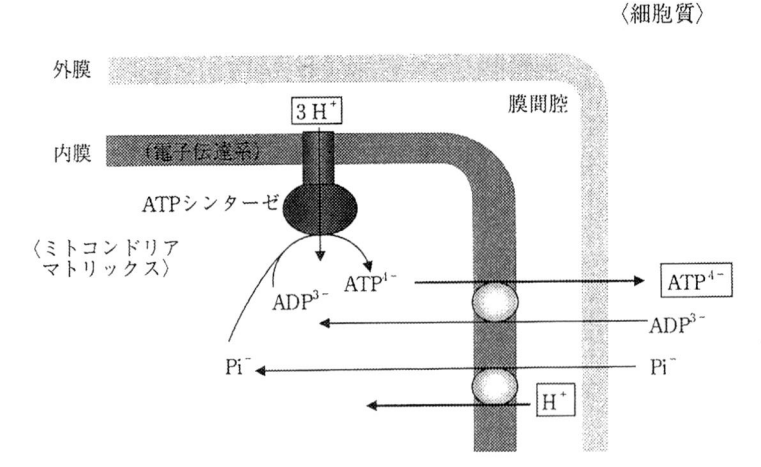

図 4.62 アデニンヌクレオチドとリン酸の輸送

であり，まだ結論が得られていない部分が多い．わかりやすくするために，ここでは単純化して表現したが，最終的な結論が出るまでにはまだ時間がかかると思われる．

b. 酸化的リン酸化
(1) 酸化的リン酸化によるATPの産生

ATPシンターゼである複合体Ⅴは，ミトコンドリアの内膜に埋め込まれたF_0とマトリックスに突き出たF_1部分から構成されている．F_0は3種類のサブユニットからなり，一種のプロトンチャネルであり内膜を横断している．F_1は5種類のサブユニットから構成されていて，ATP合成酵素そのものである．電子伝達系によってプロトンがミトコンドリアのマトリックスから膜間腔へ輸送され電気化学的勾配が形成される．この膜間腔のプロトンがマトリックスへ向かってF_0を通過していくのに共役して，F_1によってADPとPiからATPが生成される．約3個のプロトンがATP合成酵素を流れると，1モルのATPが合成される．

ATPはミトコンドリアのマトリックスで合成されるが，ほとんど細胞質で消費されるので，細胞質まで輸送する必要がある．ミトコンドリア外膜では輸送タンパク質のポーリンがふるいの役を果たし，小型分子なら外膜を通過させる．このために，膜間腔の液は小型分子に関するかぎり細胞質と同じ組成をもつ．これに対して，内膜は細胞の中にあるほかの膜と同様に，膜貫通タンパク質により運ばれるもの以外は，イオンも小分子もほとんど通さない．したがって，電荷を帯びている小分子のATPはミトコンドリア内膜をそのままでは通過できない．そのために，ミトコンドリア内膜を貫通している**ADP/ATP輸送体**（アデニンヌクレオチドトランスロカーゼ）が関与し，マトリックスのATPを細胞質のADPと交換して細胞質に運び出している．また，リン酸はプロトンとの"共輸送"のかたちでマトリックスへ運び込まれる．したがって，ATPをマトリックスから運び出し，ADPとPiを運び込むのに，プロトン1個の流入が必要となる（図4.62）．

1モルのNADHが酸化されると，計10個のプロトンがマトリックスから膜間腔に移動しプロトンの濃度勾配が形成される．酸化的リン酸化により，ATPを1モル生成させるためには，電子伝達系でのATP合成のための3個のプロトンに，ATPとADPの交換と，Piの輸送のための1個のプロトンを加えた計4個のプロトンが，膜間腔からマトリックスにもどる必要がある．したがって，

結果的に1モルのNADHからは2.5モルのATPが合成されることになる．また，1モルのFADH$_2$の酸化では計6個のプロトンが膜間腔に移動するので，1モルのFADH$_2$からは1.5モルのATPが合成されることになる（以前はそれぞれ3ATPおよび2ATPとされていた）．また，一対の電子が1分子の酸素原子を還元して水を生成しており，ミトコンドリアの呼吸において酸素（Oあるいは2電子）消費量に対する，生成したATP生成量の比は**P/O比**ともいわれている．

(2) 電子伝達系および酸化的リン酸化の阻害剤

電子伝達系や酸化的リン酸化の情報は，阻害剤の使用により得られたものが多く，また逆に電子伝達系を調べることにより毒物の作用機構が明らかになったことも多い．ミトコンドリアの電子伝達系と酸化的リン酸化の共役を解除し，ATP合成を阻害する物質を**脱共役剤**（uncoupler）という．脱共役剤である2,4-ジニトロフェノールは細胞質で結合したプロトンを，ATP合成酵素を通らずに内膜を通してマトリックスに輸送し，プロトン勾配を消滅させる作用がある．これにより，NADHおよびFADH$_2$から酸素への電子伝達を妨げることなくATP合成を停止させることができる．脱共役剤を用いた以下のような実験によっても，電子伝達系とATP合成系の"共役"の考え方が説明できる．無傷のミトコンドリアをリン酸緩衝液に懸濁し，ADPを加えると基質NADHが酸化され，酸素が消費される．このとき，同時にADPのリン酸化が行われてATPが生成される．しかし，2,4-ジニトロフェノールを添加すると，電子伝達系とリン酸化のあいだが脱共役されて，ADPがなくても基質（NADH）が酸化される．

バルビツール酸系催眠剤のアモバルビタールや殺虫剤のロテノンは複合体Ⅰと結合して，補酵素Qへの電子の流れを阻害する．マロン酸はコハク酸デヒドロゲナーゼの基質の拮抗阻害薬として作用する．抗生物質アンチマイシンAは複合体Ⅲに結合することにより電子の流れを遮断する．一酸化炭素，シアン化合物やアジ化物などは複合体Ⅳのシトクロムcオキシダーゼからの電子の酸素への移行を遮断する．抗生物質オリゴマイシンは，複合体ⅤのF_0部分に結合することにより，プロトンのATP合成酵素の通過を阻害して，酸化反応とリン酸化反応をブロックする．

(3) グルコースの酸化により得られるATPの産生量

嫌気的条件下では，グルコースは細胞質の解糖でピルビン酸を経て乳酸にまで変化して，正味2モルのATPと2モルのNADHが合成される．しかし，このとき合成されたNADHは乳酸への還元に使用されるので，嫌気的条件下では1モルのグルコースからは正味2モルのATPが産生されるのみである（図4.63）．

一方，好気的条件下では，解糖により1モルのグルコースから生じた2モルのピルビン酸はミトコンドリアのマトリックスに運ばれたのち，2モルのアセチルCoAへ変換されるが，この過程で2モルのNADHが生成される．さらに，1モルのアセチルCoAのクエン酸回路における1回転により，3モルのNADH，1モルのFADH$_2$および1モルのGTP（ATP）が生成するので，2モルのアセチルCoAからでは，それぞれ，6モルのNADH，2モルのFADH$_2$および2モルのGTP（ATP）が生じることとなる．これらのNADHとFADH$_2$は電子伝達系に運ばれ，1モルのNADHと1モルのFADH$_2$あたり，おのおの2.5モルおよび1.5モルのATPが産生する．したがって，2モルのピルビン酸から，クエン酸回路1回転の反応で，計25モルのATPが産生されることになる．

解糖により細胞質で生成されたNADHは，NAD$^+$に再酸化されなければならない．しかし，細胞質のNADHはミトコンドリア内膜を直接通過できず，この還元力の細胞質からマトリックスへの移行には以下に述べる2つの特別な移行経路が必要である．

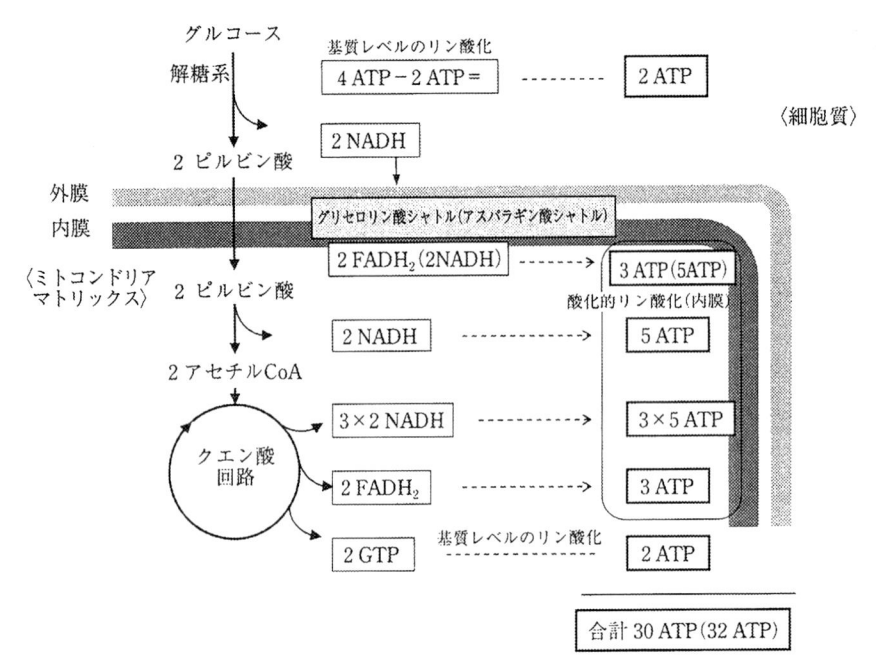

図4.63 グルコース1モルから産生されるATP量

i) **グリセロールリン酸シャトル**　脳や骨格筋には**グリセロールリン酸シャトル**が存在する．このシャトルでは，細胞質に存在するグリセロール3-リン酸デヒドロゲナーゼ（補酵素：NADH）が細胞質のNADHを用いて，ジヒドロキシアセトンリン酸を還元してグリセロール3-リン酸を生成する．グリセロール3-リン酸は，ミトコンドリア内膜のグリセロール3-リン酸デヒドロゲナーゼ（補酵素：FAD）によってジヒドロキシアセトンリン酸に再酸化される．その際にFADが$FADH_2$に還元される（図4.64）．

　この反応によって結果的に細胞質の1モルのNADHは，ミトコンドリア内の1モルの$FADH_2$に置き換えられたことになる．したがって，このシャトルを経由した場合には細胞質で生成した2モルのNADHから3モルのATPができるので，1モルのグルコースからは総計30モルのATPが生成されることになる（図4.63）．

ii) **リンゴ酸-アスパラギン酸シャトル**　肝臓，腎臓や心臓には**リンゴ酸-アスパラギン酸シャトル**が存在する．このシャトルでは，リンゴ酸デヒドロゲナーゼ（補酵素：NADH）が細胞質のNADHを用いて，オキサロ酢酸をリンゴ酸に還元する．リンゴ酸はミトコンドリア内膜のオキソグルタル酸との交換輸送体を通ってミトコンドリアのマトリックスに入る．マトリックスでは，リンゴ酸デヒドロゲナーゼ（補酵素：NADH）により，リンゴ酸はオキサロ酢酸に再酸化される．その際に，ミトコンドリアのNAD^+がNADHに還元される．オキサロ酢酸は，ミトコンドリア内膜を通過できないので，アスパラギン酸アミノトランスフェラーゼによるアミノ基転移反応によってアスパラギン酸に変えられる．そののちグルタミン酸との交換輸送体によりミトコンドリア内膜を通過して，細胞質でオキサロ酢酸に変化し再びシャトルに使用される（図4.65）．

　したがって，このシャトルでは細胞質のNADHとしての還元力がミトコンドリアのマトリックスにそのまま移行したことになり，細胞質で生成された2モルのNADHから5モルのATPができるので，1モルのグルコースから総計32モルのATPが生成されることになる（図4.63）．

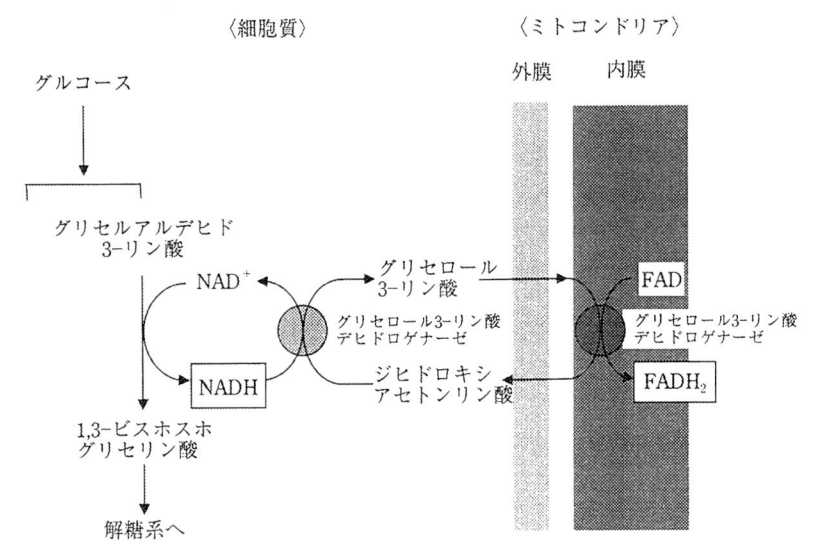

図 4.64　グリセロールリン酸シャトル

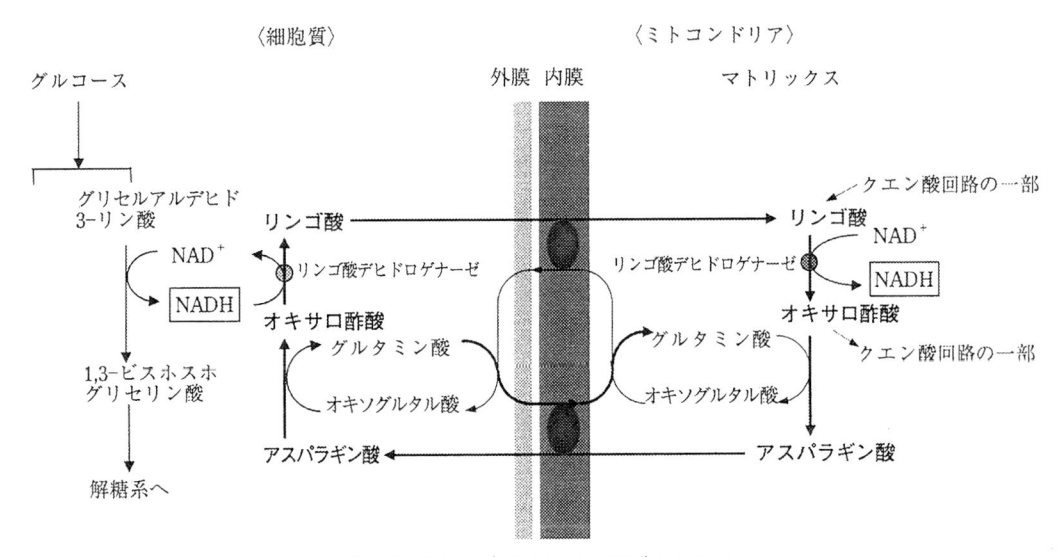

図 4.65　リンゴ酸-アスパラギン酸シャトル

c. 酸化的ストレス

酸化的ストレスは，生体の内因性や外因性の原因により生成する活性酸素を，生体が十分処理することができなくなるために起きるものである．生体はつねに多くの酸化的ストレスにさらされている．生体が呼吸して取り入れている酸素の大部分は，ミトコンドリアの電子伝達系でほとんど水まで還元される．また，ミクロソームの電子伝達系では，水酸化反応により水酸化される．残りの数％はこれらの系から漏れ出てきて，水や水酸化物まで還元されない中間体のいわゆる**活性酸素種**が生成される．しかし，これらの活性酸素種は通常は生体の消去系システムによって水まで還元される．生体はつねに外界からいろいろな酸化的ストレスを受ける状態にある．しかし，必ずしもそのストレスに屈するわけではないのは，このような消去系システムにより酸化還元状態を制御する

ことによって，ストレスに適応し恒常性を維持することができるからである．

　生体における酸化還元状態の制御は，地球上の生命の存続に基本的なシステムであると考えられる．酸化ストレスの外来性の因子には，紫外線，放射線，薬剤，環境物質の農薬やダイオキシンなどがある．また，高熱，低温，低酸素状態，いろいろな生理的な変化や感染症などの病気や，さらに生活習慣病の癌，動脈硬化，糖尿病，肥満などでも酸化的ストレスがみられる．生体において何らかの原因によって，酸化還元状態の制御機構が破綻したり，十分な適応ができなくなると，活性酸素種が蓄積し，また，より反応性の高い活性酸素種が生成され，いわゆる酸化的ストレスの状態が生じる．

　活性酸素種は低分子化合物であり，**スーパーオキシド**（O_2^-），**過酸化水素**（H_2O_2），**ヒドロキシラジカル**（・OH），一重項酸素（$^1O_2$），脂質ペルオキシラジカル，次亜塩素酸（HOCl）などがある．これらの活性酸素が生成しても，多くは生体のいわゆる抗酸化酵素とよばれる一連の酵素により，あるいは抗酸化物質とよばれる低分子化合物や，抗酸化作用をもつタンパク質により消去される（図4.66）．

　抗酸化酵素としては，**スーパーオキシドジスムターゼ**，**グルタチオンペルオキシダーゼ**，**カタラーゼ**，さらにチオレドキシンレダクターゼ，チオレドキシンペルオキシダーゼ（ペルオキシレドキシン）などがある．また，抗酸化物質には，グルタチオン，チオレドキシン，ビタミンA，ビタミンEなどがあり，抗酸化作用をもつタンパク質としては，フェリチン，セルロプラスミン，トランスフェリン，アルブミンなどがある．

　酸化的ストレスは，多くの経路で生体に影響を及ぼす．生体が酸化的ストレスに対して適応できないときには，組織傷害や細胞死がひき起こされる．たとえば，酸化的ストレスによりDNAが傷害を受けるが，それは活性酸素のなかでもっとも反応性の強いヒドロキシラジカル（・OH）が核内で主として生成するためと考えられる．活性酸素は，DNAの化学構造に不可逆的な変化をもたらして，遺伝情報そのものを改変したり，転写因子の構造を変化させることにより，種々の遺伝子の発現を調節することが知られている．このようなDNA傷害は癌の原因ともなる．また，コレステロールを運搬する役目をもつ低比重リポタンパク質の酸化変性は，動脈硬化の引き金になるとい

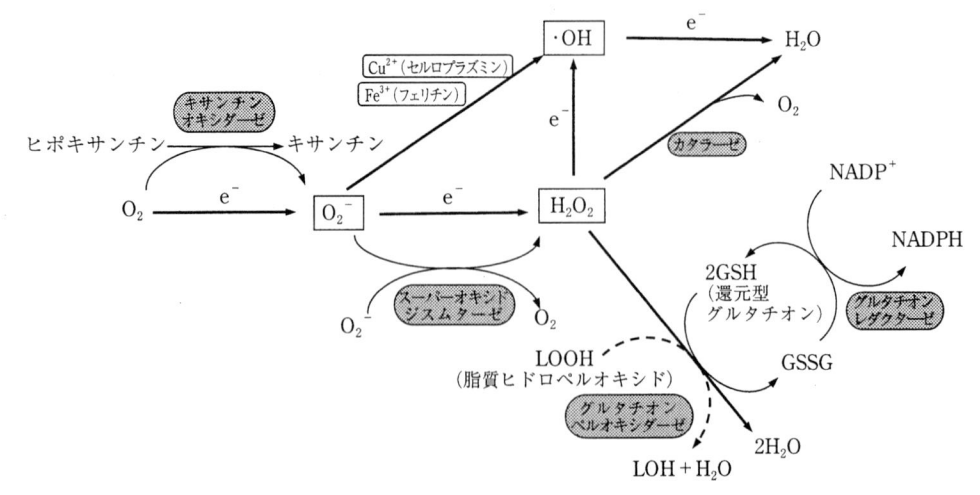

図4.66 活性酸素種の生成と消去系

われている．糖尿病においては，膵臓ランゲルハンス島 β 細胞の傷害の機序に酸化的ストレスが関係しているともいわれている．このように，酸化的ストレスは種々の疾患に関与している．

活性酸素種は，あるものは反応性に富み，生体の構成成分であるタンパク質や脂質，糖などと反応して，翻訳後にタンパク質の機能を変化させてしまう．遺伝子産物であるタンパク質は，このような修飾を受けてその機能が調節されることが多い．したがって，ヒトの遺伝子の全構造がほぼ解明されたとしても，タンパク質の機能を遺伝子の構造のみからでは推定できないことになる．そのためにこれらの問題は，今後の研究の重要なテーマになっている．

4.7 ま と め

1. ピルビン酸は酸化的脱炭酸反応を受けアセチル CoA となる．1個のアセチル基がクエン酸回路で2モルの CO_2 に酸化される過程で，3モルの NADH，1モルの $FADH_2$ および1モルの GTP（ATP）が生じる．
2. クエン酸回路は，栄養源の共通の酸化の場であると同時に，種々の生体内成分の生合成経路に原料を供給する役割をもっている．
3. NADH や $FADH_2$ の還元型補酵素のエネルギーは，ミトコンドリアの酸化的リン酸化によって ATP として回収される．"化学浸透圧説"では電子伝達系により基質が酸化されると，内膜をはさんでプロトンの濃度勾配ができ，プロトンが ATP シンターゼのチャネルを通ってマトリックスにもどるときのエネルギーにより ATP が生成される．
4. 電子伝達系，酸化的リン酸化と，生成された ATP の細胞質への輸送を考えると，1モルの NADH から 2.5 モルの ATP が，また1モルの $FADH_2$ あたり 1.5 モルの ATP が生成されることになる．
5. 1モルのグルコースを解糖系，クエン酸回路，電子伝達系という一連の経路で完全に酸化すると，最大 32 モルの ATP を生じることになる．
6. 酸化的ストレスは，生体の内因性や外因性の原因により生成する活性酸素を，生体が十分処理することができなくなるために起き，種々の疾患に関与している．

演習問題

4.1 血液中のグルコースレベルの増加に応答して，どのような代謝が順次行われているか考えよ．
4.2 激しい運動やランニングの際に，なぜ「息がきれたり」，さらに，なぜ，もう「それ以上できなくなってしまう」のか代謝経路を考えながら説明せよ．
4.3 血液中のグルコースレベルの低下に応答して，膵臓ではグルカゴンがつくられ，副腎ではアドレナリンやコルチゾンがつくられる．これらが糖質代謝，脂質代謝，タンパク質代謝を適当に促進や阻害することによって，つぎにグルコースが供給されるまでに備えている．3つの物質間でどのような代謝が行われているかを考えよ．
4.4 HMC-CoA やカルバモイルリン酸は合成部位でその運命が異なる．どのように異なっているか．
4.5 アミノ酸をエネルギー利用のために分類すると，糖原性アミノ酸とケト原性アミノ酸に分けられる．生体の機能を考えて，なぜこのような性質のアミノ酸の存在が必要と考えられるか．
4.6 1分子のグルコースが6分子の CO_2 に完全に酸化される場合，つくられる ATP の何％が酸化的リン酸化で産生され，何％が基質レベルのリン酸化で産生されるか．ただし，ピルビン酸はアセチル

CoAに変換され，NADHと補酵素QH_2はすべて酸化されてATPを生成し，リンゴ酸-アスパラギン酸シャトルがはたらいているとする．

4.7 ビタミンB_1（チアミン）の摂取不足により脚気が起こる．このとき，血中のピルビン酸と2-オキソグルタル酸のレベルが上昇するとともに，神経と心臓に症状が現れる．なぜ，チアミンの不足はピルビン酸と2-オキソグルタル酸のレベルの上昇につながるのか．

4.8 ショック状態にある患者では，組織への酸素供給が減少し，ピルビン酸デヒドロゲナーゼ複合体の活性低下，嫌気的代謝の亢進などが起こる．過剰のピルビン酸は乳酸に変換され，それが組織と血液に蓄積するため，乳酸アシドーシスがひき起こされる．O_2はクエン酸回路の反応物でも生産物でもないのに，なぜO_2レベルが低下すると，ピルビン酸デヒドロゲナーゼ複合体の活性低下がひき起こされるのか．

4.9 精製した電子伝達鎖の成分と膜粒子から，機能をもった電子伝達系を再構成することができる．成分が以下のように組み合わさっている場合，それぞれについて，最後に電子を受け取るものはどれか．酸素が存在していると仮定する．(a) NADH, CoQ, 複合体I, III, IV；(b) NADH, CoQ, シトクロムc, 複合体II, III；(c) コハク酸, CoQ, シトクロムc, 複合体II, III, IV；(d) コハク酸, CoQ, シトクロムc, 複合体II, III；(e) コハク酸, CoQ, 複合体I, III．

4.10 2電子供与体であるNADH，コハク酸のそれぞれについて，ミトコンドリアから移行するプロトンの数，合成されるATP分子の数，P：O比はいくらか．電子は最終的にO_2に渡り，NADHはミトコンドリアで生成し，電子伝達と酸化的リン酸化が完全にはたらいていると仮定する．

参考図書

1) 井上正康編：活性酸素とシグナル伝達，講談社，1996.
2) 上代淑人監訳：イラストレイティド ハーパー・生化学，丸善，2003.
3) 鈴木紘一，笠井献一，宗川吉汪訳：ホートン生化学，東京化学同人，1998.
4) 谷口直之，淀井淳司：酸化ストレス・レドックスの生化学，廣川書店，2000.
5) 林 典夫，廣野治子：シンプル生化学，南江堂，2003.
6) 山科郁男監修：レーニンジャーの新生化学，廣川書店，2002.

5

細胞の組成と構造

はじめに

　細胞は自己複製する生命の基本単位であり，新しい細胞はすでに存在している細胞が分裂することによってのみつくられる．地球上に存在する1億種ともいわれる生物種のすべての細胞は，大きさも形も機能もきわめて多様だが，35〜38億年前に偶然誕生した1個の祖先細胞に由来すると考えられている．その根拠には，各細胞間の分子生物学的および生化学的基礎の共通性があげられる．この章の中心課題であるヒトの細胞の構造と機能も，この細胞機能の共通性を利用して，より単純な細胞をモデルに研究することによって明らかにされてきた．たとえば，多くの生化学反応機構や分子生物学の基礎は大腸菌を材料に明らかにされたものであり，本章で扱う，より高次な細胞周期制御の分子機構やタンパク質分泌機構の研究には酵母が広く使われている．また，個体の発生分化や遺伝学の研究には，1個1個の細胞の由来が観察可能な線虫や，体づくりの変化が識別しやすいショウジョウバエが盛んに使われている．さらに，ヒトの病態の理解や薬物の作用機構解明には，遺伝子を改変したマウスの研究が欠かせない．このように，すべての生物が1個の細胞から進化したという共通性を利用して，われわれヒトの細胞についての理解が進んでいる．

5.1 細胞の種類

a. 細胞のゲノムからの分類

　多様な形をした細胞は，ゲノム保持のために膜で囲まれた核という別の区画を細胞内にもつ**真核細胞**と，そうした明確な内部構造をもたない**原核細胞**とに大別できる．細菌は原核単細胞生物であり，酵母は真核単細胞，ヒトは真核多細胞生物である．さらに，ヒトのように有性生殖を行う多細胞生物の真核細胞は，生殖を担う特殊化した細胞である生殖細胞（ヒトでは精子と卵子）と，体を構成するそれ以外のすべての細胞である体細胞とに分けられる（表5.1）．細胞分裂の項で扱うように，体細胞は2セットのゲノムをもち，有糸分裂を行って増殖する二倍体細胞であるのに対し，生殖細胞は元となる二倍体の胚細胞から減数分裂によって生じた1セットのゲノムをもつ一倍体細胞である．たとえると，体細胞は1つのタンパク質に対して，父親からの遺伝子と母親からの遺伝子

表5.1　細胞のゲノムからの分類

すべての細胞	1. 原核細胞（明確な核構造をもたない）　例：細菌 2. 真核細胞（核構造をもつ）　例：酵母，ヒトの細胞
ヒトの細胞	1. 体細胞（二倍体細胞） 2. 生殖細胞（一倍体細胞）　例：精子，卵子

の両方をもつが，生殖細胞は父親から，もしくは母親からの一方の遺伝子のみをもつことになる．

b. ヒトの細胞の形を主とした分類

われわれ1人1人の体を構成する細胞は数にして約60兆個にも達し，明確に分けられる細胞型として分類しても200種類以上あるといわれている．どの細胞も基本的には同じゲノムをもつために，こうした細胞ごとの形や機能の違いは，現在2万程度といわれる遺伝子の，どの組合せが，どのように調節されて発現しているかによっている．その調節の機構についてはまだ十分には解明されていないが，こうした遺伝子発現の調節の基本的な仕組みについては次章で学ぶ．

ヒトの細胞は，1個の受精した細胞から分化して，約200種類の細胞型に区別できる．さらに図5.1に模式的に示したように，基本的な細胞型として**上皮，結合，筋肉**および**神経組織**の4種類に分類される．

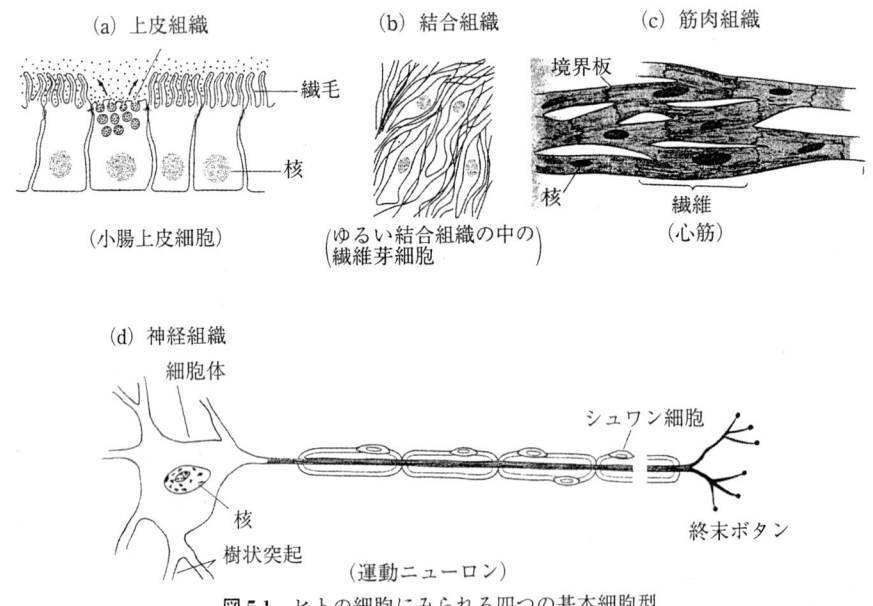

図5.1 ヒトの細胞にみられる四つの基本細胞型

(1) 上皮組織細胞

上皮細胞は体の内外の表面を覆う細胞で，互いに強く密着して小分子も通さないバリヤーを形成している．体の外部に面する側と内部に接する側では環境が大きく異なるため，上皮細胞はそれに対応する非対称な構造をもち，物質の吸収や分泌を体の外から内へ，あるいは内から外へ方向性をもって行う．こうした構造的機能的な特徴から，上皮細胞は極性をもつ細胞といわれる．栄養分を外部から吸収し，内部の血管側に輸送する小腸内腔の絨毛細胞，胃液を分泌する胃壁の外分泌腺細胞，ホルモンを血中に分泌する内分泌腺細胞などが代表的な例である．

(2) 結合組織細胞

結合組織細胞は，他の細胞を支え，互いに連結し，栄養を与える．支えるためのマトリックス（細胞外マトリックス，ECM，5.7節参照）を形成するための構造タンパク質を分泌する．また，結合組織の中には他の細胞に分化できる能力をもつ**細胞（前駆細胞）**として**繊維芽細胞**があり，細胞外からの刺激の種類によって，脂肪細胞や骨細胞，平滑筋細胞に分化する．また，赤血球や単球

などの血液細胞にも分化する．

(3) 筋肉組織細胞

筋肉組織細胞は収縮性をもつ特徴があり，骨格筋細胞，心筋細胞，平滑筋細胞と筋上皮細胞がある．このうち，強く関節を動かす骨格筋細胞と心臓の拍動をつくる心筋細胞は，筋芽細胞が融合し1つの細胞内に多くの核をもつ長く伸びた多核細胞である．一方，平滑筋細胞は単核で，血管や消化管を構成している．

(4) 神経組織細胞

神経組織細胞は，細胞体からの電気シグナルを伝える軸索をもつニューロンと，ニューロンを支え電気信号の正確な伝達に必要な電気的絶縁をするグリア細胞が主要な細胞である．

5.2 生体膜の構造

a. 生体膜の基本構造とはたらき

ヒトの体を構成する一般的な細胞は，細胞内部と外部を隔てるもっとも外側の細胞膜のほかに，内部には様々な細胞内小器官を取り囲む細胞内膜をもつ．ここでは，はじめに細胞膜と細胞内膜に共通する構造と機能を扱う．

生体膜は，内部環境を物理的に区画化すると同時に，特定の分子の出入りを制御することによって，区画内外で物質や情報の交換をし，エネルギーを生産する場ともなる．いずれの膜も基本構造は，脂質二重膜とそこに浮かぶように組み込まれたタンパク質からなるという共通性があり，流動モザイクモデルが考えられている（図5.2）．区画化という閉じた性質は脂質二重膜によっており，おのおのの膜が固有の機能をもてるのは，それぞれの膜を構成する脂質とタンパク質の種類が異なることによる．

図5.2 生体膜の流動モザイクモデル

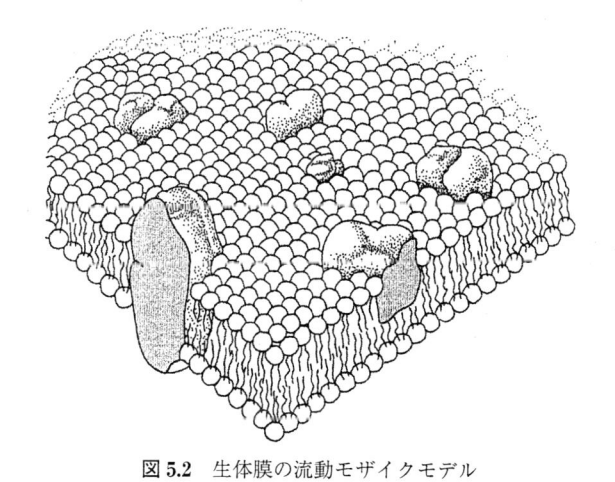

b. 生体膜の脂質

生体膜に閉じた性質を与える脂質二重層を構成する分子は，極性部分と非極性部分の両方を分子内にもつ両親媒性脂質で，大部分はグリセロール3-リン酸の誘導体のグリセロリン脂質である．そのほか，グリセロール骨格とよく似た構造をもつスフィンゴシンを基本とするセラミドの誘導体

には，極性基として糖鎖をもちリン酸を含まない糖脂質がある．コレステロールも水酸基が極性を示す両親媒性脂質である．一方，トリアシルグリセロールは極性をもたない脂質であるため脂質二重膜を形成できず，もっぱらエネルギーの貯蔵体としての役目を果たしていることに注意しよう（各脂質の構造については第2章を参照のこと）．

表5.2には，代表的な生体膜の脂質組成を示した．コレステロールやスフィンゴミエリン，糖脂質の含量が膜の種類によって大きく異なることがわかる．生体膜をさらに細かくみると，その差はもっと顕著になる．

表5.2 生体膜の種類と脂質組成（重量%）

	赤血球膜	肝細胞膜	ミエリン	ミトコンドリア内・外膜	小胞体膜
グリセロリン脂質	42	35	34	66	62
コレステロール	23	17	22	3	6
スフィンゴミエリン	18	19	8	0	5
糖脂質	3	7	28	0	0
その他	13	22	8	21	27

膜の脂質の種類が多岐にわたり，細胞や膜の種類，さらには膜の内側と外側によっても大きく異なるという事実は，脂質が単なる構造要素のみではなく，機能ともかかわりが深いことを示している．神経細胞に多く，そのネットワークの伸張や電気シグナルの絶縁に貢献しているスフィンゴ糖脂質の場合，その代謝異常による精神遅滞などの遺伝的疾患も数多く知られている．

c. 膜の流動性と安定性

脂質組成が決める膜の性質として重要なものに，膜の流動性がある．膜の流動性とは，膜平面方向の分子の動きやすさであり，機能維持のためには膜は一定範囲の流動性をもつことが重要である．なぜならば，細胞膜上の反応促進のためには，分子間相互作用の形成と解離がすばやく行われる必要があり，それには膜平面方向の動きやすさが決め手となるからである．グリセロリン脂質二重膜の流動性を決める因子は，アシル基の長さと不飽和度であり，アシル基が長いほど，不飽和度が低いほど膜の流動性は減少する．実際に細菌などではアシル基を変化させて膜の流動性を変え，大幅な温度変化などの環境変化に対応する仕組みが知られている．しかし，一定温度下にいるヒトをはじめとする動物細胞では，膜の流動性と安定性を調節する因子としては，コレステロールの含量がより重要である．

コレステロールは炭化水素鎖のあいだに入り込み，そのステロイド環がグリセロリン脂質やスフィンゴ脂質分子の動きを制限し，膜の流動性を下げる方向にはたらく（図5.3）．

ヒトの各組織の細胞は一定の機能を維持する必要があり，そのために膜内のコレステロール量を一定に保つ巧妙な仕組みをもっている．食事からとるコレステロール量，血流から各細胞に取り込む量と細胞の中で生合成される量などが，コレステロール合成律速酵素であるHMG還元酵素や取込みのための低比重リポタンパク（LDL）受容体，コレステロール輸送体などの遺伝子の転写調節を中心に何段階にも調節されている．

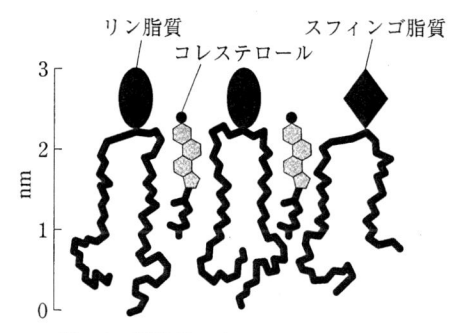

図 5.3 膜脂質の中のコレステロール

d. 膜タンパク質

膜に透過性をはじめとする固有な機能を与える分子である膜タンパク質の研究には，ヒト細胞では赤血球がさかんに使われてきた．これは，ヒト赤血球は核を失っており，ミトコンドリアももたず膜系はほとんどが細胞膜という特殊な細胞であることによる．輸血には適さなくなった血液から赤血球を単離し，低張液の中で破裂させて細胞質成分を除き細胞膜だけを単離することが容易にできる．この赤血球の場合，膜タンパク質は脂質に対して重量でおよそ等量から2倍，分子数で50分の1存在している．他の膜では表5.3に示されるように，電気シグナルの絶縁に特化した神経細胞のミエリンでは脂質の割合が高く，エネルギー産生のための電子伝達系をもつミトコンドリア内膜ではタンパク質の割合が高い，といった機能に応じた変動がみられるものの，生体膜には多くのタンパク質が含まれることがわかる．

表 5.3 代表的な膜のタンパク質と脂質の割合

膜の由来	タンパク質/脂質，重量比
赤血球膜	1～2
肝細胞膜	1～1.5
小胞体	0.7～1.2
ミエリン	0.25
ミトコンドリア内膜	3.6

膜タンパク質の脂質二重膜への結合様式は2通りに大別できる．第一は，それ自身が膜の疎水性部分と結合する場合で，第二は，疎水性部分と結合できる他の分子を介して膜表面に結合する場合であり，おのおの膜内在性タンパク質，膜表在性タンパク質とよばれる．膜内在性タンパク質の代表例には，膜を1回貫通するαヘリックスをもつ酵素内包型細胞膜受容体や，膜を複数回貫通するαヘリックスをもつイオンチャネルタンパク質や膜7回貫通型細胞膜受容体（第6章参照）などがあり，αヘリックスが膜貫通部分を構成している場合が多い．これは，極性をもつペプチド結合部分が互いに相互作用する安定型がαヘリックスであることによっている．約20アミノ酸残基のαヘリックスで脂質二重膜を貫通でき，疎水性のアミノ酸側鎖が脂質の疎水性部分と相互作用することによって脂質膜中に安定に存在できる．このほかには，閉じたβシート構造が樽状に重なったβバレル構造を膜貫通部分にもつタンパク質も知られている．図5.4に，代表的な膜タンパク質の膜との結合様式を模式的に示した．

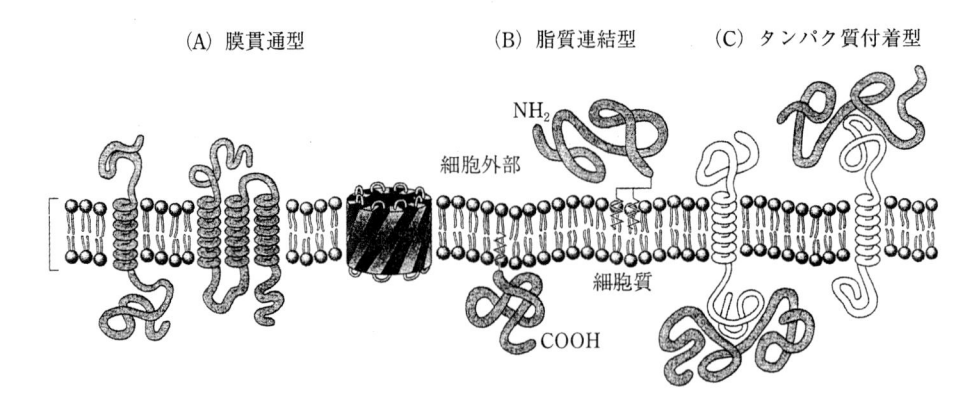

(A) 膜貫通型　　　　(B) 脂質連結型　　　(C) タンパク質付着型

図 5.4　膜タンパク質の膜への結合様式

e. 膜の裏表とラフト

脂質二重膜にタンパク質が結合した膜は，流動性をもち脂質分子もタンパク質もかなり自由に動くことができるという，流動モザイクモデルで考えられている．しかし，この動きは膜平面に沿った動き（側方拡散）に限られることに注意しなければならない．膜の一方側の分子が別の側へという，膜を横切る動き（フリップフロップ）は熱力学的に起こりにくく（図 5.5），エネルギーを使う特殊な酵素（フリッパーゼ）に認識されない多くの分子は移動が制限される．

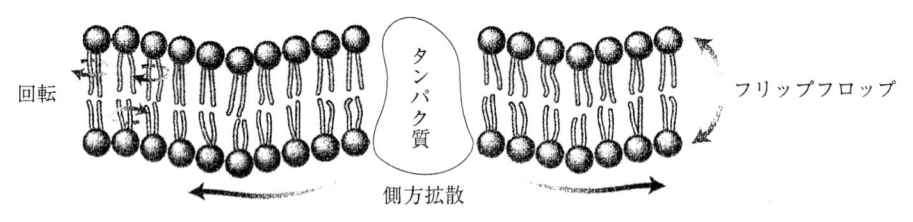

図 5.5　側方拡散とフリップフロップ

膜はその成分が膜の一方向から組み込まれながらつくられることと，脂質や膜タンパク質を修飾する酵素が膜の片側からのみ作用することから，でき上がった膜には裏表がある．たとえば，タンパク質や脂質の糖による修飾は，後に述べるように，小胞体やゴルジ体の内腔で起こり細胞膜に運ばれる結果，細胞膜の外側にだけ糖鎖が現れる．そして，これらを認識するフリッパーゼは存在しないため，極性をもった大きな分子である修飾糖鎖は細胞膜の外側にのみ観察されることになる（図 5.6）．なお，細胞膜を覆った糖鎖は細胞を保護するほか，細胞どうしの認識や接着に重要なはたらきをしていることが明らかとなってきた．

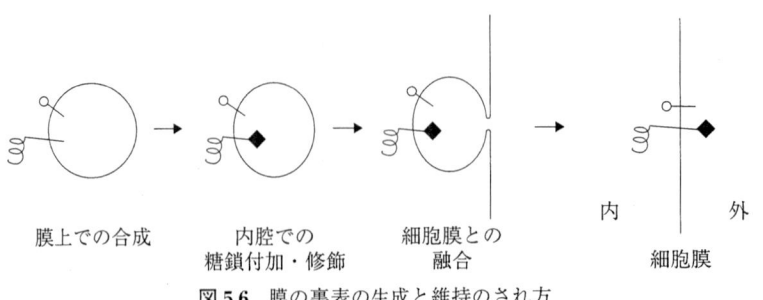

図 5.6　膜の裏表の生成と維持のされ方

また，細胞はリン脂質の分布をエネルギーを使って制御する仕組みをもっていることが知られている．たとえば，ホスファチジルセリンやホスファチジルエタノールアミンなどは細胞膜の外側面よりも内側面に偏在している（表5.4）．

表 5.4 赤血球膜裏表の脂質の非対称分布

脂質の種類	分布（％）	
	表（外）側	裏（内）側
ホスファチジルエタノールアミン	23	77
ホスファチジルコリン	81	19
ホスファチジルセリン	11	89
ホスファチジルイノシトール	33	67
スフィンゴミエリン	90	10
コレステロール	50	50

さらに，膜平面方向の動きもまったく自由であるわけではない．たとえば，上皮細胞の極性をもった構造は，細胞膜成分が体の外側と組織側とで混ざり合わない仕組みがないと維持されない．この細胞では，細胞間接着の構造（密着結合，後述）が膜構造と機能の区分けをしている．さらに細かくみると，細胞膜にはコレステロールやスフィンゴミエリンが凝集したラフト（「いかだ」の意，脂質の海に浮かぶイメージから）とよばれる微小領域（ミクロドメイン）の存在も明らかにされてきた．ラフトには，足場となる分子を中心に種々の情報伝達分子が集合しており，細胞膜を介した情報伝達や細胞内輸送など，多彩な細胞応答に関与していると考えられている．このように一般的なモデルでは，膜は脂質二重層にタンパク質が埋め込まれ，膜平面に対して流動性のある構造をしているが，実際の生きた細胞の多様な膜系はおのおのに特化した機能を発揮するために，それぞれに特徴のある局所構造をもっていることが明らかにされつつある．

5.3 膜を介した輸送

a. 輸送系の必要性と種類

細胞にとって重要な分子の多くは極性をもち，脂質二重膜を自由には通過できない．そのため，糖，アミノ酸，無機イオンなどを膜通過させるためには，膜タンパク質からなる輸送系が必要である．輸送系は，輸送する分子の膜内外の濃度勾配に従って拡散する**受動輸送系**と，エネルギーを使って分子を濃度勾配に逆らって輸送する**能動輸送系**とに大別される．

b. 受動輸送系

（1）チャネルタンパク

受動輸送系には，輸送する分子を電荷と大きさで区別して膜内をゲートの開閉で調節して通過させる**チャネルタンパク**と，分子の立体的な形を認識し結合して移動させる**輸送体タンパク（キャリヤータンパク）**とがある（図5.7）．

チャネルタンパクで輸送される分子が電荷をもたない場合には，分子の濃度勾配が運ぶ駆動力になる．しかし，電荷をもつ場合の駆動力は，膜内外のその分子の濃度差に加え，膜の両側に生じて

(a) チャンネルタンパク　　　　(b) 運搬体タンパク

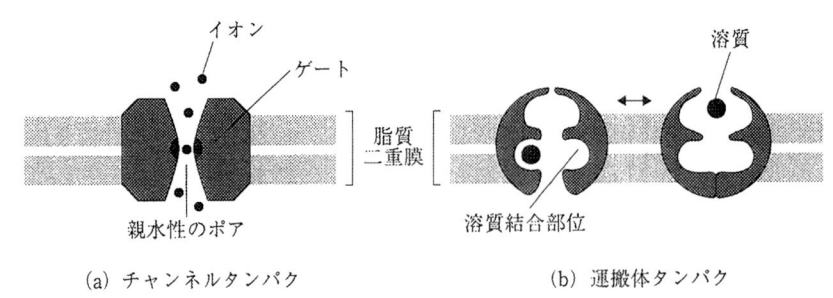

図 5.7　チャネルタンパクと輸送体タンパク

いる電位差（膜電位）の合わせた力（電気化学的ポテンシャル）となる．たとえば，負に荷電した分子をその濃度勾配に従って膜内に取り込めば，膜内は負の電場となり膜内外で電位差が生じ，電気的な反発によって負荷電分子が内外等しい濃度まで取り込まれる前に平衡に達する（図 5.8）．

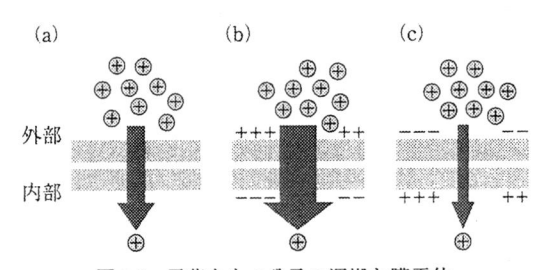

図 5.8　電荷をもつ分子の運搬と膜電位
(a) 膜内外に電位が生じていない場合には，電荷をもつ分子も化学勾配に従う．
(b) 内側が負の膜電位が生じている場合には，正の電荷をもつ分子の移動は促進される．
(c) 内側に正の膜電位が生じている場合には，正の電荷を分子の移動は妨げられる．

チャネルはゲートの開閉という限られた動きで，一度に大量の分子を移動できるため，神経伝達などの瞬時のイオン輸送に適している．そして，その開閉が調節の重要なステップである．チャネルの開閉を調節するには，通過するイオンの特異性を保ちつつゲートの直径を変化させることはできないので，閉じた状態から開いた状態へと変換する頻度（確率）を高めるという方法をとる．開閉の調節をする機構には，大別して以下の 4 通りが存在する．
① リガンドがチャネルに結合し，それによって構造が変化しゲートを開閉する．
② チャネル近傍周囲の膜電位が変化し，それに応じて開閉する．
③ 血圧の変化や組織の伸展という機械的刺激に応じて開閉する．
④ チャネルに結合している調節タンパクの構造変化に誘導されてチャネルが変化する．
(2) 輸送体タンパク

輸送体タンパクによる分子の輸送は，分子を結合して膜内部を移動させるという大きな動きが必要となる．そのため，一度に輸送できる分子数には限りがある．この活性調節の代表的なものは，輸送体タンパクの量を増減して行う．たとえば，膵臓の β 細胞膜に存在するグルコース輸送体（サブタイプの一種で GLUT2 とよばれる）は，必要に応じてインスリンを分泌させるために，細胞外のグルコース濃度を細胞内に反映させるはたらきをしている．そのため，一定量の輸送体が細胞膜にあればよいのに対し，脂肪細胞や骨格筋細胞に存在するグルコース輸送体の別タイプ

(GLUT4)は，インスリンの刺激がきた場合には細胞外のグルコースを取り込む活性を増大させ，血糖値を下げるはたらきをしている．そのため，細胞内膜系に存在する輸送体が，インスリン刺激によって細胞膜に移動（トランスロケーション）して取込みを高めるという仕組みが存在している（図 5.9）．

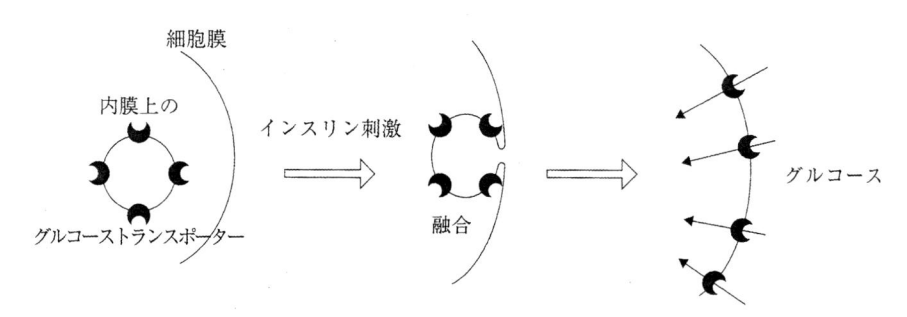

図 5.9 グルコース輸送体 GLUT4 のトランスロケーションによる活性調節

c. 能動輸送系

(1) 能動輸送系とエネルギーの共役

能動輸送は電気化学的勾配に逆らって分子を輸送するため，エネルギーの供給が必須である．能動輸送をするためには，輸送体タンパクは輸送する分子に対する親和性を膜の内外で変化させることが必要となる．すなわち，輸送する分子の濃度が低い側では親和性を高めて結合し，逆に濃度の高い側では親和性を落として分子を放出する必要がある．エネルギーは，こうした構造変化の誘導に使われることになる．輸送する分子に対する親和性を変える構造変化は，輸送分子を結合する輸送体タンパクのみ可能であり，ゲート構造のチャネルタンパクでは不可能である．そのため，能動輸送するタンパク質は必ず輸送体タンパクである．そして，能動輸送のためのエネルギーとしては，ATPの加水分解と，他の受動輸送系との共役から得られるエネルギーが使われることが多い．

(2) ATP 加水分解エネルギーを使う能動輸送

ATPの加水分解で生じるエネルギーを使って能動輸送する輸送体タンパクの代表例には，ABCトランスポーターと総称される，よく保存された ATP 結合領域（<u>A</u>TP <u>B</u>inding <u>C</u>assette，ABC）を1分子内に二つもつ一群の膜タンパク質がある（図 5.10）．

ABC トランスポーター遺伝子は，ヒトゲノムの中でもっとも大きな遺伝子ファミリーの一つで，40種類のメンバーが知られている．ヒトの体の細胞では，多様な ABC トランスポーターが有害物

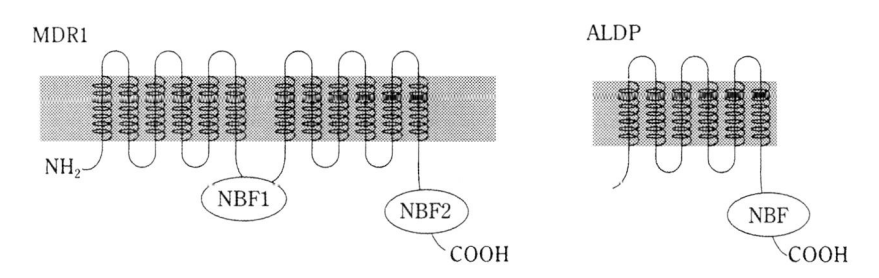

NBF：nucleotide binding fold（ATP結合領域）
図 5.10 典型的な ABC トランスポーターの二次構造

質の排出や脂質の輸送などに活躍している．また，癌細胞の細胞膜に過剰に発現し，複数の抗癌剤を細胞内から細胞外に排出させて多剤耐性を与える P 糖タンパク（MDR1）はこの仲間で，正常細胞でも薬物トランスポーターとしてその体内動態に大きく影響することが知られている．表 5.5 には，代表的な ABC トランスポーターとそのはたらきを例として示した．経口のインスリン分泌促進薬スルホニルウレア（SU 剤）の結合するタンパク質 SUR1 もこのファミリーに属し，この場合はトランスポーターとしてではなく，ATP 感受性 K チャネルの活性調節因子として機能していることが知られている．

図 5.11 には，細胞膜上と細胞内小器官であるペルオキシソーム（5.4.a 項，表 5.7 参照）膜上での代表的な ABC トランスポーターのはたらきを模式的に示した．細胞外から細胞内に入ったさまざまな分子（●△▨）を，MDR1 はその幅広い基質特異性によってそのままの形で細胞外に ATP の加水分解のエネルギーを使って排出する．一方ある種の薬物などは，グルタチオン（GSH）抱合反応によって水溶性を増したグルタチオン抱合体（GS⁻）となった後，MRP1 によって細胞外に排出される．また中長鎖までの脂肪酸がいったんアシルカルニチンとなって細胞内小器官であるミトコンドリア内に転送され β 酸化される（脂肪酸の代謝の項参照）のに対し，極長鎖脂肪酸はペルオキシソーム内で β 酸化される．このペルオキシソーム内への転送にはカルニチンは関与しておらず，ABC トランスポーターである ALDP が輸送を行っている．

表 5.5 代表的な ABC トランスポーターとそのはたらき

分類名称	別　名	はたらき
ABCB1	MDR1, P 糖タンパク	生体異物の排出，高発現で多剤耐性
ABCA1	ABC1	コレステロールの排出，変異でタンジール病
ABCB2	TAP1	抗原ペプチドの輸送
ABCC1	MRP1	グルタチオン包合体などの有機アニオンの輸送
ABCC7	CFTR	Cl⁻ イオンの輸送，変異で嚢胞性繊維症
ABCD1	ALDP	極長鎖脂肪酸の輸送，変異で副腎白質ジストロフィー
ABCC8	SUR1	SU 剤の受容体で，ATP 感受性 K⁺ チャネルの開閉を調節

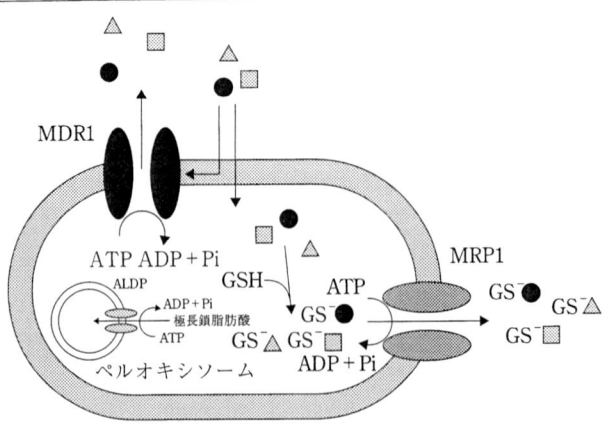

図 5.11 肝臓ではたらく ABC トランスポーター

（3）共役輸送

能動輸送の駆動力を得るもう一つの主要なものに，別の分子の濃度勾配に従う受動輸送から得られるエネルギーを，他の分子の濃度勾配に逆らう能動輸送に必要なエネルギーとして使う，共輸送

とよばれる機構がある．細菌ではプロトンとの，ヒトなどの動物細胞ではナトリウムイオンとの共輸送系が多くの分子の能動輸送に使われている．

これらの輸送系がはたらくためには，共役するイオンがつねに能動輸送され，濃度勾配が維持される機構，すなわち，いつでも受動輸送されることが可能な待機状態が維持されていることが必要である．その役目をしているのが，細菌ではプロトンATPアーゼ，動物細胞では一般にNa^+K^+-ATPアーゼ（Na^+K^+-ATPポンプ）で，リソゾームなどの酸性区画への輸送にはプロトンATPアーゼも活躍する．ATPの加水分解エネルギーを駆動力として用いて，Na^+イオンの細胞内から外へのくみ出しと，K^+イオンの細胞内への取り込みを行うNa^+K^+-ATPアーゼは，単なるイオン能動輸送系というより，形成されるNa^+イオンの濃度勾配が，多くの共輸送系でエネルギーとして使われる．そのため，ミトコンドリアでの酸化的リン酸化などで得た化学エネルギーをもう一度細胞膜をはさんだ電気化学エネルギーに変換する，いわば発電所の役目をしている．そして，Na^+K^+-ATPaseの消費するATPの量は，細胞全体の30％にも及ぶことからも，細胞の内外でNa^+，K^+イオン濃度差を維持することが，動物細胞にとっていかに重要なことかが推察できる（図5.12）．

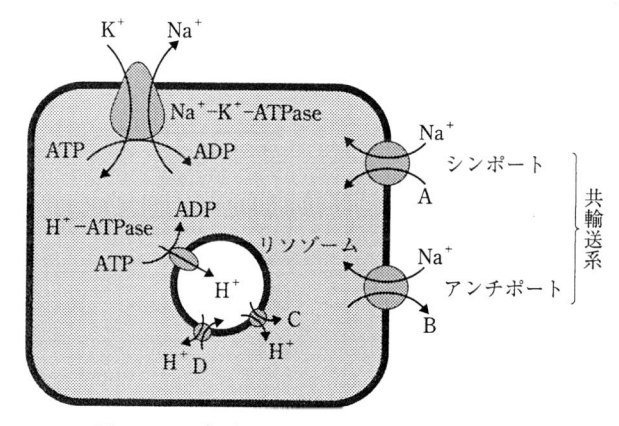

図5.12 Na^+K^+-ATPaseのはたらきと共輸送系

ATPを消費して細胞内外のイオン濃度を維持するもう一つの重要なポンプにCa^{2+}ATPaseがある．このはたらきによって細胞内のCa^{2+}濃度は極度に低く保たれ，わずかなCa^{2+}イオンの流入が大きなシグナルとなる仕組みを支えている．こうしたイオンポンプによって維持されている動物細胞内外のイオン濃度を表5.6にまとめて示した．

表5.6 ヒト細胞内外のイオン濃度

イオン	細胞内濃度（mM）	細胞外濃度（mM）
Na^+	5～15	145
K^+	140	5
Mg^{2+}	0.5	1～2
Ca^{2+}	0.0001	1～2
Cl^-	5～15	110

共輸送系の例には，小腸粘膜上皮細胞のグルコースの取込みがあげられる（図5.13）．極性をもつこの細胞は，腸管から栄養をできるかぎり吸収し体内に送る役目を担っている．グルコースはナ

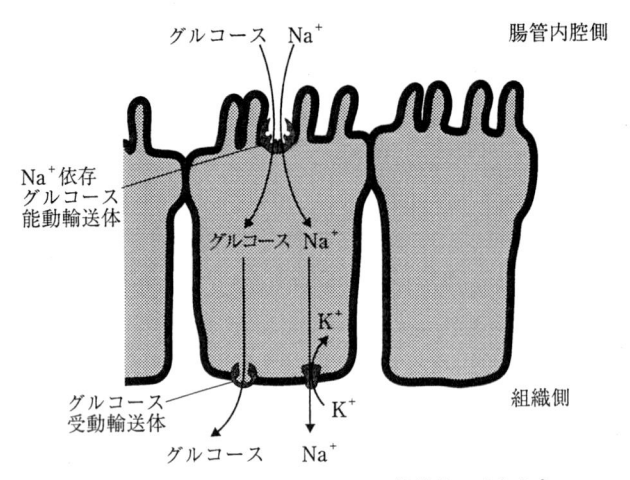

図5.13 小腸上皮細胞におけるグルコース輸送体のはたらき

トリウムイオンの外から中への受動的な動きと共役して能動的にくみ上げられる．細胞内で濃度の高くなったグルコースは，組織へ受動的に輸送される．このように小腸上皮細胞では，腸管に接する側と組織に接する側とでは異なるグルコーストランスポーターが活躍し，グルコースの体内への効率のよい取込みを可能にしている．

5.4 細胞内小器官

a. おもな細胞内小器官とそのはたらき

原核細胞は細胞膜で囲まれた，細胞質という一つの区画のみからできているが，真核細胞内には細胞内小器官（オルガネラ）とよばれる，細胞膜とは別の膜系で複雑に囲まれた多くの区画が存在する．この小器官の体積の合計は細胞全体の約半分を占め，細胞内膜の面積の合計は細胞膜の数十倍にもなる．このように，真核細胞は1個の細胞内を細かく区画化し，区画どうしの物質のやり取りを調節することによって，均一系では不可能な多数の化学反応を効率化し，同時進行を可能にしている．図5.14には動物細胞の主要な細胞内小器官の模式図を示した．代表的な細胞内小器官の構造と機能を以下に概説し，さらにその要点を表5.7にまとめて示す．

小胞体（ER，endoplasmic reticulum）は，核膜の外膜とつながる一重の脂質二重膜で囲まれた管状あるいは袋状の複雑なひとつながりの構造で，細胞質に広がっている．小胞体移行シグナルをもつタンパク質（次項「タンパク質の選別輸送」，表5.8参照）の合成をするリボゾームが結合している小胞体は**粗面小胞体**と呼ばれ，細胞内膜の合成の場となっている．その内腔ではタンパク質の糖鎖修飾と正しい高次構造の形成を行っている．リボゾームのついていない**滑面小胞体**は，脂質の生合成の場であり，シグナル伝達系で重要なCa^{2+}を貯蔵し，素早い放出と再取り込みの場となっている．また，肝臓の滑面小胞体は多くの薬物代謝酵素が存在する場所であり，副腎皮質ではステロイドホルモンを産生する場所であるように，細胞によって異なる発達をしている場合がある．

ゴルジ体は小胞体の近くに位置し，嚢（のう）と呼ばれる座布団状の袋がいくつか積み重なった一重の脂質二重膜に囲まれた構造をしている．小胞体からタンパク質と脂質を受け取り，段階的に

5.4 細胞内小器官

図 5.14 動物細胞と主要な細胞内小器官

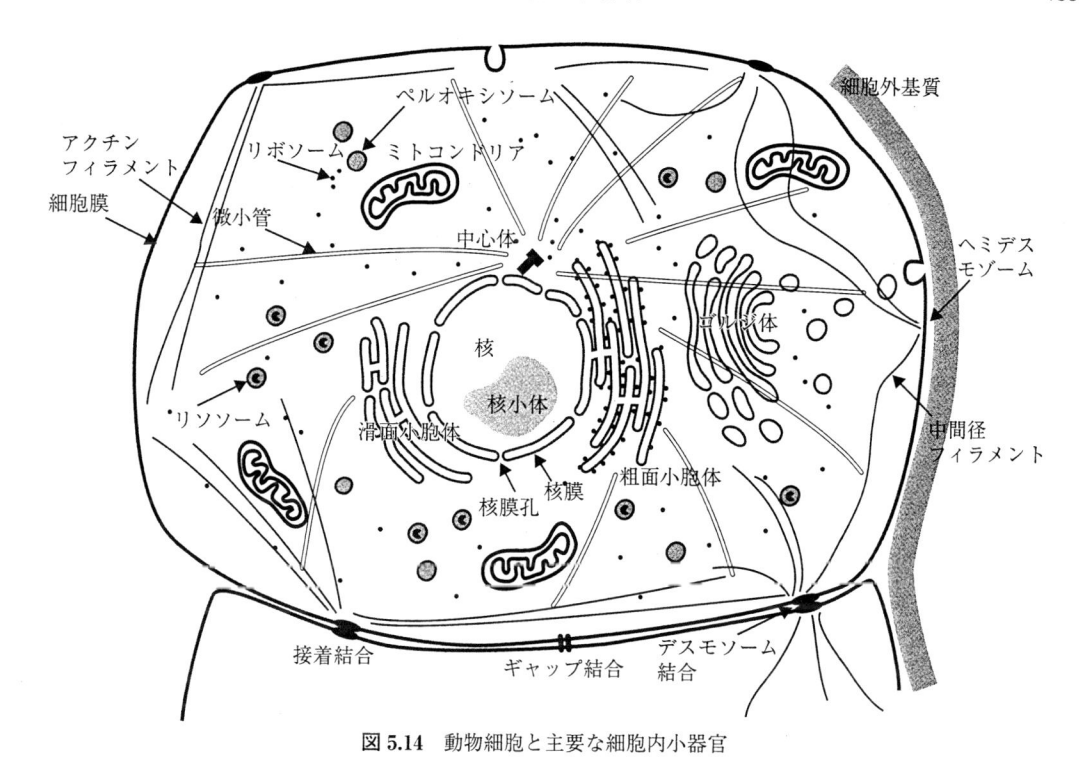

表 5.7 主要な細胞内小器官の膜の特徴と，おもなはたらき

細胞内小器官	膜構造の特徴と小器官としてのはたらき
核	膜：2枚の膜と裏打ちタンパクよりなり核膜孔をもつ．細胞分裂時に消失する． 機能：DNA染色体を保持し，遺伝子の転写を行い，RNAプロセシングをした後，RNAを細胞質に輸送する．
ミトコンドリア	膜：透過性のある外膜と，イオン不透過性の高い内膜よりなる． 機能：TCA回路，脂肪酸 β 酸化系と呼吸鎖をもち，酸化的リン酸化によって細胞内のATPの大部分を合成する．
小胞体（ER）	膜：核膜と連結している．リボゾームを結合した粗面と結合しない滑面がある． 機能：膜結合リボゾームで膜・分泌タンパク質の合成と糖鎖付加を行う．各種脂質の合成とチトクローム P450 による酸化反応を行う．
ゴルジ体	膜：一重の膜に囲まれ独立した小嚢が何層にも積み重なった膜系複合体である．小胞体に近い嚢をシスゴルジ体，細胞膜に近い嚢をトランスゴルジ体とよぶ． 機能：小胞体から輸送されるタンパク質と脂質を受け取り，糖鎖修飾など小嚢ごとに異なる反応を分担した後，細胞各部へ選別輸送する．
リソソーム	膜：プロトンに対して不透過性の高い一重膜に囲まれ，中を酸性に保つ． 機能：酸性に至適 pH をもつ多数の加水分解酵素を含み，不要となった細胞内分子や小胞，細胞外から取り込んだ物質の分解を行う．
ペルオキシソーム	膜：低分子量分子は通過できる一重の膜に囲まれている． 機能：過酸化水素を発生する各種酸化酵素と，その分解をするカタラーゼを含み，極長鎖脂肪酸の β 酸化や種々の分子の解毒などを行う．

修飾を加えてから，細胞膜や目的の細胞内小器官へ送り出す（選別輸送，次項参照）．一連の複雑な糖鎖修飾や硫酸化などが順序良く進行するのは，囊からなるゴルジ体の層状構造に方向性があることによっており，空間的に独立した囊には異なる修飾酵素が存在している．小胞体からタンパク質と脂質を受け取る囊を**シスゴルジ**，中間ゴルジを挟んで，細胞膜に面した囊を**トランスゴルジ**と呼ぶ．

リソゾームは一重の脂質二重膜に囲まれた細胞内小器官で，内腔にはタンパク質，核酸，脂質，糖などの加水分解酵素約50種類が含まれる．リソゾーム内の分解酵素の至適pHは酸性で，リソゾーム内部も膜結合型プロトン輸送性ATPaseのはたらきによって酸性に保たれている（図5.12参照）．そのためリソゾーム内での加水分解の効率が上がると同時に，たとえ分解酵素群が細胞質へ漏出しても非特異的な分解が起きにくくなっている．また，リソゾームはゴルジ体から出芽してつくられるが，できたばかりで分解活動に入っていないものを一次リソゾーム，分解する分子や細胞内小器官を取り込んだり，他の膜系と融合して，不要成分の分解や再利用・代謝に関わっているものを二次リソゾームと呼び区別することがある．一次リソゾームは分解酵素群をゴルジ体から分解の場であるリソゾームへ運搬する小胞である（図5.18参照，細胞外から物質を取り込む際に形成される小胞である**エンドゾーム**と一次リソゾームが融合し，取り込んだ物質が分解される小胞である二次リソゾームが形成される）．

ペルオキシソームは低分子量の分子は通過できるほどの透過性をもった一重の脂質二重膜に囲まれた小器官で，アルコールやD-アミノ酸，有害分子などを酸化酵素によって解毒する．その結果生じる有害な過酸化水素を分解するカタラーゼを大量にもち，細胞質への過酸化水素の漏洩がおきないようになっている．また，ペルオキシソームでは極長鎖脂肪酸のβ酸化とリン脂質プラスマローゲンの生合成開始などの重要な代謝反応も行われ，この細胞内小器官の欠損はもっとも重篤な遺伝性疾患として知られている．

核は真核細胞を特徴づける構造であり，二重の脂質二重膜に囲まれている．膜は中間径フィラメントのラミン（5.6節参照）に裏打ちされており，核内外の分子の輸送を可能にする核膜孔をもつ（図5.6参照）．核膜は細胞分裂時に一時的に消失し，細胞質が分裂して2個の細胞になる前に再構成される（5.5節参照）．核内には遺伝情報をコードするDNAがタンパク質と複合体を形成して存在し，細胞分裂時には凝縮した染色体として光学顕微鏡で観察できるようになる．遺伝子からのRNAの転写とプロセシングまでが核内で行われ（第6章参照），成熟したmRNAが細胞質に輸送される．

ミトコンドリアは内外二重の脂質二重膜に囲まれた細胞内小器官で，酸素を消費して生体に必要な多くのエネルギーを生み出す．核とは異なる独自の小さな環状DNAをもち，二分裂によって細胞分裂とは独立して増える．こうした他の細胞内小器官にはない特徴をもっていることなどから，ミトコンドリアは真核細胞の祖先細胞に飲み込まれて共生した細菌に由来すると考えられている．内部はマトリクスと呼ばれ，脂肪酸のβ酸化やTCA回路の酵素など多くの代謝酵素が存在している．酸素を用いた酸化的リン酸反応による効率の良いATP合成は，イオンや多くの分子に不透過性が非常に高い内膜に存在する電子伝達系とイオン輸送系が，酸化によるエネルギーから膜内外にイオンの濃度勾配を形成し，その結果生じるプロトン駆動力をATP合成酵素が化学結合のエネルギーに変換することによっている．エネルギー消費の激しい細胞では，内膜がヒダのようなクリステと呼ばれる構造をしており，増大した内膜面積によってエネルギー産生量が高められている（図

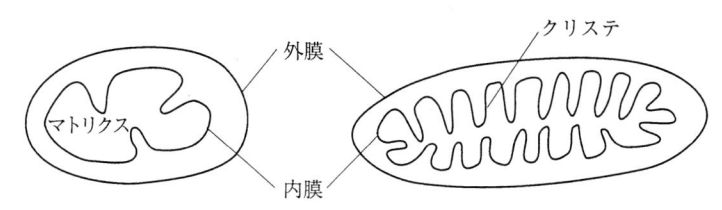

図 5.15 ミトコンドリアの模式図
必須とする ATP の量をまかなえるように，細胞によってクリステの発達は異なる．

5.15)．一方，外膜は分子量数千の分子まで透過できる性質をもつ．これは外膜に存在するポーリンというタンパク質が親水性の大きなチャネル（5.3.b 項参照）を形成していることによる．

b. タンパク質の選別輸送

（1） 選別輸送の必要性

模式図 5.14 から想像される小器官は一定で単純な構造であり，おのおのが固有の機能を営むためには，特別の仕掛けが必要ではないように思いがちである．しかし，実際には細胞分裂では各小器官は倍加する必要があり，非分裂時でも細胞内外の変化に応じてダイナミックな変化をし，小器官どうしで膜融合解離を含むさかんな物質交換を行っている．こうした動的な環境にあっても，各細胞小器官が固有の機能を営むためには，おのおのに特異的なタンパク質群をタンパク質合成場所から選別して移動し，そこに保持し，漏れ出た後は回収することが必要である．このタンパク質を選別する仕組みは，各タンパク質の自発的な動きではなく，細胞のもつ選別システムに認識される受身のものであり，すでに存在する小器官なしにタンパク質が特定の場所に移動できるわけではない．たとえば，いくら荷物に行き先の荷札をつけても，流通システムが動いていなければ，目的地に荷物が正しく運ばれることはないのである．小器官をもった細胞は，小器官をもった細胞の分裂からのみ生まれる．

（2） 直接輸送と間接輸送

新たに合成されたタンパク質が，目的の小器官に運ばれる経路には 2 通りある．一つは，合成されたタンパク質が他の小器官を経由せずに直接運ばれるもので，核内タンパク質と，ミトコンドリアやペルオキシソーム，小胞体のタンパク質がこれにあたる．もう一つは，核膜，ゴルジ体，リソゾーム，エンドゾームのタンパク質で，これらは小胞体膜上で合成された後，ゴルジ体を経由して各小器官に運ばれる．分泌タンパク質や細胞膜タンパク質も，この間接的な経路で運ばれる．どちらの経路に乗るタンパク質であるかの最初の選別は，合成開始直後に小胞体に運ばれるか否かによって決まり，標的の小器官に直接経路で輸送されるタンパク質は，小胞体に運ばれることなく細胞質で合成が完成される．詳しい説明に入る前に，この選択輸送の概略を図 5.16 に示す．

（3） 直接輸送のためのシグナル配列

各小器官に直接運ばれるタンパク質の場合は，そうしたタンパク質自身がすでに存在している選別システムに認識されるシグナルをもつ必要がある．各タンパク質は，シグナル配列と総称される，配列そのものよりも疎水性や電荷の配置に特徴をもつ，選別輸送されるためのアミノ酸配列を，N 末や C 末，あるいはペプチド内部にもっている．表 5.8 にまとめて示すこれらの配列は，欠失させるとタンパク質は本来の区画へ運ばれなくなるとともに，逆に，たとえば細胞質に存在するタンパク質に特定のシグナル配列を付加すると，その区画に運ばれることが示されており，タンパク質が

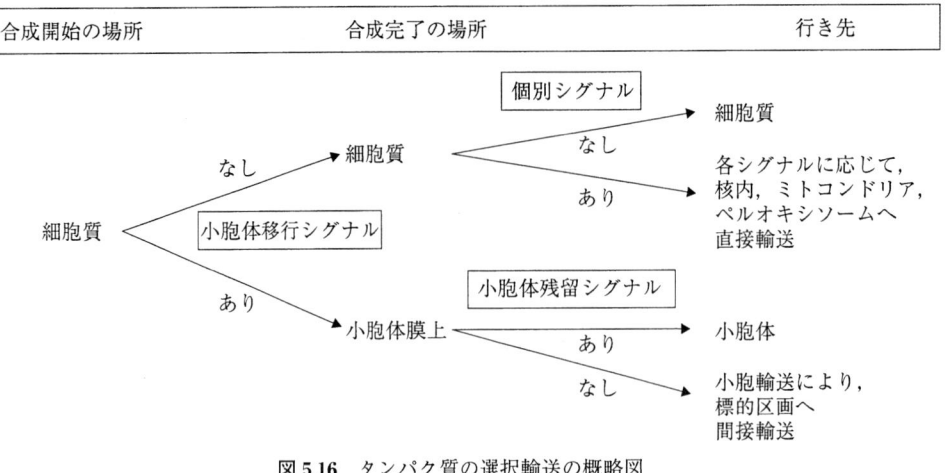

図5.16 タンパク質の選択輸送の概略図

表5.8 タンパク質の直接選別のための代表的なシグナル配列

シグナルの機能	シグナル配列の特徴と例
小胞体への移行	N末に存在し，極性アミノ酸にはさまれた疎水性に富む20ほどのアミノ酸配列．多くは小胞体膜上で切断除去され，プレ配列ともよばれる．
小胞体に保持	C末に存在する−Lys−Asp−Glu−Leu の4アミノ酸からなる配列．切断除去されることはない．
核内への移行	タンパク質内部に存在し，塩基性アミノ酸に富みプロリンを含む配列．たとえば，−Pro−Pro−Lys−Lys−Lys−Arg−Lys−Val−．
ミトコンドリアへの移行	N末に存在し，塩基性アミノ酸をαヘリックスの片面にもつアミノ酸配列．ミトコンドリアの内腔で切断除去される．
ペルオキシソームへの移行	C末に存在する−Ser−Lys−Lue の3アミノ酸残基の配列，あるいはN末の9アミノ酸配列．C末の配例は除去されないが，N末配列は除去される．

選別輸送されるための必要で十分なシグナルであることが示されている．これらのシグナルをタンパク質−タンパク質相互作用によって特異的に認識する装置が，小器官ごとに用意されていることによって選別輸送が成り立っている．

(4) 直接輸送されたタンパク質の膜通過

合成されたタンパク質が特定の小器官に到達してつぎに問題となるのが，膜の通過である．タンパク質の膜通過には，核内タンパク質とミトコンドリア内腔タンパク質によって代表される2通りの機構が知られる．まず，核内タンパク質は，核移行シグナルを認識するタンパク質インポーチンと複合体を形成して，核膜に存在する核膜孔とよばれる親水性のチャネルを通して能動的に取り込まれる．このとき，タンパク質の高次構造は基本的には保持されているのが特徴である．また，核膜孔は多くのサブユニットからなる巨大な装置で，タンパク質のほか，スプライシングの完了したmRNAを細胞質へ運び出す役目なども担っている．一方，ミトコンドリア内腔（マトリックス）へのタンパク質の輸送は，電子伝達系で生み出される内膜内外のイオンの濃度勾配を壊すことなく進行されなければならない．そのために，外膜と内膜の接する特別な部位にあるチャネルを，タンパク質の高次構造を解きほぐして通す必要がある．この高次構造の解きほぐしと再形成は，シャペロンとよばれる一群のタンパク質がATPの加水分解エネルギーを使って行う．図5.17には，核内

(a) ミトコンドリア (b) 核

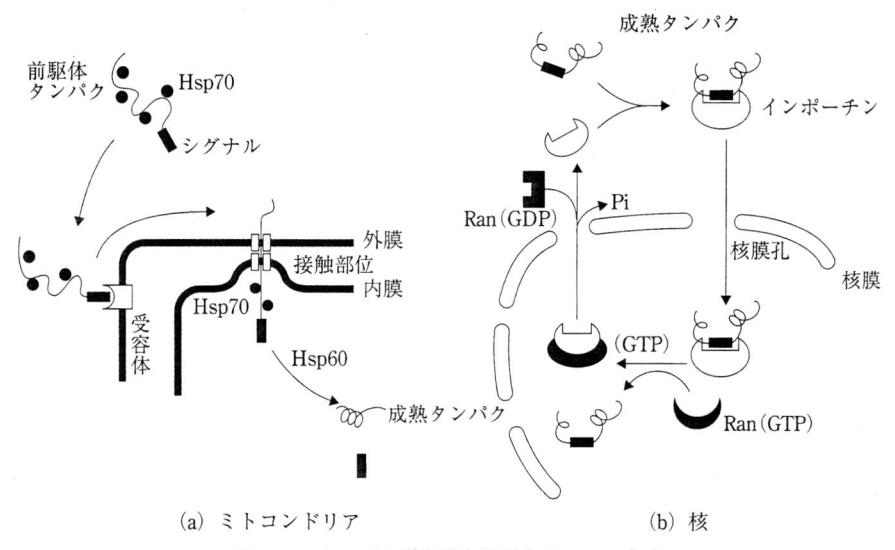

図 5.17 タンパク質が膜を通過する二つの方式

タンパク質とミトコンドリア内腔タンパク質の輸送過程を模式的に比較して示した．

(5) 小胞体移行シグナル

タンパク質が標的区画に直接輸送されるか間接的に輸送されるかの最初の選別は，細胞質で開始される合成開始直後に現れる N 末に位置する小胞体移行シグナルの有無によってなされる（図 5.16, 表 5.8）．シグナルがなければ合成は細胞質で継続され，完成したペプチド上の直接移行シグナルの種類が識別されて，核内，ミトコドリア，あるいはペルオキシソームへと運ばれる．直接移行シグナルもない場合には，細胞質タンパク質となる．一方，N 末の小胞体移行シグナルをもつタンパク質の場合は，タンパク質合成が開始され，シグナル配列が合成された直後の時点で，その N 末シグナルに SRP（signal recognition particle，タンパク質と RNA の複合体）が結合し，タンパク質合成がいったん停止され，小胞体膜上に運ばれる．小胞体膜上の SRP 受容体に結合すると SRP が解離し，タンパク質合成が再開され，合成されたペプチドが小胞体内腔あるいは小胞体膜に入っていく．この過程を概略図で示すと図 5.18 となる．

(6) 輸送小胞による間接輸送

小胞体で合成を完了したタンパク質で，小胞体保持シグナルをもたないものは，つづいてゴルジ体に輸送され，さらに標的の区画に送られる．これらタンパク質の輸送はこれまでみてきた核やミトコンドリアなどへの直接的な輸送とは異なり，脂質二重膜と選別輸送のためのタンパク質とから構成された輸送小胞によって運ばれる．小胞体−シスゴルジ間，ゴルジ嚢−ゴルジ嚢間，トランスゴルジ−細胞膜間などの選択的なタンパク質の移動は，輸送小胞や管状構造などの膜構造を介して制御されていることから，メンブレン・トラフィック（膜輸送）と総称されている．これには，膜小胞を形成して細胞外から物質を取り込むエンドサイトーシスの場合も含まれる．図 5.19 には全体像を模式的に示してある．

(7) 選別輸送の特異性

これらの小胞輸送によって輸送するタンパク質の選別と標的区画の特異的な認識は，やはりタンパク質−タンパク質相互作用の特異性によっている．すなわち，輸送小胞には数多くの種類があり，

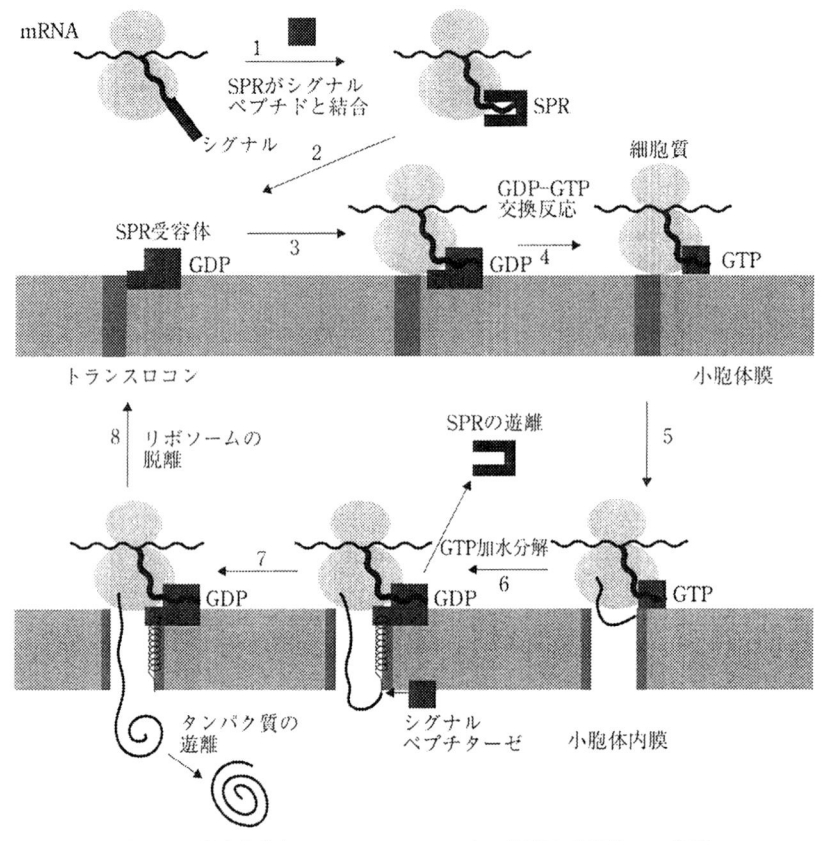

図 5.18 小胞体移行シグナルの SRP による認識と小胞体への移行
（エリオット生化学・分子生物学，第 2 版，p.332，東京化学同人より）

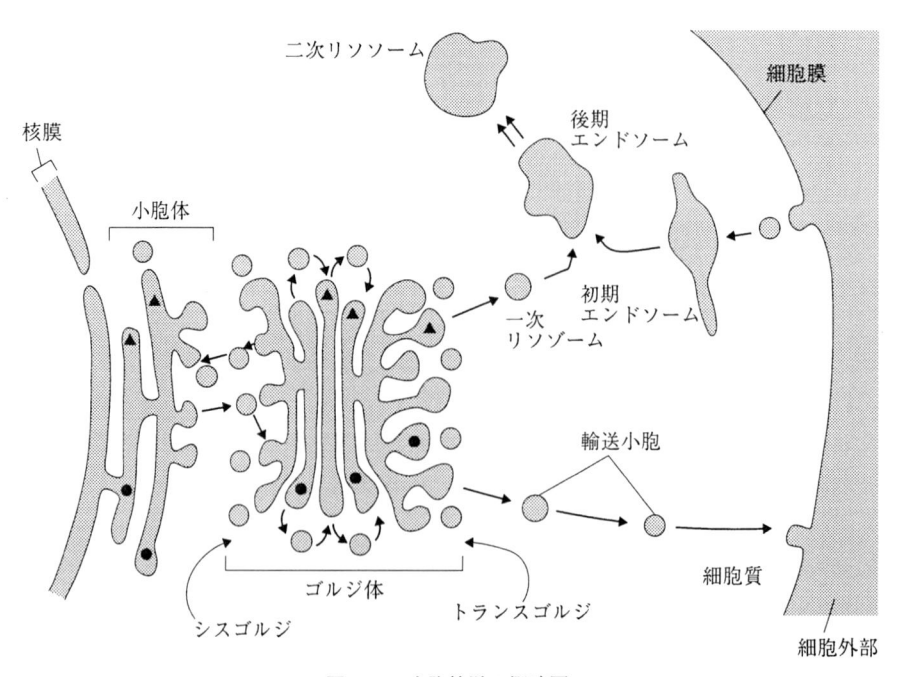

図 5.19 小胞輸送の概略図

おのおのの小胞膜には運ぶべきタンパク質を選別し，標的の膜上の特異分子を認識するタンパク質が存在する．このうち，輸送すべきタンパク質を識別するタンパク質はコートタンパク質とよばれる複合体で，その種類によって小胞は COP 被覆小胞とクラスリン被覆小胞に大別される．そして，輸送の過程でコート複合体は小胞より離脱し，目的の膜の識別は小胞膜上の存在する v-SNARE とよばれるタンパク質と目的膜上に存在する相補的な t-SNARE とのあいだの結合が輸送の特異性を決めていると考えられている（**SNARE 仮説**．SNARE は，この分子の同定の過程で得られたタンパク質名の頭文字に由来しており，v は小胞 vesicle に，t は標的 target に由来している）．したがって，細胞内には数多くの v-SNARE と t-SNARE の相補的な組合せが存在することになる．図 5.20 にはコートタンパク質と SNARE タンパク質による，選択的な小胞輸送の機構を模式的に示した．

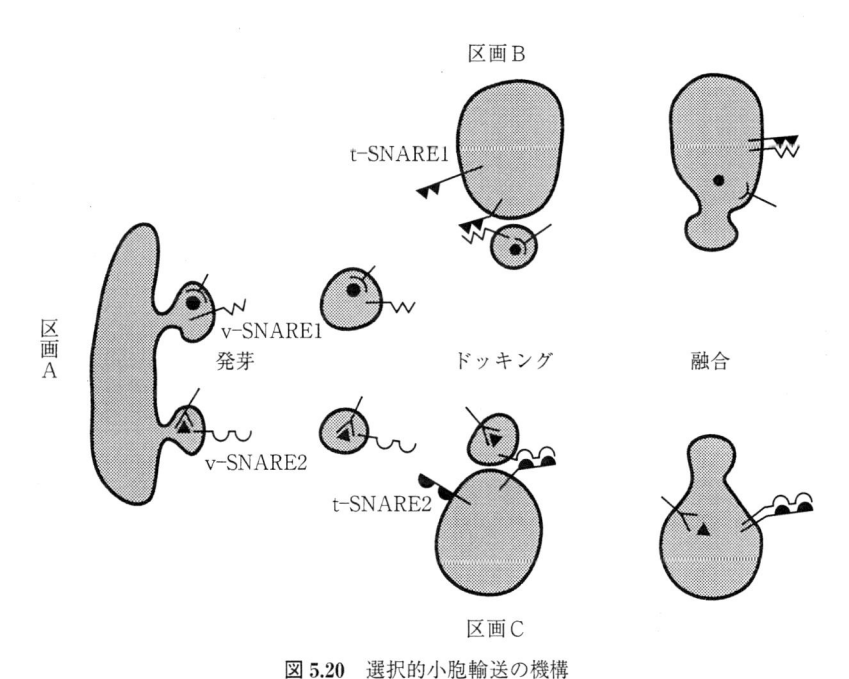

図 5.20 選択的小胞輸送の機構

(8) タンパク質合成・輸送と分子スイッチ

このタンパク質合成から選択的細胞内輸送の過程では，その反応の特異的で不可逆な進行を進める因子として GTP-GDP 分子スイッチが活躍している．GTP-GDP 分子スイッチとなるタンパク質は，GTP を結合した状態と，GDP を結合した状態で立体構造がはっきりと異なるために，GTP の加水分解に伴って，安定な複合体形成をする相手を不可逆的に変更することができる（図 5.21）．

この構造変化を起こすためには ATP ではなく，GTP が使われることが特徴である．分子スイッチ自身がもつ弱い GTP 加水分解酵素活性を調節する因子と，加水分解された GDP を GTP に交換する因子には様々なものが知られており，GTP-GDP 分子スイッチがかかわる反応は何段階もの調節を受けて進行する．表 5.9 には，タンパク質が合成されるところから，目的区画へ輸送されるまでのあいだにはたらく **GTP-GDP 分子スイッチ**をまとめて示した．

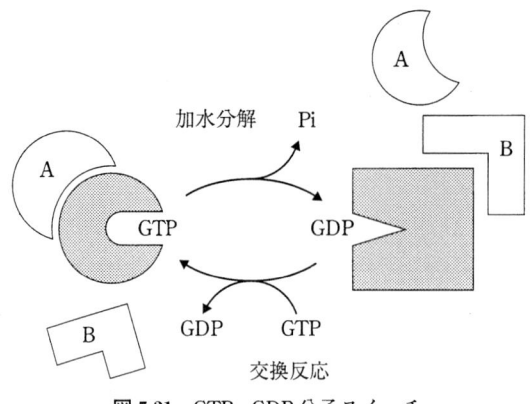

図 5.21 GTP-GDP 分子スイッチ

表 5.9 タンパク質合成・輸送過程ではたらくおもな GTP-GDP 分子スイッチ

反応のステップ	GTP-GDP 分子スイッチ	GTP 加水分解で起こる反応
タンパク質合成	開始因子 IF-2 延長因子 EF-Tu, EF-G 終結因子 RF-3	開始複合体の形成 ペプチジル鎖の延長合成 翻訳複合体の解離
核への輸送	Ran	インポーチンから核内タンパク質を解離
小胞体への輸送	SRP 受容体	シグナルペプチドから SRP を解離
小胞体からの輸送	SAR1	輸送小胞の被覆タンパク質を解離
ゴルジ体からの輸送	ARF	輸送小胞の被覆タンパク質を解離

5.5 細胞周期と細胞分裂，細胞の死

a. 細胞周期

(1) 染色体

　生命の基本単位である細胞は，その正確な機能維持のために，非分裂時にはタンパク質などの構成分子の合成・分解を含めた品質管理を行うことが必要であり，分裂時には忠実な複製細胞をつくり，不完全な細胞を生みださないことがもっとも重要である．遺伝情報の正確なコピーをもった細胞をつくり出すためには，細胞分裂と同調したDNA複製の厳重なチェックや，分裂する細胞への均等なDNA分配機構などが必要で，誤った遺伝情報をもつ細胞が生じないためのシステムが何重にも備わっている．

　ヒトの細胞1個の中には，長さにして約2mのDNAが数十本に断片化されて存在する．この長大なDNAの分裂細胞への正確な分配は，約100万分の1の長さのコンパクトな形である染色体としてまとめることによって実現されている．この折りたたみのもっとも基本的な単位が**ヌクレオソーム**である．リジンやアルギニンといった側鎖に正電荷をもつアミノ酸に富んだ**ヒストン**の8量体に約146塩基対の負電荷をもつDNAが1.7回転して巻き，折りたたみの基本単位であるヌクレオソームコアを形成している．さらに多くのタンパク質が結合し折りたたまれたDNAタンパク質高次複合体を**クロマチン**とよぶ．**クロマチン**は，細胞分裂の過程で異なる凝縮形態を示し，細胞が分裂するごく短い時期にだけ観察されるもっとも凝縮したものが**染色体**である．図5.22に，DNAの

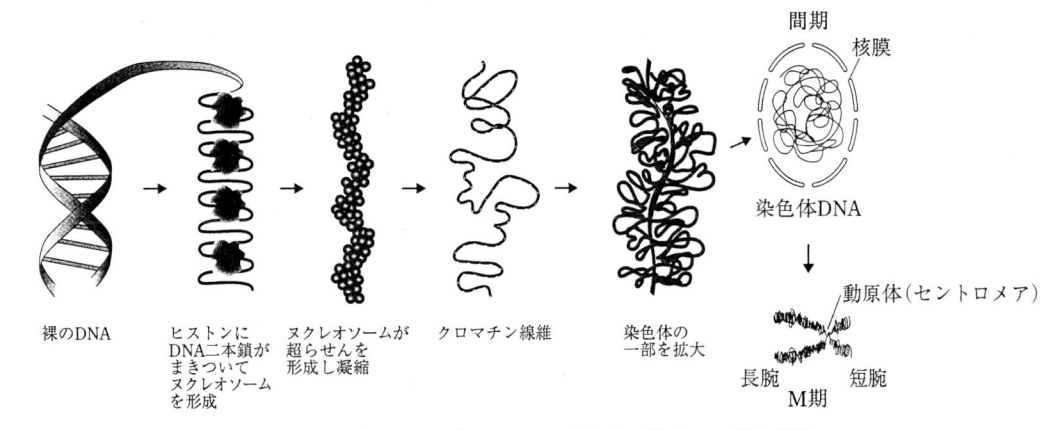

図 5.22 DNA の二重らせんから染色体の構造への凝縮過程

二重らせんから染色体の構造への凝縮過程を模式的に示す．

X字型に表され，染色体として光学顕微鏡で観察できる段階までには，DNAの複製は終了しており，細胞内にはヒトの場合，22対の常染色体とX,Y2本の性染色体，あわせて46本の染色体が存在している．すなわち，1種類のペプチドに対するDNAコーディング鎖は，父親由来の2本と母親由来の2本，計4本が存在する状態（四倍体）である．ヌクレオソーム，染色体の構造およびヒトの染色体（核型）については，図6.3～6.5を参照してほしい．

(2) 細胞周期の四つの時期

染色体が観察される時期は，細胞の分裂の周期でみると，核の分裂から細胞が二つに分かれるまでである．この分裂はクロマチンが糸のように観察されることから**有糸分裂（mitosis）**とよばれ，この期間は **M 期（分裂期）** と略称される．M期でない時期は，顕微鏡では大きな変化が観察されないため，間期とよばれてきたが，この期間はDNAを複製するのみならず，細胞周期を調節し，

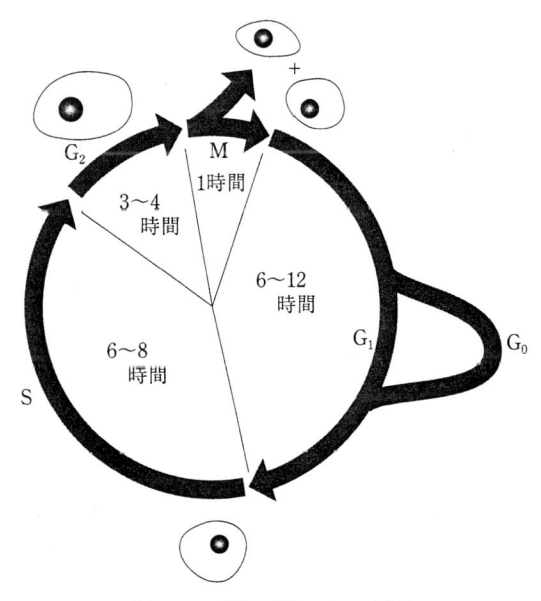

図 5.23 細胞周期の四つの時期

不良細胞を生み出さないための様々な機構がはたらく重要な期間であることが明らかにされている．そのため，間期をさらに（gap と synthesis から）G1, S, G2 の三つに分け，M 期とあわせて合計4つの時期で細胞周期を考えるのが一般的である．図 5.23 に各細胞周期の特徴をまとめて示す．

b. 細胞周期の制御
(1) サイクリン Cdk

細胞周期は，生化学的にはどのように制御されているのであろうか？ この問題の解決には，細胞が大きいために観察と細胞から抽出した細胞質成分の微注入などの操作が容易で，かつ周期をホルモン処理によって同調できるアフリカツメガエルの卵母細胞の成熟過程と，遺伝学的解析が容易な分裂酵母の温度感受性変異株の研究が大きく貢献した．その結果，細胞周期をつぎへと進める制御の基本はタンパク質のリン酸化であることが明らかにされた．各時期特異的な活性制御サブユニットであるサイクリンと，活性発現をサイクリンに依存するサブユニットである複数の**プロテインキナーゼ**（Cdk：cyclin-dependent kinases）のヘテロ二量体キナーゼが，各時期ごとに異なる組合せで必要な因子を活性化して細胞周期を進める（図 5.24 の円の内側）．

各サイクリン Cdk の細胞周期特異的な活性化は，サイクリンサブユニットの合成時期の制御に加えて，いくつかのサイクリンについてはリン酸化脱リン酸化による活性化の協同現象による急激な活性の上昇と，不要となった際の，N 末端の分解配列がプロテアソームによって認識され分解される速やかな消失とによって制御され，その急激に上下する活性の周期性が保たれている（図 5.25）．

さらに，サイクリン-Cdk 複合体に結合して，活性を阻害する因子群も細胞周期制御に重要であることが知られている．

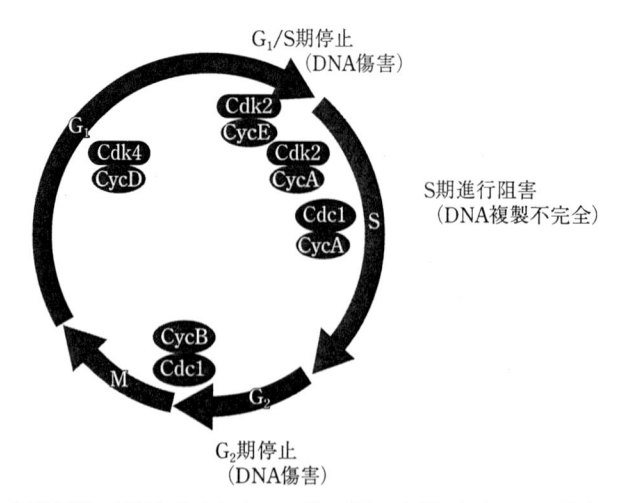

図 5.24 細胞周期の制御とサイクリン-Cdk，（円の内側）とチェックポイント（外側）
G1 期の通過はサイクリン D (CycD)-Cdk4, S 期の開始は CycE-Cdk2, S 期の通過は CycA-Cdk2, G2 期の通過は CycA-Cdk1, M 期の開始は CycB-Cdk1 と，各周期の開始と通過は固有の Cyc-Cdk プロテインキナーゼの組み合わせによって制御されている．また前の期の完了をチェックしてから次の期に進ませるチェックポイント制御がある．

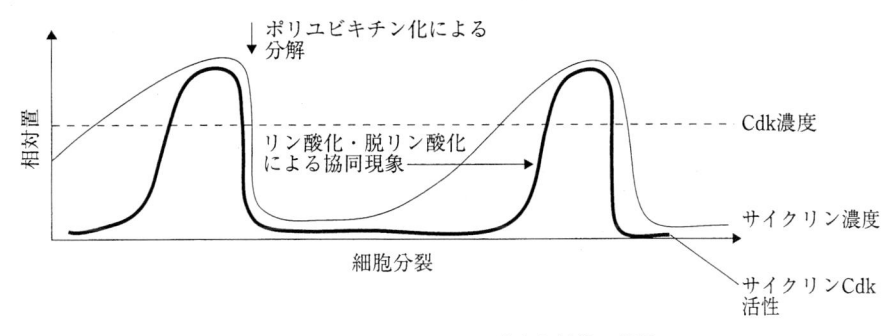

図 5.25 サイクリン Cdk の濃度と活性の調節

(2) Rb タンパク

サイクリン Cdk による活性調節の代表的な例として **Rb タンパク**が知られる．小児の眼の**網膜細胞悪性腫瘍**（retinoblastoma）の研究から見いだされたこのタンパク質は，細胞周期を G1 期にとどめるはたらきをしている．Rb タンパク質は，S 期に必要なタンパク質を合成するための遺伝子発現を促進する転写因子である E2F をトラップすることによって DNA との結合を阻害して，転写活性化が起きない状態にしている．そのため，細胞は S 期に進めないでいるが，細胞外から細胞の分裂を促すシグナルがくると，サイクリン Cdk が活性化され，Rb タンパク質がリン酸化を受け E2F をトラップできなくなる．その結果，E2F は S 期に必要な遺伝子の転写を活性化し，細胞周期が進行する（図 5.26）．

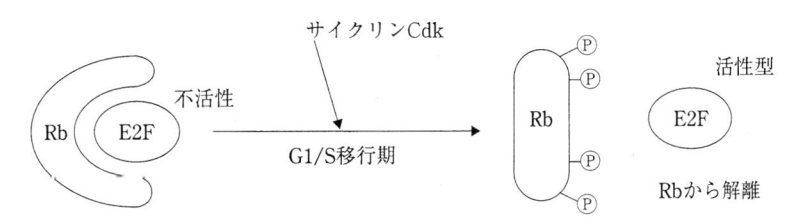

図 5.26 Rb タンパクのはたらきと S 期サイクリン Cdk

(3) チェックポイント

多細胞生物の場合には，1 個 1 個の細胞の死・消滅は個体の死にいたらないが，個体からの制御を外れた細胞の誕生は，個体を死にいたらしめることがある．その確実な防止のために，細胞周期は正常に進行しているか否かを主要な段階ごとに監視し，各段階の完了が確認されないかぎり，つぎの段階へは進むことができないようにして，不完全な細胞の複製を防止するチェックポイントとよばれる制御機構が備わっている．M 期の染色体分配の際には，染色体が紡錘体に付着するまで分配の開始を阻害する機構が存在し，紡錘体チェックポイントとよばれる．また，DNA の損傷は修復酵素複合体によって認識され，以下に述べる p53 タンパク質を介した DNA 傷害チェックポイント機構がはたらく．図 5.24 の細胞周期の外側に，各チェックポイントを示す．

(4) p53 タンパク

p53 タンパクはチェックポイント制御機構を担う代表的なタンパク質である．p53 タンパクは通常は合成後速やかに分解されているが，DNA に損傷が生じると，それを認識する複合体中のリン酸化酵素によってリン酸化され安定化される．安定化された p53 は Cdk の阻害因子である p21 の

遺伝子の転写活性化因子としてはたらき，図 5.27 に模式的に示される機構によって各種サイクリン Cdk の活性を阻害して，細胞周期を G1 期あるいは G2 期で停止させる．停止のあいだに DNA が修復されれば p53 は不安定化し，阻害因子 p21 の合成はなくなり，活性化サイクリン Cdk のはたらきによって細胞周期は S 期あるいは M 期へ進行する．しかしながら，DNA の損傷がある程度を超えると，p53 は**アポトーシス促進因子遺伝子**の転写を活性化する．その結果，遺伝情報の不完全な細胞はアポトーシスによって死に追いやられ，遺伝情報を正確に受け継いだ細胞の生存が妨害されることのないようにする．このように，細胞は正常ならば必要とされない p53 を合成し分解し続けるという，一見大変なむだに思えることをしているが，これは異常細胞を生み出さないための大事な保険であるといえる（図 5.27）．

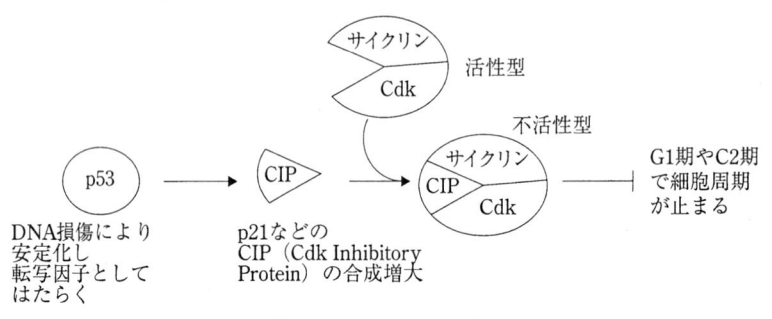

図 5.27 p53 のはたらき

c. アポトーシス

DNA の損傷から個体を守る究極の手段としてはたらくアポトーシスは，生体の発生分化や成熟過程および生体防御でも幅広く重要な役割を演じている．細胞死は，栄養不足，毒物，外傷などの外的環境要因による受動的な細胞死であるネクローシスと，プログラムされエネルギーを使う能動的な細胞死で，不要細胞の除去が目的であるアポトーシスとに大別される．細胞が膨潤して死ぬネクローシスに対して，アポトーシス誘導を受けた細胞は収縮し，核が凝縮し断片化した後，細胞膜に包まれた小体が形成され，食細胞により炎症を伴うことなく処理される．この過程では，アポトーシス誘導で活性化された DNase が DNA を切断する結果，細胞から DNA を回収して電気泳動で解析すると，ヌクレオソーム単位（約 180 塩基対）の整数倍の長さに断片化された DNA のラダー（はしご）が観察される（図 5.28）．

アポトーシス誘導は，DNA 損傷や小胞体内での異常タンパク質蓄積などの細胞内部の異常から起こる場合と，外的からの死のシグナルによって起こる場合とがある．いずれも複雑なシグナル伝達経路をたどるが，カスパーゼとよばれる一連のプロテアーゼがつぎつぎと活性化されて，最終的な分解酵素群が活性化されアポトーシスが実行されるという点では共通である（図 5.29）．興味深いことに，正常時にはミトコンドリア内膜での電子伝達系でエネルギー産生のために活躍しているチトクローム c は，アポトーシス誘導時にはミトコンドリアより放出されてカスパーゼの活性化因子としてはたらくことが知られている．この放出は，p53 によって転写活性化されるアポトーシス誘導活性化因子がミトコンドリアに移行することによっている．

d. 有糸分裂と減数分裂

二倍体細胞の分裂である**有糸分裂**では，ヒトならば 22 対の常染色体と XX あるいは XY 2 本の性

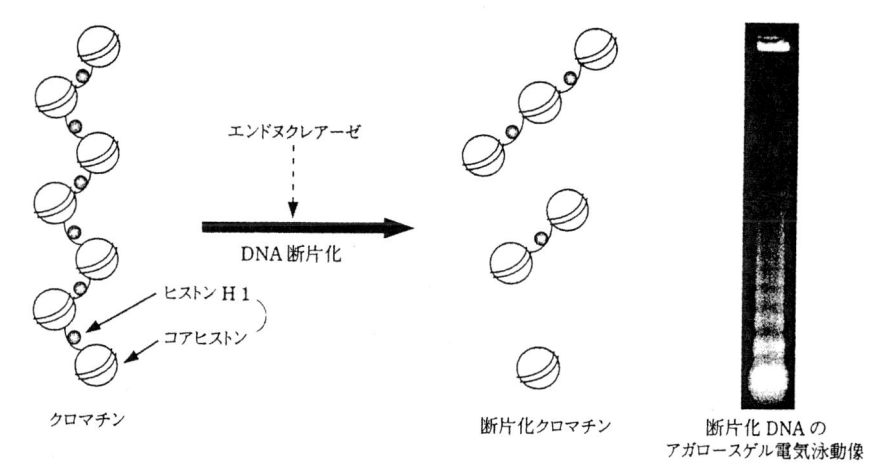

図 5.28 アポトーシスと DNA 断片化
（田沼靖一編：分子生物学，p.188，丸善より）

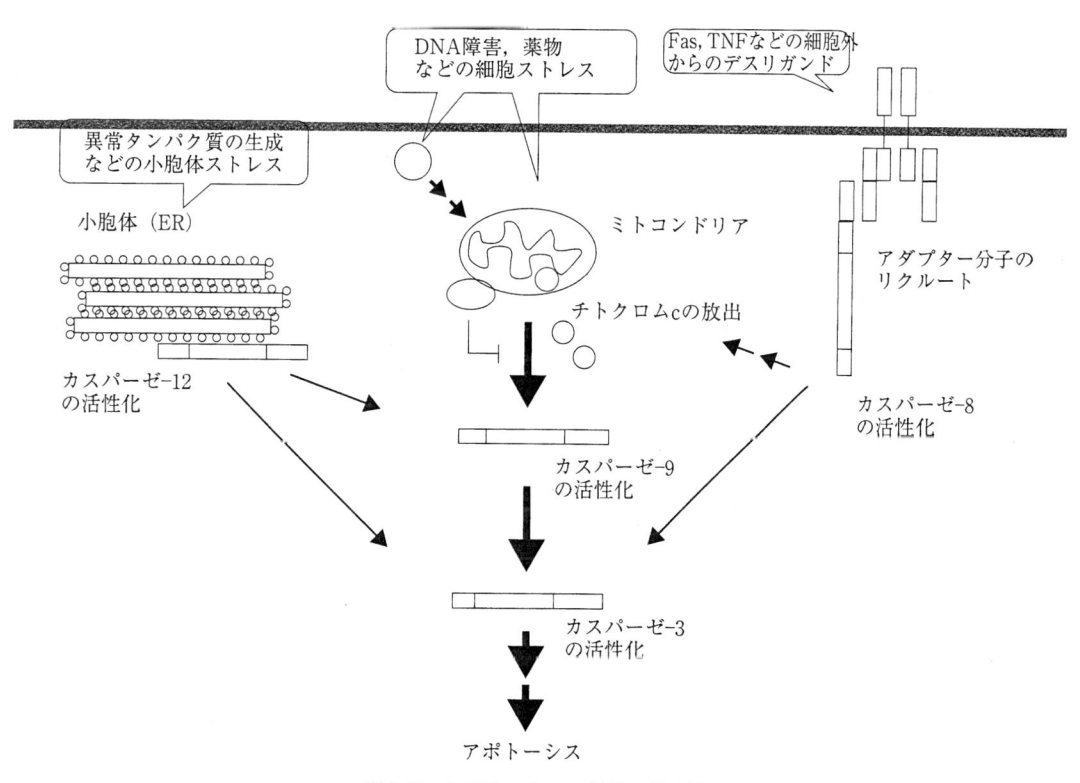

図 5.29 アポトーシスの機構の概略図

染色体すなわち 23 対の染色体が複製されて一度四倍体となり，同じ 23 対の染色体をもつ娘細胞が 2 個生まれる．対をなす常染色体どうしは，父親由来と母親由来であり，同一の DNA 配列をもつわけではないため，**相同染色体**とよばれる．一方，有糸分裂時に複製された染色体どうしは同一の DNA 配列をもち，**染色分体**とよばれる．この有糸分裂の過程では，正確な遺伝情報の伝達がもっとも重要であり，2 個の娘細胞は遺伝的に同一になるように厳密に制御される．それに対し，生殖細胞の形成過程は，22 対の相同な染色体と 2 本の性染色体が 1 回複製されるのに続いて，細胞分

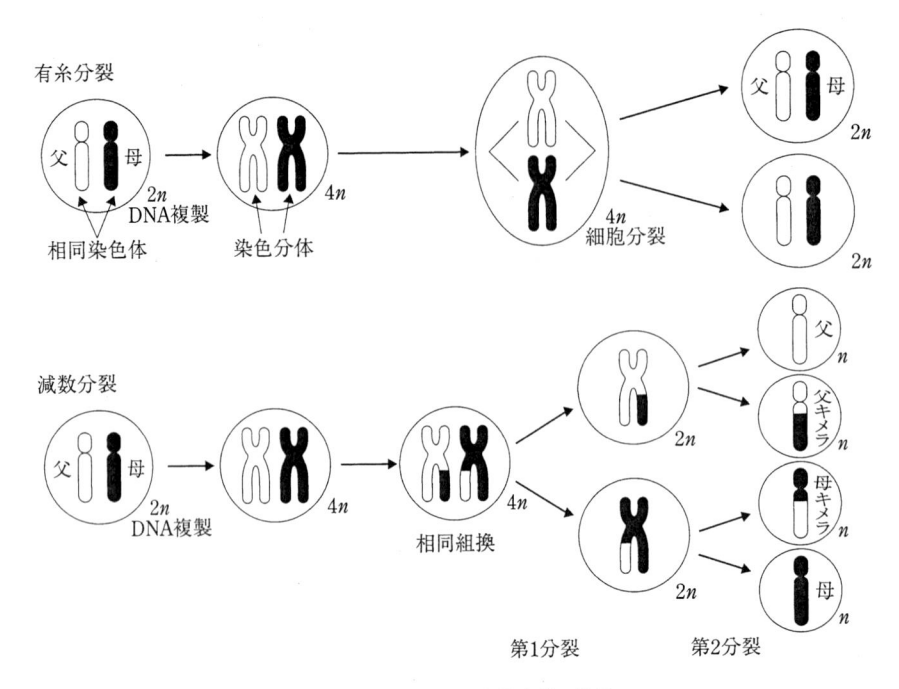

図 5.30 有糸分裂と減数分裂の比較

裂のみが 2 回起こる**減数分裂**である．その結果，23 種類の染色体を 1 本ずつもつ一倍体細胞が 4 個生まれる（図 5.30）．この時生じた 4 個の細胞は遺伝的には同一ではない．減数分裂では，一倍体細胞は各 22 対の常染色体おのおのについて一対のうちいずれかの染色体を，性染色体については X か Y いずれか一方を選択することになるので，生殖細胞がもつ染色体の組合せの数は 2 の 23 乗すなわち約 840 万通りとなる．さらに，分裂の過程で，複製された相同染色体どうしが対合し，4 本の染色分体からなる二価染色体とよばれる構造体をとる時期があり，このときに相同な常染色体間ごとにランダムな 1，2 か所で相同組換え（交差）がある．つまり，父親由来の常染色体と母親由来の常染色体が様々な相同な部位で交差したハイブリッドな染色体が新たにつくり出される．そのため，1 個体から生じる生殖細胞がもつ染色体の組合せの数はさらに大きく増大し，まったく同じ染色体をもつ生殖細胞が生じる可能性はほとんどゼロである．同じ父母から生まれた子どもどうしであっても，遺伝的に同一であることは，一卵性双生児の場合を除いて，あり得ないといえる．このように，減数分裂によって生じる細胞群は，有糸分裂とは異なり，遺伝的に同一ではなく多様性をもった集団であることが特徴である．もちろん，**遺伝的多様性**を生み出す機構は厳密に制御されており，交差は相同な部位に限定される．染色体の分配も不均一にならないよう制御されているが，ごくまれに染色体を余分にもつ細胞が生まれることがある．体細胞で 21 番染色体を一対以外にもう 1 本余分にもった場合（トリソミー）がダウン症候群である．図 5.30 には有糸分裂と減数分裂の概略を比較して示した．

5.6 細胞骨格とモータータンパク質

a. 細胞骨格の種類とはたらき

細胞骨格は，細胞の構造を補強すると同時に，細胞内構成成分を配置し，細胞のかたちや動きを

5.6 細胞骨格とモータータンパク質

決める重要なはたらきをしている．細胞骨格は「骨格」という語から連想されるような静的な構造ではなく，つねに集合と分散を繰り返す動的な分子集合体である．細胞骨格の主要な成分には，表5.10に示すように，細胞に構造的な強度を与える中間径フィラメントのほか，細胞内輸送にかかわるアクチンフィラメントと微小管の3種類が知られる．

表5.10 細胞骨格の種類

細胞骨格の名称	形　状
中間径フィラメント	フィラメントタンパクがより合わさった径が10 nmのロープ状繊維
アクチンフィラメント	アクチンが重合した径が7 nmの柔軟な繊維
微小管	チューブリンが重合した径が15 nmの中空の円筒形繊維

(1) 中間径フィラメント

中間径フィラメントはαヘリックスの棒状ペプチドが，麻のロープのように織り合わさったような構造をしており，細胞に構造的な強度を与える役目をしている．細胞質に存在する中間径フィラメントは，網目状に細胞膜の細胞間結合の部位まで広がり，**デスモゾーム**（5.7.b項参照）を介して間接的に結合してきわめて安定で，細胞を引き伸ばす力から守っている．代表的なものに，上皮細胞に存在する**ケラチン**，神経細胞にある**ニューロフィラメント**，繊維芽細胞にある**ビメンチン**などがある．一方，核膜の内側を裏打ちしている中間径フィラメントである核ラミンは，いずれの真核細胞にも存在する．細胞質のきわめて安定な中間径フィラメントとは異なり，**核ラミン**は細胞分裂M期の染色体分配に先立って核膜とともに分散し，娘細胞で再構成されることを繰り返す．

(2) アクチンフィラメント

アクチンフィラメントは，すべての真核生物の細胞表層に存在し，柔軟性に富んだ細い細胞骨格である．球状タンパクであるアクチン分子が重合して1本のヘリックス構造のフィラメントを構成するが，フィラメント状となっているアクチンを**Fアクチン**，サブユニットを**Gアクチン**とよび区別する場合がある．アクチンは一般的な細胞の全タンパクの5％程度，骨格筋細胞では20％を占め，豊富に存在するタンパク質である．ATPを結合したGアクチンがフィラメントに取り込まれ，ADPに加水分解されるとフィラメント内での結合が弱まる．遊離したアクチンはADPとATPの交換の後，再びフィラメントに再重合できるが，この段階は多くのタンパク質によって調節され，細胞の速やかな収縮や運動を可能にしている（図5.32（a））．また，フィラメントは，何種類ものタンパク質を介して細胞膜タンパク質とも結合しており，細胞膜の構造的な安定化にも寄与している（図5.31）．

(3) 微小管

微小管はもっとも太い，中空のチューブ構造をしており，その構成単位はαとβ**チューブリン**の二量体である．GTPを結合したチューブリン二量体が，微小管の端に付加して微小管が伸張する．一方，GTPが加水分解し末端が不安定化すると，GDPを結合したチューブリンがはずれ，微小管は短縮する．このように，GTPの加水分解が，微小管に伸縮短縮をさかんに繰り返す，動的不安定性をもたらす（図5.32（b））．その顕著な例が，細胞分裂時にみられる微小管から紡錘糸への再編成で，細胞が有糸分裂をはじめると細胞質微小管は急速に解離し，染色体を二つの細胞に均等に分配する装置である紡錘糸を形成する．しかし，微小管の動的不安定性も，さまざまな微小管

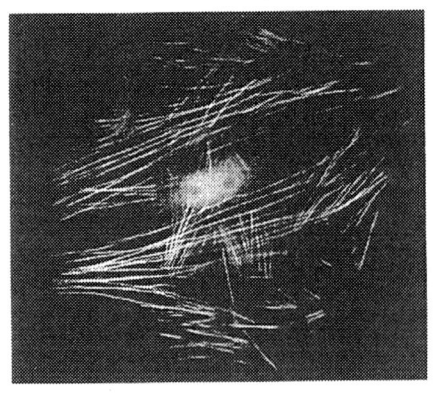

From G. Langanger, et al., J. Cell Biol. 102：208, 1986；by copyright permission of the Rockefeller University Press.

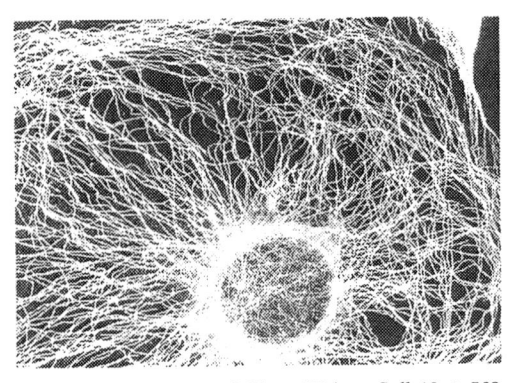

From Mary Osborn and Klaus Weber, Cell 12：563, 1977；by permission of Cell Press.

図 5.31　細胞内に張りめぐらされたアクチンフィラメントの例

(a) アクチンフィラメント

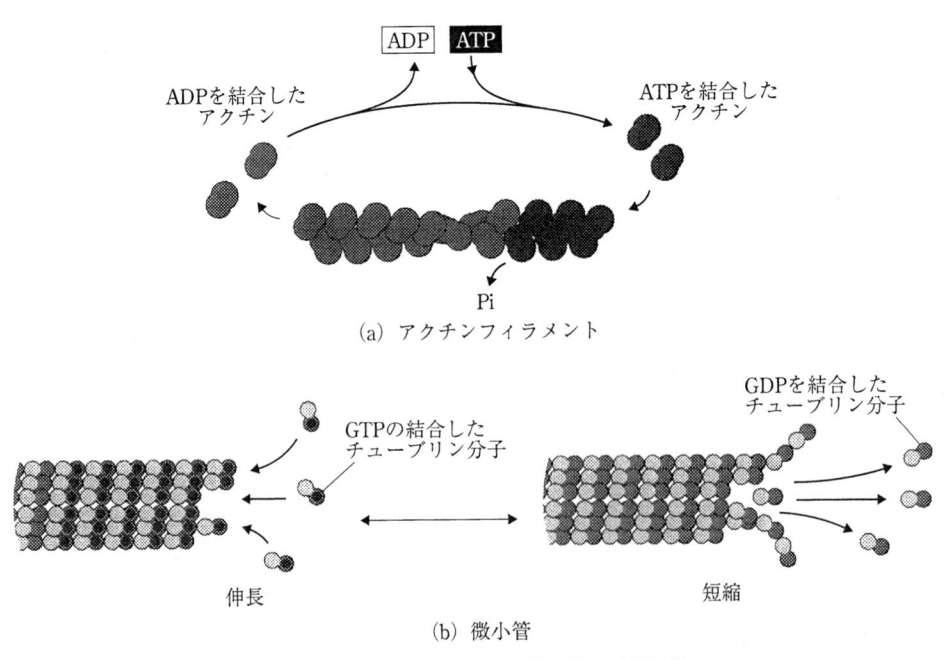

(b) 微小管

図 5.32　アクチンフィラメントと微小管の動的平衡

結合タンパク質によって調節され，機能分化した細胞では末端が安定化された微小管が細胞の内部構造を維持する役目を担っている．

b.　モータータンパク質

ATP の加水分解のエネルギーを使い，細胞骨格に沿って移動することによって収縮や細胞内輸送を行うタンパク質は，**モータータンパク質**と総称される．アクチンフィラメントに結合するミオシン，微小管に結合するダイニンとキネシンに代表される（表 5.11）．とくに，微小管は細胞内の線路にたとえられるほどで，その上を小胞を結合したモータータンパク質複合体が動き，細胞内輸送

表 5.11 モータータンパク質とそのはたらき

細胞骨格	モータータンパク質	おもなはたらき
アクチンフィラメント	ミオシン I	アクチンフィラメントの移動，小胞の移動
	ミオシン II	筋収縮
微小管	ダイニン	細胞内顆粒と小胞の内向き輸送
	キネシン	細胞内顆粒と小胞の外向き輸送

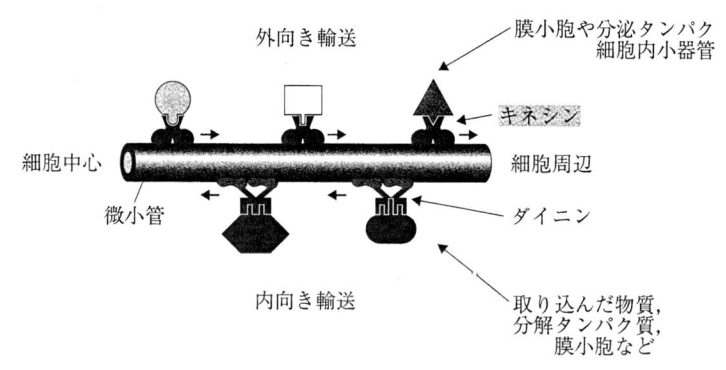

図 5.33 モータータンパク質による細胞内輸送

を行っている（図 5.33）．

c. 細胞骨格と阻害剤

アクチンフィラメントと微小管の機能調節には伸張と短縮を繰り返すことが重要であるので，その阻害は細胞に重篤な影響を与える．代表的な阻害剤を表 5.12 に示した．

この中でも微小管に作用する薬物は臨床的に重要である．微小管は細胞分裂時に染色体を分離する紡錘糸に再編成されることから，微小管の重合・解離いずれでも阻害されると，細胞分裂が進行しなくなる．そのため，正常細胞と比べて分裂のさかんな癌細胞は，これらの阻害薬の影響をより受けやすいこととなる．ビンブラスチンやタキソールは抗癌剤として使用されている．また，コルヒチンは抗炎症作用をもち，痛風発作の治療薬として使われているが，細胞分裂異常を引き起こす作用をもつことに留意する必要がある．

表 5.12 細胞骨格の重合・解離を阻害する薬物

細胞骨格	作用点	薬物名
アクチンフィラメント	重合阻害	サイトカラシン
	解離阻害	ファロイジン
微小管	重合阻害	コルヒチン，ビンブラスチン，ビンクリスチン
	解離阻害	タキソール

5.7 細胞から組織，器官へ

a. 細胞の直接的接着と間接的接着

類似の細胞が周囲の細胞間物質を足場に集合したものを**組織**とよび，ヒトの体には細胞型に対応する4種類の基本組織，①**上皮**，②**結合組織**，③**筋組織**，④**神経組織**がある．それに対して，消化や呼吸などといった特別の機能を営む身体の部分を**器官**とよぶ．一つの器官の中で，様々な細胞や組織が互いに接着していることになる．この接着には細胞どうしの直接な接着と，細胞と細胞外マトリックスを介した間接的なものとがあり，これらの秩序だった結合により組織や器官が形成される．

b. 細胞間接着

細胞間どうしの直接的な結合は，細胞間結合に関与する分子と細胞内部で結合する細胞骨格の種類から，いくつかに分類される．そのうちヒトの分化した細胞の半分以上を占める上皮細胞でみられるおもな結合を，表5.13，図5.34に示してある．

このうち，密着結合は上皮細胞特有の結合である．これにより，細胞間を物質が通らなくするバリヤーを形成できると同時に，ここを境に細胞膜成分の拡散が防止され細胞の極性が維持される．

c. 細胞外マトリックス

細胞は細胞どうしのほか，細胞外マトリックスECM（<u>E</u>xtra <u>C</u>ellular <u>M</u>atrix，細胞外基質）とも

表5.13 細胞間接着の種類

結合の種類	細胞間結合分子	リンカーを介して結合する細胞骨格分子	はたらき
密着結合		（なし）	バリヤー形成，極性の維持
接着結合	カドヘリン	アクチンフィラメント	
デスモゾーム	カドヘリン	中間径フィラメント	張力に対する抵抗力
ギャップ結合	コネクシン	（なし）	細胞間連絡

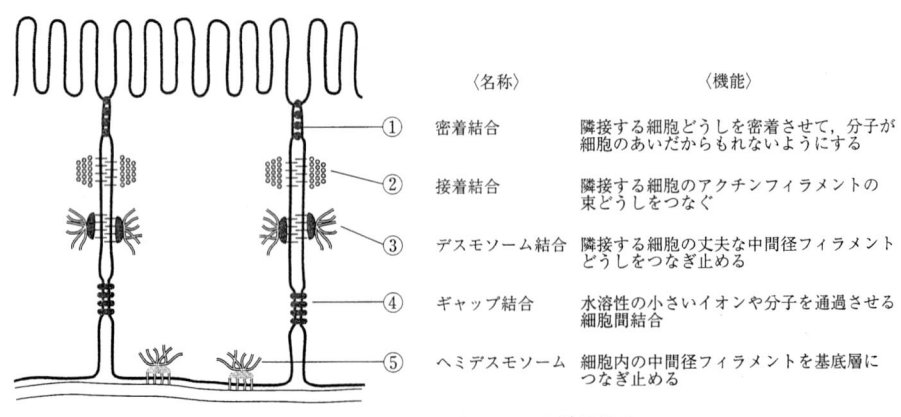

〈名称〉　〈機能〉
① 密着結合　隣接する細胞どうしを密着させて，分子が細胞のあいだからもれないようにする
② 接着結合　隣接する細胞のアクチンフィラメントの束どうしをつなぐ
③ デスモソーム結合　隣接する細胞の丈夫な中間径フィラメントどうしをつなぎ止める
④ ギャップ結合　水溶性の小さいイオンや分子を通過させる細胞間結合
⑤ ヘミデスモソーム　細胞内の中間径フィラメントを基底層につなぎ止める

図5.34　上皮細胞どうしの細胞接着構造
（エッセンシャル細胞生物学，p.608，南江堂，2005より）

結合する．ECMを形成する分子には，コラーゲン，フィブロネクチンやラミニン，ビトロネクチン，プロテオグリカンなど多くの成分が知られている．なかでもコラーゲンは生体内で一番多いタンパク質で，数種類のタイプが存在し，いずれも3本のαヘリックスが巻き合った長くて剛直な三重らせんを基本に，組織ごとに特徴的な形態をした線維構造を形成している．また，コラーゲンは細胞だけでなく，ほかの多く細胞外マトリックス成分とも結合することができ橋渡しの役目をしている．一方，多糖類であるグリコサミングリカンや，これがタンパク質に結合したプロテオグリカンは，多量の水を吸収するためにゲルを形成し，大きな圧力に対しても抵抗することを可能にしている．このように，ECMは細胞を包み込む結合組織を形成するほかに，腸管上皮や皮膚などの細胞層を支える薄くて丈夫な基底膜も形成する．

d. 細胞・ECMネットワーク

ECMは細胞を支える構造体であるのみならず，ECM構成分子が受容体を介して細胞と結合することによって，細胞間情報伝達や細胞の移動や増殖などの制御する重要なはたらきをしている．細胞側でECMとの結合に関与するおもなものは**インテグリン**とよばれる受容体で，ECM構成分子のうち分子内に**RGD配列**（アルギニン・グリシン・アスパラギン酸の3アミノ酸が並んだ配列）をもつコラーゲンやフィブロネクチン，ラミニンなどが直接あるいはフィブロネクチンを介して結合できる．細胞内では，インテグリンがやはり連結分子を介して細胞骨格と結びついている（図5.35）．このように，ECMと細胞とが高次なネットワークを構築し情報交換をすることが，細胞の集合から組織への分化や器官の形成と，機能発現維持の基礎となっている．

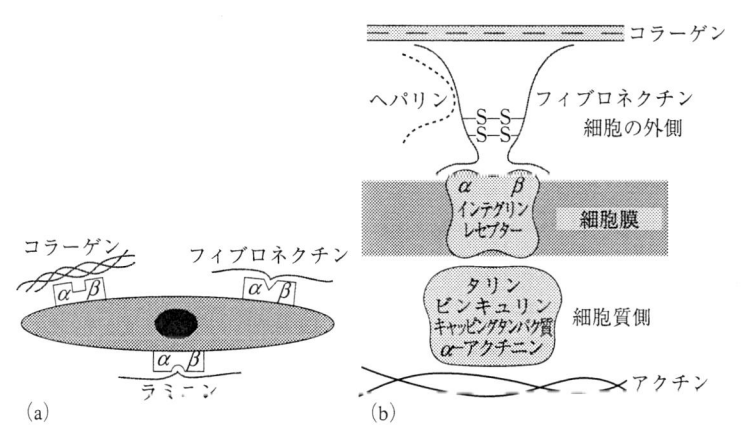

図5.35 ECM・細胞のネットワーク
(a) 細胞はインテグリンを介して，ECM成分と相互作用する．
(b) インテグリンを介したECM・細胞骨格のネットワーク
（医科学系のための分子細胞アウトライン，p.182，メディカルサイエンスインターナショナル社より）

5.8 ま と め

1. すべての細胞は1個の共通祖先細胞から進化したため，細胞で営まれる多くの基本反応には共通性がみられる．
2. ヒトの体は，上皮，結合，筋肉，神経の各組織細胞に大別される200種類以上の多様性の

ある約60兆個の細胞よりなる．
3. 生体膜はリン脂質を主成分とする脂質二重膜と，重量比で等量ほどのタンパク質とからなる．
4. 膜上分子の平面方向の動きに比較して，膜を横切る動き（フリップフロップ）は強く制限されており，細胞内の生体膜には裏表が存在する．
5. 膜を介した物質の輸送は，チャネルタンパク質による受動輸送と，輸送タンパク質による受動輸送およびエネルギー供給と共役した能動輸送とがある．
6. 大量のATPを使って形成維持される細胞内外での各種イオン濃度差は，共役輸送のエネルギー源として，また細胞内情報伝達に重要である．
7. 細胞内小器官は，細胞膜とは別の複雑な膜系で囲まれた区画よりなり，各々に特有な機能を効率的に営み，細胞機能を支えている．
8. 細胞内小器官のタンパク質は，そのアミノ酸配列上に存在する選別のためのシグナルと，それを認識する選別装置によって，目的小器官に特異的に運ばれる．
9. 細胞内小器官のタンパク質は，その選別シグナルによって，合成終了後に直接目的小器官に運ばれるものと，小胞体膜上で合成完了され，ゴルジ体を経由して目的小器官に運ばれるものに大別される．
10. 細胞周期は，有糸分裂のM期とそれ以外の間期に大別され，間期をさらにG1，S，G2の3期に分けた合計4期で考えることができる．
11. 細胞周期の進行は，サイクリンとCdkをはじめとするタンパク質のリン酸化脱リン酸化反応の調節などによって制御されている．
12. p53タンパクは，DNAに損傷が生じた場合，不良細胞を作り出さないために細胞周期を一時的に止めるチェックポイント機構を担う代表的タンパク質である．
13. 有糸分裂では遺伝的に同一な細胞が生じる機構が働くのに対し，減数分裂では相同組換えにより遺伝的多様性を生み出す機構がはたらく．
14. 細胞骨格には中間径フィラメント，アクチンフィラメント，微小管の3種類があり，細胞の構造の補強や，細胞内小器官の配置や輸送，細胞の動きに関与している．
15. 特別な機能を営む体の器官は，様々な細胞や組織が細胞同士直接的に，あるいは細胞外マトリックスを介して結合して形成されている．

演習問題

5.1 ヒトの体をつくる細胞について，およその数と種類について説明しなさい．
5.2 生体膜の流動性を決める因子を列挙し，その影響を説明しなさい．
5.3 チャネルタンパク質と輸送体タンパク質の，輸送する分子の識別の違いを説明しなさい．
5.4 典型的な細胞の内外のNa^+イオンとK^+イオン濃度を示し，その濃度勾配の維持をしているタンパク質をあげなさい．
5.5 二重の脂質二重膜に囲まれる細胞内小器官をあげなさい．
5.6 ミトコンドリア，ペルオキシソーム，リソゾームの主な働きを述べなさい．
5.7 新たに合成されたタンパク質が，合成完了後細胞内小器官に運ばれる2例をあげ，タンパク質の膜通過の違いを比較しなさい．
5.8 細胞周期制御における，Rbタンパク質とp53タンパク質の働きを簡潔に説明しなさい．

5.9 減数分裂の過程でゲノムの多様性が生まれるのは，どのような機構によるか説明しなさい．
5.10 細胞，組織，器官の関係を述べなさい．

参考図書

1) B.Alberts，D. Bray 著，中村桂子，松原謙一監訳：Essential 細胞生物学 第2版，南江堂，2005.
2) 井出利憲：分子物学講義中継，Part 0，羊土社，2005.
3) G.Karp 著，山本正幸，渡辺雄一郎監訳：カープ 分子細胞生物学，東京化学同人，2000.

6 遺伝情報

はじめに

 生物は多くの身体的特徴を正確に子孫に伝える．見かけ上の特徴だけでなく，体質や代謝能力，そして病気のかかりやすさなどの目に見えない特徴も子孫が受け継ぐ．このような遺伝情報は細胞核に存在する染色体に蓄えられており，2本の長いポリヌクレオチド鎖からなるデオキシリボ核酸（DNA）がその化学的本体である．つまり，DNAが遺伝情報を正確に娘細胞に伝えるのである．

 DNAを基点とした遺伝情報の流れは，**セントラルドグマ**（central dogma，中心教義）とよばれる（図6.1）．DNAは複製され，細胞分裂により生じる二つの娘細胞に同一の遺伝情報が分配される．このとき，二本鎖DNAは1本ずつに分かれ，各鎖の塩基配列をもとに相補性を利用して，まったく同一の二本鎖DNAが半保存的に複製され子孫に伝えられることになる．また，遺伝情報を利用して形質を発現するためには，DNAからRNAが相補的に合成され（転写：このときTの代わりにUが使われる），次にRNAの情報をもとにタンパク質が合成される（翻訳）．例外として，RNAを遺伝子としてもつ一部のRNAウイルスは，逆転写酵素（reverse transcriptase）を用いてRNAからDNAを合成することができる．

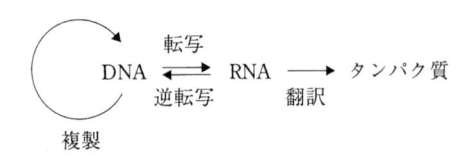

$$
\text{DNA} \underset{\text{逆転写}}{\overset{\text{転写}}{\rightleftarrows}} \text{RNA} \xrightarrow{\text{翻訳}} \text{タンパク質}
$$
（複製）

図 6.1 遺伝情報の流れ

 本章では遺伝子および染色体の構造を理解するとともに，DNAの複製，修復，組換えについて解説し，続いてDNAの転写，翻訳が行われる過程について述べる．また，ゲノム情報の薬学・医学への応用についても触れる．

6.1 遺伝子

 遺伝子の本体がDNAであることは，精製したDNAを肺炎球菌内に入れることにより遺伝的に異なった性質をもつ菌に変えること（形質転換）ができるという1944年のエイブリー（O. T. Avery）らの実験によって明らかとなった．その後，1953年にワトソン（J. Watson）とクリック（F. H. C. Crick）らによってDNAの二重らせん構造が発見されたのを契機に，核酸の構造や機能を解明する研究が急速に発展した．

a. D N A

DNAの基本構造は，第2章に記述されているように，4種のデオキシリボヌクレオチド（デオキシアデニル酸，デオキシチミジル酸，デオキシグアニル酸，デオキシシチジル酸）が3′,5′-ホスホジエステル結合によって互いに連結した重合体である．2本のDNA鎖はそれぞれ5′→3′，3′→5′の逆平行で向き合って二本鎖DNAを形成し，中央の軸のまわりに**二重らせん構造**（double helix）を形成する（図2.28参照）．DNAはきわめて柔軟な分子であり，右巻きのA型およびB型，左巻きのZ型などの異なる構造をとることができるが，ワトソンとクリックが発見した構造は右巻きのB型構造である．生理的な条件ではB型構造がもっとも安定な構造であり，らせんの直径は2 nmで，10塩基で1回転して3.4 nm進む．向かい合った2本のDNA鎖からは，らせん軸に向かってほぼ垂直に塩基が伸びており，アデニンとチミン（A-T），グアニンとシトシン（G-C）が必ず対になって水素結合（hydrogen bond）を形成し**相補性**を保っている．この相補性がDNAの正確な複製と転写に大きく寄与している．A-Tのあいだは2本の水素結合，G-Cのあいだは3本の水素結合が形成される．DNA二重らせんにおいて，AとTの含量は等しく，またGとCの含量も等しい．

DNAの二本鎖は温度を上げるか，塩濃度を下げると二つの一本鎖に解離する（これを**DNAの変性**あるいは**DNAの融解**とよぶ）．一本鎖への解離は，塩基がもつ260 nmの吸光度が上昇することから検出が可能である．二本鎖DNA溶液を加熱していくと，260 nmにおける吸光度はある特定の温度に達するまではほとんど変化しないが，その温度に達すると急に上昇する．この吸光度の立ち上がりの中点（50％のDNAが変性する）を T_m（融解温度）という（図6.2）．G-C間の結合はA-C間の結合より強いため，GC含量が多いほど T_m の値は大きくなる．尿素などの薬物もDNAの高次構造を破壊し，一時的な変性を起こすことが知られている．また，一本鎖に解離したDNAを T_m より少し低い温度に保つと，相補性を示す一本鎖DNAどうしが再結合して二本鎖を形成する（**DNAのアニーリング**（annealing））．

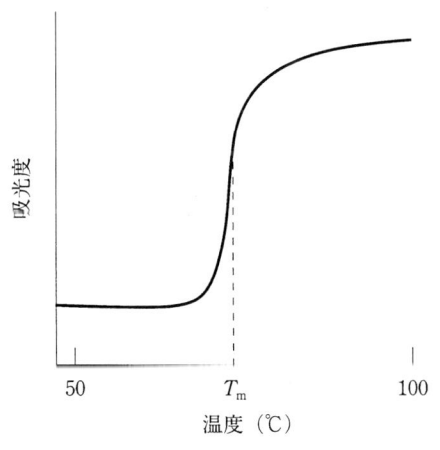

図6.2 二本鎖DNAの変性（融解）

b. 染 色 体

真核生物のDNAは**クロマチン**（chromatin：染色質）の構成成分として核内に保持されている．クロマチンは，もともと真核細胞の核内で塩基性色素により濃く染色される物質という意味で命名

された．クロマチンは非常に長いDNA分子と分子量の小さい塩基性タンパク質**ヒストン**（histone, 構成アミノ酸として正電荷をもつリジンとアルギニンが多い）を主成分として含んでおり，DNAとタンパク質がほぼ1：1の重量比で存在している．クロマチンを構成している物質としては，ほかに，少量の非ヒストンタンパク質（多くは分子量の比較的大きい酸性タンパク質であり，DNAの複製や転写に関与する酵素なども含まれる）や，少量のRNAなどがある．クロマチンに含まれる二本鎖DNAの長さは非常に長く，ヒストンと結合することによって効率よくコンパクトに凝縮される．クロマチンを電子顕微鏡で観察すると小さなビーズが連なったようにみえ，この一つ一つの球状粒子を**ヌクレオソーム**（nucleosome）とよんでいる．ヌクレオソームは複数のヒストン分子に二本鎖DNAが巻きついた構造体である（図6.3）．ヒストンは類似した塩基性タンパク質の総称であり，H1，H2A，H2B，H3，H4の五つに分類されるが，このうちH2A，H2B，H3，H4の4種のヒストンが2分子ずつ集まって，円盤状をした八量体を形成しコアヒストンとなる．二本鎖DNA（約140塩基対）は，コアヒストンの周囲を左巻きの超らせん構造で1.75回巻きつき，約60塩基対のリンカー領域DNAをはさんで隣りのヌクレオソームに続いていく．コアに入っていないH1ヒストンは，隣接したヌクレオソームと結合しあうことにより，連なったビーズ構造をさらに凝縮させるのに役立っていると考えられている．

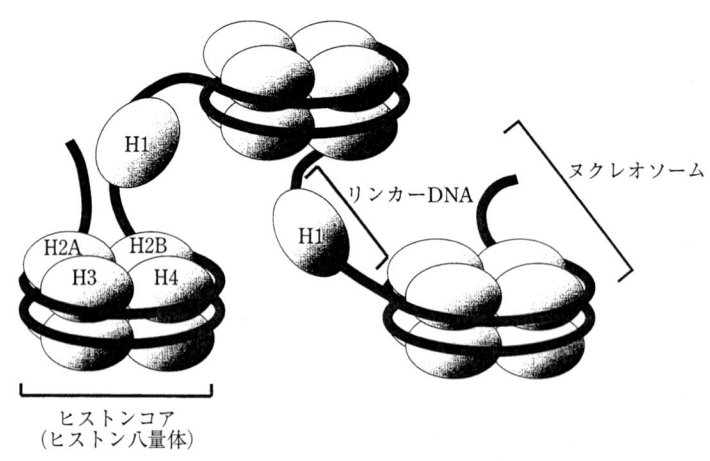

図6.3　ヌクレオソームの構造モデル
クロマチンの単位構造であるヌクレオソームは，約200塩基対のDNAと
(H2A, H2B, H3, H4)$_2$–H1よりなる．

クロマチン構造は，細胞周期の段階によって異なる状態をとる．分裂期のクロマチンは，もっとも凝縮した構造の**染色体**（chromosome）として存在する（従来，染色体とは分裂期にみられる凝縮したクロマチンをさしていたが，現在では間期の分散した状態のクロマチンも含めて染色体とよんでいる）．間期では，凝縮度の低い核内に分散した状態として観察されるが，分散したクロマチンのどの部分も凝縮状態が同じというわけではない．一般に，転写されている領域は凝縮度が低く，転写が行われていない領域は凝縮度が高い．間期クロマチンの中で，もっとも凝縮度の低い領域は**ユークロマチン**（euchromatin），もっとも高い領域は**ヘテロクロマチン**（heterochromatin）とよばれ，ヘテロクロマチンでは分裂期のクロマチンと同様に転写は起きていない．細胞分裂の中期には，染色体は平行に並んだ二つの同一な染色分体が中ほどの**セントロメア**（centromere，アデニン–チミンに富む）とよばれる領域で結合した形をとっている（図6.4）．セントロメアには動原体微

小管など多くのタンパク質が結合し，有糸分裂のときの染色体分離に重要な役目を果たしている．各染色体の末端には，単純な反復配列からなる**テロメア**（telomere）とよばれる領域がある．DNAが複製される際，末端部分は完全には複製することができないため，一般に線状のDNAは複製のたびに短くなってしまう．このような状況を克服するために，生殖細胞や幹細胞などでは**テロメラーゼ**（telomerase）とよばれる酵素の活性が高い．この酵素は，DNA末端に反復構造を付加し，この付加は鋳型DNAを必要としない．

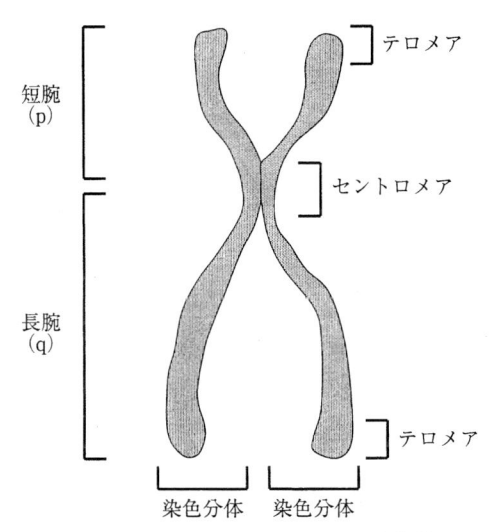

図 6.4 細胞分裂期にみられる凝縮染色体
セントロメアはアデニンとチミンに富んだ領域であり，多くのタンパク質が結合し，動原体という構造体となる．染色体の両末端の領域はテロメアとよばれる．

真核生物の体細胞には，精子に由来する一倍体（haploid）と卵子に由来する一倍体の2組の染色体群が含まれ，ヒトでは合計46本（23対）の二倍体（diploid）として細胞に存在している（図6.5）．ペア（対）となる染色体は**相同染色体**とよばれ，相同染色体の相同な（対応する）場所には，相同な機能をもつ遺伝子（**対立遺伝子**）が位置している．ヒトでは23対の染色体のうち，22対は男女に共通であり**常染色体**とよばれる．それ以外の1対は**性染色体**とよばれ，男性ではXY，女性ではXXの組合せになっている．卵子に由来する性染色体は必ずX染色体であり，男女の性は精子由来の性染色体がX染色体であるかY染色体であるかによって決定される．

c．ゲノムと遺伝子

それぞれの生物が固有にもつ遺伝情報一式を**ゲノム**とよび，一個体の生命を維持し生活するための設計図となっている．ゲノムのサイズは生物によって大きな差があり，一般的には原核生物のゲノムは真核生物より小さく遺伝子の数も少ない．原核生物のゲノムは1本の環状二本鎖DNA分子であるのに対し，真核生物のゲノムは複数の線状二本鎖DNA分子で構成されている．ヒトでは23本（一倍体あたりの染色体数）の染色体が存在し，各染色体には1本の長い線状二本鎖DNAが存在する．この23本の染色体に含有されるDNA塩基対をすべて合計すると約3×10^9塩基対となり，したがって，ヒトのゲノムサイズは約30億塩基対である．

遺伝情報は4種の塩基の配列により規定されるが，それぞれの遺伝情報を担う単位となっている

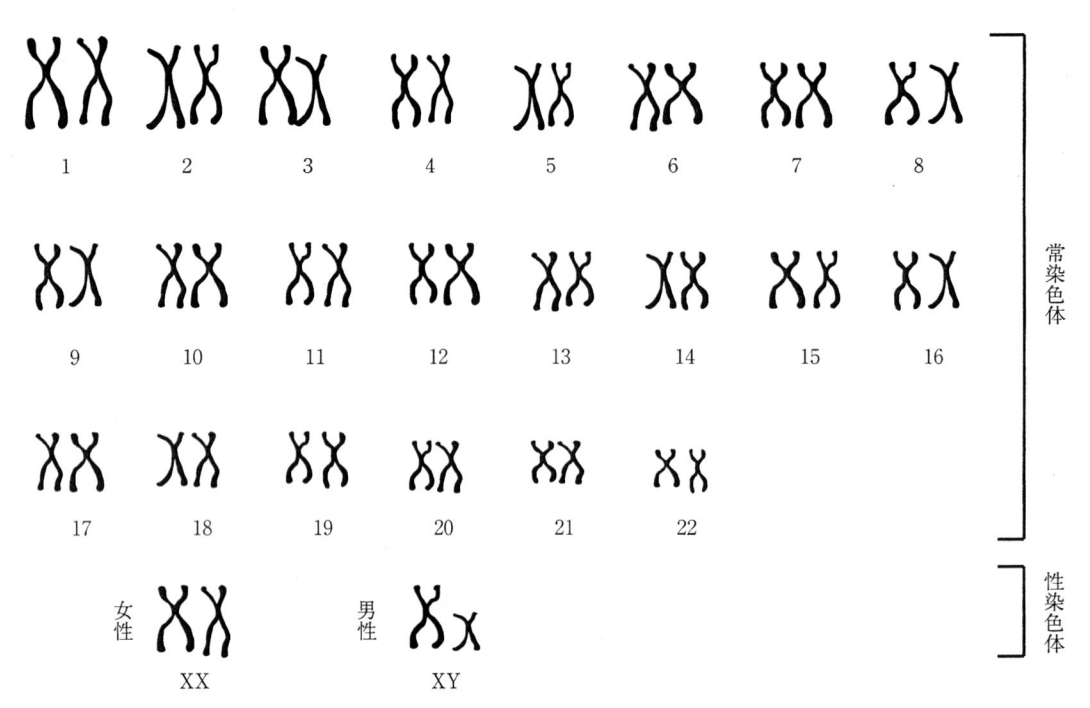

図 6.5 ヒトの核型（23 対の染色体：常染色体 22 対と性染色体 1 対）
22 対については大きな染色体から番号付けされている．

のが**遺伝子**である．一つの遺伝子からは，RNA を経て対応する一つのタンパク質がつくられる（rRNA，tRNA など，一部はタンパク質に翻訳されることなく RNA 自身が最終生成物として利用される）．ヒトゲノムプロジェクトによりゲノムの全塩基配列が決定される以前は，ヒトの細胞には 10 万種類の遺伝子が含まれると考えられていたが，現在ではゲノム情報の解析によりそれより少ない 20 000 ～ 25 000 の遺伝子が含まれていると推定されている．それぞれの遺伝子は，ゲノム上の特定の場所に離れて位置しており，遺伝子と遺伝子のあいだは大きく隔たっている．ヒトをはじめとする真核生物ではゲノム全体の容量は非常に大きく，遺伝情報を指令しない部分が大半で，遺伝子として利用される塩基の配列は全体の 1％程度にすぎない．遺伝子をコードしていない領域の役割については，構造的あるいは調節的な役割をもっている可能性が考えられている．

これに対し，原核生物のゲノムでは遺伝子は連続的に存在しており，非常に密度の高い状態で収納されている．原核生物の場合，隣り合っている一連の遺伝子群（機能的に関連する遺伝子がグループになっている）がまとまっていっせいに発現の制御を受けるというオペロン構造をとっている領域もある．また，原核生物はゲノムに加えて，**プラスミド**とよばれる小さな環状 DNA をもっている．プラスミドには，染色体に含まれない別の遺伝子が組み込まれており，抗生物質耐性や細菌特有の代謝能力などにかかわる分子がコードされている．

d. 真核生物の遺伝子構造

一つの遺伝子 DNA の塩基配列をもとに，転写，翻訳という過程を経て固有のタンパク質が合成されるが，真核生物の場合，一つの遺伝子の塩基配列のすべてがアミノ酸の配列に置き換わるわけではない．タンパク質を構成するアミノ酸の配列情報は，真核生物の遺伝子上では非連続的で，通常いくつかの断片（**エキソン**，exon）に分割されている（図 6.6）．エキソンのあいだは，非翻訳

領域である**イントロン**（intron）とよばれる介在領域が存在する．イントロンはエキソンよりも長いことが多く，翻訳される領域の大きさに比べて，エキソンとイントロンを合わせた遺伝子全体の領域はかなり大きなものになっている．また，転写される領域の上流 5′ 側には**プロモーター**とよばれる特定の部位があり，この領域に基本転写因子を介して DNA 依存性 RNA ポリメラーゼが結合し転写開始点からの RNA 合成を始める．真核生物には**エンハンサー**（enhancer）とよばれる領域の存在も知られており，遺伝子の転写を強く活性化する機能をもつ．エンハンサーは転写開始点から遠く離れている場合もあり，3′ 側やイントロン内にも見いだされる．

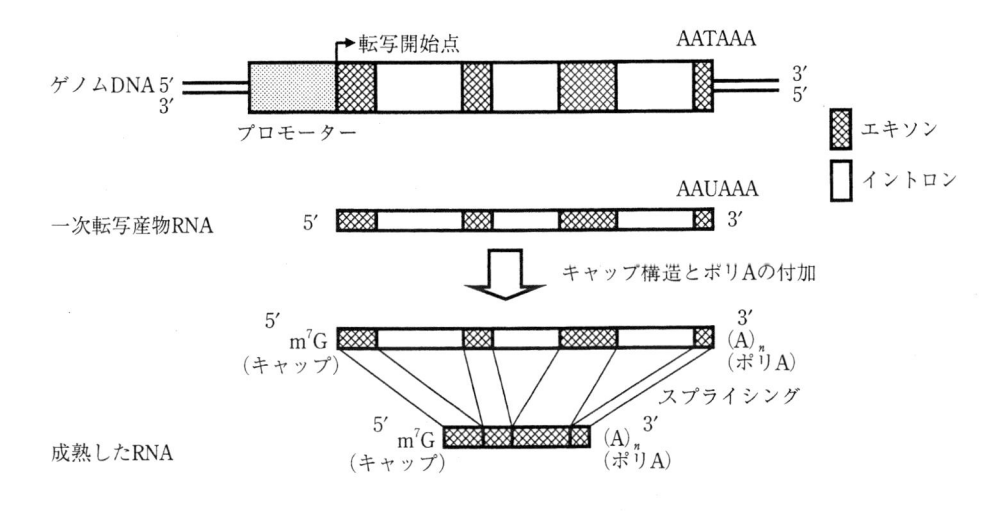

図 6.6 ゲノム DNA と mRNA
ほとんどの真核細胞の遺伝子は，エキソンとイントロンが交互に並んでいる．ゲノムの塩基配列に基づいてつくられた RNA 一次転写産物は，さらに，m^7G（7-メチルグアノシン）を含む**キャップ構造**の形成とポリアデニル化（**ポリ A の付加**）という 2 通りのプロセシングを受けて成熟した RNA となる．ポリアデニル化はアデニンの繰り返し配列が RNA の 3′ 末端に付加されることで，RNA が特定の部位で切断された後に起こる．RNA 中の AAUAAA 配列は，特定部位で RNA が切断されるときの目印になる．

ゲノム DNA から転写された直後の RNA はエキソンとイントロンがつながったまま写し取られたもの（ヘテロ核 RNA（heterogeneous nuclear RNA：hnRNA）とよぶ）であるが，その後の核内での**プロセシング**によってイントロンが除去され，エキソンのみが結合した成熟した RNA が形成され，細胞質へ輸送されてタンパク質へと翻訳される．転写および翻訳の詳細は 6.4 節以降を参照されたい．

e. 反 復 配 列

遺伝子として利用されないゲノム領域には多数の**反復配列**（repetitive sequence）があり，この配列はヒトゲノムでは約 50％にも相当している．ヒトの反復配列は大きく分けて**散在型反復配列**と**局在型反復配列**がある．散在型反復配列はゲノム全体に散在しており，レトロエレメント（レトロポゾン，レトロトランスポゾンなど）や直列反復型散在配列がその例である．レトロエレメントは，進化の過程でレトロウイルスがゲノム中に侵入したものと考えられている．レトロポゾンは，その反復単位の長さの違いにより SINE（short interspersed nucleotide）と LINE（long interspersed nucleotide）に分けられる（SINE はヒトゲノムの約 13％，LINE は約 21％を占め，合計

で34％にもなる)．SINEに属する**Alu配列**はもっともコピー数の多い散在型反復配列であり，300塩基対の長さの配列がヒトゲノム上に約50万コピー存在し，ゲノムの約5％を占める．直列反復型の散在反復配列は，2～数塩基対からなる単純な塩基配列が数コピー～数十コピー直列に並んだもので，**マイクロサテライト**（microsatelite）ともよばれる．CAジヌクレオチドは代表的なマイクロサテライト配列であり，ゲノム中の数万か所に分布するとされている．このように，マイクロサテライトはゲノム中に多く分布し，また個体による差が大きいので，遺伝性疾患や法医学的解析におけるマーカーとして利用されている．

一方，局在型反復配列は一定の反復配列が直列に繰り返されたDNA配列で，構造上の特徴は直列反復型の散在反復配列と同じであるが，単位となる配列が長く，ゲノム中のある場所に集中している．反復単位の長さとその全長は様々であり，アルフォイドでは基本単位長171bpで，全長は数Mbにも達する．

f. ミトコンドリアDNA

真核細胞であるヒトでは，大部分のDNAは核内に存在するが，ミトコンドリアにも約1％のDNAが存在する．元来，ミトコンドリアは独立した細菌であったとされ，細胞内で半自立的に増殖する．ミトコンドリアには，小さな環状二本鎖である固有のDNA（mtDNA）とタンパク質合成系が含まれている．mtDNAは，ミトコンドリアrRNA，ミトコンドリアtRNAのほか，ミトコンドリアで必要な13のタンパク質をコードしている（これらのRNAは核内のrRNA，tRNAとは異なった分子である）．しかし，mtDNAがコードする分子はミトコンドリアで必要な因子のごく一部でしかなく，ミトコンドリアで機能するほかのタンパク質は核内DNAによってコードされている．

g. 一塩基多型

ヒトゲノムの約30億塩基対のほとんどは各個人のあいだで共通であるが，ごく一部のDNA配列は個人間で異なっている．この配列の個人差を**遺伝子多型**（polymorphism）とよんでいる．あるDNA配列変化がみつかったとき，これを多型とするか変異とするかの判定は難しいが，集団の1％以上に共通してみられる場合に遺伝子多型とすることが多い．遺伝子多型にはいろいろな種類があり，これまで述べたマイクロサテライトも多型の一種で，3万～10万塩基あたり1か所あるとされる．ヒトゲノム上でもっとも多く存在する多型は，1つの塩基が他の塩基に置換した**一塩基多型**（SNP：single nucleotide polymorphisms）であり，**スニップ**（あるいは複数形でSNPs，スニプス）とよばれる．ヒトゲノム上のSNPは500～1000塩基対に1つの割合でみつかり，ゲノム中の総数は300～500万個，遺伝子領域では50万カ所あると予測されている．SNPのデータベース化プロジェクトもはじまり，これらのSNP情報を利用することにより，疾患関連遺伝子や医薬品の作用・副作用にかかわる遺伝子の解析が進みつつある．とくに，臨床面から医薬品の作用・副作用を考えた場合，大きく影響するのは薬物代謝酵素の活性や性質における個人差である．薬物代謝酵素に遺伝子多型があり，個体によって活性や性質に差があると，各個人の薬物感受性に違いが生じる．そこで，近年，あらかじめ各患者の遺伝子のSNPを調べることにより薬物感受性（薬物の代謝能力）を予測し，その情報に基づいてそれぞれの治療計画をたてるという**オーダーメイド医療**が注目されている．もちろん，オーダーメイド医療に役立つのは薬物代謝酵素の情報だけでなく，幅広い遺伝子情報が利用されることになろう．また，創薬や臨床薬理試験においてもスニップの有

用性が認められるようになり,ゲノム情報の薬学への利用が展開しつつある.

6.2 複製・修復・組換え

a. 複 製

(1) DNA複製は半保存的である.

DNAの複製とは元と同じ塩基配列の新しいDNAをつくることである.DNA二本鎖の各一本鎖DNAを鋳型(template)として相補的に塩基配列を写しとり,新旧1本ずつのDNA鎖からなるDNA二本鎖を2本複製する(**半保存的複製**(semi-conservative replication),図6.7).

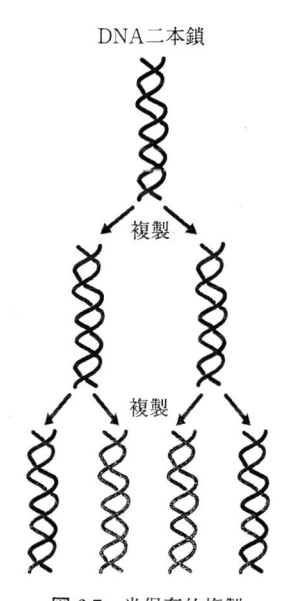

図6.7 半保存的複製
複製されたDNA二本鎖は新しく合成された一本鎖と鋳型として利用された古い一本鎖からなる.

(2) DNA合成は5'→3'の方向に進む.

DNAは**DNA合成酵素**(**DNAポリメラーゼ**)によって合成される.DNAポリメラーゼは伸長中の鎖の3'-ヒドロキシ(-OH)末端に鋳型と相補的なヌクレオチドの付加反応を触媒する(図6.8).よって,DNA合成は5'→3'の方向に進むことになる.

(3) 不連続DNA合成

二本鎖DNAは,互いに逆の方向性をもつ鎖からなっており,DNA合成は5'→3'方向にのみ進むので,複製フォーク(replication fork:複製分岐点)の進む方向と同じ向きのDNA合成は一度開始されれば連続的に起こる(**リーディング鎖**(leading strand),図6.9).DNAポリメラーゼは,リーディング鎖では単純に鋳型DNAに沿って相補的にヌクレオチドを付加することで,5'→3'方向に連続的にDNA合成する.もう一方の鎖では,ヌクレオチドが重合される向きと複製フォークの進む向きが逆である(**ラギング鎖**(lagging strand)).ラギング鎖では,短いDNA断片の合成が繰り返され,不連続なDNA合成が起こっている.ラギング鎖でつくられる短いDNAは**岡崎フラグメント**(Okazaki fragment)とよばれ,その長さは原核生物では1000〜2000ヌクレオチド,真

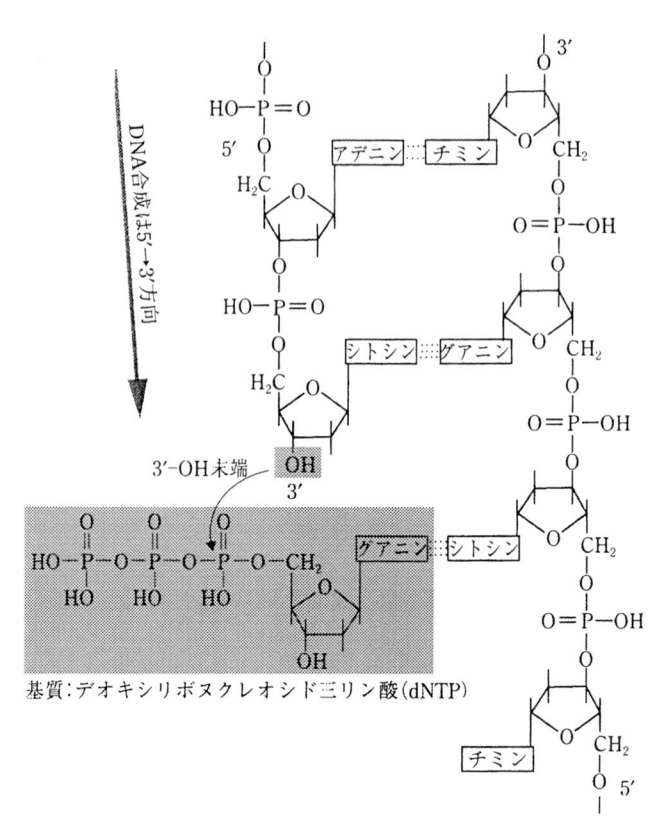

図 6.8 DNA 合成反応

DNA ポリメラーゼ反応にはプライマー 3'-OH 末端, 鋳型 DNA および基質 dNTPs が必要である. すべての DNA ポリメラーゼは 3'-OH 末端にヌクレオチドを付加するので, DNA は 5'→3' 方向に伸長する.

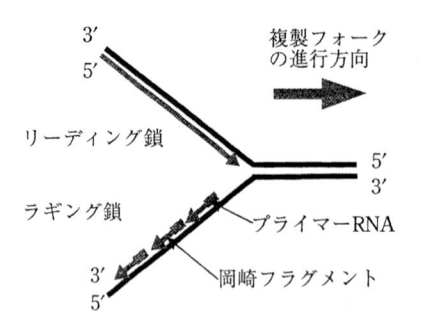

図 6.9 複製フォークとリーディング鎖, ラギング鎖

核生物では 100〜200 ヌクレオチドである. 岡崎フラグメントの合成は小さな RNA 鎖 (**RNA プライマー**) の合成からはじまるが, 最後は取り除かれ DNA に置き換わり連結されていく (図 6.10).

(4) DNA 複製は複製起点から始まり両方向に進む.

複製起点 (replication origin) とよばれるゲノム上の特定の部位から DNA 複製は開始する. 大腸菌は複製起点を一つもつ (oriC, 図 6.11). この oriC DNA に DnaA タンパク質が結合することが引き金になって二本鎖 DNA が部分的に開き, 現れた一本鎖上に順次 DNA 鎖が合成されていく.

図 6.10 ラギング鎖の合成

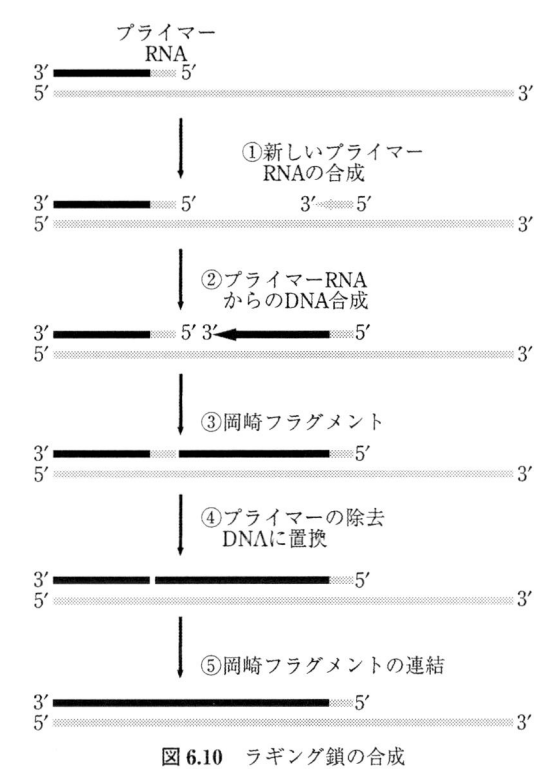

①プライマーゼが短いプライマー RNA を 5′→3′ 方向につくる．②合成されたプライマー RNA の 3′-OH 末端が DNA ポリメラーゼによるヌクレオチドの付加に使われる．③DNA がある程度重合した後，④プライマー RNA 部分が RNA 分解酵素（RNase H）や核酸分解酵素のはたらきによって取り除かれる．生じたギャップは DNA ポリメラーゼによって埋められる．そして，⑤岡崎フラグメントの 3′ および 5′ 末端部分が出会うと，DNA リガーゼのはたらきで岡崎フラグメントの連結がなされる．DNA リガーゼは一方の DNA の 3′-OH 基と他方の DNA の 5′-リン酸基のあいだを結合する．

複製起点から始まった DNA の複製は二方向に進行する．複製の開始に伴って一つの複製バブル（二本鎖 DNA が泡のような構造をもつ）がみられ，その両端で複製フォークが進行していく．複製フォークで DNA 鎖が開くのを助ける特別なタンパク質がある．これが **DNA ヘリカーゼ**で DNA をつぎつぎに巻き戻していく重要な過程にはたらいている．DNA の巻き戻しは，複製開始の際にも複製フォーク進行の際にも大事な反応である．DNA ヘリカーゼは ATP を加水分解しながら二本鎖 DNA を巻き戻し，一本鎖 DNA 状態にする．この一本鎖 DNA に結合するのが一本鎖 DNA 結合タンパク質で，つぎの DNA ポリメラーゼによる合成が効率よく進むのに役立っている．DNA 複製は，多くの酵素とタンパク質を必要とするが，DNA 鎖を伸ばしていく伸長反応については原核生物と真核生物とで関与するタンパク質の機能面での共通性は高い．

複製フォークが二本鎖 DNA を移動していくと，よじれの問題が生じる．10 塩基対分複製すると二重らせんの 1 回転分に相当するので，DNA 複製が進んでいくにつれ，二本鎖が巻き戻されるためひずみを生じることになる．このひずみを解消するのがトポイソメラーゼである．**トポイソメラーゼⅠ型**は二本鎖 DNA の一方の鎖を，**トポイソメラーゼⅡ型**は両方の鎖を切断し，再結合を触媒する．大腸菌の**ジャイレース**はトポイソメラーゼⅡ型である．DNA トポイソメラーゼがはたらくおかげで複製中に DNA がゆがんだりもつれたりすることはない．複製を完了した原核生物の 2 つ

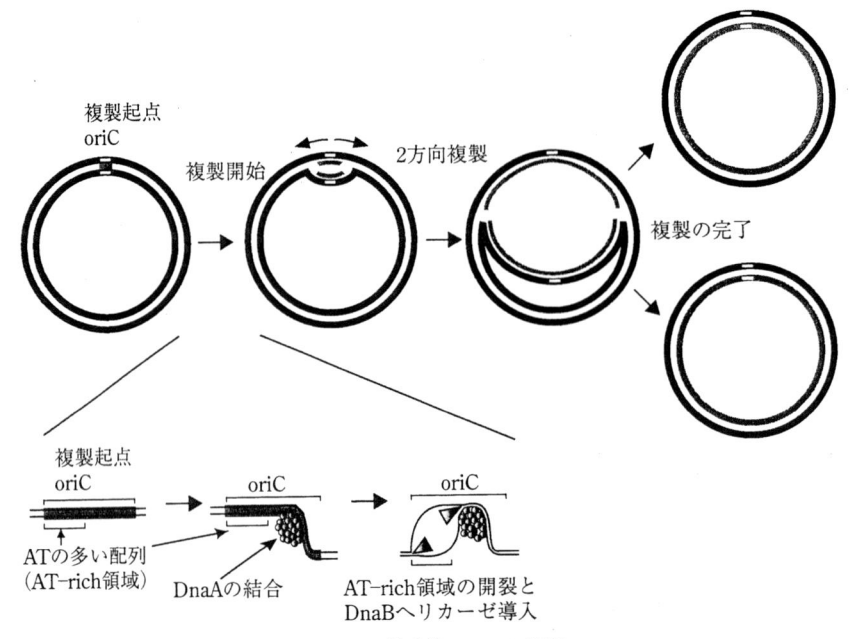

図 6.11 原核生物の DNA 複製
大腸菌では，DnaA タンパク質が複製起点 oriC の特異的な DNA 部位に結合し，DNA タンパク質複合体が形成される．すると，AT-rich 領域が局所的に開き，生じた一本鎖領域に DnaB ヘリカーゼが導入され両方向に DNA を巻き戻し，プライマーゼや DNA ポリメラーゼによる DNA 合成が開始する．複製フォークは 2 方向に進み，2 つの環状 DNA ができる．

の環状 DNA 分子や真核生物の線状の姉妹染色分体は，DNA トポイソメラーゼⅡ型により分離される．

(5) DNA 合成は非常に忠実である．

　DNA ポリメラーゼは，鋳型 DNA をもとに相補的な DNA をきわめて正確に合成していく．まれに間違ったヌクレオチドを取り込んでも，**エキソヌクレアーゼ活性**をもつ DNA ポリメラーゼがあり，間違って取り込んだヌクレオチドを除去した後，再び鎖の 3′-ヒドロキシ末端に正しいヌクレオチドを結合させ，引き続き DNA 複製を 5′ → 3′ 方向に進める．DNA ポリメラーゼは，このように間違いを修正する校正機能をもっており，このおかげで DNA 複製は高い忠実度をもつ．

(6) 真核細胞の DNA 複製

　真核生物ゲノム DNA は複数の染色体に分かれて存在し，それぞれの染色体には複数の複製起点がある（図 6.12）．真核細胞のゲノムサイズが大きいこともあり，複数の複製起点が活性化し，複数の複製バブルが生じ，それぞれで複製フォークが進行していく．真核生物では，細胞周期の一時期（S期）だけにかぎって核内で染色体 DNA の複製は進行し，1 回の細胞分裂にあたって DNA のすべての部分が過不足なく 1 回複製される．

　ヒトの DNA は直線状二本鎖 DNA として，46 本の染色体に別れて収納されている．この DNA の末端部分は**テロメア**とよばれ，特徴的な繰り返し DNA 配列（ヒトでは 5′-TTAGGG-3′）から構成される．リーディング鎖の DNA 合成ではテロメアまで連続して完全な DNA 複製が起こる．しかし，ラギング鎖の DNA 合成では，最後に末端のプライマー RNA 部分は除去されず，完全には DNA 複製できないことになる．すなわち，DNA 複製反応が 1 回行われるたびに RNA プライマ

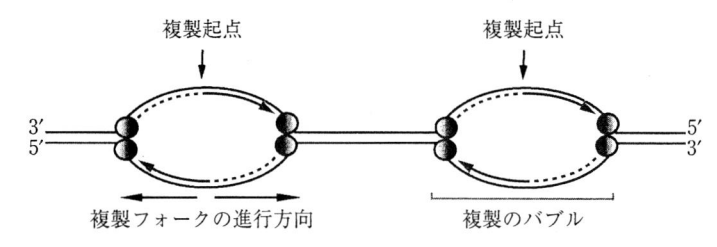

図6.12 真核細胞のDNA複製開始
真核生物では，複数の複製起点からDNA複製が開始する．複製起点より複製フォークは，両方向に進む．DNAヘリカーゼ（●）の予想される位置を示す．

一分だけテロメアは短くなると予想される．このテロメア領域が短くなるのに対してテロメアを伸長させることのできる**テロメラーゼ**とよばれる酵素が存在する（図6.13）．テロメラーゼは，生殖細胞や幹細胞のDNA複製の際にラギング鎖がしだいに短くなるのを防いでいると考えられている．

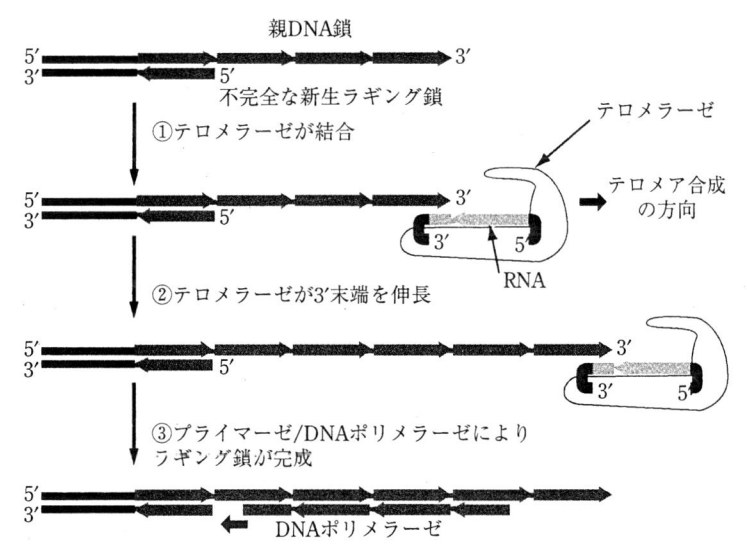

図6.13 テロメアの複製
①，②テロメラーゼに結合しているRNAを鋳型として，親DNA鎖の3′末端がDNA合成反応により伸長する．③伸長した親DNA鎖を鋳型としたDNAポリメラーゼによるDNA合成が起き，ラギング鎖が十分なもとの長さまで伸長できるようになる．

b. 修　復

(1) 変異

DNAの塩基配列は塩基の置換，欠失や付加などにより変化する．これが**変異**（**突然変異**，mutation）であり，その結果として遺伝子から合成されるタンパク質のアミノ酸配列が変化し，タンパク質の性質が変化することがある．

変異は塩基置換型，塩基挿入型，塩基欠失型に大別することができる．変異の多くは1個の塩基が置換・挿入・欠失などのいずれかの理由により変化した点突然変異である．そのうち，遺伝子産物であるタンパク質のアミノ酸置換を起こした場合を**ミスセンス変異**，アミノ酸をコードしていたコドンが終止コドンに変化して，短いタンパク質を合成してしまう場合を**ナンセンス変異**，変異部

以降のタンパク質の読み枠を変化させ，正常のものとはまったく異なるタンパクを合成してしまう場合（通常は，終止コドンが早めに現れて正常より小さいタンパク質を合成する）を**フレームシフト変異**とよぶ（図6.14）．また，アミノ酸をコードしていない領域の変異でも遺伝子産物に影響を及ぼす．たとえば，イントロンに変異を生じて一つのエキソンをスキップするような場合があり，**スプライシング変異**とよばれる．

点突然変異のほかに，より大きな塩基配列の変化，さらにトランスポゾンやウイルスが生物のゲノムに組み込まれることや，欠失，挿入，逆位，重複，転座などの構造的染色体異常や染色体数が

〈正常型の配列〉

```
DNA      3' - AAA GCT ACC TAT CGG TTA -5'
         5' - TTT CGA TGG ATA GCC AAT -3'
mRNA     5' - UUU CGA UGG AUA GCC AAU -3'
アミノ酸   N - Phe Arg Trp Ile Ala Asn -C
```

〈ミスセンス変異〉

```
DNA      3' - AAT GCT ACC TAT CGG TTA -5'
         5' - TTA CGA TGG ATA GCC AAT -3'
アミノ酸   N - Leu Arg Trp Ile Ala Asn -C
```

〈ナンセンス変異〉

```
DNA      3' - AAA GCT ATC TAT CGG TTA -5'
         5' - TTT CGA TAG ATA GCC AAT -3'
アミノ酸   N - Phe Arg STOP           -C
```

〈フレームシフト変異〉

```
DNA      3' - AAA GxTA CCT ATC GGT TA -5'
         5' - TTT CxAT GGA TAG CCA AT -3'
アミノ酸   N - Phe His Gly STOP        -C
```

(a) 1塩基置換によるミスセンス変異：mRNAのコドンが変化し別のアミノ酸（ここではPheからLeu）に対応するコドンになる変異．ナンセンス変異：対応するアミノ酸をもたないコドンに変化する変異（ここではTrpからStop）．欠失によるフレームシフト変異：コドンの読み枠がずれる変異（ここではArgがHisに変わり，その後のアミノ酸も変化する）．

〈正常型〉

〈スプライシング変異〉

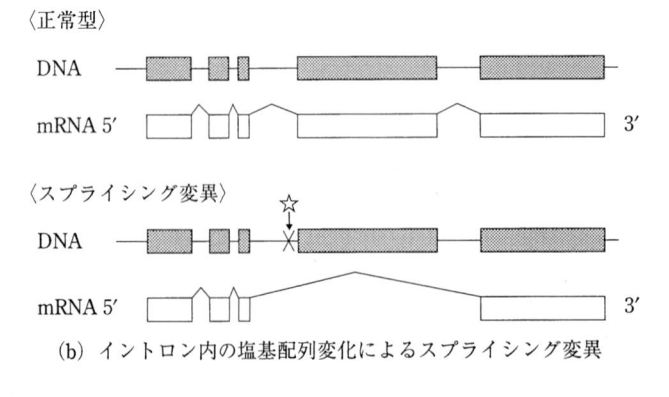

(b) イントロン内の塩基配列変化によるスプライシング変異

図6.14 変異の起きる仕組み

変化するような数的染色体異常も変異となる．変異は，DNA複製の誤りが原因で自然に起こる場合（自然突然変異）と紫外線など物理的原因，化学的原因による場合がある．前者の変異が起こる確率は極端に低い．変異の誘発の原因としては放射線，紫外線，農薬，環境化学物質などがある．

(2) 修　復

DNAには絶え間なく損傷が生じている．たとえば，塩基と糖をつなぐ N-グリコシド結合の分解による脱塩基部位（APサイト（apurinic/apyrimidinic site））の生成は自然発生的に起こり，動物細胞1個あたり1日に数万個にも達する．塩基の損傷や修飾は，複製の際に誤った塩基の取込みを誘発するため変異の原因となる．自然発生的分解，生体内の活性酸素分子種，生体外からの化学物質，放射線（とくに紫外線）などによるDNA損傷（塩基の修飾やDNAの構造変化）をみつけ，変異が起こらないように元通りに直すのが**DNA修復**である．DNAの二重らせん構造は，修復を容易にできる利点をもっている．すなわち，二重らせん構造は全遺伝情報を2本の鎖それぞれがもっているので，一方の鎖が損傷を受けても相補鎖に存在する遺伝情報を使ってコピーをつくり（修復合成とよぶ），損傷した鎖の塩基配列を正確に修復できる．塩基除去修復やヌクレオチド除去修復は，生物がもつおもな修復機構である（表6.1）．そのほかに，誤った塩基（ミスマッチ）を含む一定の長さのヌクレオチドを除去して修復するミスマッチ修復もある．一方，二本鎖切断という状況に対しては，切れた末端を再結合する修復（非相同的末端結合（nonhomologous end joining））と，DNA鎖間の組換えを利用した組換え修復がある．DNA損傷は様々であるが，それぞれの損傷に適したDNA修復機構があり，すべての細胞は複数のDNA修復機構をもつ．DNA修復能力の低下とヒトの様々な疾患との関連が判明しており，DNA修復の欠陥から変異が起きやすくなると特定のがんになりやすくなる．

i) 塩基除去修復　塩基の損傷はDNAに起こるもっとも頻度の高い損傷であり，**塩基除去修復**の機構により修復される（図6.15 (a)）．塩基の損傷は，損傷特異的なグリコシラーゼが損傷塩基のみを切り取り塩基のない部位（脱塩基部位，APサイト）をつくることからはじまる．この反応では，脱アミノ化されたCやAあるいは種々のアルキル化や酸化を受けた塩基が除去される．ついで，脱塩基部位の5′側にエンドヌクレアーゼが切り込みを入れ3′-OHを生成し，その後，新たにヌクレオチドを付加し，ニックを結合することにより除去修復を完了する．

ii) ヌクレオチド除去修復　紫外線などによって生じるDNA損傷は，比較的大きな変化をDNA構造に引き起こし，この損傷は**ヌクレオチド除去修復**によって取り除かれ，正しい配列が合成される（図6.15 (b)）．ヌクレオチド除去修復は，種々の損傷が生み出すDNAのひずみをみつ

表6.1　修復機構

修復機構	DNA損傷	修復様式
塩基除去修復	修飾された塩基（活性酸素による塩基損傷など）	損傷塩基の除去と修復合成
ヌクレオチド除去修復	DNA構造変化を伴う損傷（紫外線による損傷など）	損傷を含むヌクレオチドの除去と修復合成
ミスマッチ修復	塩基対合の誤り（複製エラー）	ミスマッチを含むヌクレオチドの除去と修復合成
非相同的末端結合	二本鎖切断	切断末端の再結合
組換え修復	二本鎖切断	相同鎖との組換えおよび修復合成

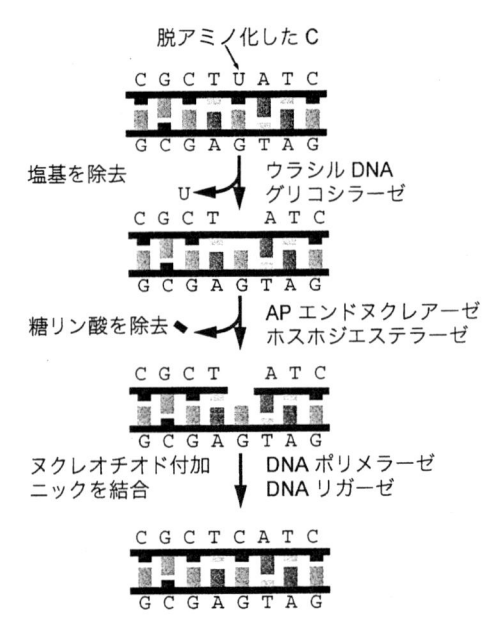

(a) 塩基除去修復：異常な塩基（この場合は DNA 内で偶発的に脱アミノ化されたシトシン）をウラシル DNA グリコシラーゼが認識し，損傷部位を切断除去する．生じた塩基の欠落した糖リン酸を AP エンドヌクレアーゼとホスホジエステラーゼの連続反応で切除する．AP エンドヌクレアーゼは，塩基を失った部位を認識し作用する．つぎに，非損傷 DNA 鎖を鋳型として DNA ポリメラーゼが除去された DNA 鎖の再合成を行い，最後に DNA リガーゼが DNA 鎖を再連結して修復反応が完結する．

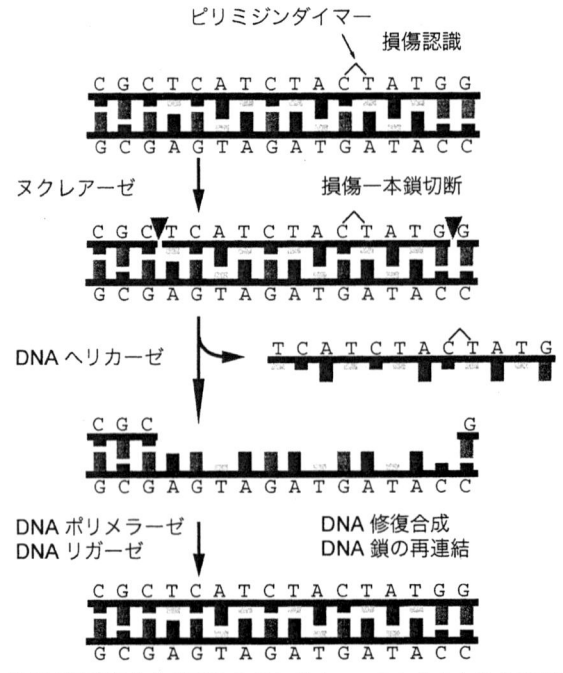

(b) ヌクレオチド除去修復：酵素複合体がピリミジンダイマーのような大きな DNA 損傷を認識すると，ヌクレアーゼにより損傷鎖の両側に切れ目を入れ，オリゴヌクレオチドはヘリカーゼのはたらきにより除かれる．残されたギャップは DNA ポリメラーゼにより埋めもどされ，DNA リガーゼにより再連結される．

図 6.15　除去修復（大腸菌での代表的な例）

けることではじまる．遺伝的にヌクレオチド除去修復能が欠損あるいは減少している**色素性乾皮症**（xeroderma pigmentosum：XP）のヒトでは，紫外線に対して極端に感受性が高く，DNAの変異が起こりやすく皮膚癌が多発する．

iii）ミスマッチ修復　複製時に間違って取り込まれたヌクレオチドは，すぐに校正機能により正しいヌクレオチドに修正される．しかし，きわめて低い頻度（10^7塩基あたり1個）で塩基対の誤り（ミスマッチ）が生じる．これは損傷ではないが，修復されずに残ると，つぎのDNA複製の際に変異を起こしてしまう．ミスマッチ部位には，複製直後にミスマッチ修復タンパク質が結合し，間違ったヌクレオチドを取り込んだDNA鎖の側の配列を取り除いて正しい配列に修復する．この塩基対の誤りの修復を**ミスマッチ修復**とよぶ．

iv）非相同的末端結合修復　DNA損傷のなかで危険性が高いのは二本鎖の両方が同時に切れ，修復に使う無傷の鋳型鎖がなくなってしまう場合である．この損傷は，非相同的末端結合あるいは組換えによって修復される（図6.16）．非相同的末端結合では切断された末端どうしをDNAリガーゼにより直接つないで修復するが，通常は連結部位のヌクレオチドがいくつか失われる．ヒトで

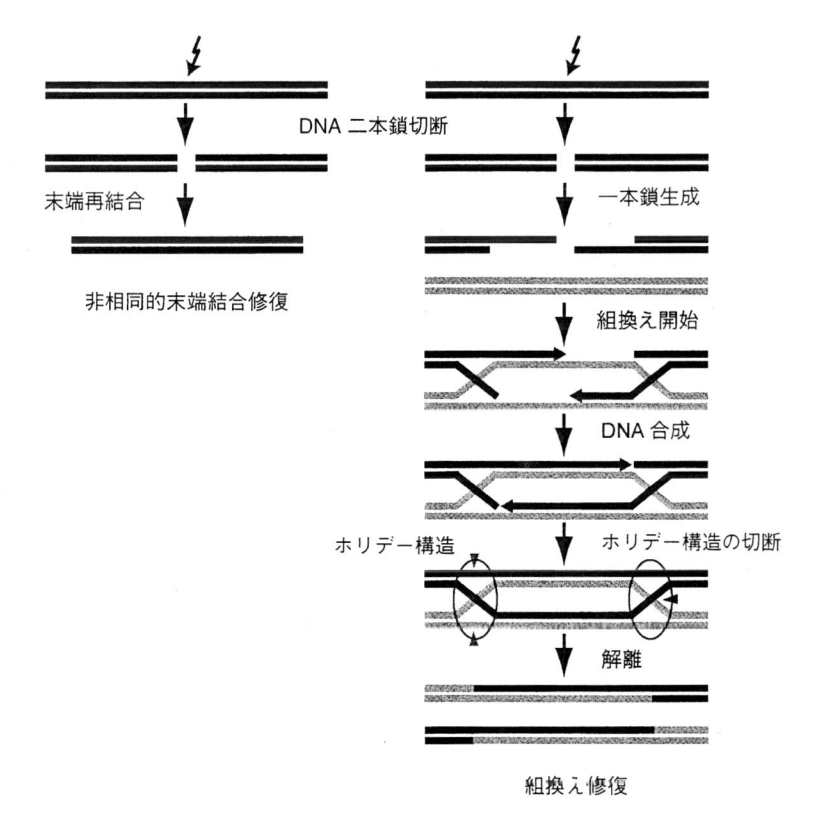

図 6.16　DNA二本鎖切断の修復

非相同的末端結合修復（左）では二本鎖切断によって生じた末端をDNAリガーゼで直接再結合する．DNAリガーゼがはたらく前に塩基の欠失，付加を伴うことがある．組換え修復（右）では二本鎖切断部を別の相同二本鎖との相同的組換えにより正確に修復することができる．まず，二本鎖切断末端より一本鎖部分をつくり出し，この一本鎖DNA塩基配列と相同性のある二本鎖DNA領域が探し出され，新たな二本鎖DNA領域（ヘテロ二重鎖（heteroduplex））が形成される．そして，一本鎖DNAの3′-OH末端から新たなDNA合成が始まり，失った二本鎖切断部分の配列を正確に鋳型鎖から写しとる．ギャップが充てんされX字状の組換え中間体（ホリデー構造（Holliday intermediate））が形成され，この切断のされ方により二本鎖が入れ替わる場合（交叉）と元に戻る場合がある．

は二本鎖切断は，おもにこの非相同的末端結合で修復される．

 v) 組換え修復　二本鎖切断を正確に修復する方法は，二倍体の細胞あたり2コピーずつある二本鎖DNAをうまく利用する方法である（図6.16）．この方法は，**相同的組換え**（homologous recombination）とよばれ，2コピーあるDNA二重らせんのなか，無傷のDNAの塩基配列を利用して，壊れたDNAの二本鎖切断部へ写し取り，塩基配列に変化がないようにしている．

c. 組換え

組換えとはDNAの切断，再結合によりDNAが再編成されることをいう．組換えには，ゲノム情報の維持（DNA修復）および積極的な変化（減数分裂期組換えなど）といったはたらきがある．

組換えが起きるDNA分子間の相同性，DNA部位の特異性，DNA領域両端の配列などにより，組換えには三つのカテゴリーがある．

 (1) 相同的組換え

相同なDNA配列間で起こる組換えが**相同的組換え**（普遍的組換え）である．原則的には，対合したDNA鎖のどこでもランダムに起こる．真核生物では，おもに減数分裂に伴って相同染色体間で行われる**減数分裂期組換え**が相同的組換えで起こる（図6.17 (a)）．また，図6.16に示した二本鎖切断の修復においても相同的組換えははたらく．

 (2) 部位特異的組換え（site-specific recombination）

相同的組換えでは，相同なDNA分子間でしか組換えが起きないが，**部位特異的組換え**では相同性のないDNA分子間でも特定の部位で組換えが起こる．部位特異的組換え反応が，異なるDNA分子間で起こるとDNAの組込みが起き，同じ分子内で起こるとDNAの切出しが起こる．免疫グロブリン遺伝子では，V(D)J結合という特定の組換えシグナル配列を介した部位特異的組換えが起きている（図6.17 (b)）．

 (3) 非相同的組換え（nonhomologous recombination）

DNAの相同性とは無関係に起こるのが非相同的組換えである．DNAの非相同的な部位への組込みや欠失，転座などのゲノムの再編成を引き起こす．非相同的末端再結合による二本鎖切断修復も非相同的組換えを利用している（図6.16）．

6.3　遺伝子の発現

a. 遺伝子発現に関するセントラルドグマ

遺伝子は生命の維持に必要なタンパク質やRNAの設計図としての役割も果たすが，その情報は遺伝子発現とよばれる様々な反応によって細胞に利用される．遺伝子は転写され，鋳型DNAに相補的な塩基配列のRNAを生じるが，それらの中でメッセンジャーRNA（mRNA）がタンパク質の合成を指令する．このように，遺伝子のDNA鎖は，DNA合成（**複製**）だけでなく，RNA合成（**転写**）においても鋳型となってはたらく．転写されて生じたmRNAは，タンパク質のポリペプチド鎖に含まれるアミノ酸の配列を決める鋳型として利用される（**翻訳**）．その反応は，複製や転写と異なりRNAのヌクレオチド配列をRNAとは物質的にまったく異なったアミノ酸の配列に変換するため，翻訳とよばれる．このように，遺伝情報は，DNAからRNAを経てタンパク質へ伝達される．この過程を「遺伝子発現に関するセントラルドグマ（中心教義）」という．

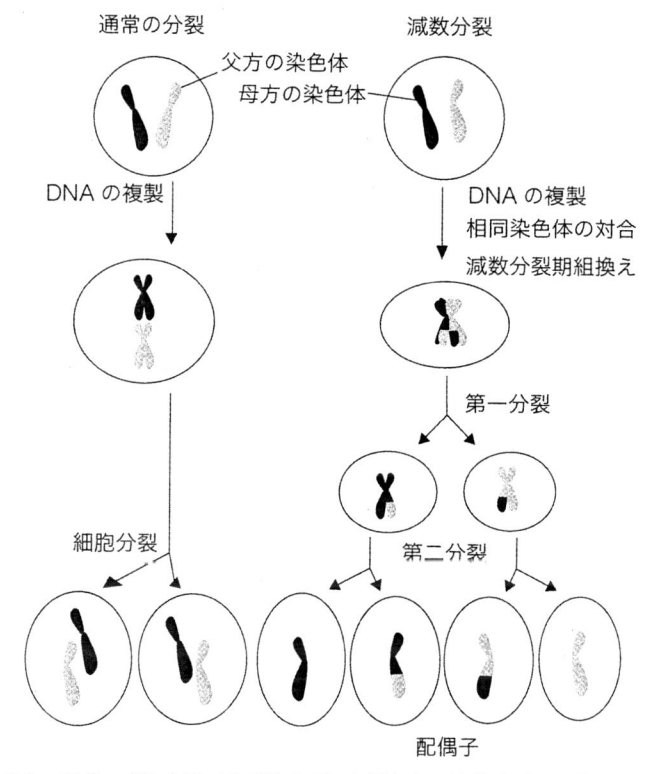

(a) 減数分裂期組換え：通常の細胞分裂（体細胞分裂）と異なり，減数分裂では第一分裂のときに相同染色体の対合が起き，両染色体間で相同的組換えが起こる．

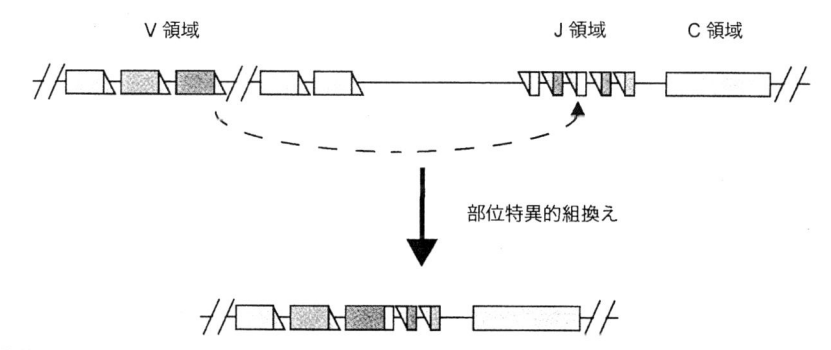

(b) 部位特異的組換え（マウス抗体L鎖（κ）遺伝子の再配列）：マウスのκ部位は約300個のV領域，4個のJ領域（もう一つあるJ領域は機能していない），1個のC領域（定常領域）からなる．どのV遺伝子領域とJ遺伝子領域がつながるかにより，抗体の多様性が生じる．四角形はアミノ酸配列をコードする領域，三角形は組換えのシグナル配列を示す．

図6.17　組換えの種類

b. 真核細胞と原核細胞における遺伝子発現

原核細胞（大腸菌などの細菌），真核細胞（高等動・植物など）を問わず，遺伝情報は「**遺伝子発現のセントラルドグマ**」にのっとって発現される．しかし，原核細胞と真核細胞には細胞や遺伝子自体の相違に加え，遺伝子の発現様式にも大きな違いがある（表6.2）．たとえば，原核細胞では

染色体 DNA が細胞質にあるため，DNA から転写されつつある mRNA が，転写の終了前にリボソーム上で翻訳されることも可能である．図 6.18 は，合成途上の mRNA 鎖にリボソームがすでに結合しており，転写と翻訳が同時進行している様子を示す電子顕微鏡写真である．この場合，タンパク質合成は阻害するが，転写反応には影響しない抗生物質によって翻訳反応を止めると，転写も阻害されるので両反応が共役していることがわかる．一方，真核細胞では，核内で行われる転写反応が，細胞質で行われる翻訳と共役することはない．核内にある DNA が転写されて生じた **mRNA の前駆体**（hnRNA：heterogenous nuclear RNA）は，その 5′ 端にキャップ構造（6.5.a 項参照），3′ 端にはポリ（A）鎖（6.5.b 項参照）が付加され，さらにスプライシング反応（6.5.c 項参照）によってイントロンが除かれるなどの加工を受けて翻訳可能な mRNA となり，核から細胞質に輸送される．なお，細胞質に輸送された mRNA は，それらがコードするタンパク質の種類により異な

表 6.2　原核細胞と真核細胞の比較

	原核細胞	真核細胞
種類	細菌，シアノバクテリア	原生生物，酵母，植物，動物
細胞の大きさ	1～10 μm	10～100 μm
核膜	なし	あり
DNA	環状 DNA，細胞質に存在	線状 DNA，核内に存在
		ヒストン，イントロン
mRNA		
5′ キャップ構造と poly（A）構造	なし	あり
スプライシング	なし	あり
リボソーム	70S	80S
リボソームサブユニット(rRNA の種類)	大 50S（23S，5S）	大 60S（28S，5.8 S，5S）
（rRNA の種類）	小 30S（16S）	小 40S（18S）
ミトコンドリア	なし	あり
細胞骨格	なし	あり
小胞体	なし	あり
転写と翻訳	共役する	共役しない
代謝	嫌気的，好気的	好気的

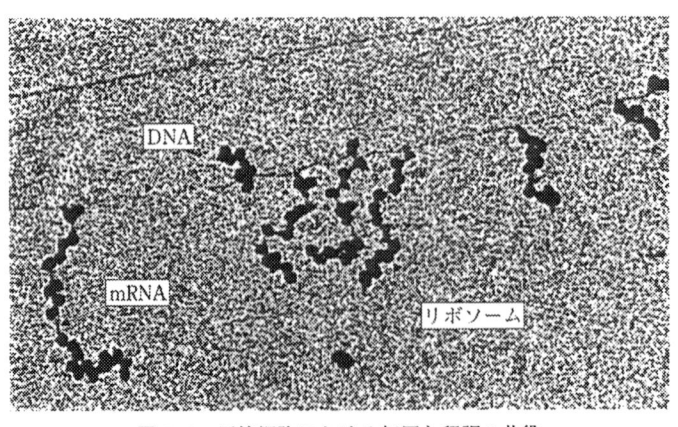

図 6.18　原核細胞における転写と翻訳の共役
図の中央を斜めに走る DNA が，右上から左下方向へ転写されている．いまだ転写されている mRNA にリボソームが結合し翻訳されている．

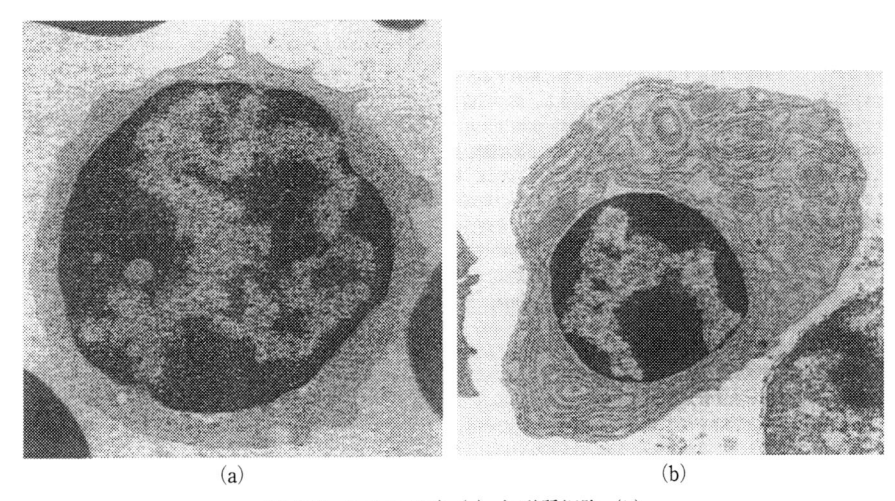

図 6.19 Ｂリンパ球（a）と形質細胞（b）
Ｂリンパ球は抗原と出会うと，血液中に抗体を分泌する形質細胞に変化する．形質細胞の細胞質はＢリンパ球に比べてずっと太きく，よく発達した粗面小胞体を含んでいる．形質細胞が大量の抗体を合成し血液中に分泌していることを反映している．

った構造体の上で翻訳される．たとえば，受容体などの細胞膜タンパク質や，分泌タンパク質をコードする mRNA は，粗面小胞体に結合したリボソーム上（膜結合ポリリボソーム）で翻訳されるが，核，ミトコンドリア，ペルオキシゾームなどの細胞小器官に輸送されるタンパク質や，細胞質（サイトゾル）にとどまるタンパク質の mRNA は，細胞質に遊離したリボソーム（遊離ポリリボソーム）によって翻訳される．したがって，膵細胞，肝細胞，神経細胞，抗体を血液中に分泌している形質細胞など，タンパク質を分泌する機能が亢進している細胞では，粗面小胞体がよく発達している（図 6.19）．

6.4 転写による RNA の生合成

a. 転　　写

転写は，遺伝子発現の最初の段階に位置する．RNA ポリメラーゼが RNA を合成する反応には，鋳型となる DNA が必要である．そのため，RNA ポリメラーゼは「**DNA 依存性 RNA ポリメラーゼ**」とよばれる．遺伝子の二本鎖 DNA は，いずれか一方の鎖のみが 3′ 側から 5′ 側へ転写され，その結果，鋳型 DNA と相補的な塩基配列をもつ RNA（鋳型の塩基が A の場合は U，G の場合は C）が，5′ 端から 3′ 端方向に向けて合成される（図 6.20（a））．このように，二本鎖 DNA の一方の鎖のみを鋳型として使う転写様式を，非対称転写とよぶ．転写反応では，リボヌクレオシド三リン酸が基質として使われるが，その α 位のリン酸基が合成されつつある RNA の 3′ 端にあるリボースの 3′ 水酸基とホスホジエステル結合を形成する．この重合反応の過程で，基質のリボヌクレオシド三リン酸の β 位と γ 位のリン酸基は，ピロリン酸として遊離し分解される（図 6.20（b））．真核細胞には，3 種類の **RNA ポリメラーゼ**（RNA ポリメラーゼ I，II，III）があり，それぞれの酵素が，リボソーム RNA（rRNA），mRNA，トランスファー RNA（tRNA）をコードする遺伝子の転写を分担している（表 6.3）．一方，原核細胞の RNA ポリメラーゼは 1 種類で，したがって，す

(a)   3′ ——————A-G-C-T———— 5′（鋳型DNA）
       5′ ——————U-C-G-A→ 3′（転写されて生じたRNA）

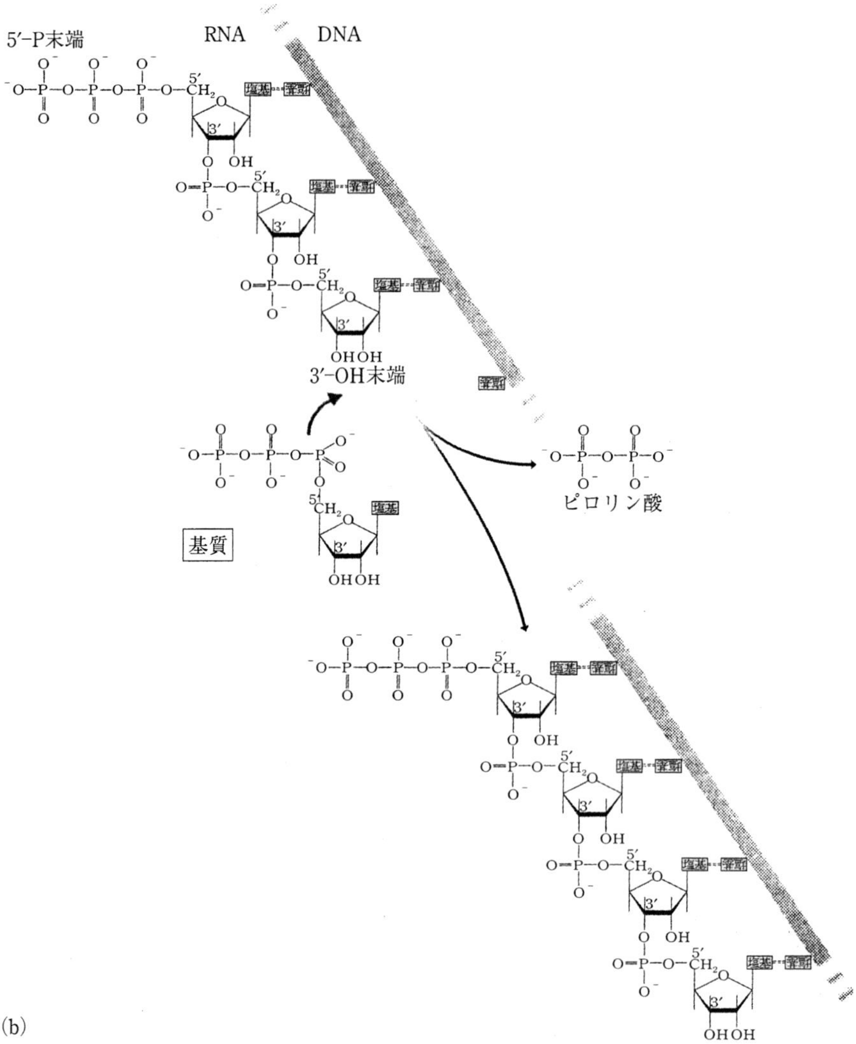

(b)

図 6.20 転写反応の概要 (a) と鋳型に依存した RNA 鎖の伸長 (b)

表 6.3 RNA ポリメラーゼの種類

	酵素名	局在部位	転写される RNA
原核細胞	RNA ポリメラーゼ	細胞質	mRNA, rRNA, tRNA
真核細胞	RNA ポリメラーゼ I RNA ポリメラーゼ II RNA ポリメラーゼ III	核小体 核質 核質	rRNA mRNA (hnRNA), snRNA tRNA, 低分子量 RNA

べての遺伝子が同じ酵素によって転写される．細胞にある RNA のなかで量的には rRNA がもっとも多く，およそ 80％を占める．mRNA の量は細胞によって異なるが 4％程度で，残りは tRNA を含めた分子量の小さな RNA である．表 6.4 には，代表的な RNA の役割をまとめた．

表 6.4 種々の RNA の役割

RNA	サイズ	機能
トランスファー RNA（tRNA）	小さい	タンパク質合成部位（リボソーム）へアミノ酸を運搬
リボソーム RNA（rRNA）	種々の大きさ	タンパク質と結合してリボソームを形成 タンパク質合成の場となる
メッセンジャー RNA（mRNA）	種々の大きさ	タンパク質のアミノ酸配列を指定
メッセンジャー RNA 前駆体（hnRNA）	種々の大きさ	核内にあり，スプライシングによりイントロンが除かれメッセンジャー RNA になる
核内低分子 RNA（snRNA）	小さい	hnRNA のスプライシングに関与

なお，RNA ポリメラーゼは，DNA ポリメラーゼとは違い転写の開始反応にプライマー（短い一本鎖 DNA あるいは RNA）を必要としない．逆転写酵素は DNA ポリメラーゼの一種（RNA，DNA のいずれをも鋳型として使える DNA ポリメラーゼ）であるため，プライマーを必要とすることに注意すべきである．

b. 転写されている遺伝子の視覚化

図 6.21 (a), (b) は，遺伝子が転写されている様子を示している．ちょうどモミの木のようにみえることから，クリスマスツリーともよばれる．この像は，アフリカツメガエルの卵母細胞から転写されている rRNA の遺伝子を取りだし，転写されて生じた RNA を，観察しやすいよう平面に広げて撮影した電子顕微鏡写真である．図 6.21 (c) に模式的に示したが，幹にあたる部分が鋳型 DNA

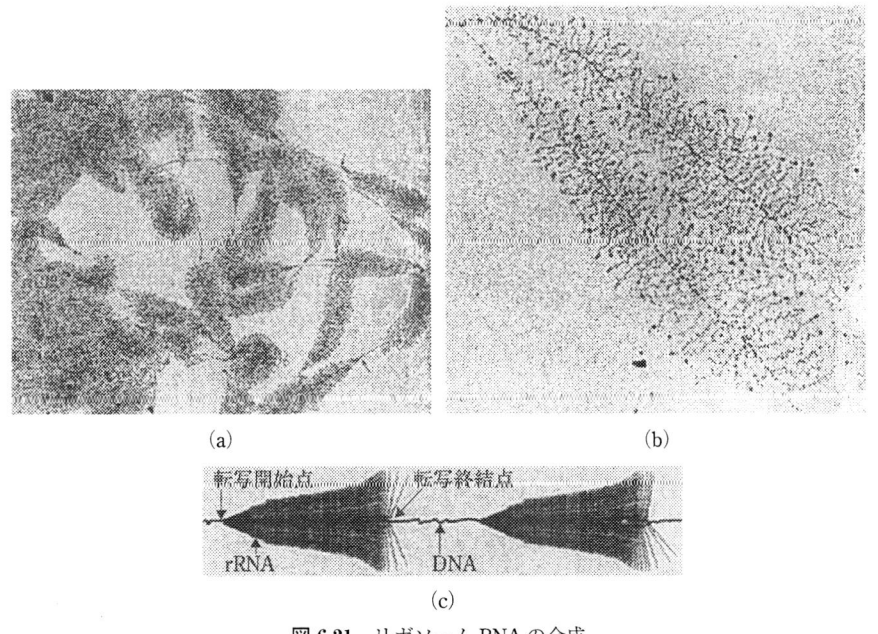

図 6.21 リボソーム RNA の合成

に相当し，両側に広がった枝の部分がrRNAである．つまり，それぞれのRNAの長さは，RNAポリメラーゼが転写した遺伝子の長さに等しい．また，遺伝子の上にある転写の開始点や終結点がRNAによって視覚化されることや，染色体DNAの上に遺伝子がタンデムに並んでいること，たくさんのRNAポリメラーゼが転写されて生じたそれぞれのrRNAの根元の部分で遺伝子に取り付き，転写していることなどがわかる．さらに，この電子顕微鏡写真からも示唆されるが，RNAにかぎらずDNAやタンパク質などの生合成反応は，開始・伸長・終結の各段階で調節される．

c. 原核細胞の転写の開始

個々の遺伝子には，転写開始点の上流（5′側）にRNAポリメラーゼが結合する領域がある．そのDNA領域は**プロモーター**とよばれ，転写の開始点やRNAポリメラーゼが転写を開始する効率（時間あたりの開始頻度）を決定している．大腸菌の遺伝子は，すべて同じRNAポリメラーゼによって転写されるため（表6.3），各遺伝子のプロモーター領域には，RNAポリメラーゼが結合する共通の塩基配列がある．それらは，転写開始点（＋1）の5′側，10塩基上流域（－10領域）にあるTATATT配列，－35領域のTTGACA配列である（図6.22）．転写に先立って，大腸菌のRNAポリメラーゼは，まずこれらの－35領域に結合する．ついで，－10領域への結合により二本鎖DNAは一本鎖にほどけ，＋1から転写が開始される．

d. 原核細胞における転写調節

大腸菌などの細菌は，多くの場合，急激に変化する環境のなかで生存している．そのような能力と関係して，細菌は培養液中の炭素源（C源）が，ブドウ糖（グルコース）から乳糖（ラクトー

オペロン	－35領域		Pribnow box －10領域	転写開始部位 ＋1
lac	ACCCCAGGCTTTACACTTTTATGCTTCCGGCTCGTATGTTGTGTGGAATTGTGAGCGG			
galP2	ATTTATTCCATGTCACACTTTTCGCATCTTTGTTATGCTATGGTTATTTCATACCAT			
araBAD	GGATCCTACCTGACGCTTTTTATCGCAACTCTCTACTGTTTCTCCATACCCGTTTTT			
araC	GCCGTGATTATAGACACTTTTGTTACGCGTTTTTGTCATGGCTTTGGTCCCGCTTTG			
trp	AAATGAGCTGTTGACAATTAATCATCGAACTAGTTAACTAGTACGCAAGTTCACGTA			
bioA	TTCCAAAACGTGTTTTTTGTTGTTAATTCGGTGTAGACTTGTAAACCTAAATCTTTT			
bioB	CATAATCGACTTGTAAACCAAATTGAAAGATTTAGGTTTACAAGTCTACACCGAAT			
tRNA^Try	CAACGTAACACTTTACAGCGGCGCGTCATTTGATATGATGCGCCCCGCTTCCCGATA			
rrnD1	CAAAAAAATACTTGTGCAAAAAATTGGGATCCCTATAATGCGCCTCCGTTGAGACGA			
rrnE1	CAATTTTTCATTTGCGGCCTGCGGAGAACTCCCTATAATGCGCCTCCATCGACACGG			

```
5′—— TAGTGTATTGACATGATAGAAGCACTCTACTATATTCTCAATAGGTCCACG ——3′
3′—— ATCACATAACTGTACTATCTTCGTGAGATGATATAAGAGTTATCCAGGTGC ——5′
                                            転写開始点 ▲
                                                      転写
```

図 6.22 原核細胞のプロモーターの塩基配列
大腸菌のいろいろなオペロンについて，プロモーター領域を比較．一番上に示されているオペロン（*lac*）がラクトースオペロンである．転写開始部位（＋1）に対して－10領域のコンセンサス配列（TATATT），－35領域のコンセンサス配列（TTGACA）が図の下に示されている．なお，転写開始部位の影をつけた塩基から転写が開始される．

ス；グルコースとガラクトースから構成される二糖）に置き換えられるような変化にも素早く適応できる．その場合，大腸菌はラクトースをそのままの形では利用できないため，まず，β-ガラクトシダーゼを用いて，ラクトースをグルコースとガラクトースに加水分解する．生じたガラクトースもグルコースに変換して利用する．このようにして，大腸菌はラクトースを最良のC源であるグルコースに変換し，環境の変化に適応する．しかし，このことはグルコースが十分にありさえすれば，β-ガラクトシダーゼは大腸菌の生存にとって必ずしも必要でないことを意味している．事実，この酵素はC源がラクトースに置き換えられてはじめて合成され，菌体内の濃度が急速に高められる（図6.23）．β-ガラクトシダーゼは，ラクトースによって誘導されるので**誘導酵素**とよばれ，ラクトースは**誘導物質**とよばれる．なお，この誘導現象は，抑制されていたβ-ガラクトシダーゼ遺伝子の転写がラクトースによって新たに開始された結果である．

(1) 負の転写調節

図6.24 (a) に示されているが，**β-ガラクトシダーゼ遺伝子**（*lacZ*）は，大腸菌の染色体のうえではラクトースの代謝に必要な他の2つの遺伝子（*lacY*, *lacA*）と隣り合っている．それらの酵素とは，チオガラクトシド・アセチル転移酵素（*lacA*）と，ラクトースを菌体内に取り込むために必要なラクトース透過酵素（*lacY*）の遺伝子である．これらの遺伝子は，三者に共通なプロモーター（図6.22, 6.24も参照）から転写されるため，合成された1本のmRNAには，β-ガラクトシダーゼに加えほかの二つの酵素もコードされている．このような複数のタンパク質をコードするmRNA（**ポリシストロニックmRNA**とよばれ，原核細胞に特徴的なmRNA）を翻訳することによ

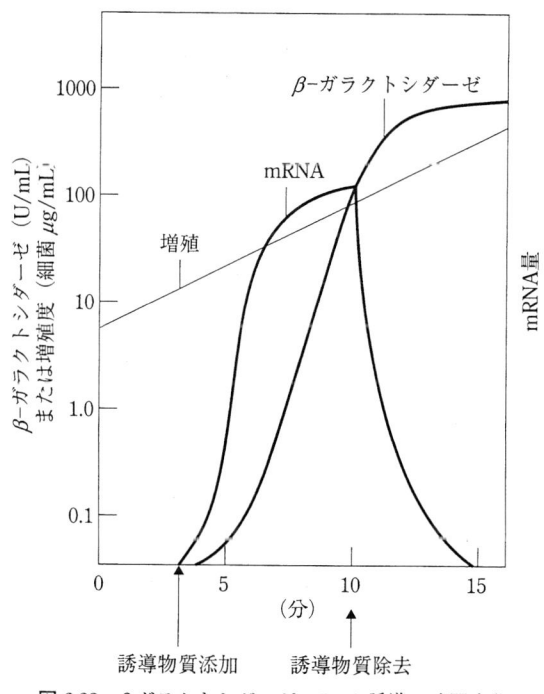

図6.23 βガラクトシダーゼmRNA誘導の時間変化
適切な誘導物質を培地に加えると，βガラクトシダーゼ遺伝子の転写が開始されmRNAレベルが急速に高まり，引き続いて酵素自体の濃度が上昇する．一方，誘導物質を除去するとmRNAは急速に分解され，そのレベルは低下する．

り，ラクトースを分解・利用するために不可欠な3種の酵素が，過不足なく，かつ同時に合成される．同一のmRNA分子として転写される，隣接した遺伝子の集まりを**オペロン**とよぶが，オペロンに含まれている複数の遺伝子は，**ラクトース・オペロン**の場合と同様に協調して翻訳される．真核細胞では，mRNAは1種類のタンパク質のみをコードしており，複数のタンパク質をコードすることはない．そのようなmRNAは**モノシストロニックmRNA**とよばれる．

　上で述べたように，ラクトースを含んでいない培養液のなかでは，ラクトース・オペロンの転写は起きない．そのような培養条件下では，ラクトースオペロンのプロモーター（-50から+10の領域）のすぐ側にある**オペレーター**には**リプレッサー・タンパク質**が結合しており（図6.24（b）），RNAポリメラーゼがプロモーターに結合できないからである．このようにして，リプレッサーは転写を抑制する（**負の転写調節**）．一方，ラクトースはリプレッサーと複合体を形成するが，そのことによってリプレッサー・タンパク質のオペレーターに対する親和性が減少し，オペレーターから遊離する．その結果，RNAポリメラーゼがプロモーターに結合できるようになり，ラクトース・オペロンの転写が開始される．つまり，ラクトースは，自身の利用に必要な3種の酵素の合成を，リプレッサーと共同して転写レベルで調節している．複数タンパク質の構造遺伝子を含むオペ

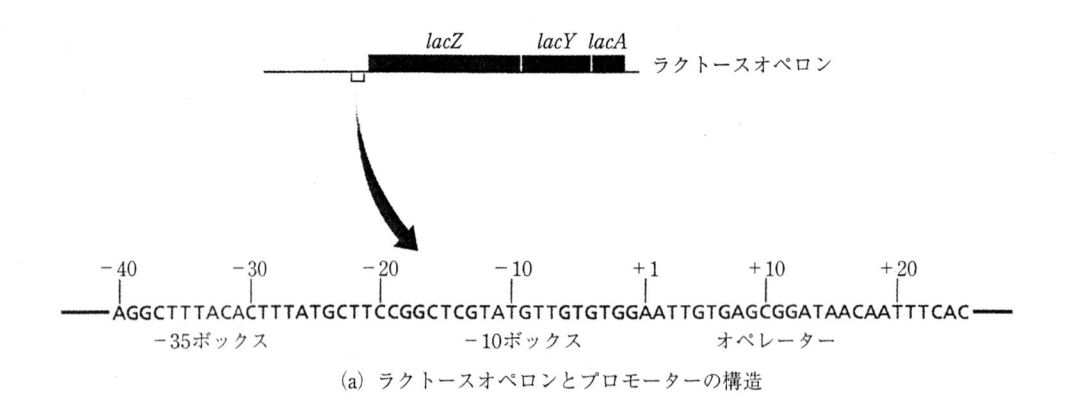

(a) ラクトースオペロンとプロモーターの構造

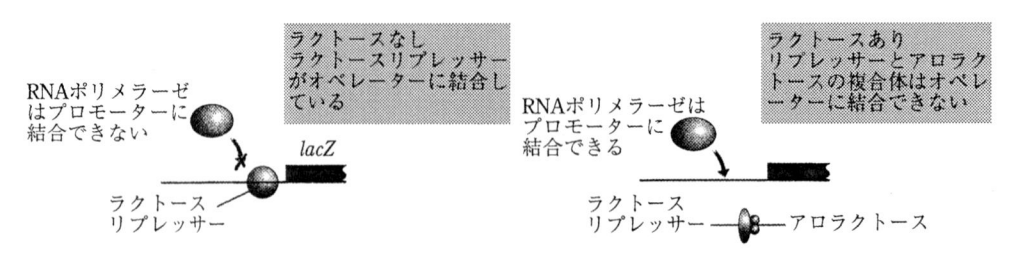

(b) ラクトースオペロンの負の転写調節

図6.24　ラクトースオペロンの構造と転写の調節
(a) ラクトースオペロンに含まれている遺伝子 *lacZ*（β-ガラクトシダーゼ）*lacY*（ラクトース透過酵素）*lacA*（チオガラクトシド・アセチル転移酵素）は，三者に共通のプロモーター配列にRNAポリメラーゼが結合して転写される．生じた1本のmRNAが翻訳されてラクトースの利用に必要な3種類の酵素が同時にできる．
(b) 培地にラクトースがない場合には，ラクトースオペロンが転写される必要がないため，オペレーターにリプレッサータンパクが結合して転写を抑制している．ラクトースがある場合には，リプレッサーにラクトースが結合して転写が開始される．

ロンの転写が，一つのオペレーターによって制御されるという「**オペレーター・オペロン説**」は，ジャコブ（F. Jacob）とモノー（J. L. Monod）によって1961年に提唱された．この説は，遺伝子が構造遺伝子とそれらの転写を調節する制御遺伝子から構成されていることを初めて示唆した．

(2) 正の転写調節

ラクトースとグルコースを含む培地で生育している大腸菌は，グルコースを優先的に利用し，ラクトースを利用することはない．その結果，培地のグルコースが枯渇してはじめて，ラクトース・オペロンの転写が誘導される．しかし，ラクトースを利用する機構としては，そのような転写の抑制解除だけでなく，ラクトース・オペロンの転写自体を活性化する方式も知られている．菌体内のグルコース濃度は，サイクリックAMP（cAMP）濃度の高・低に変換されてモニターされており，グルコースが減少すると菌体内のcAMP濃度は上昇する．増加したcAMPは，**cAMP受容体タンパク質**（CRP）とよばれるタンパク質と結合しcAMP-CRP複合体を形成する．その結果，この複合体のラクトース・オペロンのプロモーターに対する親和性が増し，転写が促進される．負の転写調節では，オペレーターに結合しているリプレッサーが転写を抑制するが，cAMP-CRP複合体は，プロモーター領域のさらに上流側に結合することによって，RNAポリメラーゼがプロモーターに結合できるようにして転写を活性化する（図6.25）．そこで，このメカニズムは**正の転写調節**とよばれる．以上の結果は，原核細胞が遺伝子の転写を活性化（cAMP受容体タンパク）したり，抑制（リプレッサー）したりする**DNA結合タンパク質**（**転写因子**）をもち，それらのタンパク質が，特定の塩基配列に結合して遺伝子の転写を正・負に調節することを示している．真核細胞における転写調節も基本的には同様の方式で行われ，事実，正・負の転写因子が見いだされている．

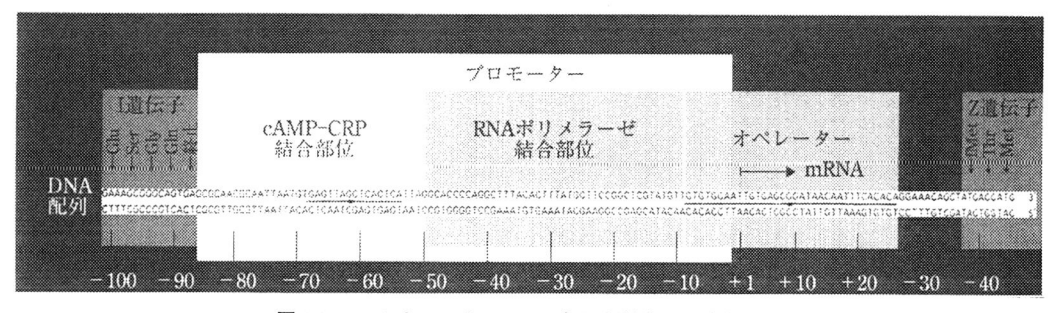

図 6.25 ラクトースオペロンの転写調節領域の塩基配列
プロモーター領域には，RNAポリメラーゼの結合部位，転写を抑制するリプレッサーの結合するオペレーター，転写を正に調節するcAMP-CRP複合体が結合する部位などがある．オペレーターにリプレッサーが結合していると，RNAポリメラーゼは図に示された部位に結合できないが，cAMP-CRP複合体は所定の部位に結合することによってRNAポリメラーゼの結合を促進する．

e. 真核細胞における転写調節

真核細胞の遺伝子DNAには，原核細胞とは違ってタンパク質が強固に結合しており，それは**クロマチン**（**染色糸**）とよばれる．電子顕微鏡下では，クロマチンの基本構造である**ヌクレオソーム**は数珠状にみえるが（発見者は，真珠の首飾りとよんだ），それらは，8分子のヒストン・タンパク質からなる複合体にDNAが巻きついてできている．クロマチンを核内に納めるため，このヌクレオソームはさらにコンパクトな構造に折りたたまれている．真核細胞の遺伝子DNAは，このような複雑な構造体に組み込まれて転写されるだけでなく，転写反応自体も合成されたRNAの修

節・加工，核外への輸送などと協調して調節されている．真核細胞には3種のRNAポリメラーゼがあるが（表6.3），タンパク質（mRNA）をコードする遺伝子（クラスII遺伝子と総称される）は，RNAポリメラーゼIIによって転写される．以下，おもにRNAポリメラーゼIIによる転写と，その調節メカニズムについて概説する．

(1) 基本転写因子

真核細胞において，クラスII遺伝子が転写されるためにはRNAポリメラーゼIIに加え，**転写因子**が必要である．このポリメラーゼが転写する遺伝子のプロモーターも転写開始点の上流に位置するが，その配列にRNAポリメラーゼが直接結合することはなく，代わりに転写因子が結合する．細菌では，RNAポリメラーゼ自身がプロモーターに直接結合することと対照的である．また，プロモーター領域には様々な構造の短い塩基配列が含まれていることを反映して，それらに結合する転写因子の数も非常に多い．**基本転写因子**は，そのような転写因子の一つで転写の開始に必要である．これらの基本転写因子は，転写開始点の−25塩基ほど上流にあるプロモーターのコアともみなされる配列（**TATAボックス**とよばれ大腸菌の−10領域にあるTATATT配列に相当する）に結合し（図6.26），また，RNAポリメラーゼIIとともに転写反応の開始複合体（基本転写装置）を形成する．この複合体によって転写の開始点が決定される．しかしながら，TATAボックスに結合した基本転写因子のみで起きる転写の効率は低く，本来の転写にはTATAボックスのさらに上流にある短い塩基配列と，その配列に結合する転写因子（**上流因子**）が必要である．

(2) 上流因子

上流因子は，TATAボックスの上流にある短い塩基配列（配列の特徴からCAATボックス，あるいはGCボックスなどとよばれる）に結合して転写の開始効率を高めるなど，プロモーター配列が十分な機能を発揮するために必要である．これらの上流因子が結合するCAATボックスやGCボックス自体は，いろいろな遺伝子のプロモーター領域に共通に見いだされるが，それらの組合せや相対的な位置関係は遺伝子ごとに違う．一例として，図6.26にホスホエノールピルビン酸カルボキシキナーゼ遺伝子の転写開始に必要な短い塩基配列を示した．図に示されたTATAボックス，

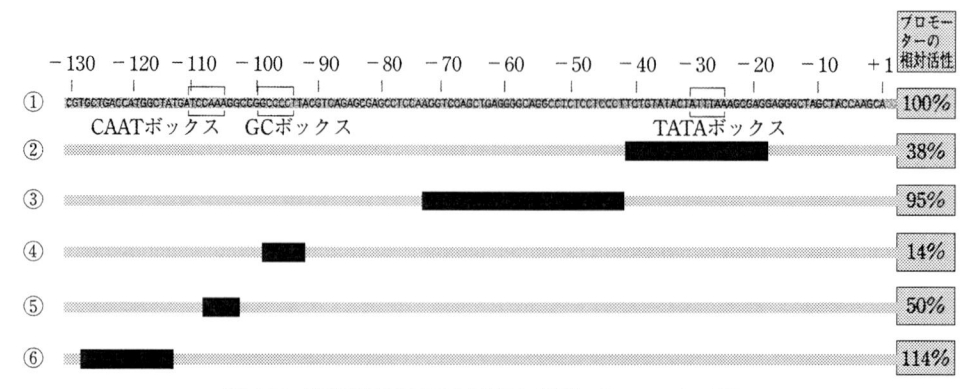

図6.26 真核細胞遺伝子の転写に必要なプロモーター配列

ホスホエノールピルビン酸カルボキシキナーゼ（PEPCK）遺伝子のプロモーター領域にあるTATAボックスに加え，上流因子が結合するCAATボックス，GCボックスを示す．それぞれの配列（各列，黒の太線部分）を欠失させた場合の活性が，最上段①のプロモーター活性に対する相対値として図の右端に示されている．たとえば，PEPCK遺伝子の転写開始点（+1）から，およそ100塩基上流（−100）にあるGCボックスを欠失させると14％のプロモーター活性しか残らないことがわかる．

CAATボックスやGCボックスを人為的に欠失させると転写活性が弱められることから，転写には上流因子とCAAT配列などの結合が必要なことがわかる．この結果とよく符号し，その他の領域の塩基配列を欠失させても転写は影響されない．このように，転写の開始点やその効率は，開始点に比較的近いプロモーターに結合している転写因子によって決定される．

(3) エンハンサー結合タンパク

i) エンハンサー　動物の体内には，違う役割を担う異なった細胞がある．そのような機能分担には，多くの場合それぞれの細胞にあるタンパク質の違いが関係している．たとえば，神経細胞の記憶機能にのみ必要とされるタンパク質が肝臓の細胞でつくられることはない．このような違いを生じる原因の少なくとも一部は，細胞ごとに転写される遺伝子が違っていることによる．つまり，脳の機能にだけ必要なタンパク質の遺伝子が肝臓で転写されることはない．このように，真核細胞の転写は，細胞の種類の違いや（組織特異性），細胞が置かれた環境の変化に応じて（時期特異性）調節されている．**エンハンサー**は，そのような調節に関与する塩基配列と定義され，転写を促進する．一般に，エンハンサー領域は転写開始点から数km離れていることもあり，また，遺伝子の5′上流にかぎらず，下流の3′側に見いだされることもある．さらに，遺伝子の転写方向に対して逆向きに配置されていても転写を促進できる．エンハンサー配列にも転写促進活性に関係する短い塩基配列が含まれているが，それらの数はプロモーター領域に比べて多く，また，はるかに密に並んでいる．転写促進因子はこのような配列に結合すると同時に，プロモーターに結合している基本転写因子とも相互作用して大きなタンパク質複合体を形成し，RNAポリメラーゼの活性を促進する．なお，真核細胞の遺伝子DNAには，転写を抑制する**サイレンサー**とよばれる塩基配列も知られている．

ii) エンハンサー結合性の転写促進因子　転写促進因子は，エンハンサーのなかにある特異的な塩基配列に結合して転写を促進する．そのような性質をもつタンパク質の構造を比べることによって，DNAに結合するために必要なアミノ酸配列（DNA結合モチーフとよぶ）や，基本転写因子と相互作用するのに必要なアミノ酸配列が同定された．その結果，転写促進因子は，それぞれの**DNA結合モチーフ**によって整理・分類されている．代表的なDNA結合モチーフとしては，**ジンクフィンガーモチーフ，ヘリックス・ターン・ヘリックスモチーフ，ロイシンジッパーモチーフ，ヘリックス・ループ・ヘリックスモチーフ**などが知られている．

6.5　mRNA前駆体（hnRNA）の修飾と加工

真核細胞では，hnRNAの5′末端には**キャップ構造**，3′末端には**ポリ（A）配列**が付加される．また，このhnRNAに含まれている**イントロン**配列は**スプライシング**によって除去され，翻訳可能な成熟したmRNAとなって細胞質で翻訳される．なお，遺伝子の転写は核内にある特定の構造体上で行われるが，その場所にはRNAポリメラーゼに加えhnRNAの修飾や加工反応に関係する酵素もともに局在しており，hnRNAの修飾・加工（**プロセッシング**）は遺伝子の転写と協調しつつ行われる．図6.27は，核内での修飾や加工によりhnRNAから生じる，翻訳可能なmRNAの構造を示している．

図 6.27 真核細胞 mRNA に特徴的な構造
翻訳可能な mRNA の 5′ 末端には 7 メチル・GTP キャップ，3′ 末端にはポリ（A）テールがある．また，5′ および 3′ 末端の双方には，アミノ酸の情報をもたない非翻訳領域がある．翻訳領域（コーディング領域）は，タンパク質のアミノ酸配列に関する情報をもち，その翻訳はつねに AUG（開始コドン）から開始される．

a. キャップの付加

真核細胞の mRNA の 5′ 末端は，例外なくグアニン塩基を含む特徴的な構造をしている．それは **m^7Gppp キャップ**（7-メチル GTP・キャップ）とよばれ，7-メチルグアノシン残基が三リン酸結合で mRNA に結合した構造をしている．図 6.28 に示されているように，それは mRNA を構成している他のヌクレオチドとは反対の方向を向いている．キャップの付加反応は，核にあるキャッピング酵素（グアニリル・トランスフェラーゼ）によって触媒されるが，その付加は転写開始後速やかに起きる．mRNA は，このキャップにより分解酵素から守られるなどによって安定化され，また，翻訳効率も高められる．一方，原核細胞の mRNA の 5′ 末端はヌクレオシド三リン酸ではじまり，キャップ構造はみられない（表 6.2 参照）．

b. ポリ（A）テールの付加

mRNA の 3′ 末端にある，100 ヌクレオチド程度の A 残基が連なった部分は，俗に**ポリ（A）テール**とよばれる（図 6.28）．なお，mRNA のポリ（A）配列に相当する部分は，遺伝子にコードされていない．つまり，この A 残基だけでできた配列は，遺伝子上にあるポリ（T）配列（ポリ（A）配列に相補的）が転写されて生じるのではなく，転写によって合成された mRNA の 3′ 末端にポリ（A）ポリメラーゼによって付加される．この構造もまた，キャップと同様，真核細胞 mRNA に特徴的な構造で（表 6.2），mRNA の安定性や翻訳効率に関係する．

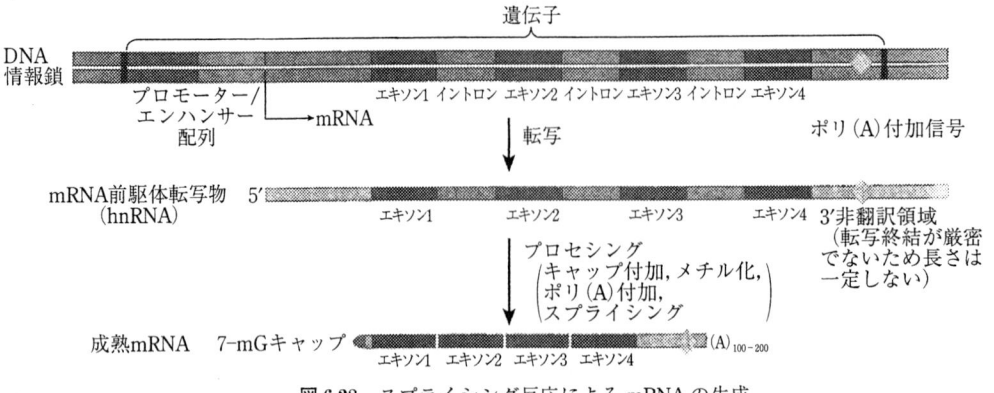

図 6.28 スプライシング反応による mRNA の生成

c. スプライシング

(1) hnRNAのスプライシング

真核細胞の遺伝子が転写されて生じるhnRNAは，まず核のなかで加工され翻訳可能なmRNAとなる．mRNAを生成する過程でhnRNAから除かれる塩基配列は**イントロン**とよばれ，それらはタンパク質のアミノ酸配列などの情報を含んでいない．それに対し，mRNAを構成する塩基配列は**エキソン**とよばれる．つまり，hnRNAはエキソン配列とイントロン配列からできている．hnRNAからイントロン配列を除き，イントロンによって分断されていたエキソン配列どうしをつなぎ合わせる反応を**スプライシング**とよぶ（図6.28）．

(2) スプライシングの機構

上記(1)で述べたように，mRNAはエキソンがつながれてできる．したがって，mRNAの塩基配列をそれ自身の遺伝子（mRNAに比べイントロンを余分に含む）と比べると，遺伝子上にあるエキソンとイントロンの位置や，それぞれの長さを知ることができる．ことに，エキソンとイントロンのつなぎ目に相当する境界領域の塩基配列を比較したところ，イントロンの両端部分の2塩基には 5′-GU と AG 3′ がほぼ100％出現することがわかった（図6.29）．それらは，スプライシングの際，イントロンの目印としてはたらくと考えられる．また，スプライシングには核の中に多い低分子量の U1 snRNA など，複数の U 系 snRNA（small nuclear RNA）とよばれる RNA が関与するが，それらの RNA は，他のタンパクとともに**スプライソーム**（図6.30）とよばれる複合体を形成してスプライシングを行う．

(3) 自己スプライシング（リボザイム）

ミトコンドリア内にあるRNAにもイントロンがあるが，それらは核内のhnRNAにあるイントロンとは違いがあるため，区別してグループIIイントロンに分類されている（グループIイントロンは，真核細胞の核内rRNAの前駆体などが含まれている）．このグループIIイントロンをもつRNAは，タンパク質を含まない人為的な実験条件下（つまり，酵素を含まない条件）でもイントロンを除去できる．このように，RNAがタンパク質の助けを借りずに自身のなかのイントロンを

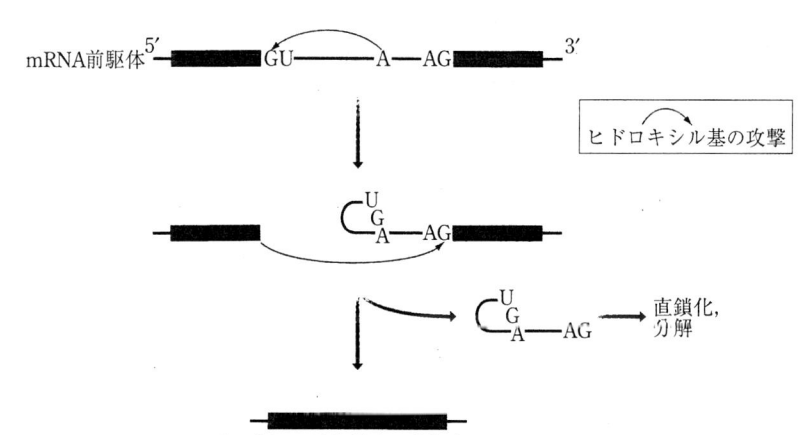

図6.29 スプライシング反応の要点

太線はエキソン，細線はイントロンを示す．エキソンを分断するイントロンの5′側はGU，3′側はAGでエキソンと仕切られている．スプライシング反応の結果，イントロンは投げ縄の形でhnRNAから切り出されて遊離しエキソンはつながれる．

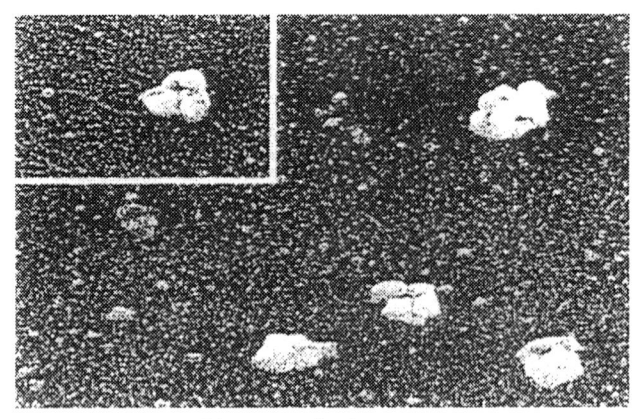

図 6.30 スプライソソーム
単離・精製されたスプライソソームの電子顕微鏡写真．それぞれの複合体がいくつかのサブユニットから構成されているのがみえる．挿図では大きな粒子に，細い繊維がつき，その端により小さな粒子がついている．

切り出せるということは，1981年，セックによって原生動物テトラヒメナ（ゾウリムシの一種）のrRNA（このrRNAの前駆体はイントロンを含んでいる）においてはじめて発見された．現在では，RNAが触媒できるほかの数種類の反応も知られ，そのような触媒機能をもつRNAを総称して**リボザイム（RNA酵素）**とよぶ．リボザイムの発見は，「酵素はタンパク質である」という，これまでの概念を修正する点において重要である．なお，核にあるhnRNAのスプライシングは，グループIIイントロンの自己スプライシングに類似してはいるが，hnRNA自身がスプライシングを触媒するのではなく，上述したように，多くのタンパク質やRNAを必要とする．

(4) 選択的スプライシング

スプライシング反応では，イントロンが除かれエキソンがつながれるが，つなぐエキソンの組合せを変えることによって，同じhnRNAから異なったmRNAを生じる場合がある．この反応は選択的スプライシングとよばれる遺伝子発現の転写後調節メカニズムで，同じ遺伝子から生理機能の異なった複数のタンパク質がつくられる理由の一つである．2003年に終了したヒトゲノム計画から，ヒト遺伝子の数はおよそ22 000とされているが，このメカニズムによれば，ヒトの遺伝子はその数十倍にも及ぶ数十万種類のタンパク質をコードできると考えられている．

たとえば，細菌やウイルスにさらされたとき，感染防御のため，まず，IgM抗体が血液中に現れ（一次応答），続いてIgG抗体が増加する（二次応答）．ところでIgM抗体には，Bリンパ球・前駆細胞の細胞膜に結合して体内に侵入する病原体を監視しているものと，感染後，病原体が増えないよう血液中に分泌されるものの2種類がある．細胞膜上にあるIgM抗体が病原体と出会うと，その抗体をもつBリンパ球は活性化されてIgM抗体を血液中に分泌するようになる（上記の一次応答に相当する）．ところで，細胞膜に埋め込まれているIgM抗体と，細胞膜には結合せず分泌される抗体の構造を比較したところ，C末端の短い領域のアミノ酸配列にだけ違いがあり，その少しの違いが抗体が分泌されるか，細胞膜に結合するかを決めていることがわかった．このようなC末端の構造のみが違う抗体タンパク質をコードする2種類のmRNAは，同じhnRNAの選択的スプライシングによって生じる．

6.6 タンパク質合成（mRNA の翻訳）

　核から細胞質に輸送された mRNA を鋳型として，タンパク質が合成される．この過程では，mRNA のヌクレオチド配列が，タンパク質のアミノ酸の配列に翻訳される．ところで，図 6.27 に示したように，エキソンがつなぎ合わされて生じた mRNA の 5′ 末端と 3′ 末端の部分には，例外なく翻訳されない領域（つまり，タンパク質の構造情報が含まれていない部分）がある．それらの **5′ 非翻訳領域** と **3′ 非翻訳領域** には，mRNA の輸送や翻訳など，細胞質における遺伝子発現の様々な調節に関与する情報が含まれている．アミノ酸配列に翻訳されるのは，これら二つの非翻訳領域にはさまれた翻訳領域にあるヌクレオチド配列（**コーディング領域**；図 6.27 参照）である．ところで，mRNA が翻訳される過程は，いくつかのステップに分けられる．それらは，①ATP によるアミノ酸の活性化，②活性化されたアミノ酸と tRNA の結合（アミノアシル tRNA の生成），③mRNA 自体の翻訳の開始反応，④ペプチド鎖の伸長反応，⑤翻訳の終結反応である．

a. mRNA の翻訳領域にある遺伝暗号

（1）　64 通りの遺伝暗号（コドン）

　自然界のタンパク質には，20 種類のアミノ酸が含まれている．遺伝子は，タンパク質の構造（アミノ酸の数，種類やそれらの並び方）に関する情報をコードしているが，個々のアミノ酸に対応する遺伝暗号は，4 種のヌクレオチドの組合せ（塩基配列）によってつくり出される．仮に暗号が 1 塩基でできているとすると，いうまでもなく暗号の種類は 4 種類（$4^1 = 4$；暗号は A, T, G, C），2 塩基では 16 種類（$4^2 = 16$；暗号は AA, AT, AG, AC, …など）となり，いずれの組合せも数が少なく，20 種類のアミノ酸それぞれに対応する暗号をつくることができない．それに対し，3 塩基の組合せからは 64 種類（$4^3 = 64$；暗号は AAA, AAT, AAG, AAC, …など）の異なった暗号ができ，20 種類のアミノ酸を決定するのに十分である．最低必要な遺伝暗号が 3 塩基の組合せ（2 塩基では 16 とおりで足らず，4 塩基の組合せ数 256 とおりは余りに多すぎる）からできていることは，実験的にも確かめられている．mRNA の翻訳領域にある 3 塩基の配列を **コドン**（**トリプレット・コドン**）とよび，表 6.5 は，20 種のアミノ酸に対応する遺伝暗号表（**コドン表**）を示す．なお，コドンは，ウイルス，原核生物，高等動・植物を問わず共通で，生物が同一の起源に由来することを示唆している．なお，ミトコンドリアのコドンには，一部に違いがある．

（2）　翻訳の開始と終結の遺伝暗号

　正しいタンパク質を合成するため，mRNA 上にある翻訳の開始と終結点は特定のコドンによって規定されている．**開始コドン**は 1 種類（AUG）であるが，**終止コドン**には 3 種類（UAA, UAG, UGA）ある．終止コドンには対応するアミノ酸がないため，**ナンセンス・コドン**ともよばれる．このように，mRNA の翻訳領域は AUG（メチオニンのコドン；表 6.5 参照）で始まり，いずれか一つの終止コドンで終わる．このように AUG で始まり終止コドンで終わる翻訳領域のことを **オープン・リーディング・フレーム**（open reading frame：ORF）とよぶ．

（3）　コドンの縮重

　タンパク質に含まれている 20 種のアミノ酸は，64 種のコドンから 3 種類の終止コドンを除いた，残り 61 種のコドンによってコードされている．したがって，ほとんどのアミノ酸は，対応するコドンを複数個もつ．たとえば，メチオニンのコドンは 1 種であるのに対し，ロイシンは 6 種類のコ

表 6.5 コドン表

コドンの最初の塩基	コドンの2番目の塩基 U	C	A	G	コドンの3番目の塩基
U	UUU ⎤ Pha UUC ⎦ UUA ⎤ Leu UUG ⎦	UCU ⎤ UCC ⎥ Ser UCA ⎥ UCG ⎦	UAU ⎤ Tyr UAC ⎦ UAA ⎤ Term* UAG ⎦	UGU ⎤ Cys UGC ⎦ UGA Term* UGG Trp	U C A G
C	CUU ⎤ CUC ⎥ Leu CUA ⎥ AUG ⎦	CUU ⎤ CCC ⎥ Pro CCA ⎥ CCG ⎦	CAU ⎤ His CAC ⎦ CAA ⎤ Gln CAG ⎦	CGU ⎤ CGC ⎥ Arg CGA ⎥ CGG ⎦	U C A G
A	AUU ⎤ AUC ⎥ Ile AUA ⎦ AUG Met + Init.†	ACU ⎤ ACC ⎥ Thr ACA ⎥ ACG ⎦	AAU ⎤ Asn AAC ⎦ AAA ⎤ Lys AAG ⎦	AGU ⎤ Ser AGC ⎦ AGA ⎤ Arg AGG ⎦	U C A G
G	GUU ⎤ GUC ⎥ Val GUA ⎥ GUG Val + Init.†	GCU ⎤ GCC ⎥ Ala GCA ⎥ GCG ⎦	GAU ⎤ Asp GAC ⎦ GAA ⎤ Glu GAG ⎦	GGU ⎤ GGC ⎥ Gly GGA ⎥ GGG ⎦	U C A G

表中の Init. は開始コドン,Term. は翻訳の終止コドンを意味する.

ドンによってコードされている(表 6.5).これを**コドンの縮重**という.このような縮重は,ほとんどの場合コドンの3文字目の違いによって生じる.たとえば,コドン表から,ロイシンの CU で始まる4種類のコドン(CUX)のうち,3番目の塩基(X)は A,U,G,C のいずれでもよいことがわかる.このことは,仮に突然変異によって塩基の置換が起きても,それがロイシンのコドンの3番目の塩基に限定されたものであれば,ロイシン自体には変化がないことを意味している.このように,遺伝子に変異があるにもかかわらず,タンパク質の構造が変化しない場合,その突然変異を**サイレント変異**とよぶ.

b. tRNA の構造と機能

mRNA のコドンをアミノ酸に翻訳する過程では,mRNA がアミノ酸を直接選択するのではなく,アミノ酸と結合している tRNA がアダプターとしてはたらき,mRNA 上のコドンを対応したアミノ酸に置き換える.アミノ酸にはそれぞれに専用の tRNA があり,アミノ酸はそれらの tRNA と結合してタンパク合成の場に運ばれてくる.

(1) tRNA の構造

細胞の中には,20種類のアミノ酸それぞれに対応した tRNA がある.図 6.31 は,tRNA のクローバー型モデルを示している.一番底部に位置するアンチコドンループにはコドンに相補的な3塩基の配列(**アンチコドン**)があり,tRNA はアンチコドン・コドンの塩基対を介して mRNA に対合する.たとえば,tRNA のアンチコドンは 5′-CAG で,mRNA 上のコドン,5′-CUG と相補的になる.コドンとアンチコドンの向きは互いに逆平行で,水素結合を介して対合している.アミノ酸は,tRNA の受容ステムに位置する 3′ 末端に結合する.なお,tRNA の 3′ 末端の3塩基は,すべての tRNA に共通で 3′-CCA である.また,X 線回折の結果から,tRNA が全体的には L 字型の立体構

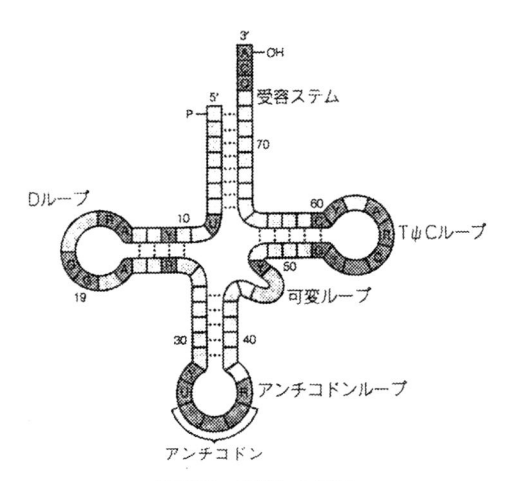

図 6.31 tRNA の構造

RNA の一般構造：種々の tRNA のあいだで不変か，ほとんど変わることがない塩基が示されている．なお，R はプリン塩基，Y はピリミジン塩基．受容ステムの 3′ 末端の構造はすべての tRNA に共通で CCA-3′ である．

造をしており，クローバー型モデルでは左右に離れている D ループと TψC ループが，互いに接近して内側に折りたたまれていることなどが知られている．

(2) アミノアシル tRNA の生成

tRNA のアンチコドンに対応した特定のアミノ酸を 3′ 末端-OH に結合することによって，コドンとの対応がつけられることになる．このアミノアシル tRNA 生成反応は，アミノアシル tRNA 合成酵素（aminoacyl-tRNA synthetase；ARS）によって触媒される．

まず，アミノ酸のカルボキシル基が ATP によって活性化され，アミノアシル AMP となり，つぎにアミノアシル AMP が tRNA と反応してアミノアシル tRNA が生成される（図 6.32）．このときアミノ酸のカルボキシル基と tRNA の 3′（CCA）末端のアデツシンのリボース 2′ または 3′-OH に

図 6.32 アミノアシル tRNA 生成反応

エステル結合が形成される．アミノ酸が誤った tRNA と結合すると，酵素自身がアミノアシル tRNA を分解する．

c. リボソームの構造

翻訳反応の場となる**リボソーム**には，RNA（rRNA）とタンパクが含まれている．原核細胞と真核細胞では，RNA の大きさや RNA 対タンパク質の量比に違いはあるが，構造的にも，機能的にもほとんど同じである．1 個のリボソーム粒子は，2 個の大・小サブユニットからできており，大サブユニットは小サブユニットのおよそ 2 倍の大きさである．表 6.6 に原核・真核細胞のリボソーム，それらを構成するサブユニット，および含まれている rRNA 種やタンパク質の数などをまとめた．たとえば，真核細胞の大サブユニット（60S）には，28S，5.8S，5S の大きさの RNA が各 1 分子ずつ含まれ，小サブユニット（40S）には，18S の RNA が 1 分子含まれている．これらのサブユニットが会合して生じる 80S（60S＋40S＝100S ではなく 80S であることに注意）リボソーム粒子が，翻訳反応に関与する．2000 年，原核細胞リボソームの立体構造が明らかにされ，翻訳反応の場であるリボソームの内部がほとんど RNA のみで充てんされているのに対し，リボソーム・タンパク質は，リボソームの内部より外表面に位置している．このことは，翻訳反応にはリボソーム・タンパク質より rRNA 自体が，重要な役割を果たしていることを示唆している．

なお，大・小サブユニットや rRNA の大きさは，通常，遠心力場における沈降係数（Svedberg 値；S 値）で表される．S 値が大きいほど速く沈降する．

表 6.6 原核細胞と真核細胞のリボソーム

(a) 原核細胞

	リボソーム 70S	大サブユニット 50S	小サブユニット 30S
RNA		23S（2904 塩基） 5S（120 塩基）	16S（1541 塩基）
タンパク質		34 種	21 種

(b) 真核細胞

	リボソーム 80S	大サブユニット 60S	小サブユニット 40S
RNA		28S（4718 塩基） 5.8S（160 塩基） 5S（120 塩基）	18S（1874 塩基）
タンパク質		50 種	33 種

S 値：Svedberg 値

d. タンパク質の合成

(1) ポリペプチド鎖の伸長反応

mRNA は，5′ 側から翻訳され，ポリペプチド鎖はアミノ末端（N 末端）からカルボキシル末端（C 末端）に向けて合成される．図 6.33 に示すように，ポリペプチド鎖は，リボソーム・大サブユニット上にある P（ペプチジル）部位と A（アミノアシル）部位を tRNA が移動することによって

伸長する．アミノ酸が結合しているアミノアシルtRNAはA部位に入り，伸長しつつあるペプチド（新生ペプチド）が結合しているtRNAはP部位に入る．これらのtRNAは，リボソーム粒子の中央部分の溝にはまり込んでいるmRNAに，コドン・アンチコドンの塩基対を介して結合している．2個のtRNAがリボソームに結合すると，A部位のtRNAに結合しているアミノ酸と，P部位のtRNAに結合している新生ペプチドのC末端アミノ酸とのあいだにペプチド結合が形成される（この反応を触媒する酵素は，**ペプチジルトランスフェラーゼ**とよばれる）．ついで，P部位にあったtRNAは遊離され，それに代わって新たに1アミノ酸伸長したポリペプチド鎖を結合しているtRNAが，A部位からP部位へ移動（転位）する．このような，A部位からP部位への転位反応（トランスロケーション）は，酵素トランスロカーゼによって触媒される．以上の反応を繰り返し，ペプチド鎖は伸長される．mRNAには，たくさんのリボソームが同時に結合して伸長反応を行うが，そのような複数のリボソームとmRNAとの複合体は**ポリリボソーム**（ポリソーム）とよばれる（図6.18も参照）．また最近，原核細胞のリボソームの構造解析などにより，長いあいだ正体不明であったペプチジルトランスフェラーゼが，タンパク質性の酵素ではなくリボソームの大サブユニットに含まれているrRNA自身（原核細胞では23S・rRNA）であることが報告された．このことは，生命の進化過程における，いわゆる**RNAワールド**において，rRNAがリボザイムとしてタンパク質を合成していたことを示唆している．

(2) ポリペプチド鎖の開始反応

翻訳の開始コドンは，AUGでメチオニンに対応する．しかし，メチオニンは新生ポリペプチド

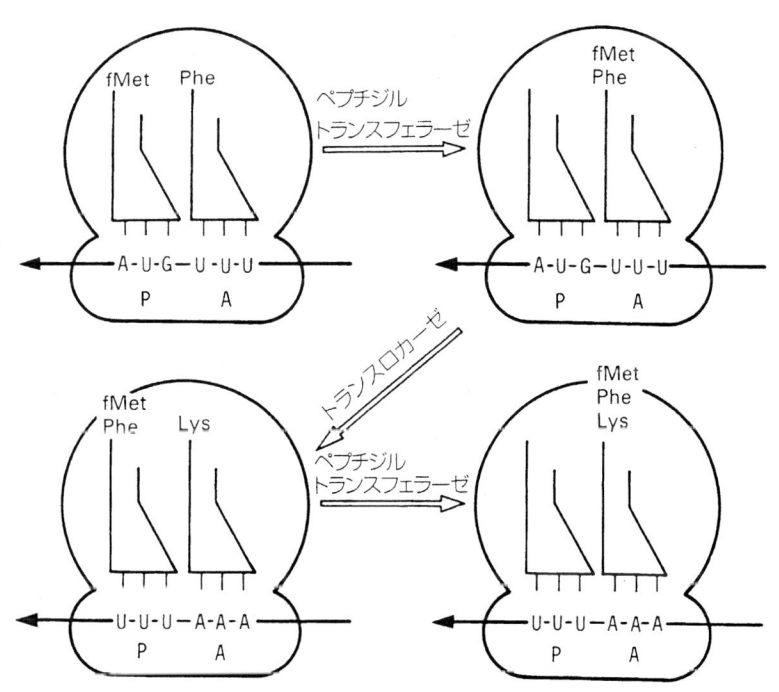

図6.33 リボソームとポリペプチド鎖の伸長

矢印で示されたmRNAの上には，3個のコドン（AUG-UUU-AAA）が示されており，それらが左上から順に翻訳され，fMet-Phe-Lysが合成される．開始コドンのAUGにはfMet-tRNA（大腸菌のタンパク質合成の開始をつかさどるtRNAはfMetと結合している；本文参照）がリボソームのP部位で対合している．なお，fMetはホルミルメチオニン，Pheはフェニルアラニン，Lysはリジンを，それぞれ示す．

鎖の N 末端だけでなく，ペプチド鎖の内部にもある．そこで，両者を区別できるよう，メチオニンのコドン (AUG) は 1 種類であるが，メチオニンを結合している tRNA には開始反応に専用のものを含め 2 種類ある．開始反応専用の tRNA は開始 tRNA とよばれ，ほかのアミノアシル tRNA が通常 A 部位に入るのに対し，それは P 部位に入ってポリペプチド鎖合成を開始する．なお，新たに開始されるポリペプチドの N 末端アミノ酸残基のメチオニンは，原核細胞では真核細胞と違いホルミル化（ホルミル・メチオニン，fMet）されている．

(3) 真核細胞の翻訳開始因子

タンパク質合成の開始因子は，原核細胞ではホルミル・メチオニンと結合した開始 tRNA を，P 部位に位置させるため必要である．真核細胞の開始因子は，eIF (eukaryotic initiation factor) とよばれ，それらには図 6.34 に示すように，5′ 末端にキャップ構造をもつ mRNA と結合するものや，リボソームの小サブユニット（40S サブユニット）および GTP などと結合するものがある．それらは複雑な反応を経て，最終的には mRNA（適正な開始コドン AUG を含む）・開始 tRNA（メチオニンを結合している）・40S サブユニットからなる複合体を形成する．さらに，この複合体に大サブユニット（60S サブユニット）が加わり，80S のリボソーム開始複合体ができる．

(4) 翻訳の終結

mRNA の終止コドン（UAA，UAG，UGA）がリボソームの A 部位を占めると，終結因子と呼ばれるタンパク質が A 部位に結合して翻訳が終わる．その結果，完成したポリペプチド鎖は遊離し，それに引き続いて 80S のリボソームは二つのサブユニット（60S と 40S サブユニット）に分かれ，

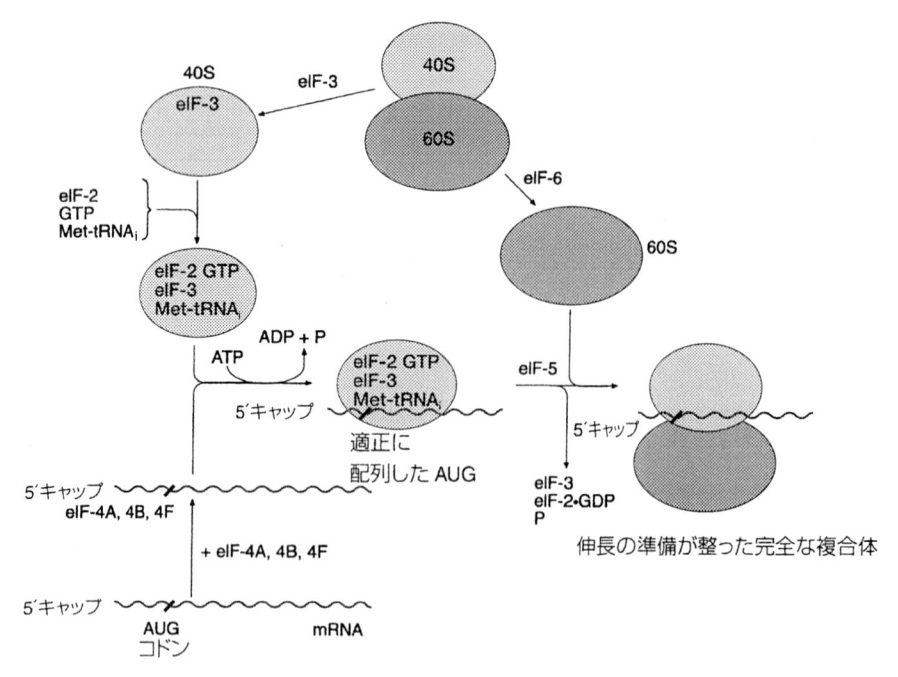

図 6.34 mRNA の翻訳開始に関与する因子

mRNA やリボソームの小サブユニット（40S サブユニット）と結合する多くの翻訳開始因子（eIF）が共同して，40S サブユニットを mRNA 上の開始コドン AUG に適正に配列させる．この mRNA・40S サブユニット複合体に 60S サブユニットが加わり 80S リボソーム（60S と 40S の両サブユニットから構成される）による翻訳開始複合体ができる．

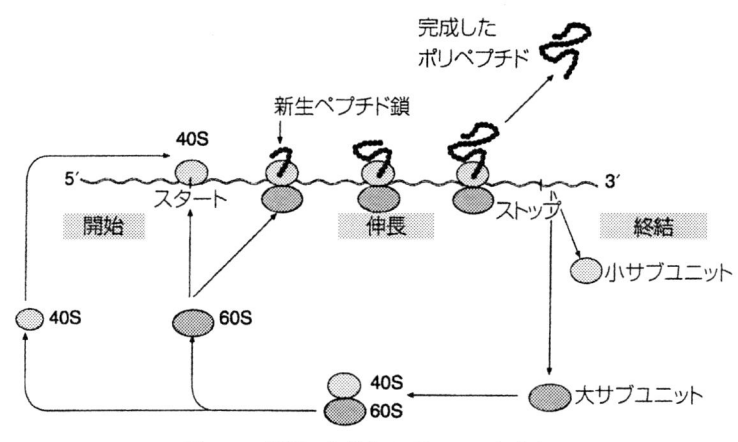

図 6.35 翻訳の終結とリボソームサイクル

つぎのタンパク質合成に利用される．図 6.35 には，この一連のサイクルを模式的に示した．

6.7 ま と め

1. 遺伝子の本体は二本鎖 DNA である．二本鎖 DNA は，半保存的複製反応によって同じ塩基配列をもつ 2 本の二本鎖 DNA に複製される．
2. 真核生物の二本鎖 DNA は塩基性タンパク質ヒストンなどと結合し複合体を形成する．この複合体はクロマチンとよばれ，核内に保持されている．長い二本鎖 DNA はヒストンと結合することによりコンパクトに凝縮される．
3. 真核生物の遺伝子構造はエキソンとイントロンからなる．また，遺伝子の転写を調節するプロモーター，エンハンサーとよばれる DNA 領域が存在する．
4. 複製の誤りや紫外線など種々の影響で，二本鎖 DNA には絶え間なく損傷が生じる．損傷は，塩基除去修復や組換え修復などにより修復される．DNA 修復能力の低下は変異が起きやすくなり，がんなどの様々な疾患の原因となる．
5. 遺伝子 DNA は親の DNA を鋳型として半保存的に複製され，子孫に伝えられる．同時に，遺伝子発現と総称される様々な反応により，遺伝子情報に従って RNA やタンパク質が合成され，生命が維持される．
6. 遺伝子の発現は，転写レベルと転写後レベルで調節されている．
7. 転写の調節には，種々の転写因子が関係する．それらは，おのおのに特異的な塩基配列（プロモーターやエンハンサーに含まれている DNA モチーフ）に結合し，生理的な必要性に応じて転写を促進，あるいは抑制する．
8. 真核細胞では，転写されて生じた mRNA の前駆体（hnRNA）は，スプライシング（イントロンの除去，エキソンの結合），5′端のキャッピングや 3′端のポリ（A）テールの付加など転写後の修飾・加工反応（プロセシング）によって翻訳可能な mRNA となり，核から細胞質に運ばれる．
9. 細胞質では，mRNA の翻訳領域にあるヌクレオチド配列（コドン）は，リボソームやアミノ酸を結合した tRNA のはたらきによってアミノ酸の配列に翻訳される．

演習問題

6.1 5′-TAG-3′ は，ある遺伝子の鋳型となる鎖のコドンに該当する部分の配列である．この配列が突然変異により 5′-TGG-3′ となった．変異前と変異後の DNA がコードするアミノ酸を答えなさい．

6.2 生物は DNA の塩基配列を一定に保つための種々の仕組みを有している．その一つとして DNA ポリメラーゼの校正機能がある．DNA ポリメラーゼの校正機能について説明しなさい．

6.3 5′-TAG-3′ が 1 塩基の欠失により 5′-TG-3′ となり，フレームシフト変位が起きた．その結果，通常のタンパク質より分子量の小さなタンパク質が産生されるようになった．小さなタンパク質が産生された理由を考えなさい．

6.4 DNA の塩基配列の決定にはジデオキシ法が利用される．この方法では DNA ポリメラーゼの基質である dNTP 以外に ddNTP（ジデオキシヌクレオシド三リン酸．dNTP のデオキシリボースの 3′-OH が-H に置換された構造をもつ）を加えて DNA 合成を行う．ddATP の構造式を書きなさい．また，ddATP を加えると A の取込みで DNA 合成が停止する．この理由を説明しなさい．

6.5 ダウン症候群の多くは 21 番染色体のトリソミーが原因で起きる．トリソミーが起きる原因について考えなさい．

6.6 5′-AGCTCAG-3′ の配列の DNA が転写されるとき，生じる RNA の構造を記せ．

6.7 細胞にある RNA の種類を三つあげ，その役割を述べよ．

6.8 核内で起きる，RNA のプロセシング（加工，修飾反応）の例を三つあげ説明せよ．

6.9 真核細胞 mRNA の構造上の特徴を二つあげ説明せよ．

6.10 RNA 酵素とは何か．例を二つあげて説明せよ．

6.11 5′-AUG なる構造のコドンに相補的なアンチコドンの構造を書け．

6.12 コドンの縮重とは何か．

参考図書

1) 井出利憲：分子生物学講義中継, Part 1, 羊土社, 2002.
2) T. McKee, J. R. McKee 著, 市川 厚監修, 福岡伸一監訳：マッキー生化学—分子から解き明かす生命, 第 3 版, 化学同人, 2005.
3) 水野重樹編：細胞核の分子生物学—クロマチン・染色体・核構造, 朝倉書店, 2005.
4) 花岡文雄：DNA 複製・修復がわかる, 羊土社, 2004.
5) 田沼靖一編著：分子生物学, 第 2 版, 丸善, 2003.
6) D. Voet ほか著, 宮田信雄ほか訳：ヴォート生化学（上）（下）, 第 2 版, 東京化学同人, 2001.
7) A. L. Lehninger 著, 川崎敏祐監訳：レーニンジャの新生化学（上）（下）, 第 3 版, 広川書店, 2002.
8) W. H. Elliot, D. C. Elliott 著, 清水孝雄ほか訳：生化学・分子生物学, 東京化学同人, 1999.
9) J. M. Berg ほか著, 入村達郎ほか訳：ストライヤー生化学, 第 5 版, 東京化学同人, 2004.

7

情報伝達系

はじめに

多細胞生物は，個体としての統制をとるために多種多様に分化した細胞を有機的に統合できるシステムを構築している．この統御システムが**神経系，内分泌系，免疫系**である（図7.1）．これは**三大細胞間（外）情報伝達系**とよばれ，化学的な**情報伝達物質**（**神経伝達物質，ホルモン，サイトカイン**）を出して互いに交信し合うことによって生体の**恒常性**（**ホメオスタシス，homeostasis**）を保つはたらきをしている．ヒトをはじめとする高等多細胞動物の生命は，このような細胞間情報伝達系の巧妙なバランスの上に成り立っている．

神経系は，内分泌系と免疫系とは違ってすでに生体内に構築された神経細胞によるネットワークを通して生体の統制を行っている．内分泌系と免疫系は，血管やリンパ管といった脈管系を流れる化学物質や細胞移動による流動的な制御であり，神経系とは仕組み自体に大きな違いがある．また，神経系は上位中枢からの司令システムであるのに対して，内分泌系と免疫系は，生体の調和と維持を主眼においた調節システムである．しかし，これらの統御システムには相互に密接な関連性があることを忘れてはならない（図7.1）．

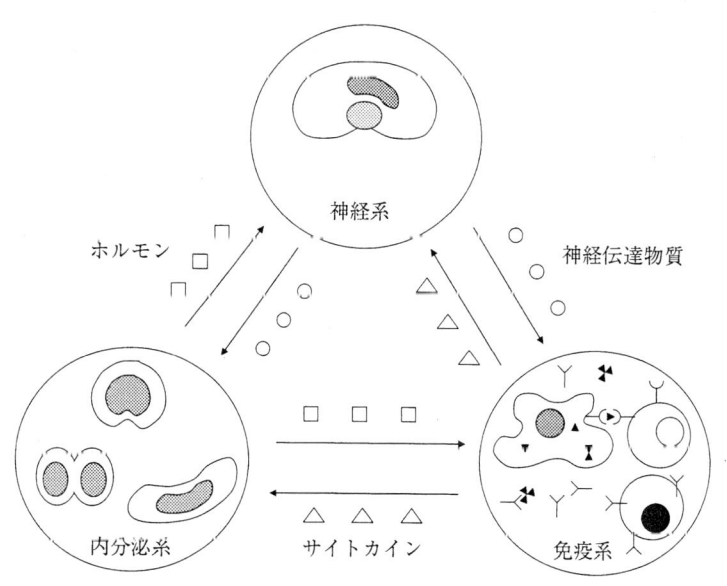

図7.1 細胞間情報伝達系

たとえば，神経系により内分泌腺の副腎皮質からグルココルチコイドが分泌され，それによって種々のホルモン群の分泌や免疫系の抑制がかかることはよく知られた相互作用である（図7.2）．ま

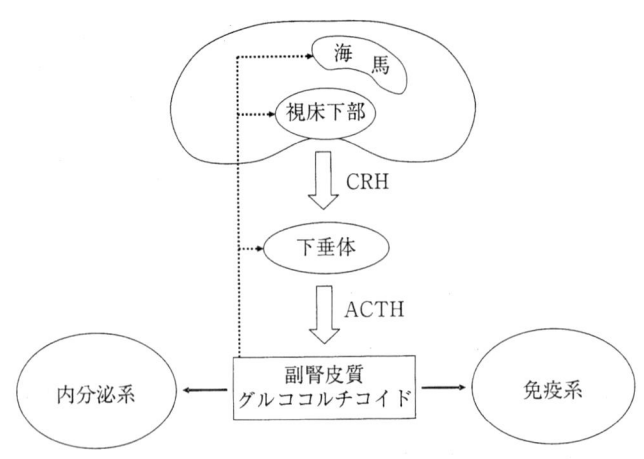

図 7.2 神経系—内分泌系—免疫系の相互作用

た，アドレナリンは副腎皮質ホルモンとしてはたらくと同時に，神経伝達物質としてはたらくことからも，相互の系の関連性をうかがうことができる．さらに，HIV 感染による免疫系の異常が神経系に影響を及ぼすことも知られている．近年，この三つの統制システムの相互関連のメカニズムを理解する学問として，"**神経免疫内分泌学（neuroimmunoendocrinology）**" がヒトをはじめとする高等動物の生体制御機構を理解するうえで，重要視されてきている．

本章では，この三つの細胞間情報伝達系の機能と特性について，情報伝達の仕組みに重点をおいて述べる．

7.1 細胞間情報伝達系

細胞間の情報伝達の仕組みは，二つに大別することができる．一つは直接的な接触による情報伝達であり，もう一つは離れた細胞間での情報伝達である（図 7.3）．いずれの伝達系においても情報伝達物質として**化学的メッセンジャー（chemical messenger）**が使われる．それを総称して**リガンド（ligand）**とよび，それを認識する側が**レセプター（受容体，receptor）**である．

神経系のような細胞と細胞とが直接的につながる様式がもっとも基本的であり，やがて内分泌系

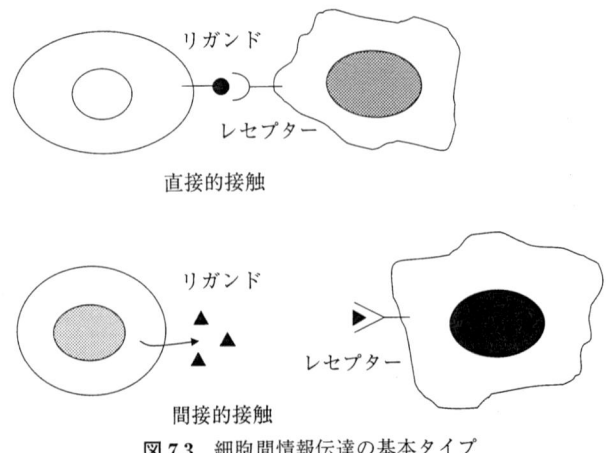

図 7.3 細胞間情報伝達の基本タイプ

や免疫系でみられる物理的に離れた細胞間での情報伝達の様式が現れたと考えられる．たとえば，アセチルコリンなどの神経伝達物質は，神経細胞（**シナプス前細胞**）の軸索の先端部に神経刺激が伝わってくると，**シナプス間隙**に放出され，**シナプス後細胞**のレセプターに結合することによって情報が伝達される．このような様式を**神経分泌（neurocrine）**という（図7.4（a））．

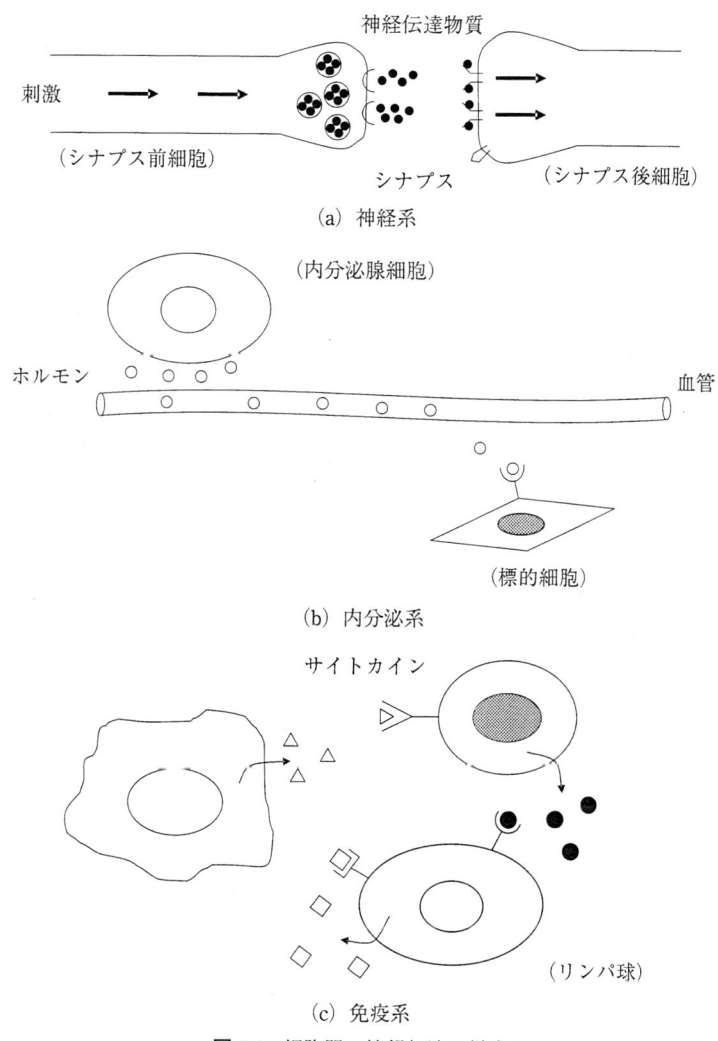

図7.4 細胞間の情報伝達の様式

内分泌系では，ホルモンが分泌腺細胞の分泌顆粒から血液中に放出され，遠く離れた標的細胞に存在するレセプターに結合することによって情報が伝達される．このような遠距離での情報伝達の様式は，**内分泌（endocrine）**とよばれる（図7.4（b））．一方，免疫系は血液中に種々のリンパ球から分泌されたサイトカインが，近傍にいるリンパ球あるいは自己のレセプターに結合することによって情報が伝達される．この局所的な分泌による情報伝達は**傍分泌（paracrine）**，**自己分泌（autocrine）**と呼ばれている（図7.4（c））．これらの情報伝達では，リガンドとレセプターとの間にきわめて高い特異性が要求される．また，リガンドとレセプターの発現制御も厳密に制御する必要がある．

神経系のように，細胞と細胞とが直接的に連絡し合う情報伝達は，伝達速度が速いという点で優れている．また，神経系ネットワークの適正な構築によって情報伝達を厳密に制御できる特徴があるが，逆にそのネットワークに異常が生ずると，生命の存続が危ぶまれることになる．一方，内分泌系や免疫系のように間接的な連絡では，同時に多くの細胞に影響を及ぼすことになる．また，ここでは種々の情報伝達物質を組み合わせて使うことによって，巧妙な制御系を構築することが可能となっている．しかし，その制御は崩れやすい危険性ある．たとえば，一つの過剰反応によって連鎖的に異常反応が惹起されてしまう可能性がある．ここに，ホルモン異常症やアレルギー症などの内分泌系や免疫系の疾患が多く発生してくるゆえんがある．

7.2 細胞内情報伝達系

神経系，内分泌系，免疫系という三大細胞間情報伝達系によって伝えられた情報は，各細胞に受けとられ，適正な応答がなされる．この一連の細胞内での情報の流れを「**細胞内情報伝達系**」という．ここでの特徴は，細胞間情報伝達系によって分泌される様々な情報伝達物質によって惹起される細胞内情報伝達系が，それぞれの情報伝達物質によって区別されるものではなく，共通性のある伝達様式を用いていることである．つまり，細胞内情報伝達系では，神経伝達物質，ホルモン，サイトカインも図7.5に示す **Gタンパク質共役系，イオンチャネル直結系，チロシンキナーゼ内在系**のいずれかの伝達様式を使用するということである．

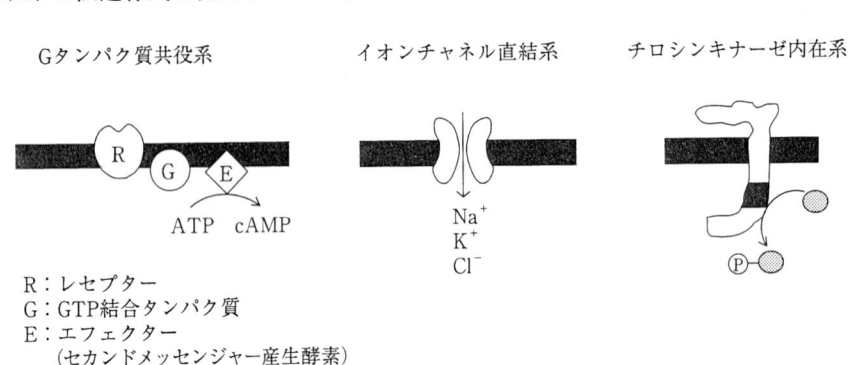

Gタンパク質共役系　　イオンチャネル直結系　　チロシンキナーゼ内在系

R：レセプター
G：GTP結合タンパク質
E：エフェクター
　（セカンドメッセンジャー産生酵素）

例：アドレナリン受容体　　　　ニコチン性アセチルコリン受容体　　インスリン受容体
　　ムスカリン性アセチルコリン受容体　GABA受容体　　　　　　　　血小板由来増殖因子受容体

図7.5　細胞内情報伝達系

細胞内情報伝達系は，三つのステップに分けて考えることができる．第一は，**細胞間情報伝達物質（リガンド，第一次情報）** が細胞膜上あるいは細胞の核内に存在する特異的なタンパク質と結合するステップである．このリガンドを受容するタンパク質がレセプター（受容体，receptor）である．第二のステップは，レセプターとリガンドとの結合によって引き起こされる細胞内での一連の生化学的反応である．この生化学的反応の主役は**第二次情報（セカンドメッセンジャー，second messenger）** とよばれ，後述するようなサイクリックAMP（cyclicAMP, cAMP）やタンパク質リン酸化などがある．ここでの重要な点は，多くの場合，**第一次情報（first messenger）** が，細胞膜を介して異なる**細胞内情報（セカンドメッセンジャー）** に変換されることである．第三のステップは，このような生化学的反応の最終段階としての細胞応答反応である．ここではおもに遺伝子発

現の制御（正または負）が行われることによって適正な細胞応答が引き起こされる．

細胞内で産生されるセカンドメッセンジャーの分子種はきわめて少なく共通性を有している．しかし，細胞は多くの細胞間情報（ファーストメッセンジャー）の中から，自らに必要な情報を細胞膜上のレセプターを介して特異的に識別することによって，細胞応答の特異性を保証している．また，同じファーストメッセンジャーによって同じセカンドメッセンジャーが細胞内に産生されても，その後の情報伝達系と応答系が細胞によって異なる．このような情報伝達系の特性が生命の基本として進化の過程で獲得されてきたと考えられる．

a. Gタンパク質共役系

Gタンパク質共役系のレセプターは，細胞膜を7回貫通する一本鎖ポリペプチドである．ホルモンや神経伝達物質の多くのレセプターはこのタイプに属する．このレセプターとセカンドメッセンジャーを産生するエフェクター（効果体）のあいだに介在するタンパク質がGTP結合タンパク質（略してGタンパク質）である．Gタンパク質は，α, β, γとよばれる三つのサブユニットからなるヘテロ三量体である．αサブユニットにGTPまたはGDPが結合する．β, γサブユニットは生理的条件では解離しにくい複合体を形成しており，αサブユニットにGTPが結合すると$\beta\gamma$から解離して活性型となる．αサブユニットはGTPアーゼ活性を有しており，GTPを加水分解してGDP型になると再び$\beta\gamma$と結合して不活性な状態に戻る（図7.6）．

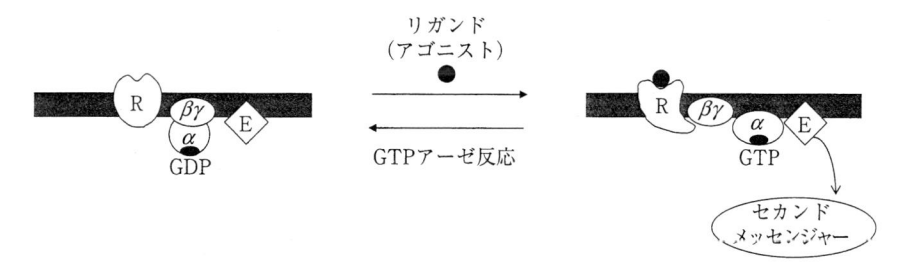

図7.6 Gタンパク質の活性化機構
GDP型のαサブユニットは$\beta\gamma$と会合した三量体として存在する（不活性型）．リガンドがレセプターに結合すると，αサブユニットからGDPが解離し，細胞内のGTPと結合して$\beta\gamma$から解離して活性型となる．αサブユニットのもつGTPアーゼ活性により，GDP型となって元の三量体に復帰する．

図7.6に示すように，レセプターにホルモンなどのアゴニストが結合すると，レセプターとの相互作用によってGタンパク質のαサブユニット上でGDP-GTP交換反応が起こる．そして，GTP結合型αサブユニットが$\beta\gamma$から解離して，エフェクターと相互作用することによってその機能を調節する．このように，Gタンパク質がレセプターとエフェクターのあいだに介在することによって，細胞外の情報（第一次情報，ファーストメッセンジャー）から細胞内の情報（第二次情報，セカンドメッセンジャー）への変換を微細に調節できるようになっている．しかし逆に，この調節が変調をきたすと，様々な疾患を発症する原因となりやすい．また，**コレラ毒素**や**百日咳毒素**の毒性発現は，Gタンパク質のαサブユニットの**モノADP-リボシル化**によることが原因である．

Gタンパク質のαサブユニットには，多くの分子種が存在することが明らかとなっている．その中でも促進性と抑制性のGタンパク質である**Gs**と**Gi**は有名である．さらに，神経組織で比較的多く発現している**Go**や，視細胞網膜の光受容体系で機能しているcGMPホスホジエステラー

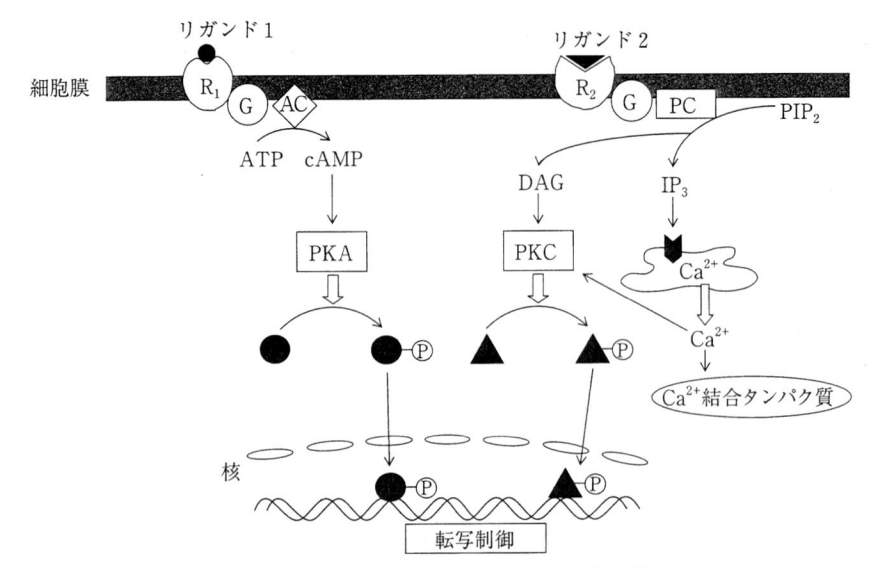

図 7.7 セカンドメッセンジャーの産生と作用機序
AC：アデニレートシクラーゼ，PC：ホスホリパーゼC，PKA：プロテインキナーゼA（cAMP依存性タンパク質リン酸化酵素）PKC：プロテインキナーゼC（Ca^{2+}依存性タンパク質リン酸化酵素）

ゼを活性化する **Gt** がある．また，**Gq** はイノシトールリン脂質代謝系のホスホリパーゼCを活性化する．これらはGTP結合型の α サブユニットがエフェクターの調節に関与するが，それとは独立して，$\beta\gamma$ サブユニット複合体もエフェクターに作用することが知られている．

Gタンパク質共役系から産生されるセカンドメッセンジャーのおもなものは，アデニレートシクラーゼにより産生される **cAMP** とホスホリパーゼCの活性化によって産生される**ジアシルグリセロール（DAG）とイノシトール 1,4,5-三リン酸（IP_3）**である（図7.7）．前者と後者二つのセカンドメッセンジャーは，**プロテインキナーゼA（PKA）とC（PKC）**をそれぞれ活性化して，細胞応答を発現させる．後者は，**PI（ホスファチジルイノシトール）レスポンス**とよばれ，ホスホリパーゼCによって細胞膜内に存在するイノシトールリン脂質の一つである**ホスファチジルイノシトール 4,5-二リン酸（PIP_2）**が加水分解され，セカンドメッセンジャーとしてDAGとIP_3が産生される．

細胞内で産生されるセカンドメッセンジャーは，このほかにサイクリックGMP（cGMP），Ca^{2+}や一酸化窒素（NO）などがあるが，ホルモンや神経伝達物質などの細胞外の情報分子の数に比べるときわめて少ないのが特徴である．

b. イオンチャネル直結系

イオンチャネル直結系では，類似あるいは同一のサブユニットの複合体からなる多量体が細胞膜を貫通してイオンの透過を制御する**チャネルゲート**を構築している．レセプターにリガンド（アゴニスト）が結合すると，チャネル多量体の構造変化が起こり，チャネルゲートが開放して細胞外（あるいは細胞内）からイオンが流入（流出）する（図7.8）．ここでは，レセプターとエフェクターが同一ということになる（図7.8）．また，セカンドメッセンジャーは流入（流出）するイオンであり，細胞内に新たなメッセンジャーが産生されるのではなく，生ずる電位差が情報となるのがこ

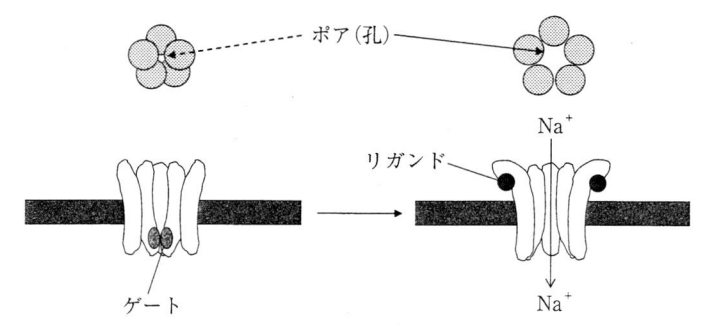

図 7.8 イオンチャネルの活性化
五量体よりなるイオンチャネルのモデル図．イオンチャネルにリガンドが結合するとチャネルゲートが開いてポア内をイオンが通過できるようになる（上の図は上からみたモデル図）．

の系の特徴である．このタイプの代表例は，神経伝達物質のアセチルコリンが結合するニコチン性アセチルコリン受容体である．

c. チロシンキナーゼ内在系

チロシンキナーゼ内在系は，構成するタンパク質が細胞膜を貫通して存在し，その細胞内領域部分にタンパク質のチロシン残基を特異的にリン酸化するプロテインキナーゼ活性をもつ．ここでもイオンチャネル直結系と同じように，レセプターとエフェクターが同一分子ということになる．このタイプの多くは二量体を形成して活性化する（図7.9）．その機構は，レセプターにリガンドが結

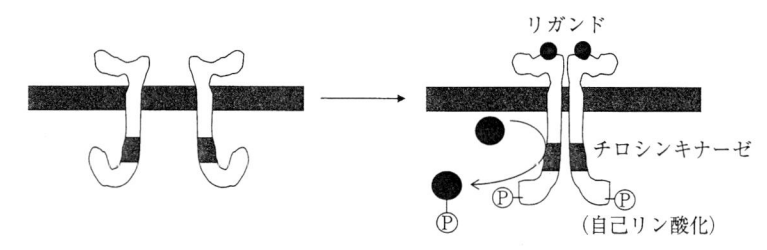

図 7.9 チロシンキナーゼの活性化
リガンドが細胞外ドメインに結合するとレセプターが二量体化を起こし，細胞内領域の構造変化によって，内在するチロシンキナーゼが自己リン酸化などにより活性化する．

合すると，タンパク質の立体構造（コンフォメーション）の変化が起こり，内在するチロシンキナーゼによる自己リン酸化などを介して活性型となり，基質タンパク質のチロシン残基をリン酸化する（図7.9）．このタイプとしては，インスリン受容体，血小板由来増殖因子（PDGF）受容体があげられる．

7.3 内分泌系

生体は外部環境の大きな変化に対して，内部環境が著しく変化しないように調節されている．この**恒常性（ホメオスタシス）**の維持において，内分泌系はもっとも重要な役割を果たしている．

内分泌系は，ホルモンを分泌する内分泌細胞とその作用を受ける標的細胞からなる（図7.10）．

図 7.10 内分泌系の概略

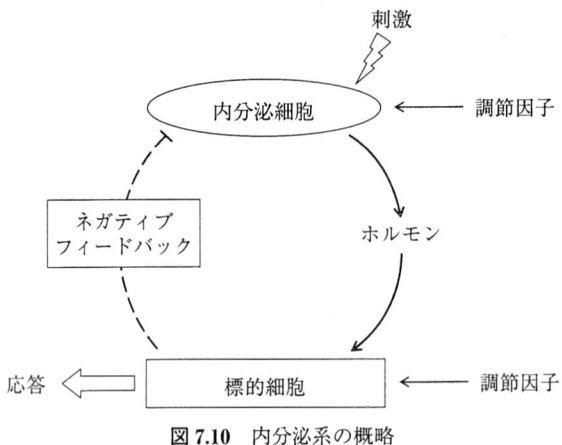

標的細胞においてある応答が発現すると，その効果が今度は内分泌細胞に作用してホルモンの分泌を調節する．これが**ネガティブフィードバック機構**とよばれているものである．この基本的な制御機構によって，ホルモンは生体のホメオスタシスを維持することが可能となっている．

a. ホルモンの分類と作用機序

ホルモンはその化学構造から，**ペプチド，アミノ酸誘導体**および**ステロイド**の3種類に分類できる．この3種類は，分泌調節や作用機序の点でまったく異なっている（図7.11）．**ペプチドホルモンやカテコールアミン**は，親水性が高く，細胞膜を通過しにくいため，その多くは細胞膜上にあるレセプターを介して細胞内に情報を入力する．一方，**ステロイドホルモンやヨードチロニン**は疎水性が高く，細胞膜を通過して核内あるいは細胞質に存在するレセプターに結合して作用を表す．前者でのホルモンの作用発現は，レセプター刺激から数秒後に起こる速い反応であり，しかもフィードバックによって分泌量も適正に調節される．ここでは，タンパク質の可逆的構造変化やリン酸化などの修飾反応がおもな機構となっている．後者の場合は，特定の遺伝子発現の制御から，タンパ

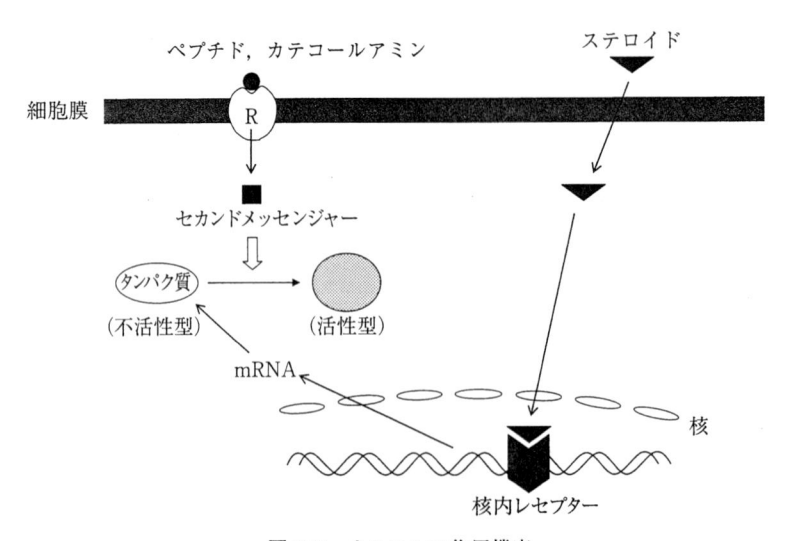

図 7.11 ホルモンの作用機序

ク質の生合成を介するため，その作用発現には比較的長い時間を必要とする．

b. インスリンによる血糖調節

　食物を摂取して血糖が上昇すると，グルコースにより膵臓のランゲルハンス島の β 細胞から**インスリンが分泌される**（図 7.12）．分泌されたインスリンは，肝，筋肉，脂肪組織などの標的細胞に作用してグルコースの取り込み，および代謝を促進する．その結果，血糖が低下し，ネガティブフィードバックによってインスリンの分泌も減少して平常状態にもどる．正常人では，血糖は 60 〜 140 mg/dL の範囲に調節される．

　インスリンは β 細胞において，**プロインスリン**として生合成された後，プロセシングを受けて A 鎖と B 鎖という 2 本のポリペプチドがジスルフィド結合で結ばれてインスリンとなる．グルコースの作用によって生成されるプロインスリン mRNA 量とインスリン分泌量を測定すると，分泌顆粒に貯蔵されていたインスリンの分泌がすばやく起こり，mRNA の合成は数時間遅れる．

　分泌されたインスリンは，肝細胞などの標的細胞の細胞膜表面にあるチロシンキナーゼ内在系のインスリンレセプターと結合して作用を発現する．インスリンレセプターは，糖修飾を受けた α，β サブユニットの各 2 個からなるヘテロテトラマーである．インスリンがレセプターに結合すると，β サブユニットの細胞内領域に存在するチロシンキナーゼが活性化され，細胞内のリン酸化カスケードが活性化される．その一つにグルコーストランスポーターのリン酸化があり，それによってグルコーストランスポーターが細胞膜に移行して，細胞外のグルコースが細胞内に取り込まれ，グルコース代謝およびグリコーゲン合成が促進され，血中のグルコース濃度が低下する（図 7.12）．

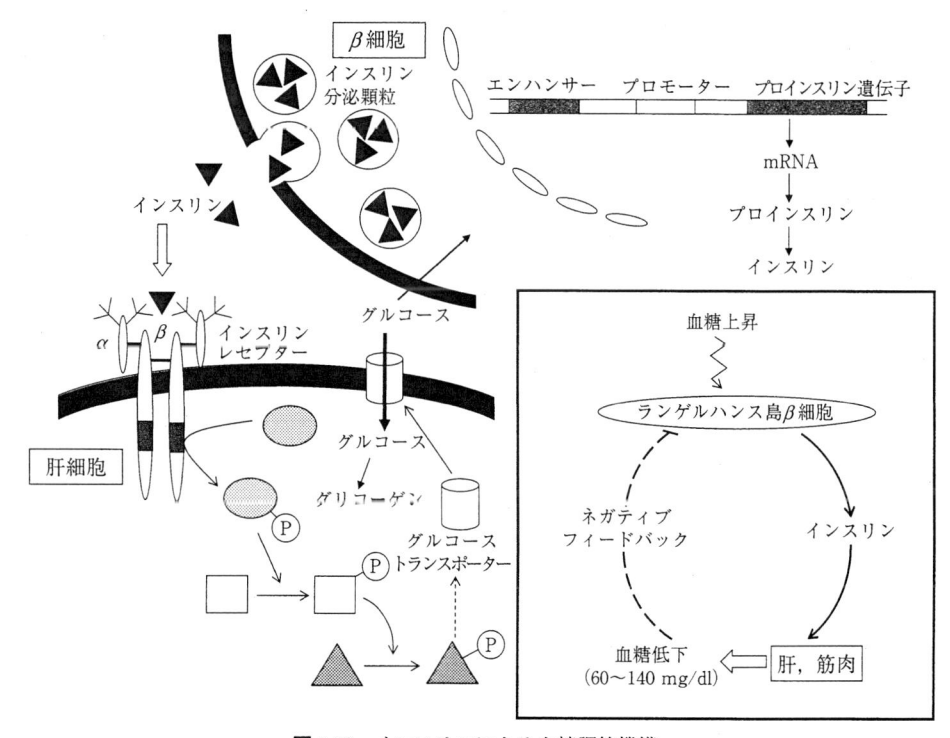

図 7.12　インスリンによる血糖調節機構

c. 副甲状腺ホルモンによる血清カルシウム調節

血清カルシウムは，副甲状腺から分泌される**副甲状腺ホルモン**（parathyroid hormone, PTH）によって調節されている．PTH は標的細胞である腎尿管細胞や骨に作用して血清カルシウムを上昇させる．血清カルシウムが上昇すると，ネガティブフィードバックがかかって PTH の分泌が低下する．インスリンの場合と同じように，PTH によって腎尿管からの産生が促進される活性型ビタミン D_3 や，甲状腺から分泌されるカルシトニンなどの種々の因子によって，カルシウム代謝は影響を受ける．

d. ナトリウム利尿ペプチドおよびレニン-アンジオテンシン系による血圧調節

ナトリウム利尿ペプチド（ANP）は，心房の心筋細胞から分泌されるホルモンで，体液の増量，血圧の上昇による心房圧の増加によって分泌が促進される．ANP は末梢血管に作用して拡張を促すことによって血圧を降下させ，腎においては水および Na^+ の排泄を促進して体液量を減少させる作用がある．また，副腎皮質に作用してアルドステロンの分泌を抑制する．心房圧が低下すると，これがネガティブフィードバックとして ANP 分泌を抑制するようにはたらく．

一方，血圧の低下や体液量の減少が起こると傍糸球体細胞が圧変化を感知し，**レニン**を分泌する．このレニンは肝で産生されて，血中にあるアンジオテンシノーゲンに作用して**アンジオテンシンⅠ**を産生させる．アンジオテンシンⅠは，さらにアンジオテンシン変換酵素の作用によって**アンジオテンシンⅡ**に変換され，これが血管に作用して収縮を促進して血圧を上昇させる．また，アルドステロンの分泌も促進させる．その結果，腎灌流圧が上昇すると，ネガティブフィードバックがかかって，レニンの分泌が抑制される．

e. グルココルチコイド産生の調節機構

副腎皮質からグルココルチコイドの分泌は，その上部に位置する下垂体，視床下部によって調節されている（図 7.13）．すなわち，視床下部ホルモンである**コルチコトロピン放出ホルモン**（corticotropin-releasing hormone, CRH）が，下垂体前葉に作用して**副腎皮質刺激ホルモン**（adrenocorticotropic hormone（corticotrophin），ACTH）の分泌を促進する．ACTH が副腎皮質に作用してグルココルチコイドが分泌される．分泌されたグルココルチコイドによって生理応答がなされるのと同時に，視床下部および下垂体前葉にネガティブフィードバックをかけて CRH や ACTH の分泌を抑制する．

このような階層性をもったホルモン分泌の調節機構には，視床下部-下垂体-甲状腺（TRH-TSH-甲状腺ホルモン）系や視床下部-下垂体-性腺（GnRH-LH, FSH-性ホルモン）系がある．これらの系においては，最終ホルモンであるグルココルチコイド，甲状腺ホルモン，性ホルモンがフィードバックをかけるが，下垂体ホルモンが直接ネガティブフィードバックを行う短経路も存在する（図 7.13 左）．

視床下部から分泌される CRH は，下垂体前葉細胞の細胞膜に存在する CRH レセプターに結合し，ACTH の前駆体タンパク質である**プロオピオメラノコルチン**（pro-opiomeranocortin, POMC）の遺伝子発現を促進する．ここでは，G タンパク質共役系が作動し，Gs を介してアデニレートシクラーゼが活性化され，cAMP が産生される（図 7.13 右）．cAMP は PKA を活性化し，PKA によって CREB（cAMP-responsive element binding protein, cAMP 応答性エレメント結

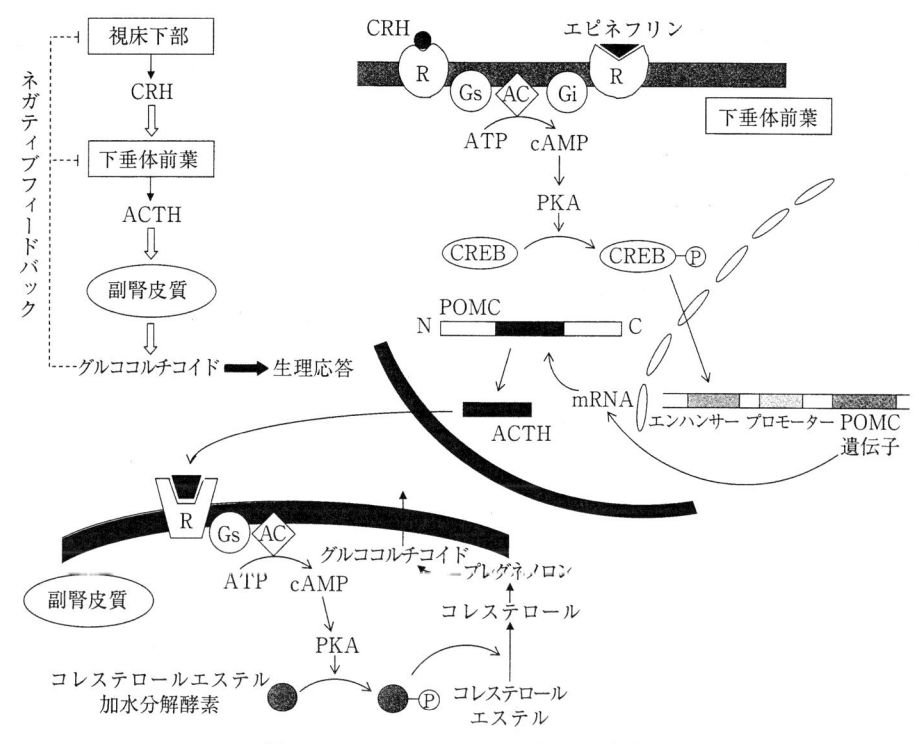

図 7.13 グルココルチコイド産生の調節機構

合タンパク質）がリン酸化され，POMC 遺伝子のエンハンサー領域の CRE（cAMP-responsive element）部位に結合して転写を促進する．産生された POMC は，プロセシングを受けて ACTH が生成される．

分泌された ACTH は副腎皮質に運ばれ，ACTH レセプターに結合する．ここでも G タンパク質共役系がはたらき，cAMP による PKA の活性化が起こる．PKA によってグルココルチコイド産生の律速酵素であるコレステロールエステル加水分解酵素がリン酸化されて活性化し，グルココルチコイドの産生が促進される（図 7.13 右）．

グルココルチコイドは，下垂体前葉の POMC 遺伝子の発現に対してネガティブフィードバックの抑制を行う．これは，POMC 遺伝子の上流に**グルココルチコイド抑制性エレメント**（**glucocorticoid inhibitory element, GIE**）が存在し，この領域（サイレンサー）に結合する抑制性のグルココルチコイドレセプターによる転写抑制によってネガティブフィードバックがかかると考えられている．

f. 甲状腺ホルモン産出の調節機構

甲状腺ホルモンである 3, 5, 3′-トリヨードチロニン（T3）と 3, 5, 3′, 5′-テトラヨードチロニン（T_4）の甲状腺からの分泌は，その上位にある下垂体前葉から分泌される**甲状腺刺激ホルモン**（**thyroid stimulating hormone, TSH**）とその上位の視床下部から分泌される**チロトロピン放出ホルモン**（**TSH-releasing hormone, TRH**）によって階層的に制御されている（図 7.14）．TRH は下垂体前葉の細胞膜に存在する TRH レセプターに結合し，PI レスポンスを介して TSH の分泌を

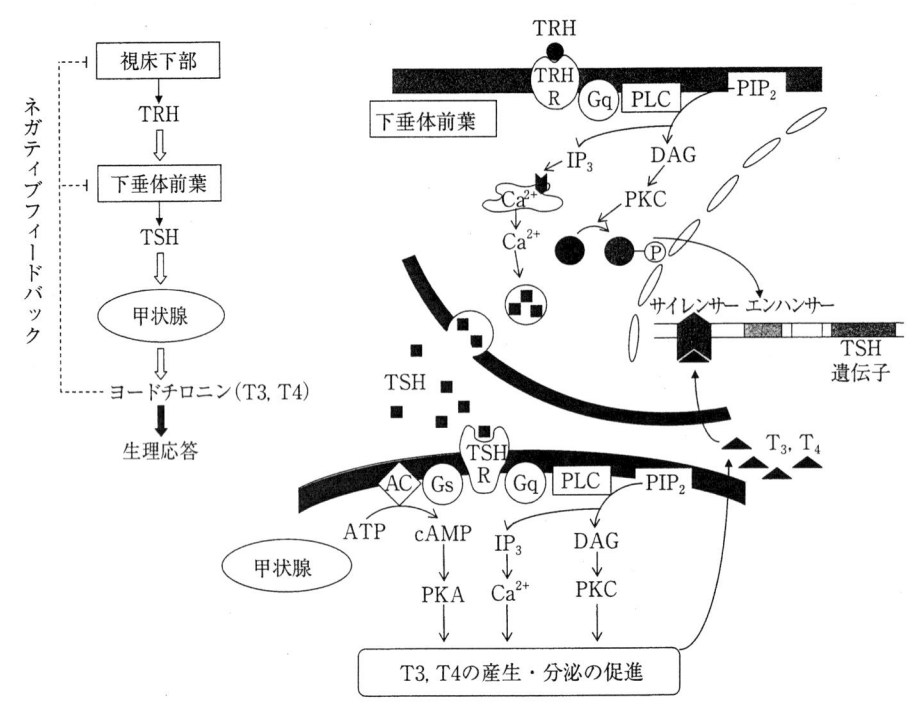

図7.14 甲状腺ホルモン産生の調節機構

促進する．すなわち，TRH がレセプターに結合するとホスホリパーゼ C が活性化され，PIP_2 が分解されて，セカンドメッセンジャーとしての IP_3 と DAG が産生される（図7.14）．IP_3 は小胞体からの Ca^{2+} の動員を行い，TSH 分泌顆粒を膜へ移行させて TSH の分泌を促進する．一方，DAG は PKC を活性化して，TSH 遺伝子発現を惹起させる．

分泌された TSH は，甲状腺の細胞膜に存在する G タンパク質共役系の TSH レセプターを刺激して，セカンドメッセンジャーの cAMP および IP_3 と DAG の産生を促進する．この情報により，チログロブリンが加水分解反応を受けて T_3, T_4 が生成し，分泌される（図7.14）．

甲状腺から分泌された T_4 は下垂体前葉にネガティブフィードバックをかけて TSH の分泌を抑制する．その結果，甲状腺からの T_3, T_4 の分泌が減少し，ホメオスタシスが維持される．この抑制効果は，T_4 がサイレンサー領域に存在する核内レセプターに結合することによる TSH 遺伝子発現の抑制によることが示されている（図7.14）．

7.4 神 経 系

神経系は，体のすべての機能を統御するために体に張り巡らせられた情報ネットワークである．それは指令を発する中枢神経系とそれを伝達する末梢神経に大別される（図7.15）．神経系の細胞は，**神経細胞（neuron，ニューロン）** とニューロンのはたらきを助ける**グリア細胞（glia）** に分けることができる．ニューロンは，**シナプス（synapse）** とよばれる接合部を介して連絡している．一つのニューロンには，数千以上のシナプスから情報が神経伝達物質によって伝達され，それをイオンチャネルで受容することによってニューロン内の膜電位に変化が生ずる．それによって発生し

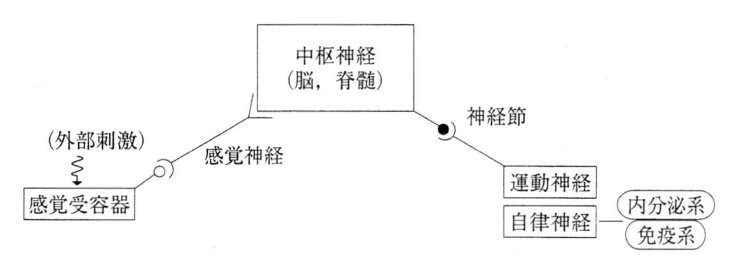

図7.15 脊椎動物の神経系
外界からの情報は感覚受容器を介して末梢から中枢へ伝えられ，処理された後に運動出力となって末梢へ伝えられる．

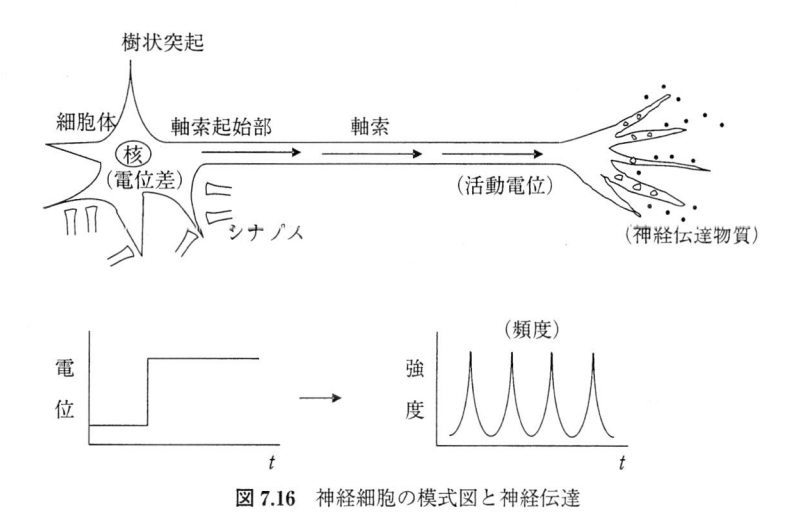

図7.16 神経細胞の模式図と神経伝達

た**活動電位（インパルス）**が軸索に沿って神経末端に送られ，神経伝達物質の放出が行われる（図7.16）．ここでは，多くのシナプスから入力されるイオン濃度の変化によって生ずる電位差の大きさが all-or-none 的な活動電位の発生頻度に変換されて伝わる（図7.16）．

神経伝達はつねに一定の大きさで行われるのではなく，シナプスの刺激（利用頻度）によって伝達効率が変化する．この情報伝達効率には数多くの分子が関与しており，神経機能に変化をもたらす．これはシナプスの**可塑性（synaptic plasticity）**とよばれ，脳の高次機能としての学習，記憶，思考のメカニズムに密接に関係している．

a. シナプスを介する情報伝達

神経情報を伝える側のニューロンをシナプス前細胞，情報を受け取る側を**シナプス後細胞**という．**シナプス前細胞**の神経終末から放出された神経伝達物質は，シナプス後細胞の細胞膜上にあるレセ

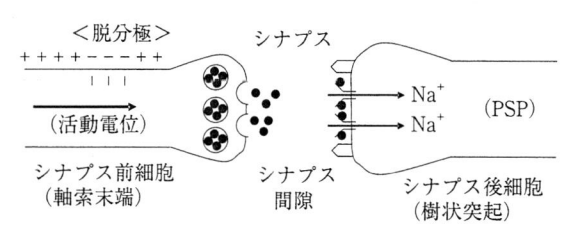

図7.17 シナプスの模式図

プター，多くの場合イオンチャネル，に結合する（図7.17）．これによって生ずる電位を**シナプス後電位**（**postsynaptic potential, PSP**）とよぶ．PSPには興奮性と抑制性があり，それぞれ脱分極と過分極を発生することになる．

活動電位は**膜電位**（**membrane potential**）の変化によって生ずる．この電位によって活性化されるチャネルを電位依存性イオンチャネルといい，Na^+，Ca^{2+}，K^+，Cl^-チャネルなどがある．とくに，軸索に沿った活動電位の伝導にはNa^+チャネルが中心的な役割を果たしている．また，前シナプス細胞の末端では，伝導されてきた活動電位によってCa^{2+}チャネルが開き，Ca^{2+}が細胞内に流入することによって，シナプス小胞に貯蔵されていた神経伝達物質がシナプス間隙に放出されるようになる．

神経伝達物質などのリガンドが結合することによって開放するイオンチャネルは，リガンド依存性イオンチャネルとよばれ，ニコチン受容体，GABA受容体，グルタミン酸受容体と連結したイオンチャネルなどがある．このチャネル連結型受容体では，レセプター（R）とエフェクター（E, イオンチャネル）が一体となっているので，R部分にリガンド（神経伝達物質）が結合するとRのコンフォメーションが変化してEのイオンチャネルが開放するという非常に速い伝達が行われる（図7.18）．これに対して，非イオンチャネル連結型受容体もある（図7.18）．ここでは，レセプタ

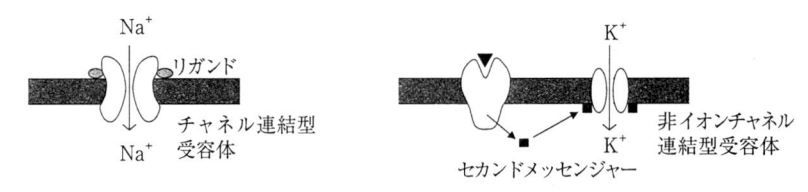

図7.18 リガンド依存性イオンチャネル

ーにリガンドが結合するとセカンドメッセンジャーが産生され，それによってイオンチャネルの開放を修飾する．この反応は遅いが，持続時間の長い作用となる特徴がある．このような非イオンチャネル連結型受容体としては，Gタンパク質共役系やチロシンキナーゼ内在系が知られている．

b. 神経伝達物質と受容体

神経伝達物質は，低分子化合物からペプチドまで多種多様であり，これまでに60種類以上が知られている．以下に，おもなものとその受容体について述べる．

アセチルコリンは神経伝達物質として最初に確認された物質である．運動神経，自律神経，末梢神経の神経伝達に関与するほかに，中枢神経系でも作用し，体温，痛覚の調節に関与している．また，記憶や学習，アルツハイマー病との関連も示唆されている．アセチルコリンは神経伝達物質の中で例外的に再利用されずに，コリンエステラーゼで速やかに分解される．受容体は脳，心臓，平滑筋などに存在するムスカリン受容体と脳，骨格筋などに存在するニコチン受容体に大別される．

カテコールアミンは，チロシンからドーパ，ドーパミン，ノルアドレナリン，アドレナリンの順に生合成される．ドーパミン作動性神経は中脳に多く存在する．受容体はGタンパク質共役系で，おもにcAMP産生が重要な役割を果たしている．ドーパミン作動性神経系の異常は，パーキンソン病や統合失調症の発症と密接な関係があることが示されている．

アドレナリンは副腎髄質でノルアドレナリンから合成される．いずれも交感神経の活動の調節に

関与することが知られている．受容体はGタンパク質共役系でαとβに大別され，さらにα_1, α_2, β_1, β_2, β_3のサブタイプが存在する．いずれもアデニレートシクラーゼによるcAMPの産生が生理応答に関与している．

セロトニンはトリプトファンから生合成され，その多くは腸管に存在して消化管の運動に関与する．脳では，縫線核に存在する．また，松果体ではセロトニンはメラトニンの前駆体となり，睡眠や摂食などへの関与も示唆されている．セロトニン受容体は14種類以上のサブタイプがあり，その多くはGタンパク質共役系である．

グルタミン酸は，脳の興奮性伝達物質としてもっともよく研究されている．受容体は，イオンチャネル直結系のNMDA（N-メチル-D-アスパラギン酸）型とnon-NMDA型，およびGタンパク質共役系がある．グルタミン酸は，脳虚血などで大量に放出されて神経毒性を示す．このときは，NMDA型受容体からの過剰なCa^{2+}流入が原因であると考えられている．

GABA（γ-アミノ酪酸，γ-aminobutylic acid）は脳における主要な抑制性神経伝達物質である．受容体は，Cl-チャネルと連結した$GABA_A$受容体とGタンパク質共役型の$GABA_B$受容体がある．

アデニンヌクレオチドの中でATPはシナプス小胞に高濃度に存在し，神経興奮によって放出される．ADPもアデノシンも神経伝達物質としてはたらくことが知られている．受容体はプリン受容体と呼ばれ，P1はアデノシン，P2はATPの受容体である．

神経ペプチドとして様々なペプチド分子が神経伝達物質としてはたらいている．その数は50種以上である．これらの神経ペプチドは，低分子化合物の神経伝達物質と共存して作用することが多いが，それ自身の作用は比較的遅い．

c. 神経系の可塑性

シナプスでの神経伝達は可変性に富み，その活動状態に応じて伝達効率を変化させる．このシナプスでの可塑性記憶が，学習といった脳の**可塑性**の基本にある．

アメフラシ（無脊椎動物）は単純な中枢神経系をもつことから，脳の可塑性を理解するためのモデル動物としてよく研究されている．アメフラシは，水管に刺激を与えるとエラを引き込む反射反応を起こす．ここでは，水管からの**感覚ニューロン**とエラの筋肉を支配する**運動ニューロン**，さらには感覚ニューロンからの神経伝達物質の放出を調節する**促通ニューロン**が関与している（図7.19）．

アメフラシの尾部や頭部に電気ショックを与えてからしばらくして水管に触れると，激しいエラの引き込み反射が起こる．これを**「感作」**という．この現象は，**短期記憶**のモデルとしてとらえることができる．電気ショックによって促通ニューロンから放出されたセロトニンが感覚ニューロンの末端にあるセロトニン受容体に結合してアデニレートシクラーゼにカップルしたGタンパク質共役系が作動する．その結果，cAMPの上昇によってPKAが活性化され，PKAによってK^+チャネルがリン酸化されて不活性化する．これによって，活動電位を抑制するはたらきをしているK^+チャネルがはたらかなくなるため，Ca^{2+}チャネルが開き続けることになり，水管を再び刺激すると，感覚ニューロン末端からの神経伝達物質の放出が増大することになる．それによって，運動ニューロンが強く刺激されて，激しいエラの引き込み反射が起こる．

一方，水管を繰り返して触れていると，エラの引き込み反射が鈍くなる．この現象は**「慣れ」**とよばれる．ここでは，電位依存性のCa^{2+}チャネルが長期にわたって不活性化されることにより，

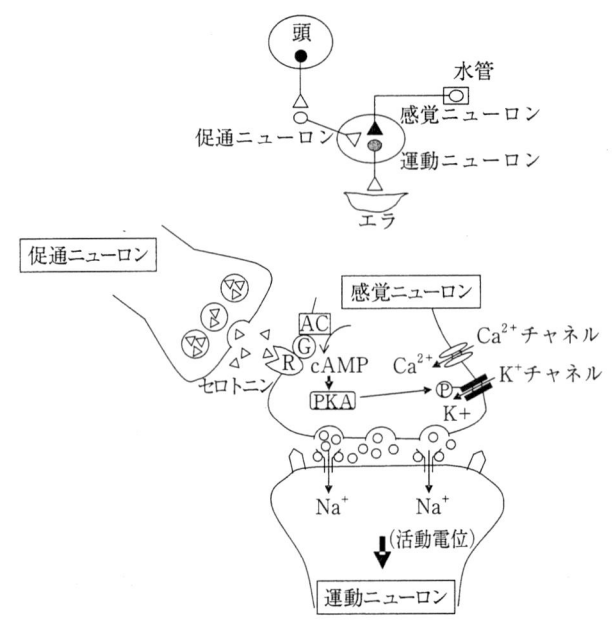

図7.19 アメフラシのエラ引き込み反射のメカニズム

Ca^{2+}の流入が起こらないことによると考えられている．

哺乳類では，海馬における**シナプス伝達効率**の変化が重要な役割を果たしている．海馬の障害によって新しいことが覚えられない健忘症が現れる．海馬に高頻度に刺激が与えられると，数週間以上にわたってシナプスの伝達効率が増大するという現象がみられる．これは**長期増強（long-term potentiation, LTP）**といわれている．ここでは，**リガンド依存性NMDA受容体**が高頻度の刺激によって解放されてCa^{2+}の流入が起こる．このCa^{2+}によってカルモジュリン依存性キナーゼ（CaMK）Ⅱが活性化されて，**AMPA受容体**がリン酸化されてチャネルが解放することと，核での転写活性化が起こることによって，AMPA受容体が増加するなどのシナプスでの連結が補強される．このようにして，長期増強が起こるというモデルが考えられている（図7.20）．

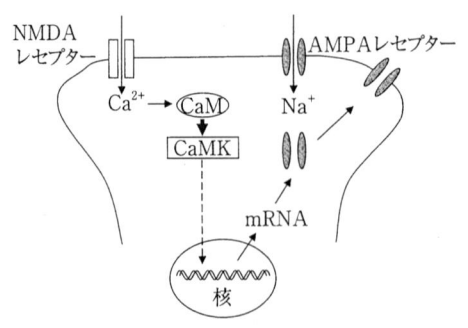

図7.20 海馬における長期増強（記憶）のモデル

7.5 免　疫　系

　多細胞生物は，体内に侵入してきた細菌やウイルス（異物，非自己）に対する防御機構として免疫系をそなえている．すべての動物が共通してもっている免疫系は「**自然免疫**」といわれ，マクロファージや好中球などの食細胞によって担われている（図7.21）．脊椎動物には，無限に近いほどの多様な異物をみつけて免疫応答するためのT細胞とB細胞および抗原提示細胞である樹状細胞を介して特異的な免疫応答をする「**獲得免疫**」のシステムがそなわっている．獲得免疫はさらに，ヘルパーT細胞を介したB細胞の**抗体産生**による「**体液性免疫**」と，**細胞傷害性T細胞**による「**細胞性免疫**」に大別される．これらの免疫系における情報伝達機構を理解することは，多くの免疫系疾患の治療薬および治療法を開発するうえで重要である．

a. T細胞の分化

　T細胞は，免疫応答の調節において中心的な役割を果たす免疫担当細胞であり，**胸腺**（Thymus）で分化成熟する．T細胞レセプターの遺伝子再構成によって産生される多様な未熟T細胞が，胸腺内で正および負の選択を受けることによって成熟T細胞が得られる．この特徴的なクローン選択によって，**MHC拘束性**や**免疫寛容**が獲得される．

　T細胞の分化段階は，CD4，CD8の発現によって分類される（図7.22）．骨髄の造血幹細胞から胸腺内へと入った細胞は，CD4もCD8も発現していないダブルネガティブの細胞であるが，やがて両者を発現するダブルポジティブとなり，$CD4^+-CD8^-$あるいは$CD4^--CD8^+$のシングルポジティブのいずれかに分化・成熟する．**T細胞レセプター**（**T cell receptor, TCR**）はダブルポジティブの段階で細胞表面に発現する．TCRはCD3複合体とセットになって発現している．また，CD4，CD8分子と結合してT細胞特異的なチロシンキナーゼ$p56^{lck}$が存在し，TCRからの情報伝達に関与している．

　つぎに，自己MHCおよび自己ペプチドに対して適度なアフィニティーをもつTCRを発現するダブルポジティブクローンは**正の選択**（ポジティブセレクション）によって**アポトーシス**（細胞死）

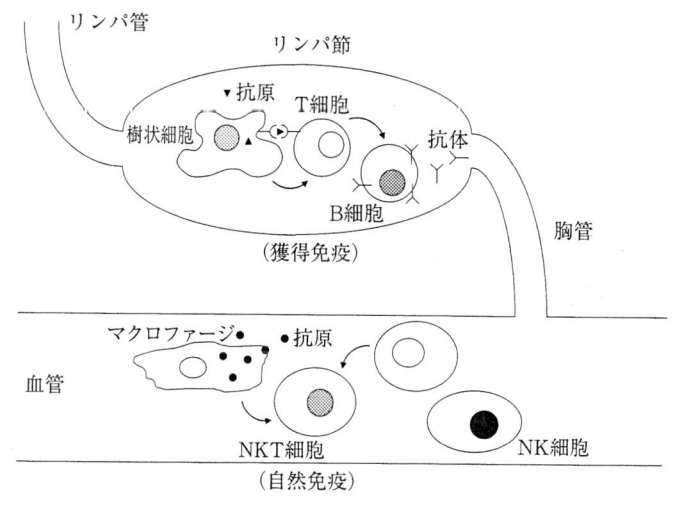

図 7.21　自然免疫と獲得免疫

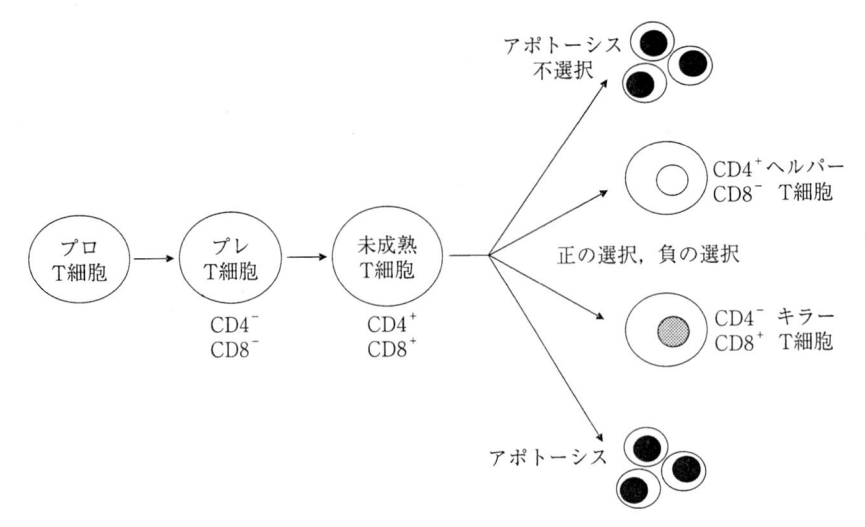

図 7.22 胸腺内における T 細胞の分化・成熟

を免れ，シングルポジティブへと分化する．また，自己抗原に対して強いアフィニティーをもつクローンは**負の選択（ネガティブセレクション）** を受けてアポトーシスにより死滅する（図 7.22）．すなわち，自己抗原にまったく反応しないクローンおよび強く反応してしまうクローンはいずれもアポトーシスによって消去されるのである．最終的に成熟する T 細胞は全体の 5％程度と考えられている．

正の選択によって生き残った未熟 T 細胞は，$CD4^+$ の**ヘルパー T 細胞**になるか，$CD8^+$ の**キラー T 細胞**になるかを決めなければならない．最終的には MHC I に特異的なクローンは $CD8^+$ に，MHC II に特異的なクローンは $CD4^+$ へと分化するのであるが，その過程においてどちらの系列にコミットメント（運命決定）されるかのメカニズムはまだ十分には解明されていない．

b. MHC による抗原提示

自己と非自己を識別するための遺伝標識，いわば指紋のようなものが**主要組織適合遺伝子複合体（major histocompatibility complex）** であり，これにコードされる MHC 分子が細胞内で分解されてできた抗原ペプチド分子を細胞表面に提示する．MHC 分子は膜結合型糖タンパク質であり，クラス I と II の 2 種類がある（図 7.23）．

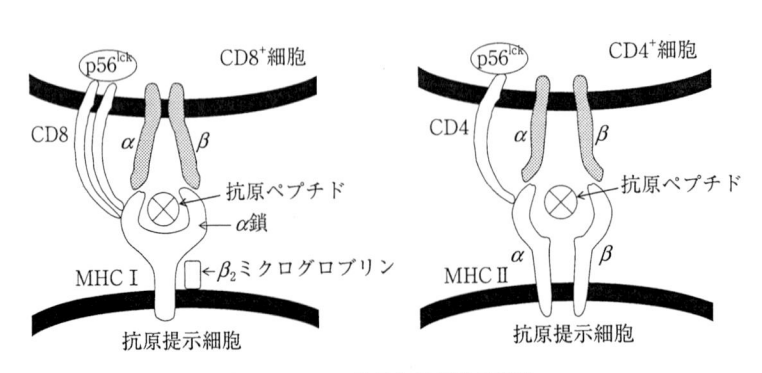

図 7.23 MHC 分子と T 細胞受容体

表7.1 MHC分子の特性

	MHC I	MHC II
構造	α鎖，β_2ミクログロブリン	α鎖，β鎖
発現	すべての細胞	抗原提示細胞 （樹状細胞/マクロファージ） B細胞
認識細胞	細胞傷害性T細胞 （CD8$^+$）	ヘルパーT細胞 （CD4$^+$）

MHC Iはα鎖とβ_2ミクログロブリンからなり，おもに細胞質のタンパク質に由来するペプチドを結合して，すべての細胞の表面に提示する（表7.1，図7.2．）．**細胞傷害性T細胞（cytotoxic lymphocyte，CTL）（キラーT細胞，CD8$^+$細胞）**は，TCRを介して自己のMHC Iに提示されたウイルスあるいは細菌などの分解ペプチドを認識して感染細胞を死滅（アポトーシス）させる．

一方，**樹状細胞**や**マクロファージ，B細胞**などの特定の抗原提示細胞に限定して発現するMHC IIに提示されている抗原ペプチドは，**ヘルパーT細胞（helper T cell，Th）（CD4$^+$細胞）**によって認識され，種々のサイトカインを分泌することによって，B細胞の増殖と形質細胞への分化，成熟を促進する（表7.1，図7.23）．T細胞がMHC分子上の抗原を認識して結合すると，PIレスポンスが惹起され，ホスホリパーゼCが活性化されてセカンドメッセンジャーとしてジアシルグリセロール（DAG）とIP3が産生される．その結果，PKCの活性化から**MAPキナーゼ（MAPK）**カスケードの作動およびCa^{2+}による**カルシニューリン（CN）**の活性化による**NFAT**の脱リン酸化を介した転写制御が起こる（図7.24）．

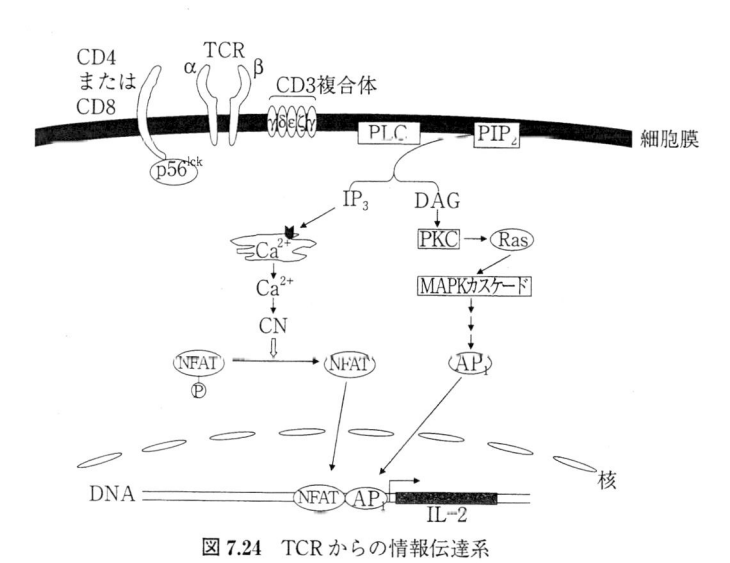

図7.24 TCRからの情報伝達系

現在，T細胞のTCRによるMHC-ペプチド複合体の結合特性の詳細が明らかになりつつある．これらの成果は，TCRを介したT細胞の活性化シグナルの多様性の解明や，T細胞メモリーの維持，さらには自己免疫の発生機序の解明につながり，臨床医学への応用が期待されている．

c. B細胞の分化

免疫系において**抗体産生**を担うB細胞は，T細胞と同様に造血幹細胞から派生してくる．B細胞の分化・成熟は，他の血液細胞と同様に胎児期には肝臓で，生後は**骨髄**（bone marrow）で起こる．B細胞の分化は，プロB細胞→プレプロB細胞→プレB細胞→未熟B細胞→成熟B細胞へと進む（図7.25）．この過程で段階的に免疫グロブリン遺伝子の再構成が行われることによって，B細胞レセプターの多様な抗原特異性が生まれる．

まず，プロB細胞では，H鎖遺伝子座での機能的再構成によりμH鎖が産生され，つぎにプレプロB細胞でL鎖遺伝子座における遺伝子の再構成が起こる．そして，プレB細胞内でL鎖遺伝子の機能的再構成によりL鎖が産生されると，μH鎖とともにIgMが形成され，B細胞レセプターとして未熟B細胞の表面に発現する．この時点で自己反応性のB細胞レセプターを発現した細胞はアポトーシスによって除去され，非自己を認識するB細胞のみが成熟B細胞として末梢に供給される（図7.25）．

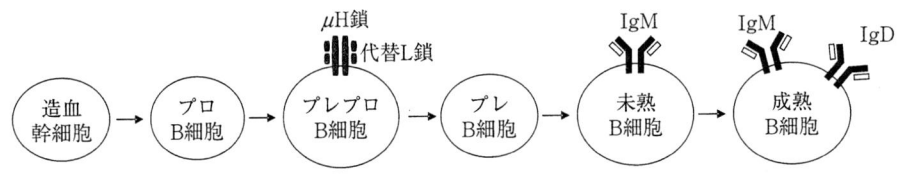

図7.25 B細胞の分化過程と免疫グロブリンの発現

成熟B細胞の表面には，2本のμH鎖と2本のL鎖（κ鎖またはλ鎖）から構成される膜型IgMが抗原認識レセプター，すなわち**B細胞レセプター**（B cell receptor, BCR）として発現している（図7.26）．BCRは二つのIgα/Igβヘテロ二量体と会合して存在し，それにカップルするキナーゼ（Lyn, Syk）の活性化を介して細胞内に情報が伝達される．

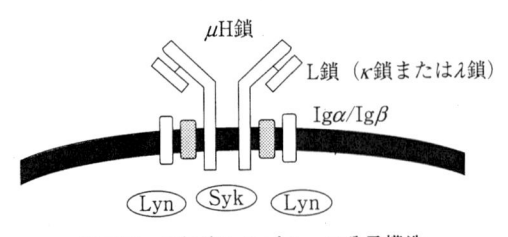

図7.26 B細胞レセプターの分子構造

d. 体液性免疫の情報伝達

細菌やウイルスなどの感染に対して**抗体産生反応**を行うことによって生体を防御する免疫応答を「**体液性免疫**」という．これは，抗原刺激によって活性化したB細胞が増殖，分化，成熟してプラズマ細胞となって抗体産生を行うことによる．上の過程は単なる抗原刺激によって進行するのではなく，樹状細胞による抗原提示によって活性化したヘルパーT細胞（Th）との相互作用が重要な役割を果たす．

生体に外来抗原が侵入すると，抗原特異的な膜型Ig（BCR）を発現するB細胞が抗原と反応して活性化する．このとき抗原はB細胞に取り込まれて分解し，MHC IIを介して細胞表面に抗原提

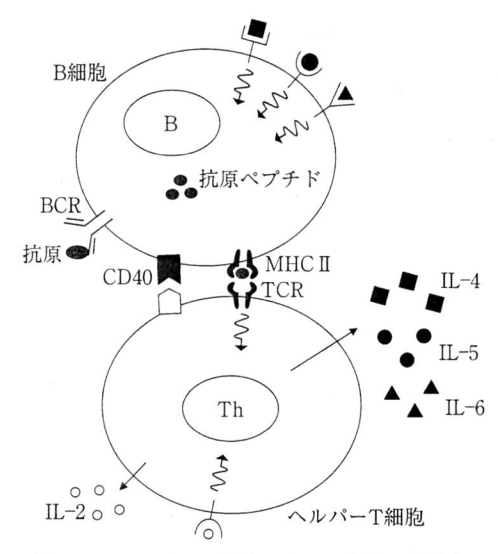

図7.27 ヘルパーT細胞によるB細胞の活性化

示される（図7.27）．この反応だけではB細胞の活性化は十分ではない．同じ抗原によって活性化されたヘルパーT細胞がTCRを介してB細胞上の抗原ペプチドと反応すると同時に，T細胞上のCD40リガンド（CD40L）とB細胞のCD40とが結合することによってB細胞の活性化が確固たるものとなる（図7.27）．

ここで，活性化したヘルパーT細胞からIL-2が産生され自己増殖が始まる．さらに，活性化したヘルパーT細胞は，B細胞の増殖，分化に関与するIL-4，-5，-6などを産生する．一方，活性化したB細胞では，それらのインターロイキンを受容するおのおののレセプター分子の遺伝子発現からタンパク質合成が促進される．このようにして活性化されたB細胞は増殖し，抗体産生細胞（プラズマ細胞）へと分化する．この際に，免疫グロブリン（Ig）がIgMからIgGなどの他のクラスへとスイッチする．また，記憶B細胞へ分化し，免疫記憶を司る．

体液性免疫は感染防御に必須ではあるが，一方でアレルギー反応や全身性自己免疫疾患の発症の原因ともなる．したがって，B細胞の活性化，分化・成熟の機序を分子レベルで理解することが治療薬や治療法の開発に不可欠である．

e. 細胞性免疫の情報伝達

細胞性免疫は，ウイルス感染した細胞を細胞傷害性T細胞（キラーT細胞，$CD8^+$細胞）が認識して細胞ごと死滅（アポトーシス）させる免疫応答である．キラーT細胞は，MHC Iによって提示されたウイルスタンパク質の断片などの異物抗原をTCRによって認識し，その結合をCD8分子がMHC I分子のα鎖と相互作用することによって補強され，キラーT細胞が活性化する（図7.28）．

活性化したキラーT細胞では，アポトーシスをウイルス感染細胞に惹起させるためのTNFなどのサイトカイン分泌やデスリガンドの一つであるFasリガンド（FasL）の発現が起こる．一方，ウイルス感染細胞ではそれに対応したデスレセプターであるFasが発現する．この**Fas/FasLシステム**の作動によって，ウイルス感染細胞内にアポトーシスシグナルが伝達され自滅する（図7.28）．

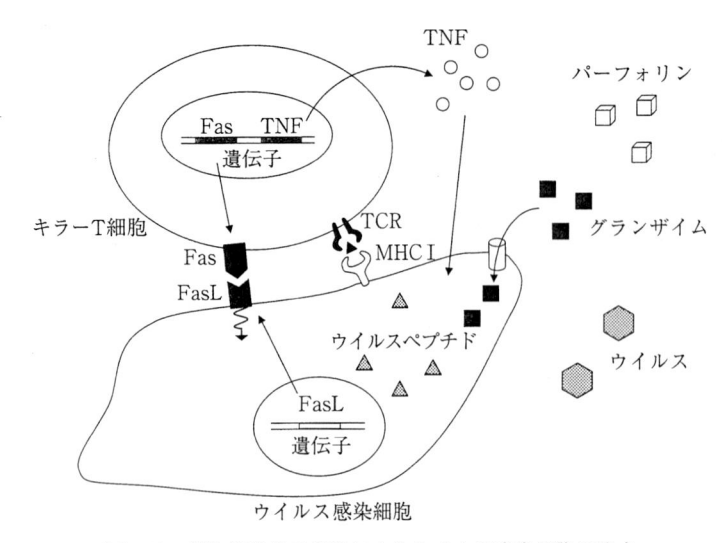

図7.28 細胞傷害性T細胞によるウイルス感染細胞の除去

このような情報伝達のほかに，キラーT細胞では**パーフォリン**や**グランザイム**などのエフェクター分子が産生・放出され，標的細胞に確実に**アポトーシス**を誘導する仕組みが作動する．

f. Th_1 と Th_2 による免疫応答の制御

ヘルパーT細胞は，産生するサイトカインの違いによって **Th_1** と **Th_2** に分類される．Th_1 はT細胞の増殖を制御するIL-2や炎症反応に関与するインターフェロンγなどを産生し，おもに細胞性免疫にかかわっている．一方，Th_2 はB細胞による抗体産生の制御に関与するIL-4，IL-5，IL-6などを産生し，体液性免疫にかかわっている（図7.29）．

病原微生物からの感染防御に対して，Th_1，Th_2 は重要な役割を果たしているが，この両者はお

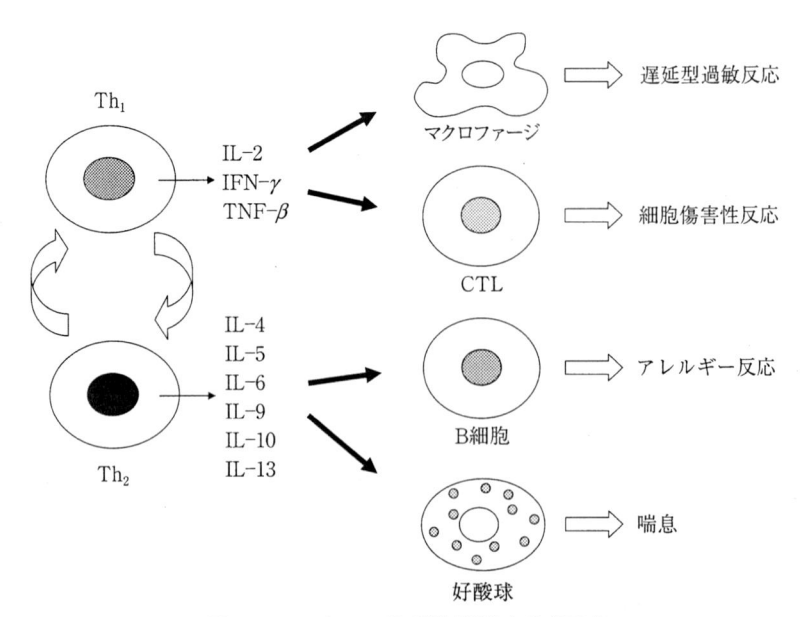

図7.29 Th_1 と Th_2 相互調節機能と免疫反応

互いに分泌するサイトカインによって抑制的に制御している．たとえば，Th_1の産生する$IFN-\gamma$はTh_2への分化を抑制する．逆に，Th_2の産生する$IL-4$や$IL-10$は，Th_1への分化を抑制する．この相互調節機構の破綻によってバランスが崩れると，一方向性の過剰な免疫応答が起こってしまい，様々な免疫疾患の発症原因となる（図 7.29）．このバランスを人為的にコントロールすることによる新しい治療法の開発が期待されている．

7.6 ま と め

1. 生体内には，「細胞間情報伝達系」として神経系，内分泌系，免疫系の三つの統御システムが構築されている．
2. 神経系は生命現象のすべての機能を統御するために，生体内に張り巡らされた神経ネットワークにより情報を迅速に伝える．
3. 脳の中枢神経が総司令部であり，末梢神経への伝達と末梢からの刺激に対する情報処理を行っている．
4. 神経細胞（ニューロン）間の連絡部であるシナプスにおいて神経伝達物質による情報伝達が行われ，イオンチャネル系が主役を演じている．
5. 内分泌系は多種多様なホルモンの作用により，生体内の内部環境の維持，すなわちホメオスタシスにとって，もっとも重要な役割を果たしている．
6. 内分泌系では，内分泌細胞と標的細胞とのあいだの階層的な情報伝達システムとネガティブフィードバック機構による自己完結型の制御が行われている．ここでは，Gタンパク質共役系やチロシンキナーゼ内在系が作動している．
7. 免疫系は細菌やウイルスといった病原性微生物の侵入に対して生体を守る防御システムであり，自然免疫と獲得免疫がある．
8. 自然免疫の惹起が，獲得免疫のスタートとなる抗原提示細胞の樹状細胞の成熟・活性化の機能を果たしている．
9. T細胞やB細胞の細胞分化や両者間での情報伝達系は，生体反応を分子レベルで理解するよいモデル系である．
10. 三大細胞間情報伝達系によって伝えられた情報は，核細胞で受容され，適正な応答がなされる．この一連の細胞内での情報の伝達を「細胞内情報伝達系」という．
11. 細胞内情報伝達系は，種々の情報伝達物質ごとに異なるのではなく，共通性のある伝達様式，Gタンパク質共役系，イオンチャネル直結系，チロシンキナーゼ内在系のいずれかを使用している．
12. 三大細胞間情報伝達系の各細胞内での細胞内情報伝達系の共通原理と特性を理解することは，様々な疾患の背後に潜む病態発症の原因を分子レベルで理解する基本となる．

演習問題

7.1 高等動物の細胞間情報伝達物質を三つあげ，各系での化学的な情報伝達物質の総称名，およびそれらの分泌（情報伝達）様式を述べよ．

7.2 Gタンパク質共役系でレセプターとエフェクターの間に介在するGタンパク質はホルモン等の刺激によってどのように活性化されるのか，またどのようにして不活性な状態に戻るのかについて述べよ．

7.3 神経系で作動しているおもな細胞内情報伝達系は何か，その代表的な情報伝達物質と受容体をあげよ．

7.4 内分泌系におけるネガティブフィードバック機構について，例をあげながらその要点を述べよ．

7.5 シナプスを介する神経伝達の特徴について模式図を示しながら述べよ．

7.6 アメフラシを用いたエラ引き込み反射の実験でみられる「感作」という現象について，感覚ニューロン，運動ニューロン，促通ニューロン間での情報伝達系を模式図に示しながら述べよ．

7.7 自然免疫と獲得免疫について，その特徴および関連性について述べよ．

7.8 T細胞の分化において産生されるおもなT細胞を二つあげ，その特徴について述べよ．

7.9 MHC I，IIの構造的，機能的特徴について述べよ．

7.10 細胞性免疫についてウイルス感染細胞を細胞傷害性T細胞（キラーT細胞）が排除するメカニズムについて，そこで起こる情報伝達系の面から述べよ．

参考図書

1) Z. Hall 監修：脳の分子生物学，メディカル・サイエンス・インターナショナル，1996.
2) 宇井理生編：細胞内シグナル伝達，現代化学増刊 34，東京化学同人，1997.
3) 稲葉カヨ監修：特集：樹状細胞―免疫応答の新たな主役，細胞工学，秀潤社，2000.
4) J. C. Janemay and P. Travers, 笹月健彦監訳：免疫生物学，南江堂，1997.
5) B. Albert ほか：細胞の分子生物学，第3版，教育社，1994.

演習問題解答

■2章

2.1 ①様々な生体構成成分を溶かし込んでいる．そのため，分子どうしが容易に相互作用できる．
②親水性物質間で水素結合を結ぶことで，疎水性物質の疎水性相互作用を強め，細胞膜形成に寄与する．

2.2 赤血球中のヘモグロビンのヘムにはFeイオンが配位している．血流中でヘモグロビンが酸素や炭酸ガスを結合して運ぶためには，Feイオンが必要である．鉄イオンは，ヘモグロビンの他にも，ミオグロビン，シトクロムcなど多くのタンパク質の働きに必要な成分である．
スーパーオキシジスムターゼは，生体内で生じる活性酸素を消去し，組織障害を未然に防ぐ重要な防御因子である．この酵素には，CuイオンとMnイオンが含まれていて，酵素活性に必須の成分である．また，やはり活性酸素を消去するもう1つの酵素，グルタチオンペルオキシダーゼには，Seが必須の成分として含まれている．
ヨウ素はトリヨードチロニンなどの甲状腺ホルモンに必要な成分である．

2.3 必須脂肪酸は，生体内で合成できないため，食事から供給する必要のある脂肪酸である．脂肪酸の生合成は，アセチルCoAがつながって炭素鎖が2個ずつ延長する一方，酸素鎖の途中に二重結合を生じる反応で異なる種類の脂肪酸が作られる．ヒトを含めて哺乳類は，△9-脂肪酸不飽和化酵素が存在しないため，9位に二重結合のある脂肪酸（オレイン酸）に二つ目の二重結合を導入できず，リノール酸を作ることができない．

2.4 生体膜の主成分は，リン脂質，コレステロールとタンパク質である．やや含量は少ないが，糖脂質も構成成分となっている．

2.5 グルコースは1位のアルデヒド基と5位の水酸基が結合してヘミアセタールを形成して環状構造をとる．この反応は可逆的で，水中で容易に開環することができ，実際に一定の確率で環化と開環を繰り返している．環状構造をとるときに，1位の炭素の立体配置がα型とβ型の2通りが生じる．

2.6 アルデヒド基およびケト基をもつ糖は，還元性をもつ．グルコースのように開環した時にアルデヒド基が生じる糖は還元性を示す．しかし，グルコースとフルクトースが1位の炭素どうしでグリコシド結合したショ糖は，開環することができず，アルデヒド基，ケト基が生じないので，還元性も持たない．アミロースは多数のグルコースが$\alpha 1 \rightarrow 6$結合したもので，長い糖鎖の末端には1個だけアルデヒドを生じる部分があるが，その反応性はグルコースよりはるかに低くなる．

2.7 アミノ酸は同一分子内に，アミノ基（$-NH_2$）とカルボキシル基（$-COOH$）をもつ両性電解質で，多くのアミノ酸は中性付近でそれぞれがイオン化し（$-NH_3^+$，$-COO^-$）正および負に帯電している．アミノ酸の正味の電荷がゼロになるpHを等電点とよぶ．

2.8 pH=6の溶液中でグルタミン酸の正味の電荷は負に，リシンは正に帯電しそれぞれ陽極および陰極に移動する．アラニンの正味の電荷はゼロとなり移動しない．

2.9 タンパク質の構造は4つのレベルに分類される．一次構造はアミノ酸配列のことであり，二次構造はタンパク質の局所的な折りたたみ構造でα-ヘリックス，β-構造が関与する．球状タンパク質が生物活性のある構造に折りたたまれるときにとる全体的な三次元的形状を三次構造とよぶ．比較的大きな分子量の複数のポリペプチド鎖からなるタンパク質はサブユニットとよばれるいくつかのポリペプチド鎖から構成され，これらサブユニットが寄り集まった立体的配置を四次構造とよぶ．

2.10 水溶性ビタミンの特徴：補酵素の構成成分である．
脂溶性ビタミンの特徴：イソプレノイドである．補酵素ではない．

2.11 リボースの 2 位の水酸基が存在すると，リン酸部分と反応し分子内で加水分解反応が起こりリン酸ジエステル結合が開裂する．デオキシリボースには 2 位の水酸基がないので，リン酸ジエステル結合の開裂が起こりにくい．

■ 3 章
3.1
a. すべての酵素の名称は，国際生化学・分子生物学連合（International Union of Biochemistry and Molecular Biology, IUBMB）が提唱した命名法によって定められており，酵素番号（EC）と系統名とよばれる 2 つの部分からなる名称によって特定される．酵素番号は 4 組の数字で表示され，第一の数字は 6 群のいずれに属するかを示し，第二と第三の数字は，反応のさらに細かい分類を示している．第四の数字は，分類された一群の酵素の中の通し番号を示す．

b. 酵素の分子表面において，特定の分子（基質とよぶ）と相互作用して触媒機能を発揮するための構造を，酵素の活性部位または活性中心とよぶ．活性部位は酵素のまわりに存在する多種類の物質の中から，触媒作用を発揮できる基質のみを選択して結合させる機能と，結合している基質と相互作用し分解や合成などのいわゆる触媒活性を行う機能を併せ持つ．

c. 1958 年に D. Koshland は，酵素と基質の特異性が決定されるメカニズムモデルとして，「誘導適合モデル」を提唱した．これによると，酵素の活性部位ははじめから基質の構造に正確に適合した構造をとっているわけではなく，酵素と基質が結合することによって活性部位の立体構造が変化し，触媒活性を発揮できるようになるか，あるいは基質の構造が遷移状態をとるように変化をする．

d. 物質間の化学反応の頻度（反応速度）は，物質どうしが接触（衝突）する頻度に依存する．ある体積の空間に 2 種類の物質が非常に低い頻度で衝突する状態で存在するときに，これらの衝突頻度を上昇させるためには，何らかのエネルギーを外部から加えて（活性化エネルギー）衝突する頻度を上げる必要がある．

e. 酵素がはたらくために必要な，酵素タンパク質と基質以外の物質を補因子（または補欠分子族）とよぶ．これらのうち，比較的低分子の有機化合物，酵素と可逆的に結合してその反応に不可欠のはたらきをするものを補酵素という．ビタミンはこれら補酵素の構造の主要部分を構成する．

f. 酵素反応において，存在する酵素のすべてが基質と結合し ES complex となり，その濃度が時間に対して常に一定となる段階では，ES complex のつくられる反応定数と分解する反応定数は常に同じになる．この状態を反応の平衡状態という．ES complex は反応系に常に一定量存在する状態となり，酵素反応はこの段階が律速となる．ES complex の濃度が変化しなければ次の反応段階である生成物形成の反応定数は常に一定であり，常に一定の反応速度で生成物がつくられることになる．この状態を酵素反応の定常状態といい，このときの反応速度がその酵素の持つ真の反応速度（最大反応速度；V_{max}）と考えることができる（定常状態仮説）．

g. 酵素の活性中心に阻害剤が可逆的に結合して反応を阻害する場合を可逆的阻害という．阻害剤が基質と構造的な類似性を持ち，酵素と阻害剤が複合体を形成し基質との結合に対して拮抗する阻害作用を拮抗（競合）阻害という．阻害剤が遊離の酵素と ES complex の両者と可逆的に結合して阻害作用を示す場合を非拮抗（競合）阻害という．第三の可逆的阻害は，阻害剤が ES complex のみに可逆的に結合して阻害作用を示す不拮抗（競合）阻害である（図 3.10 参照）．

阻害剤が酵素に永続的に結合することで，反応が阻害される場合を，不可逆的阻害という．阻害剤は酵素タンパク質のアミノ酸残基に共有結合などで結びつき，活性部位をふさいでしまうので，基質が結合できない状態となる．

h. ある種の酵素は活性を持たない前駆体として生合成され，特殊な修飾作用を受けることにより活性体となる．これを酵素の活性化といい，この酵素の前駆体をプロ酵素とよぶ．

i. 同一個体中にあり，化学的に異なるタンパク質で構成されているが同じ化学反応を触媒する酵素どうしをアイソザイム（イソ酵素）とよぶ．

j. 酵素の基質結合部位とは構造上異なる部位に低分子物質が結合して，その活性が変化する現象のことをアロステリック効果という．このような機能を持つ酵素をアロステリック酵素といい，リガンド

（アロステリックエフェクター）の結合によってその活性が調節される（アロステリック制御）．
k. 特定の基質の存在に応じて，遺伝子制御の基に生体内の酵素の生合成速度が変化する現象を酵素誘導といい，合成される酵素を誘導酵素という．例えば，大腸菌は，炭素源として用いるグルコースが枯渇してラクトースが唯一の炭素源として存在すると，これを代謝するためにβ-ガラクトシダーゼなどのラクトース代謝酵素群遺伝子（*lac* オペロン）を発現するように調節される．このような誘導的な酵素の合成は，基質の存在しない状態で発現が抑制されていた酵素の合成が，基質の存在によって抑制が解除されることによる．

3.2

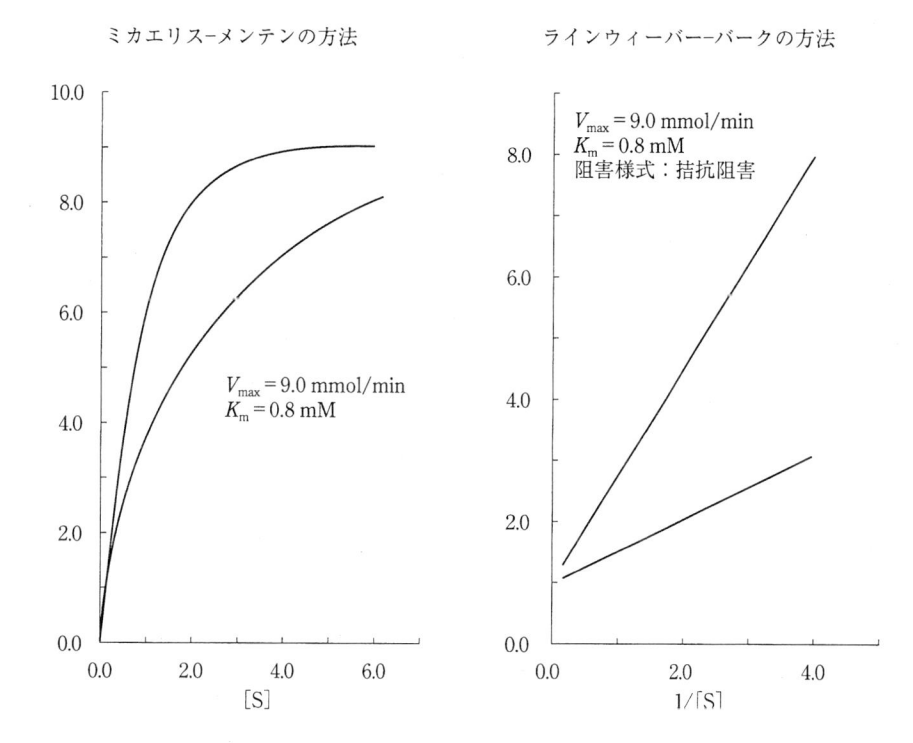

ミカエリス-メンテンの方法　　　　　　　　ラインウィーバー-バークの方法

$V_{max} = 9.0$ mmol/min
$K_m = 0.8$ mM

$V_{max} = 9.0$ mmol/min
$K_m = 0.8$ mM
阻害様式：拮抗阻害

■ 4章

4.1 活動エネルギーの多くはATPという高エネルギーリン酸が使用され，ヒトの場合には大部分グルコースから得られる．グルコースはエネルギーを作るという代謝だけでなく，いろいろな代謝が行われる．過剰なATP（このときADPは低濃度になっている）が解糖系の特定の酵素活性を阻害する．一番影響を受けるのは，ホスホフルクトキナーゼ活性である．ここを阻害すると，フルクトース6-リン酸はグルコース6-リン酸に戻り，ペントースリン酸経路で代謝され，さらにウロン酸経路で代謝され，さらに，過剰なグルコースはグリコーゲン合成に使用される．グリコーゲンは筋肉と肝臓にしか蓄積されないので（一部は脳細胞と腎細胞にも蓄積），すぐに満杯になる．それ以上のグルコースが血液中に存在するときには，コレステロール合成や，トリアシルグリセロール合成に使用される．

4.2 運動に使用されるエネルギーはATPである．このATPが効率よくミトコンドリア中で合成されるためには，大量の酸素が必要である．酸化的リン酸化という代謝経路でATP合成が行われ，酸化的リン酸化が固く呼吸鎖と共役している．一方が働くと必ずもう一方も働く．細胞質で解糖が起こり，グルコースからピルビン酸まで合成される．ピルビン酸はミトコンドリアに運ばれ，アセチルCoAになったのちクエン酸回路で代謝される．このときNADHやFADHという還元力の高い物質が作り出される．これらのNAD$^+$やFADに戻されるとき酸素（O_2）が使用され，水（H_2O）が生じる．これが呼吸（鎖）である．このとき共役している酸化的リン酸化が起こり，ADPをATPに変える．

ATPは平静時でもそれほど細胞内に蓄積できず，激しい運動するとすぐに枯渇してしまう．したがっ

て，さらに運動を続けると，急激にATPを合成して回復しようとする．このときATP合成は呼吸鎖と共役しているので，激しく呼吸して酸素を補おうとする．もし補えない場合にはそれ以上運動ができなくなってしまう．酸素の供給が不足すると解糖系で生じたピルビン酸はミトコンドリアに入れず，細胞質で乳酸に代謝される．グルコースからピルビン酸を経由して，乳酸ができる代謝では酸素こそ必要としないが，2分子のATPしか合成されず，激しい運動をするのには不十分である．

4.3 血糖値が低下すると，膵臓からはグルカゴンがつくられ分泌され，副腎ではアドレナリンとコルチゾンが分泌される．グルカゴンとアドレナリンはそれぞれ作用は同じようなメカニズムで細胞内に蓄積しているグリコーゲンを分解する．グリコーゲンを多く蓄積している臓器は肝臓と筋肉であり，肝臓へはグルカゴンが作用し，筋肉へはアドレナリンが作用する．それぞれのホルモンは，受容体に結合すると細胞内のサイクリックAMP（cAPM）を増加させ，これがプロテインキナーゼAを活性化し，さらに順次カスケードのように活性化されて最終的に不活性なグリコーゲン・ホスホリラーゼbを活性化し，グリコーゲン・ホスホリラーゼa（活性型）に変える．この酵素はグリコーゲンに作用し，グルコース1-リン酸にする．さらにグルコース1-リン酸はホスホグルコムターゼによって，グルコース6-リン酸に変えられる．肝臓では，グルコースホスファターゼが存在し，遊離のグルコースにしたのちに血中に分泌し血糖値を上げるのに役割を果たしている．しかし，筋肉ではこのグルコースホスファターゼが存在しないので，このグリコーゲンは筋肉活動するためにのみ使用される．したがって，肝臓のグリコーゲンは全身のために存在するし，とくに脳細胞と赤血球細胞はグルコースからしかエネルギーを得られないので，肝臓のグリコーゲンの存在は重要である．一方，蓄積しているグリコーゲンのみではエネルギー供給量は十分でなく，グルカゴンとアドレナリンはグリコーゲン分解と同時に脂肪細胞に存在する脂肪もエネルギーに使用するように働く．つまり脂肪細胞の細胞膜に結合し，細胞内でホルモン感受性リパーゼを活性化し，トリアシルグリセロールを分解し，脂肪酸にする．分解された脂肪酸は血中に分泌され，アルブミンと結合し，全身のエネルギー源に使用される．このとき空腹感がわき，同時にアドレナリンによって交感神経系が活発になり，食事を激しく求める気持ちになる．さらに食物の供給がないと，タンパク質を破壊し，アミノ酸からグルコースを合成するようになる．これを活発化するのはコルチゾンである．

4.4 HMG-CoAは細胞質とミトコンドリアで合成される．両者とも前駆体アセチルCoAである．それぞれの場所で合成されたHMG-CoAはその場から行き来できず，そこで代謝される．ミトコンドリアでできたものはケトン体となり，細胞質でできたものはメバロン酸やイソプレニルピロリン酸などを経て，コレステロール，ドリコール，ユビキノンに合成される．

カルバモイルリン酸もミトコンドリアと細胞質で合成され，しかもこれも両者で行き来ができない．ミトコンドリアでできたものはやがて尿素に合成されるが，細胞質でできたものはピリミジン核塩基の合成に使用される．

4.5 生体に蓄積されているもので，エネルギーを得やすい物質は，糖質（グリコーゲン），脂質（トリアシルグリセロール），タンパク質である．エネルギー源の供給が滞ると，まず糖質と脂質を分解してATPを合成する．臓器のなかにはグルコースからしかATPを合成できないものがある．脳と赤血球であり，両者ともきわめて重要な臓器である．肝臓に存在するグリコーゲンが脳と赤血球のエネルギー源になるが，十分とはいえず，脂質からのグルコース合成ができないためにタンパク質を動員してアミノ酸からグルコース合成を行うようになっている．いろいろなアミノ酸が存在するが脱アミノ化されたα-ケト酸がアセチルCoAになって容易にエネルギーを合成しえるものをケト原性アミノ酸，あるいはα-ケト酸がクエン酸回路の構成分になるものは，糖原性アミノ酸とよんでいる．アセチルCoAになっても，オキサロ酢酸が不足しているので（グルコース合成に使用されてしまうため），クエン酸回路に導入されず，ケトン体になってしまうためである．

4.6 1分子のグルコースが完全に酸化すると，リンゴ酸-アスパラギン酸シャトルがはたらいている場合，32モルのATPが生成される．そのうち酸化的リン酸化により，28モルのATPが生成される．基質レベルのリン酸化では4モルのATPが生成される．したがって酸化的リン酸化によりATPの87.5％が，基質レベルのリン酸化によっては12.5％が生成されることになる．

4.7 チアミンは，補酵素のチアミンピロリン酸（TPP）の前駆体である．チアミンピロリン酸は，ピルビ

ン酸の酸化的脱炭酸反応に関与するピルビン酸デヒドロゲナーゼ複合体の補酵素である．また 2-オキソグルタル酸の酸化的脱炭酸反応に関与する 2-オキソグルタル酸デヒドロゲナーゼ複合体の補酵素でもある．したがって，チアミンが不足すると酸化的脱炭酸反応が抑えられ，ピルビン酸や 2-オキソグルタル酸が蓄積する．

4.8 NADH は酸化的リン酸化の過程で，O_2 により NAD^+ に再酸化される．酸素不足では，ピルビン酸デヒドロゲナーゼ複合体の反応に必要な NAD^+ が再生されないので，この酵素の活性低下が起こる．

4.9 (a) シトクロム c がないので複合体Ⅲが電子を受け取る．(b) 複合体Ⅰがないので反応は起こらない．(c) O_2．(d) シトクロム c．(e) 複合体Ⅱがないので反応は起こらない．

4.10 NADH の場合は，ミトコンドリアから移行するプロトンの数は 10 個で，合成される ATP は 2.5 分子であり，P：O 比は 2.5 になる．コハク酸の場合は，プロトンの数は 6 個で，ATP は 1.5 分子合成され，P：O 比は 1.5 になる．

■ 5 章

5.1 ヒトの体を構成する細胞数はおよそ 60 兆個で，上皮，結合，筋肉，神経の 4 つの組織型細胞に大別でき，さらには 200 種類以上の細胞型に分類されている．

5.2 生体膜の流動性を決める要因はグリセロリン脂質のアシル基の長さと不飽和であり，アシル基が長いほど，不飽和度が低いほど流動性は減少する．また，コレステロールの含量が高いほど，流動性は減少する．

5.3 チャネルタンパク質は基質分子を電荷と大きさで識別し，ゲートの開閉によって分子を通過させるのに対し，輸送体タンパク質は分子と結合し，膜内部を移動することによって通過させる．

5.4 このイオン濃度勾配の形成と維持は Na^+K^+-ATPアーゼ（ポンプ）が，ATP の加水分解のエネルギーを使って行っている．イオン濃度については表 5.6 を参照．

5.5 核とミトコンドリア．

5.6 表 5.7 を参照してまとめる．

5.7 核とミトコンドリア内腔に局在するタンパク質は，合成完了後に運ばれる．核では一般に内部にある核移行シグナルが認識され，タンパク質の折りたたみ構造が解かれることなく運ばれる．一方，ミトコンドリア内腔へは，一般に N 末にある移行シグナルが認識され，折りたたまれ構造が解かれ，移行シグナルの切断除去をともなって，運ばれる（図 5.17 参照）．

5.8 Rb タンパク質は通常 S 期への進行を負に制御しており，増殖のシグナルによって制御がはずれ，S 期に必要なタンパク質の合成が開始される．一方，p53 タンパク質は通常は速やかに分解されはたらいておらず，DNA の損傷が生じると安定化され，細胞周期を停止し，修復の完了を待つ働きをする．

5.9 減数分裂の際には，まず相同染色体の分配があり，各々の染色体について，母型か父型かの選択があるために，ヒトならば 2^{23} とおりの組み合わせが生じる．さらに相同染色体間の任意の位置で相同組換えが起こり，両者が合わさり膨大な組み合わせが生じるために，多様性が生み出される．

5.10 似た性質の細胞とその周囲の細胞間物質が集まったものを組織とよび，組織と細胞が集合した，特別な機能を営む身体の部分を器官とよぶ．

■ 6 章

6.1 Leu → Pro．5′-TAG-3′ は下に示す二本鎖 DNA の鋳型鎖である．この二本鎖 DNA からは，3′-AUC-5′ 配列を持つ mRNA がつくられ，ついで Leu に翻訳される（表 6.5 を参照．表のコドンの最初の塩基は mRNA の 5′ 末端側の塩基を示す）．同様に，変異後の mRNA は 5′-CCA-3′ となり，Pro である．5′-TAG-3′　3′-ATC-5′．

6.2 DNA ポリメラーゼは，ヌクレオチドを重合して DNA を合成する活性だけでなく，エキソヌクレアーゼ活性も有する．3′ 末端に間違ったヌクレオチドを取り込んだ場合，3′→5′ エキソヌクレアーゼが働き，そのヌクレオチドを除去して正しいものに置き換える．これを校正という．

6.3 フレームシフトが起きると，塩基の挿入や欠失が起きたあとのコドンはすべて変化する．終止コドンが早めに現れ，通常よりアミノ酸数の少ないポリペプチドが生成されるケースが多い．

6.4 ddATPは，dATPと構造が似ており，合成中のDNAに取り込まれる．しかし，3′-OHが-Hに置換されているため次のヌクレオチドと結合できず，DNA複製・修復合成は停止する（図6.8参照）．

6.5 トリソミーでは，1本余分の染色体が存在し3本となる．ほとんどの場合，減数分裂のときの染色体不分離により起きる．余分な21番染色体は母親由来である．

6.6 5′-CUGAGCU-3′．鋳型DNAが転写されると，鋳型に対して相補的なRNA鎖が生じる．鋳型に対し相補的な塩基とRNA鎖の極性（5′末端からの向き）が答えられること．

6.7 ①リボソームRNA：リボソーム粒子に含まれるRNA．mRNAの翻訳反応に関与する．細胞の中で量的に最も多い．真核細胞では，28S，18S，5.8S，5Sの4種類ある．
②メッセンジャーRNA：タンパク質のアミノ酸の配列に対する情報（3ヌクレオチドで1アミノ酸に対応する）をコードしている．この3ヌクレオチドをコドンと呼ぶ．量的には少ないが，細胞にあるタンパク質の種類に対応するため種類は多い．
③トランスファーRNA：リボソーム上にあるmRNAの翻訳部位へ，アミノ酸を運ぶ．アミノ酸はトランスファーRNAの3′末端に結合している．

6.8 ①スプライシング：mRNAの前駆体RNA（hnRNA）に含まれているイントロン配列の除去，エキソン配列どうしの結合により，翻訳可能なmRNAを生じる反応．②キャップの付加反応：遺伝子が転写されて生じるhnRNAの5′末端に7-メチルGTP・キャップを付加する反応．③ポリ（A）テールの付加反応：hnRNAの3′末端に100ヌクレオチド程度のA残基を付加する反応．

6.9 5′末端にある7-メチルGTP・キャップと3′末端のポリ(A)テール．

6.10 RNAの中にはタンパク質酵素と同様に酵素活性を持つものがある．それらを総称してRNA酵素とよぶ．ある種のイントロン配列にはスプライシングを触媒する活性が知られている．また，リボソームRNAにもアミノ酸を重合するペプチジルトランスフェラーゼ活性が知られている．

6.11 5′-CAU．コドンとアンチコドンは，相補的な2本鎖RNAを形成する．したがって，アンチコドンはコドンと反平行で相補的な塩基配列となる．5′-UACではないことに注意．

6.12 セリンに対応するトリプレットコドンの場合，1文字目と2文字目がUCであるのに対し，3文字目はU，C，A，Gのいずれでもよい．このことをコドンの縮重という．

■7章

7.1 神経系—神経伝達物質—神経分泌，内分泌系—ホルモン—内分泌，免疫系—サイトカイン—傍分泌，自己分泌．

7.2 Gタンパク質はα，β，γの3量体よりなり，不活性型ではαにGDPが結合し，β，γと複合体を形成している．ホルモンなどによりレセプターからの刺激によってαからGDPが解離し，GTP型となりエフェクターに作用してセカンドメッセンジャーの産生を促進する．GTPはα自身のもつGTPアーゼ活性によりGDP型となり，もとの不活性型に戻る．

7.3 イオンチャネル直結型，ニコチン性アセチルコリン受容体，GABA受容体．

7.4 インシュリンによる血糖調節機構（図7.12）やグルココルチコイド産生の調節機構（図7.13）をまとめる．

7.5 活動電位によってシナプス前細胞から分泌される神経伝達物質が，シナプス後細胞のレセプター，多くの場合イオンチャネルに結合することによってシナプス後電位に変換されて神経伝達が行われる（図7.17参照）．

7.6 図7.19を参照してまとめよ．

7.7 細菌やウイルスなどの侵入に対して，マクロファージなどの食細胞によって貪食除去する「自然免疫」は，T細胞やB細胞による「獲得免疫」のとっかかりとなる抗原提示として重要な関連性を有する．

7.8 $CD4^+$のヘルパーT細胞と$CD8^+$細胞傷害性T細胞があげられる．前者は，抗体産生による「体液性免疫」に，後者はウイルス感染細胞の除去などの「細胞性免疫」に重要な役割を果たしている．

7.9 表7.1および本文を参照してまとめよ．

7.10 図7.28および本文を参照してまとめよ．

索　引

A～Z

5-HT	126
ABC トランスポーター	151
ADP/ATP 輸送体	136
ALA	116
ALA 合成酵素	116
ALT	112, 121
AMP	118
AMPA 受容体	230
AP サイト	189
AST	112, 122
ATC アーゼ	120
ATP 感受性 K チャネル	152
ATP 合成酵素	134
ATP シンターゼ	136
β-oxidation pathway	96
β-oxidation system	96
BSE	36
C1 ユニット	117
Ca^{2+} ATPase	153
CAAT ボックス	202
cAMP	49, 87, 117, 220
cAMP 応答性エレメント結合タンパク質	224
cAMP 受容体タンパク質	201
Cdk	164
CDP-エタノールアミン	103
CDP-コリン	103
corticotropin	224
CRE	225
CREB	224
CRH	224
CRP	201
DNA	45, 176, 177
——のアニーリング	177
——の変性	177
——の融解	177
DNA 依存性 RNA ポリメラーゼ	181
DNA 合成酵素	183
DNA 修復	189
DNA 損傷	165, 189
DNA トポイソメラーゼ II 型	185
DNA ヘリカーゼ	185
DNA ポリメラーゼ	183, 198
DNA ワールド	3
DOPA	126
E2F	165
ECM	172
ER	154
ES complex	59
FMN	122
GABA	126, 127, 230
GC ボックス	203
Gi	220
GIE	226
GLUT2	150
GLUT4	151
GMP	118
GMP 合成酵素	119
Go	219
GOT	116, 122
GPT	116, 122
Gq	220
Gs	219
Gt	220
HDL	93
HMG-CoA	105
HMG-CoA 還元酵素	105
HMG-CoA 合成酵素	106, 108
HMG-CoA リアーゼ	110
homeostasis	216
IDL	94
IMP	117, 118
IMP デヒドロゲナーゼ	119
IUBMB	53
K_m	61
LCAT	94
LDL	93
LDL レセプター	94
LTP	231
m_7Gppp キャップ	204
MAP キナーゼ	234
MDR1	152
MHC 拘束性	231
mRNA 前駆体	194, 203
Na^+K^+-ATP アーゼ	153
Na^+K^+-ATP ポンプ	153
NAD^+	41
$NADP^+$	41
NADPH	82, 85
NFAT	233
NMDA	230
OMP	120
OMP デカルボキシラーゼ	120
p21	166
p53 タンパク	165
PAF	103
PLP	112
PRPP	117, 120
PTH	225
Rb タンパク	165
RGD 配列	173
RNA	45
RNA プライマー	185
RNA ポリメラーゼ	196
RNA ワールド	3
SNARE	161
SNP	182
SRP	159
SRP 受容体	159
SUR1	152
TATA ボックス	202
TCA 回路	129
TCR	231
TRH	225
TSH	225
UDP グルクロン酸	86
UDP グルクロン酸転移酵素	86
UDP グルコースデヒドロゲナーゼ	86
UDP グルコースピロホスホリラーゼ	86, 87
UMP	120
U 系 snRNA	205
V (D) J 結合	192
VLDL	93, 104
XMP	119

あ行

アクチンフィラメント	169
アシドーシス	110
アシル CoA オキシダーゼ	97
アシル CoA デヒドロゲナーゼ	96
アシル CoA 不飽和化酵素	102
アシルカルニチン	96
アシルキャリヤープロテイン	99
1-アシルグリセロール 3-リン酸	102
1-アシルジヒドロキシアセトンリン酸	102

アスコルビン酸	42	
アスパラギン酸カルバモイルトランスフェラーゼ	120	
アスパラギン酸トランスアミナーゼ	116, 122	
アスパラギン酸トランスカルバミラーゼ	120	
アスパルテーム	28	
アセチル CoA	10, 129	
アセチル CoA カルボキシラーゼ	99, 107	
アセチルコリン	229	
アセトアセチル ACP	100	
アセトアセチル CoA	110	
アセトアセチル CoA チオラーゼ	106	
アセト酢酸	110	
アデニル・シクラーゼ	87	
アデニル酸	118	
アデニルシクラーゼ	87, 95	
アデニレートシクラーゼ	221	
アデニロコハク酸	119	
アデニロコハク酸リアーゼ	118	
アデニンヌクレオチド	229	
S-アデノシルメチオニン	114	
アデノシン 5′-モノリン酸	118	
アドレナリン	87, 126, 228	
アノマー	16	
アポ VLDL	104	
アポトーシス	166	
アミノアシル（A）部位	210	
アミノアシル tRNA	209	
L-アミノ酸	28	
アミノ酸誘導体	222	
アミノ糖	19	
アミノトランスフェラーゼ	111	
アミノ基転移酵素	111	
5-アミノレブリン酸	116	
アミノレブリン酸合成酵素	116	
アミロース	22	
アミロペクチン	22	
アラキドン酸	102	
アラニントランスアミナーゼ	90, 112, 122	
アラントイン	127	
アルギニン	114	
アルギニン合成	114	
アルギノコハク酸合成酵素	125	
アルギノコハク酸リアーゼ	125	
アルギノスクシナーゼ	125	
1-アルキルジヒドロキシアセトンリン酸合成酵素	103	
アルコール脱水素酵素	80	
アルコール発酵	80	
アルドース	15	
アルドラーゼ	77	
アルドラーゼ A	77	
アルドラーゼ B	77	
アルドン酸	17	
α-アミラーゼ	22	
α-ケトグルタル酸	111	
α-トコフェロール	44	
α-ヘリックス	28, 35	
$\alpha 1,6$-結合	89	
α,β-不飽和アシル ACP	100	
α,β-不飽和アシル還元酵素	100	
アロステリック	116	
アロステリック効果	66	
アロステリック酵素	66	
アロステリック制御	66, 80, 120	
アロステリック制御酵素	68, 81	
アロステリック変化	107	
アロプリノール	128	
アンジオテンシン	224	
アンチコドン	208	
アンチポート	153	
アンモニア	111, 123	
イオンチャネル直結系	220	
異化作用	73	
鋳　型	195	
異性化酵素	54	
イソクエン酸リアーゼ	124	
イソプレノイド脂質	105	
イソプレノイドの代謝	104	
イソペンテニルピロリン酸	105, 107	
イソメラーゼ	54, 84	
一塩基多型	182	
一倍体	179	
一倍体細胞	143	
一本鎖 DNA 結合タンパク質	185	
遺伝子	176, 180	
遺伝子情報	1	
遺伝子多型	182	
遺伝子発現	192	
遺伝子ファミリー	151	
遺伝情報	2, 6	
イノシトール 1,4,5-三リン酸	220	
イノシン 5′-リン酸	118	
イノシン酸	117, 118, 127	
イミノ酸	122	
インスリン	88, 224	
インテグリン	173	
イントロン	182	
イントロン配列	205	
インパルス（活動電位）	227	
インベルターゼ	20	
ウラシル	119	
ウリジンモノリン酸	121	
ウロポルフィリノーゲン I 合成酵素	116	
ウロポルフィリノーゲン III コシンターゼ	117	
ウロン酸	18	
ウロン酸経路	85, 86	
運動ニューロン	229	
エイコサノイド	12	
エーテルリン脂質	103	
エキソヌクレアーゼ活性	186	
エキソン	180	
エキソン配列	205	
A-キナーゼ	49	
エタノール	80	
エドマン分解法	34	
エナンチオマー	17	
エノイル CoA	97	
エノイル CoA ヒドラターゼ	97	
エノラーゼ	78	
エピメラーゼ	84	
F アクチン	169	
M 期	163	
エムブデン-マイヤーホフ経路	74	
エリスロース 4-リン酸	83, 84	
エルゴステロール	10, 11	
塩基除去修復	190	
塩基性アミノ酸	24	
エンドゾーム	156	
エンハンサー	181, 203	
オーダーメイド医療	182	
オープン・リーディング・フレーム	207	
岡崎フラグメント	183	
オキサロ酢酸	122	
オキシドレダクターゼ	53	
オペレーター・オペロン説	201	
オペロン	200	
オペロン構造	180	
オリゴペプチド	24	
オルニチン	123	
オルニチン回路	123	
オルニチントランスカルバミラーゼ	123	
オロチジンモノリン酸	121	
オロチン酸	121	
温度感受性変異株	164	

か行

開始因子	212
開始コドン	207
解糖	73
解糖系	73, 74
——の調節	80
外分泌腺細胞	144
カイロミクロン	93
化学浸透圧説	134
化学的メッセンジャー	216
可逆的阻害剤	63
核	155, 156
核酸	45
獲得免疫	231
核膜孔	156
核ラミン	169
過酸化水素	140
加水分解酵素	54
カスパーゼ	166
可塑性	228, 230
カタラーゼ	141, 156
活性酸素種	139
活動電位（インパルス）	228
滑面小胞体	154
カテコールアミン	223, 228
鎌状赤血球貧血症	37
ガラクトース	17
カルシニューリン	233
カルニチンアシルトランスフェラーゼⅠ	96
カルニチンアシルトランスフェラーゼⅡ	96
カルバモイルアスパラギン酸合成酵素	121
カルバモイルリン酸	120, 123
カルバモイルリン酸合成酵素	123
感覚ニューロン	229
間期	163
環境情報	2, 6
還元型グルタチオン	85
還元糖	19
感作	229
関節ビリルビン	86
γ-アミノ酪酸	126
γ-カルボキシグルタミン酸	45
器官	172
キサンチン	127
キサンチンオキシダーゼ	127
キサントシンモノリン酸	119
基質レベルのリン酸化	78
キシルロース 5-リン酸	83
拮抗（競合）阻害	63
キチン	22
基底膜	173
キネシン	171
基本転写因子	202
逆転写酵素	176, 197
ギャップ結合	172
キャップ構造	194, 203
キャリヤータンパク	149
牛海綿状脳症	36
球状タンパク質	30
競合（拮抗）阻害	63
胸腺	231
鏡像異性体	17
共役	134
共役輸送	152
局在型反復配列	181
極性中性アミノ酸	24
キラー T 細胞	233
キラル炭素原子	27
金属タンパク質	33
筋肉組織細胞	145
グアナーゼ	127
グアニル酸	119
グアニンデアミナーゼ	127
グアノシン 5'-モノリン酸	118
クエン酸回路	128
クエン酸リアーゼ	91, 98
グオキシル酸	123
組換え修復	192
グランザイム	236
グリア細胞	145, 226
グリオキシル酸	124
グリオキシル酸回路	89, 123, 124
グリコーゲン	22
——の合成	86
グリコーゲン・プライマー	87
グリココール酸	92
N-グリコシド型結合	33
グリコシド結合	19
グリコリシス	73
グリシン	114
グリシン合成	114
グリセルアルデヒド	17
グリセルアルデヒド 3-リン酸	77, 83, 84
グリセルアルデヒド 3-リン酸デヒドロゲナーゼ	77
グリセロール 3-リン酸	92
グリセロール 3-リン酸アシルトランスフェラーゼ	102
グリセロールキナーゼ	102
グリセロールリン酸シャトル	138
グリセロキナーゼ	91
グリセロ糖脂質	12
グリセロリン脂質	12, 102, 145
グルカゴン	87
グルコース	15, 18
グルコース 6-ホスファターゼ	89
グルコース 6-リン酸	85
グルコース輸送体	150
グルコキナーゼ	76, 79
グルココルチコイド	225
グルココルチコイド抑制性エレメント	226
グルタチオンペルオキシダーゼ	84, 140
グルタミン酸	125, 229
グルタミン酸-オキサロ酢酸トランスアミナーゼ	122
グルタミン酸-ピルビン酸トランスアミナーゼ	122
グルタミンデヒドロゲナーゼ	122
グルタメートデカルボキシラーゼ	122
クロマチン	162, 178, 203
クワシオルコル	111
形質転換	177
ゲート	149
結合組織細胞	144
欠失	187
血小板凝集活性因子	104
血糖値	15
ケトアシドーシス	110
ケトース	15
ケト原性アミノ酸	122, 123
ケトン体	108, 123
ゲノム	2, 179
ゲノム科学	1
ゲノム情報	183
ケラチン	169
ゲラニルピロリン酸	105, 107
原核細胞	143
減数分裂	168
減数分裂期組換え	192
コアヒストン	178
恒常性（ホメオスタシス）	6, 215, 221
甲状腺刺激ホルモン	225
甲状腺ホルモン	225
校正機能	186
合成酵素	54
酵素-基質複合体	55, 59

索引

構造タンパク質	30	
酵素タンパク質	30	
酵素内包型細胞膜受容体	147	
酵素反応速度	58	
抗体産生	234	
抗体産生反応	234	
抗マラリア薬	85	
高密度リポタンパク質	93	
コーディング領域	207	
コートタンパク質	161	
呼吸鎖	134	
国際生化学・分子生物学連合	53	
極長鎖脂肪酸	97	
骨格筋細胞	145	
骨髄	234	
コドン	207	
――の縮重	208	
コドン表	207	
個の生命システム	2	
コラーゲン	173	
コリ回路	89	
コリン	113	
ゴルジ体	154, 155	
コルチコトロピン放出ホルモン	224	
コルヒチン	169	
コレカルシフェロール	44	
コレステロール	10, 104	
コレラ毒素	219	

さ行

サイクリック AMP	49, 87, 117, 201	
サイクリン	164	
再生	38	
最大反応速度	60	
最適温度	57	
サイトカイン	215	
細胞外マトリックス	172	
細胞間情報伝達物質	218	
細胞間接着	172	
細胞骨格	168	
細胞周期	163	
細胞傷害性T細胞	231, 233	
細胞性免疫	235	
細胞内小器官	154	
細胞内情報	218	
細胞内情報伝達系	218	
サイレンサー	203	
サイレント変異	208	
鎖長伸長反応	102	
サルベージ回路	127	
酸化還元酵素	53, 127	
酸化的ストレス	139	
酸化的脱炭酸反応	130	

酸化的リン酸化	129	
散在型反復配列	181	
酸性アミノ酸	24	
Gアクチン	169	
ジアシルグリセロール	220	
1,2-ジアシルグリセロール	102	
1,2-ジアシルグリセロール3-リン酸	102	
ジアステレオマー	17	
シアル酸	19	
ジカルボン酸	100	
色素性乾皮症	191	
時期特異性	203	
シグナル配列	157	
自己消去性	5	
自己増殖性	5	
自己分泌	217	
脂質	9	
脂質二重層	14, 145	
シスゴルジ	156	
システイン	114	
自然免疫	231	
Gタンパク質共役系	218, 219	
シチジンジリン酸-コリン	104	
失活	57	
至適温度	57	
シトクロム b_5 還元酵素	102	
シトシン	119	
シトルリン	123	
シナプス	226, 227	
シナプス間隙	217	
シナプス後細胞	227	
シナプス後電位	228	
シナプス前細胞	217	
シナプス伝達効率	230	
ジヒドロオロターゼ	120	
ジヒドロオロチン酸デヒドロゲナーゼ	120	
ジヒドロキシアセトンリン酸	77, 92, 102	
ジヒドロキシアセトンリン酸アシルトランスフェラーゼ	102	
ジヒドロキシビオプテリン	115	
ジヒドロキシフェニラミン	126	
ジヒドロキシフェニルアラニン	126	
脂肪酸	9, 10	
脂肪酸合成酵素	100	
脂肪酸合成酵素系の複合体	101	
脂肪酸鎖長伸長反応	102	
ジメチルアリルピロリン酸	105	
シャペロン	158	
シャルガフの法則	50	

終止コドン	207	
修飾アミノ酸	28	
修復合成	189	
絨毛細胞	144	
樹状細胞	233	
受動輸送	32	
受動輸送系	149	
主要組織適合遺伝子複合体	232	
脂溶性ビタミン	40, 43	
常染色体	163, 180	
上皮組織細胞	144	
小胞体（ER）	154, 155	
小胞体移行シグナル	159	
小胞体保持シグナル	159	
情報伝達物質	215	
小胞輸送	159	
除去付加酵素	54	
食細胞	166	
ショ糖	73	
真核細胞	143	
心筋細胞	145	
神経系	215	
神経細胞	226	
神経組織細胞	147	
神経伝達物質	215	
神経分泌	217	
神経ペプチド	229	
神経免疫内分泌学	216	
親水性	26	
シンポート	153	
膵コレステロールエステラーゼ	92	
水素結合	7, 35	
水溶性ビタミン	40	
膵リパーゼ	93	
スーパーオキシド	140	
スーパーオキシドジスムターゼ	140	
スクアレン	106	
スクロース	20	
ステロイド	223	
ステロイドホルモン	223	
ステロール	9	
スニップ（SNP）	182	
スフィンゴシン	145	
スフィンゴ糖脂質	12	
スフィンゴミエリン	12, 146	
スフィンゴリン脂質	12	
スプライシング	206	
スプライシング反応	206	
スプライシング変異	188	
スプライソソーム	205	
生殖細胞	143	

索　引

性染色体	163, 180
生体制御機構	6
生体膜	14
正の窒素バランス	111
正の転写調節	201
生命科学	1
生命の原理	4
生命の場	4
セカンドメッセンジャー	218
接着結合	172
セドヘプトロース 7-リン酸	83, 84
セラミド	145
セリン	112, 113
セリンヒドロキシメチルトランスフェラーゼ	113
セルロース	22
セロトニン	126, 229
セロビオース	20, 21
繊維芽細胞	144
繊維状タンパク質	30
前駆細胞	144
染色質	179
染色体	162, 179
染色体 DNA	194
染色分体	167, 180
選択的スプライシング	207
セントラル・ドグマ	3, 4, 193
セントロメア	180
双極イオン	29
相同組換え	168, 191
相同染色体	167, 179
相補的	50, 195
阻害	63
阻害剤	63
阻害物質	63
促通ニューロン	229
側方拡散	148
組織	172
組織特異性	204
疎水性	26
疎水性相互作用	8
疎水性部分	35
粗面小胞体	154
ソラネシルピロリン酸	105

た 行

ターン	35
第 2 メッセンジャー	87
第一次情報	218
体液性免疫	231, 234
体細胞	143
代謝回転	6
第二次情報	218
ダイニン	171
対立遺伝子	180
タウロコール酸	92
タキソール	171
脱アミノ化	125
脱塩基部位	189
脱共役剤	137
脱分枝酵素	89
脱メチル化反応	108
多糖	15, 21
短期記憶	229
胆汁酸	13
単純脂質	9
単純タンパク質	32
タンパク質	30, 33, 35, 37, 39
——の一次構造	33
——の二次構造	35
——の三次構造	36
——の四次構造	36
——の構造	33
——の構造変化	38
——のフォールディング	39
チェックポイント	165
チオラーゼ	109
置換	187
窒素バランス	111
チミン	120
チャネルゲート	220
チャネルタンパク	149
中間径フィラメント	169
中間密度リポタンパク質	95
中性脂肪	9, 10
チューブリン	169
長期増強	230
調節タンパク質	30
超低密度リポタンパク質	93
直接ビリルビン	86
貯蔵タンパク質	30
チロシン	115
チロシンキナーゼ内在系	218, 221
チロシンヒドロキシラーゼ	126
チロトロピン放出ホルモン	231
痛風	127
T 細胞レセプター	231
定常状態	60
定常状態仮説	60
低密度リポタンパク質	93
デオキシリボ核酸	45
デオキシリボヌクレオチド	177
デスモゾーム	172
テトラヒドロキシビオプテリン	115
δ-アミノレブリン酸	116
テロメア	179, 187
テロメラーゼ	179, 187
転移酵素	54
電気化学的ポテンシャル	150
電子伝達系	134
転写	195
転写因子	202
点突然変異	187
デンプン	21
L-ドーパ	126
糖アルコール	18
同化作用	73
糖原性アミノ酸	122, 123
糖鎖修飾	156
糖質	15
糖タンパク質	33
動的平衡	6
ドーパミン	126
トポイソメラーゼ I 型	185
トランスアミナーゼ	111
トランスアルドラーゼ	83, 84
トランスケトラーゼ	83, 84
トランスゴルジ	156
トランスデューシン	43
トランスファー RNA	198
トランスフェラーゼ	54
トランスロカーゼ	96
トランスロケーション	151, 213
トリアシルグリセロール	11, 102
ドリコール	105, 106
トリソミー	168
トリプトファン	125
トリプトファンヒドロキシラーゼ	126

な 行

内分泌	217
内分泌系	215
内分泌腺細胞	144
ナトリウム利尿ペプチド	224
ナンセンス・コドン	207
ナンセンス変異	188
ニコチン酸	41
二重らせん	50
二重らせん構造	178
二糖類	20
二倍体	180
二倍体細胞	143

乳糖	73	
ニューロフィラメント	169	
ニューロン	145, 226	
尿酸	127	
尿酸酸化酵素	127	
尿素	123	
尿素回路	123	
ヌクレオソーム	162, 178	
ヌクレオチド	45	
——の代謝	117	
ヌクレオチド除去修復	190	
ネガティブフィードバック機構	222	
ネクローシス	166	
熱ショックタンパク質	39	
熱揺動の場	2	
嚢	154	
能動輸送	32	
能動輸送系	149	
ノルアドレナリン	126	

は行

パーキンソン病	126
パーフォリン	236
パスツール効果	80
発エルゴン反応	77
パントテン酸	42, 99
反復配列	182
半保存的複製	184
ビオチン	42
非拮抗(非競合)阻害	63
非極性中性アミノ酸	27
B細胞レセプター	234
微小管	169
ヒスタミン	126
ヒスタミン受容体	126
ヒスチジン	125
ヒストン	179
ヒストン・タンパク質	203
1,3-ビスホスホグリセリン酸	78
非相同的組換え	192
非相同的末端結合	191
非対称転写	195
ビタミン	40
ビタミンA	44
ビタミンB_2	42
ビタミンB_6	42
ビタミンC	18
ビタミンD_3	44
ビタミンE	44

ビタミンK_2	45
必須アミノ酸	110
P糖タンパク	152
ヒドロオロチン酸	119
5-ヒドロキシトリプタミン	126
ヒドロキシピルビン酸	113
ヒドロキシメチルグルタリルCoA	105
3-ヒドロキシメチルグルタリル-CoA	110
ヒドロキシメチルピラン	116
ヒドロキシラジカル	140
ビトロネクチン	173
ヒドロラーゼ	54
非必須アミノ酸	110
ヒポキサンチン	126, 127
ヒポキサンチングアニンホス	126
ヒポキサンチングアニンホスホリボシルトランスフェラーゼ	127
非翻訳領域	207
ビメンチン	169
百日咳毒素	219
ピリドキサールリン酸	112
ピリドキシン	42
ピリミジン環	120
ピリミジン環合成	126
ピリミジンヌクレオチドの生合成	120
ビリルビン	86
ピルビン酸カルボキシラーゼ	96, 123
ピルビン酸キナーゼ	79, 80
ピルビン酸脱水素酵素複合体	80
ピルビン酸脱炭酸酵素	80
ピルビン酸デヒドロゲナーゼ複合体	130
ピロリン5-カルボン酸	114
ビンブラスチン	171
ファーター乳頭部	92
ファルネシルピロリン酸	105
フィタン酸	97
フィッシャー投影式	17
部位特異的組換え	191
フィブロネクチン	173
フェニルアラニン水酸化酵素	115
フェニルケトン尿症	116
フェニル酢酸	115
フェニル乳酸	115
フェニルピルビン酸	115
フェロケラターゼ	117
付加	189
不可逆的阻害	63

不可逆的阻害剤	63
不拮抗(不競合)阻害	63
副甲状腺ホルモン	224
複合体	134
複合タンパク質	30
副腎皮質刺激ホルモン	224
複製	194
複製起点	184
複製フォーク	185
不斉炭素原子	28
負の窒素バランス	111
負の転写調節	202
普遍的組換え	191
不飽和化反応	102
不飽和脂肪酸	9
プラズマローゲン	103
フラビンモノヌクレオチド	122
プリオン	36
フリッパーゼ	148
フリップフロップ	148
プリマキン	85
プリンヌクレオシドホスホリラーゼ	127
プリンヌクレオチド	126
——の生合成	117
フルクトース	16
フルクトース1,6-ビスリン酸	77, 92
フルクトース1,6ビスリン酸アルドラーゼ	77
フルクトース6-リン酸	83, 84
フレームシフト変異	188
プロインスリン	223
プロオピオメラノコルチン	229
プロセッシング	182, 205
プロテアソーム	164
プロテインキナーゼ	94, 107
プロテインキナーゼA	220
プロテオグリカン	15, 22, 173
プロトポルフィリン	116, 117
プロトンATPアーゼ	153
プロモーター	182, 198
プロリン	114
プロリン合成	114
分枝脂肪酸	97
分子シャペロン	39
分子スイッチ	161
分裂期	163
平滑筋細胞	145
平衡状態	60
ヘキソキナーゼ	75, 79, 80
ベタイン	113
β-ガラクトシダーゼ	199

β-ガラクトシダーゼ遺伝子 201	ホスホエノールピルビン酸 78, 123	膜7回貫通型細胞膜受容体 147
β-ケトアシル ACP 100	ホスホエノールピルビン酸カルボキシキラーゼ 91	膜電位 150, 228
β-ケトアシル CoA 97		膜内在性タンパク質 147
β-ケトアシル CoA チオラーゼ 97	3-ホスホグリセリン酸 78, 112	膜の裏表 148
β-ケトアシル還元酵素 100	3-ホスホグリセリン酸デヒドロゲナーゼ 112	膜の流動性 146
β-ケトアシル合成酵素 100		膜表在性タンパク質 147
β-構造 35	6-ホスホグルコノラクトン 83	マクロファージ 233
β酸化系 95, 96	6-ホスホグルコノラクトンヒドロラーゼ 83	マラリア原虫 85
β酸化経路 96		マルトース 20, 21
β-シート構造 35	ホスホグルコムターゼ 87, 89	マロニル 100
β-シトステロール 11, 12	6-ホスホグルコン酸デヒドロゲナーゼ 83	マロニル CoA 99
βバレル構造 147		マロニル基転移酵素 100
β-ヒドロキシアシル ACP 100	ホスホコリン 104	マンノース 18
β-ヒドロキシアシル CoA デヒドロゲナーゼ 97	ホスホジエステル結合 198	
	ホスホセリン 113	ミエリン 147
β-ヒドロキシアシル脱水酵素 100	4'ホスホパンテテイン 99	ミオグロビン 116
β-ヒドロキシブチリル ACP 100	3-ホスホヒドロキシピルビン酸 112	ミオシン 171
β-ヒドロキシ酪酸 110	ホスホフルクトキナーゼ 80, 81	ミカエリス-メンテン式 61
β-ヒドロキシ酪酸デヒドロゲナーゼ 110	ホスホヘキソースイソメラーゼ 76, 84	右巻きらせん構造 28
		ミクロドメイン 149
ヘテロ核 RNA 182	ホスホメバロン酸 107	ミスセンス変異 189
ヘテロクロマチン 179	ホスホリボースピロリン酸合成酵素 117	ミスマッチ修復 190
ヘテロ二量体キナーゼ 164		ミセル 14
ペプチジルトランスフェラーゼ 212	5'-ホスホリボシル-5-アミノイミダゾール 118	密着結合 172
ペプチジル（P）部位 210		ミトコンドリア 155, 183
ペプチド 24, 222	5'-ホスホリボシル-N-ホルミルグリシンアミド 118	娘細胞 167
ペプチドグリカン 19		無性生殖 5
ペプチド結合 24	5'-ホスホリボシルアミン 117	
ペプチドホルモン 222	5'-ホスホリボシルグリシンアミド 118	メチルアリルピロリン酸 107
ヘム 116		メナキノン 45
ヘムタンパク質 33	ホスホリボシルピロリン酸 117	メバロン酸 105, 107
ヘモグロビン 116	ホスホリラーゼ 88	メバロン酸キナーゼ 107
ペルオキシソーム 97, 102, 105, 155, 156	ホスホリラーゼ b キナーゼ 88	免疫寛容 231
	ホメオスタシス 215	免疫系 215
ヘルパー T 細胞 231, 232, 233	ホモシステイン 113	メンブレン・トラフィック 159
変異 187	ポリ（A）鎖 195	
変性 38	ポリ（A）配列 205	モータータンパク質 170
ペントースリン酸経路 82, 117	ポリシストロニック mRNA 201	2モノアシルグリセロール 92
	ポリプレノール 105	モノ ADP-リボシル化 219
防御タンパク質 30	ポリペプチド 24	モノシストロニック mRNA 201
抱合型ビリルビン 86	ポリペプチド鎖 211	
紡錘糸 169	ポリリボソーム 213	や行
傍分泌 218	ポルフィリン環 116	
飽和脂肪酸 9	ポルホビリノーゲン 116, 117	融解温度 178
補酵素 41, 58	10-ホルミルテトラヒドロ葉酸 117, 118	ユークロマチン 179
ホスファチジルイノシトール 4,5-二リン酸 220		有糸分裂 163, 166
	ホルミルメチオニン 213	有性生殖 5
ホスファチジルエタノールアミン 102	ホルミル化 213	誘導酵素 199
	ホルモン 215	誘導物質 199
ホスファチジルコリン 13, 102	翻訳 194	輸送（運搬）タンパク質 30
ホスファチジン酸 102		輸送体タンパク 149
ホスファチジン酸ホスファターゼ 102	ま行	ユビキノン 105
	マイクロサテライト 183	

葉酸 42	リソゾーム 155, 156	リンゴ酸-アスパラギン酸シャトル 138
ら行	律速酵素 63	リンゴ酸合成酵素 123
ラギング鎖 185	リノール酸 102	リンゴ酸デヒドロゲナーゼ 99
ラクトース 20, 21	リノレン酸 102	リン酸ジエステル 50
ラクトース・オペロン 201	リプレッサー・タンパク質 202	リン酸ジエステル結合 49
ラクトナーゼ 83	リブロース 5-リン酸 83	リンタンパク質 33
ラノステロール 105, 108	リボース 5-リン酸 82, 83, 84	
ラフト 149	リボ核酸 45	ループ 35
ラミニン 173	リボザイム 3, 206	ルネシルピロリン酸 107
ラミン 156	リボシル基転移酵素 126	
ランゲルハンス島 223	リボソーム 15, 195, 210	レシチンコレステロールアシルトランスフェラーゼ 94
	リボソーム RNA 198	
リアーゼ 54	リポタンパク質 33	レセプター 221
リーディング鎖 183	リボフラビン 42	レチナール 43
リガーゼ 54	流動モザイクモデル 145	レニン 224
リガンド（ligand） 216, 218	両親媒性 31	
リガンド依存性 NMDA 受容体 230	両親媒性脂質 145	ロドプシン 43
	両性電解質 29	

編著者略歴

田沼靖一（たぬませいいち）

1952年　山梨県に生まれる
1980年　東京大学大学院薬学系研究科
　　　　博士課程修了
現　在　東京理科大学薬学部 教授
　　　　薬学博士

本島清人（もとじまきよと）

1949年　長野県に生まれる
1979年　東京大学大学院薬学系研究科
　　　　博士課程修了
現　在　明治薬科大学 教授
　　　　薬学博士

林　秀徳（はやしひでのり）

1945年　神奈川県に生まれる
1973年　東京薬科大学大学院
　　　　博士課程修了
現　在　城西大学薬学部 教授
　　　　薬学博士

生　化　学　　　　　　　　　　　　　定価はカバーに表示

2006年6月10日　　初版第1刷
2022年1月25日　　　　第13刷

編著者　田　沼　靖　一
　　　　林　　　秀　　　徳
　　　　本　島　清　人
発行者　朝　倉　誠　造
発行所　株式会社　朝倉書店
　　　　東京都新宿区新小川町6-29
　　　　郵便番号　１６２-８７０７
　　　　電　話　03（3260）0141
　　　　ＦＡＸ　03（3260）0180
　　　　https://www.asakura.co.jp

〈検印省略〉

Ⓒ 2006〈無断複写・転載を禁ず〉　　　　教文堂・渡辺製本

ISBN 978-4-254-34017-4　C 3047　　　Printed in Japan

JCOPY　〈出版者著作権管理機構 委託出版物〉

本書の無断複写は著作権法上での例外を除き禁じられています．複写される場合は，そのつど事前に，出版者著作権管理機構（電話 03-5244-5088, FAX 03-5244-5089, e-mail: info@jcopy.or.jp）の許諾を得てください．

好評の事典・辞典・ハンドブック

感染症の事典	国立感染症研究所学友会 編 B5判 336頁
呼吸の事典	有田秀穂 編 A5判 744頁
咀嚼の事典	井出吉信 編 B5判 368頁
口と歯の事典	高戸 毅ほか 編 B5判 436頁
皮膚の事典	溝口昌子ほか 編 B5判 388頁
からだと水の事典	佐々木成ほか 編 B5判 372頁
からだと酸素の事典	酸素ダイナミクス研究会 編 B5判 596頁
炎症・再生医学事典	松島綱治ほか 編 B5判 584頁
からだと温度の事典	彼末一之 監修 B5判 640頁
からだと光の事典	太陽紫外線防御研究委員会 編 B5判 432頁
からだの年齢事典	鈴木隆雄ほか 編 B5判 528頁
看護・介護・福祉の百科事典	糸川嘉則 編 A5判 676頁
リハビリテーション医療事典	三上真弘ほか 編 B5判 336頁
食品工学ハンドブック	日本食品工学会 編 B5判 768頁
機能性食品の事典	荒井綜一ほか 編 B5判 480頁
食品安全の事典	日本食品衛生学会 編 B5判 660頁
食品技術総合事典	食品総合研究所 編 B5判 616頁
日本の伝統食品事典	日本伝統食品研究会 編 A5判 648頁
ミルクの事典	上野川修一ほか 編 B5判 580頁
新版 家政学事典	日本家政学会 編 B5判 984頁
育児の事典	平山宗宏ほか 編 A5判 528頁

価格・概要等は小社ホームページをご覧ください．